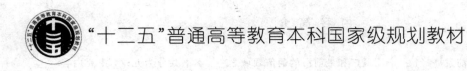

"十二五"普通高等教育本科国家级规划教材

移 动 通 信

（第六版）

章坚武　编著

"通信工程"国家特色专业建设教材
"通信工程"教育部"卓越工程师教育培养计划"配套教材

西安电子科技大学出版社

内 容 简 介

移动通信是当前发展最快、应用最广和最前沿的通信领域之一。本书共分为九章，主要内容包括概述、移动通信网络基础、移动通信的电波传播、数字调制技术、GSM 数字蜂窝移动通信系统与 GPRS、CDMA 数字蜂窝移动通信系统、第三代移动通信系统(3G)、第四代移动通信系统(4G)、第五代移动通信系统(5G)。

本书是作者近二十年来为本科生、研究生讲授"移动通信"课程的教学经验总结，在选材上参考了最新的文献，因而在内容上充分反映了当代移动通信技术的最新进展，在讲述上内容全面系统，结构严密，概念清晰，理论与工程相结合，可读性强。

本书可作为高等院校通信以及电子信息专业学生的教材，也可作为从事移动通信以及相关专业工作的工程技术人员的参考书。

图书在版编目(CIP)数据

移动通信/章坚武编著. —6 版. —西安：西安电子科技大学出版社，2020.10
(2023.11 重印)
ISBN 978 - 7 - 5606 - 5634 - 2

Ⅰ. ① 移… Ⅱ. ① 章… Ⅲ. ① 移动通信 Ⅳ. ① TN929.5

中国版本图书馆 CIP 数据核字(2020)第 082334 号

策　　划	马乐惠	
责任编辑	许青青　陈　婷	
出版发行	西安电子科技大学出版社(西安市太白南路 2 号)	
电　　话	(029)88202421　88201467	邮　编　710071
网　　址	www.xduph.com	电子邮箱　xdupfxb001@163.com
经　　销	新华书店	
印　　刷	咸阳华盛印务有限责任公司	
版　　次	2020 年 10 月第 6 版　2023 年 11 月第 25 次印刷	
开　　本	787 毫米×1092 毫米　1/16　印张 21.5	
字　　数	508 千字	
印　　数	122 001～126 000 册	
定　　价	48.00 元	

ISBN 978 - 7 - 5606 - 5634 - 2/TN

XDUP 5936006 - 25

＊＊＊如有印装问题可调换＊＊＊

第 六 版 前 言

岁月如梭！从本书第一版面世到今年已整整过去了十七年！这十七年正是移动通信技术发展最迅猛的时代。当人们刚开始品昧 4G 网络带来的欣喜时，5G 已迎面进入了我们的生活。不远处，6G 在向我们招手了！

伴随着移动通信技术的飞速发展以及中国电信改革的不断深入，为了适应时代的发展和社会对人才的需求，对本书进行修改与补充新内容已十分必要。本次修订除对各章进行必要的内容更新和完善外，主要增加了 5G 内容，并给出了 6G 的一些新技术介绍与最新的发展变化。

本书配套的实验教材《移动通信实验与实训》将增加三大主流操作系统手机的编程实验，以增强学生参与实验的兴趣。

在本次修订过程中，杭州电子科技大学的肖明波教授、姚英彪教授、曾嵘副教授、曹海燕副教授、赵楼副研究员、许方敏博士、李杰老师、郑长亮博士、胡志蕊博士、骆懿高级实验师等同仁参与了讨论及部分修订工作，研究生王旭旭、王路鑫、康帅参与了资料整理和绘图工作，在此深表感谢。

由于作者水平有限，书中难免有不妥之处，欢迎读者指正（E-mail：jwzhang@hdu. edu. cn）。

作 者

2019 年 12 月于杭州

第一版前言

"移动通信"是通信工程专业的一门主要的专业课程。作者从 1996 年开始为本科生讲授"移动通信"课程，为研究生讲授"移动通信与个人通信"课程，使用过多本《移动通信》教材和国外原版书籍。1999 年 9 月作者完成了《移动通信》讲义的编写工作，并在多年的教学实践中，不断对教材充实改进，力求使之成为既能够系统、全面反映移动通信技术新进展，又适合高校本科教学、理论与工程相结合的《移动通信》教材。该教材被列入 2001 年度浙江省第二批重点教材后备出版教材。

本书共分七章，第 1 章概述，主要介绍移动通信及其特点，移动通信的工作方式，移动通信系统的组成、使用频率、多址方式，移动通信系统的发展历史，我国移动通信发展现状，移动通信系统发展的主要技术问题及发展方向；第 2 章移动通信网，主要介绍移动通信体制，移动通信系统结构，移动通信网的频率配置，蜂窝移动通信网络的频率规划，多信道共用技术，移动通信交换技术，信道自动选择方式；第 3 章移动通信的电波传播，主要介绍 VHF、UHF 频段的电波传播特性和电波传播特性的估算（工程计算）；第 4 章数字调制技术，主要介绍线性调制技术，恒包络调制技术，"线性"和"恒包络"相结合的调制技术，扩频调制技术，在多径衰落信道中的调制性能分析；第 5 章 GSM 系统与 GPRS，介绍 GSM 电信业务，GSM 结构，GSM 较模拟网的优势，GSM 网络接口，GSM 的编号、鉴权与加密，GSM 无线信道，GSM 呼叫方案，并介绍了 GPRS；第 6 章 CDMA 系统，介绍 CDMA 空中接口协议层、CDMA 前向信道、CDMA 反向信道、功率控制、CDMA 系统的容量、CDMA 登记和 CDMA 切换过程；第 7 章介绍第三代移动通信系统。

在本书的编写过程中，研究生罗彬进行了部分文字输入和绘图工作，西北工业大学的张歆博士审阅了全稿，在此表示感谢。

由于作者水平有限，书中不当之处敬请读者指正。

作 者

2002 年 10 月

于杭州电子工业学院

目　　录

第 1 章 概　述

1.1　移动通信及其特点

移动通信是指移动用户之间或移动用户与固定用户之间进行的通信。

随着社会的发展，科学技术的进步，人们希望能随时随地、迅速可靠地与通信的另一方进行信息交流。这就是我们要介绍的移动通信。这里所说的"信息交流"，不仅指双方的通话，还包括数据、传真和图像等通信业务。

正是由于移动通信能让人们随时随地、迅速可靠地与通信的另一方进行信息交流，为人们更有效地利用时间提供了可能，因而随着电子技术，特别是半导体、集成电路和计算机技术的发展，移动通信得到了迅速发展。应用领域的扩大和对性能要求的提高，促使移动通信在技术上和理论上向更高水平发展。20 世纪 80 年代以来，移动通信已成为现代通信手段中不可缺少且发展最快的通信手段之一。

与其他通信方式相比，移动通信具有以下基本特点：

(1) 电波传播条件恶劣。在陆地上，移动体(如汽车)往来于建筑群或障碍物之间，其接收信号是由直射波和各反射波多径叠加而成的。由于多径传播会造成瑞利衰落，因此电平幅度起伏深度达 30 dB 以上。

(2) 具有多普勒频移效应。移动台在运动中会产生多普勒频移效应。频移值 f_d 与移动台运动速度 v、工作频率 f(或波长 λ)及电波到达角 θ 有关，即

$$f_d = \frac{v}{\lambda} \cos\theta \tag{1-1}$$

多普勒频移效应会导致附加调频噪声。

(3) 干扰严重。由于移动通信网是多无线电台(包括基站、移动台)、多波道通信系统，通信设备受到的干扰中除城市噪声(主要是车辆噪声)外，无线电台干扰(同频干扰、互调干扰)较为突出，因此，抗干扰措施在移动通信系统设计中显得尤为重要。

(4) 接收设备动态范围大。由于移动台的位置不断变化，接收机和发射机(基站)之间的距离不断变化，因此接收机接收信号电平不断变化，这就要求接收设备具有很大的动态范围。

(5) 需要采用位置登记、越区切换等移动性管理技术。由于移动台不停地运动，因此为了实现可靠而有效的通信，必须采用位置登记和频道切换等移动性管理技术。

(6) 综合了各种技术。移动通信综合了交换技术、计算机技术和传输技术等。

(7) 对设备要求苛刻。移动用户常在野外，环境条件相对较差，因此对设备(尤其对专

网设备)的要求相对苛刻。

移动通信系统按用途、频段、制式和入网方式等的不同,有不同的分类方法。例如,按用途和区域,可分为陆地、海上、航空移动通信系统;按经营方式或用户性质,可分为公共网(简称公网)、专用网(简称专网);按基站配置,可分为单区制、多区制、蜂窝制;按与地面固定网的连接方式,可分为人工、半自动、全自动;按信号性质,可分为模拟、数字移动通信系统;按多址方式,可分为频分多址(FDMA)、时分多址(TDMA)、码分多址(CDMA)和空分多址(SDMA)等;按用户的通话状态和频率使用的方法,可分为单工制(Simplex)、半双工制(Half Duplex)和双工制(Duplex)。

1.2　移动通信的工作方式

移动通信按照用户的通话状态和频率使用的方法,可分为三种工作方式:单工制、半双工制和双工制。

1. 单工制

单工制分为单频(同频)单工和双频(异频)单工两种,见图 1-1。

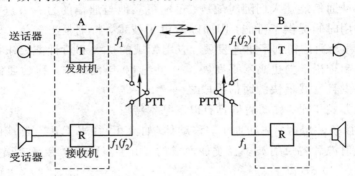

图 1-1　单工通信方式

1) 同频单工

同频是指通信双方使用相同的工作频率(f_1);单工是指通信双方的操作采用"按-讲"(PTT, Push To Talk)方式。平时,双方的接收机均处于收听状态。如果 A 方需要发话,可按下 PTT 开关,发射机工作,并使 A 方接收机关闭。这时,由于 B 方接收机处于收听状态,因此可实现由 A 至 B 的通话;同理,也可实现由 B 至 A 的通话。在该方式中,电台的收发信机是交替工作的,故收发信机不需要使用天线共用器(双工器),而是使用同一副天线。这种工作方式的优点是:① 设备简单;② 移动台之间可直接通话,不需基站转接;③ 不按键时发射机不工作,因此功耗小。其缺点是:① 只适用于组建简单和甚小容量的通信网;② 当有两个以上移动台同时发射时就会出现同频干扰;③ 当附近有邻近频率的电台发射时,容易造成强干扰,通常为了避免干扰,要求相邻频率的间隔大于 4 MHz,因而频谱利用率低;④ 按键发话,松键受话,使用者不习惯。

2) 异频单工

异频是指通信双方使用两个不同频率 f_1 和 f_2。这种方式中通信双方的操作仍采用

"按-讲"方式。由于收发使用不同的频率，因此同一部电台的收发信机可以交替工作，也可以收常开，只控制发，即按下 PTT 发射。其优缺点与同频单工的基本相同。在无中心转信台转发的情况下，电台需配对使用，否则通信双方无法通话，故异频单工方式主要用于有中心转信台转发(单工转发或双工转发)的情况。所谓单工转发，即中心转信台使用一组频率(如收用 f_1，发用 f_2)，一旦接收到载波信号即转去发送。所谓双工转发，即中心转信台使用两组频率(一组收用 f_1，发用 f_2；另一组收用 f_3，发用 f_4)，任一路一旦接收到载波信号即转去发送。

由于收发频率有一定保护间隔，提高了抗干扰能力，中心转信台的加入使通信区域得到了有效扩大，因此，这种方式常用于组建有几个频道同时工作的专用网(专网)。

2. 半双工制

图 1-2 中，通信一端(A)采用双工制，而移动台(B)采用单工制，这种方式称为半双工制。半双工制的优点是：① 移动台设备简单，价格低，耗电少；② 收发采用不同频率，提高了频谱利用率；③ 移动台受邻近电台干扰小。其缺点是移动台仍需按键发话，松键受话，使用不方便。

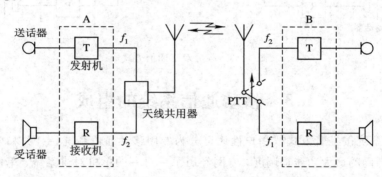

图 1-2 半双工通信方式

由于收发使用不同的频率，因此移动台(B)的收发信机可以交替工作，也可以收常开，只控制发，即按下 PTT 发射。半双工制主要用于移动台接入有线网(如市话网)，A 作为有线网接入点。

3. 双工制

双工制是指通信双方的收发信机均同时工作，即任一方在发话的同时，也能收听到对方的话音，无需按 PTT 开关，类似于平时打电话，使用自然，操作方便。

双工制有频分双工(FDD，也称异频双工)、时分双工(TDD，也称同频双工)和同频同时全双工(CCFD)三种方式。

1) 频分双工

频分双工制如图 1-3 所示。频分双工制的优点是：① 收发频率分开，可大大减小干扰；② 用户使用方便。缺点是：① 移动台在通话过程中总是处于发射状态，因此功耗大；② 移动台之间通话需占用两个频道；③ 需双工器，价格较贵。

2) 时分双工

时分双工制采用时分双工(TDD)技术。在这种方式中，收发双方使用相同的频率，但在不同时隙收发，而从基带的角度来看，收发两端保持时间上连续的双工通信状态。采用

TDD 技术可省去双工器。

　　3) 同频同时全双工

　　同频同时全双工(CCFD)技术是指收发双方使用相同的频率同时进行工作,使得通信双方上下行可以在相同时间使用相同的频率,突破现有的时分双工(TDD)和频分双工(FDD)模式,是通信节点实现双向通信的关键之一,也是 5G 所需的高吞吐量和低延迟的关键技术。CCFD 采用干扰消除的方法,减少了传统双工模式中频率或时隙资源的开销,从而达到了提高频谱效率的目的。与现有传统的 FDD 或 TDD 相比,CCFD 能够将无线资源的使用效率提升近一倍,从而显著提高系统吞吐量和容量。

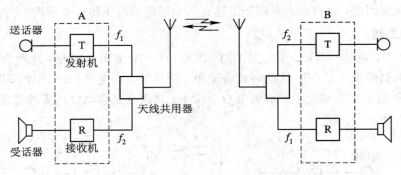

图 1-3　频分双工通信方式

1.3　移动通信系统的组成

　　移动通信系统按经营方式或用户性质可分为专用移动通信系统(专网)和公共移动通信系统(公网)。专网的最大功能是调度,专网经历了一对一的单机对讲系统、单信道一呼百应系统及选呼系统,后来又发展到多信道多用户共享的专用调度系统。集群(Trunking)移动通信是传统的专用无线调度系统的高级发展阶段,是专用移动通信的发展方向。随着电子技术、集成电路技术、计算机技术和交换技术的飞速发展,专用移动通信的网络结构与公共移动通信系统越来越像,如 Motorola 的 iDEN 数字集群移动通信系统,其本身就是在蜂窝移动通信系统上加上了调度功能。所以,我们将重点介绍公共蜂窝移动通信系统的网络结构。

　　早期公共蜂窝移动通信系统(1G/2G)的基本结构如图 1-4 左边部分所示,主要基于电路交换(CS)。一个交换区由一个移动交换中心(MSC, Mobile Switching Centre)、一个或若干个归属位置寄存器(HLR, Home Location Register)、访问者位置寄存器(VLR, Visitor Location Register,有时几个 MSC 合用一个 VLR)、设备识别寄存器(EIR, Equipment Identity Register)、鉴权中心(AuC, Authentication Centre)、基站控制器(BSC, Base Station Controller)、基站收发信机(BTS, Base Transceiver Station,简称基站)和移动台(MS, Mobile Station)等功能实体组成。MSC、HLR、VLR、EIR、AuC 等构成核心网(CN),BSC 与 BTS 组成的基站子系统(BSS)构成接入网(AN)。

　　MSC 对位于其服务区内的 MS 进行交换和控制,同时提供移动网与固定公众电信网的接口。MSC 是移动网的核心。作为交换设备,MSC 具有完成呼叫接续与控制的功能,这点与固定网交换中心相同。作为移动交换中心，MSC 又具有无线资源管理和移动性管理等功能，例如移动台位置登记与更新、越区切换等。为了建立从固定网至某个移动台的呼叫路由，固定网就近或就远进入关口 MSC(GMSC)，由该 GMSC 查询有关的 HLR，并建立至移动台当前所属的 MSC 的呼叫路由。

HLR 是用于移动用户管理的数据库。每个移动用户必须在某个 HLR 中登记注册。HLR 所存储的用户信息分为两类：一类是有关用户参数的信息，例如用户类别，所提供的服务，用户的各种号码、识别码，以及用户的保密参数等；另一类是有关用户当前位置的信息，例如移动台漫游号码、VLR 地址等，用于建立至移动台的呼叫路由。

VLR 是存储用户位置信息的动态数据库。当漫游用户进入某个 MSC 区域时，必须向该 MSC 相关的 VLR 登记，并被分配一个移动用户漫游号(MSRN)，在 VLR 中建立该用户的有关信息，其中包括移动用户识别码(MSI)、移动用户漫游号(MSRN)、所在位置区的标志以及向用户提供的服务等参数，这些信息是从相应的 HLR 中传递过来的。MSC 在处理入网出网呼叫时需要查询 VLR 中的有关信息。一个 VLR 可以负责一个或若干个 MSC 区域。

EIR 是存储有关移动台设备参数的数据库。EIR 实现对移动设备的识别、监视、闭锁等功能。

AuC 鉴权中心是认证移动用户身份以及产生相应认证参数的功能实体。AuC 对任何试图入网的用户进行身份认证，只有合法用户才能接入网中并得到服务。

OMC 操作维护中心是网络操作维护人员对全网进行监控和操作的功能实体。

BSC 基站控制器负责所属基站的管理和控制。

BTS 基站收发信机负责基站信号的收发操作。

因特网上的数据传递采用分组交换(PS)方式，而电路交换(CS)与分组交换(PS)网络具有不同的交换体系，导致彼此间的网络几乎都是独立运行的。为了适应移动互联网的发展，在现有的基于 CS 的网络(如 GSM)上，通过采用 GPRS 技术，可使现有 GSM 网络轻易地实现与因特网(Internet)的互联互通，从而使运营商能够对移动市场需求作出快速反应并获得竞争优势。网络结构增加了 Serving GPRS Support Node(SGSN)以及 Gateway GPRS Support Node(GGSN)两种分组交换节点设备，如图 1-4 右边部分所示。对于 GSM 网络原有的 BSC、BTS 等通信设备，只需要软件更新或增加一些连接接口。因为 GGSN 与 SGSN 数据交换节点具有处理分组的功能，所以 GPRS 网络能够和因特网互相连接，数据传输时数据与信号都以分组来传送。图中的 ISP 是互联网业务提供商。当手机用户进行语音通话时，由原有 GSM 网络的设备负责线路交换的传输，当手机用户上因特网时，由 GGSN 与 SGSN 负责将分组传输到因特网。这样，手机用户在拥有原有的通话功能的同时，还能随时随地以无线的方式连接因特网，浏览因特网上丰富的信息。

3G 基本结构仍然采用图 1-4 所示的结构，其话音还是采用 CS，互联网相关业务采用 PS。随着技术的发展，电路交换逐步采用软交换技术，大大减少了原有的大量的硬件成本，逐步达到全 IP 交换。

LTE/4G 以后系统的结构实现全 IP 交换，功能节点也大大得到简化，但网络结构与 3G 全 PS 结构基本相同。

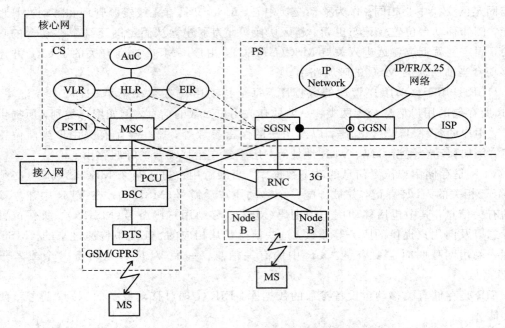

图 1-4　基于 CS（GSM）和 PS（GPRS，3G）的蜂窝移动通信系统的基本结构

　　LTE/4G 系统只存在分组交换（PS）域，在系统架构上，LTE/4G 在 3GPP 原有系统架构上进行演进，但对原 3G 系统的 NodeB、RNC、CN 进行功能整合，系统设备简化为 eNodeB 和 EPC 两种网元。整个 LTE/4G 系统由核心网（EPC）、基站（eNodeB）和用户设备（UE）三部分组成。eNodeB 负责接入网部分，也称为 E-UTRAN；EPC 负责核心网（CN）部分，其中处理部分称为 MME，数据处理部分称为 SAE Gateway(S-GW)，分组数据网网关为 P-GW，HSS 为归属用户服务器，管理移动用户的签约数据和移动用户的位置信息。eNodeB 与 EPC 通过 S1 接口连接，eNodeB 之间通过 X2 接口连接，UE 与 eNodeB 通过 Uu 接口连接。4G 蜂窝移动通信系统的基本结构如图 1-5 所示。

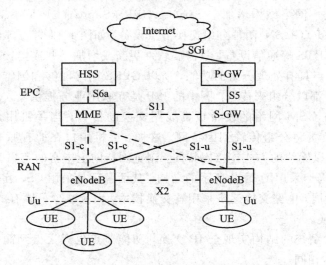

图 1-5　4G 蜂窝移动通信系统的基本结构

1.4　移动通信系统的频段使用

移动通信主要使用 VHF 和 UHF 频段，其主要原因有以下三点：

(1) VHF/UHF 频段较适合移动通信。从 VHF/UHF 频段的电波传播特性来看，主要是在视距范围内传播，一般为几千米到几十千米，通信区域可控。

(2) 天线较短，便于携带和移动。天线长度取决于波长。移动台中使用最多的是 $\lambda/4$ 的鞭状天线。例如，当频率为150 MHz 时，鞭状天线的长度约为 50 cm；当频率为450 MHz 时，鞭状天线的长度约为 17 cm；当频率为 900 MHz 时，鞭状天线的长度约为 8 cm。

(3) 抗干扰能力强。由于工业火花干扰及天电干扰等属于脉冲干扰，随着频率的增高，干扰幅度减小，因而工作在 VHF/UHF 频段的设备可以用较小的发射功率获得较好的信噪比。

第一代和第二代移动通信系统主要使用 800 MHz 频段（CDMA）、900 MHz 频段（AMPS、TACS、GSM）、1800 MHz 频段（GSM1800）。

第三代移动通信系统（3G）使用 2000 MHz 频段。2009 年 1 月 7 日，工业和信息化部对中国移动发放自主研发的 TD-SCDMA 牌照，对中国联通发放 WCDMA 牌照，对中国电信发放 CDMA2000 牌照。中国电信使用 CDMA2000，工作频段为 1980～1940 MHz/2110～2130 MHz；中国移动使用 TD-SCDMA，工作频段为 1880～1900 MHz、2010～2025 MHz；中国联通使用 WCDMA，工作频段为 1955～1980 MHz/2145～2170 MHz。

2013 年 12 月 4 日，工业和信息化部向中国移动、中国电信和中国联通颁发"LTE/第四代数字蜂窝移动通信业务（TD-LTE）"经营许可。中国移动获得 130 MHz 频谱资源，分别为 1880～1900 MHz、2320～2370 MHz、2575～2635 MHz；中国联通获得 40 MHz 频谱资源，分别为 2300～2320 MHz、2555～2575 MHz；中国电信获得 40 MHz 频谱资源，分别为 2370～2390 MHz、2635～2655 MHz。

2015 年 2 月 27 日，工业和信息化部向中国电信和中国联通发放"LTE/第四代数字蜂窝移动通信业务（LTE-FDD）"经营许可，支持企业结合自身实际情况，统筹推进 4G 融合发展，促进信息消费。中国电信获得 1.8 GHz 频段（1755～1785 MHz/1850～1880 MHz），中国联通获得 2.1 GHz 频段（1955～1980 MHz/2145～2170 MHz），这两个频段都将用于 FDD-LTE 网络建设。

2019 年 6 月 6 日，工信部正式向中国电信、中国移动、中国联通、中国广电发放 5G 商用牌照，中国正式进入 5G 商用元年。中国电信获得 3400～3500 MHz 共 100 MHz 带宽的 5G 试验频率资源；中国移动获得 2515～2675 MHz、4800～4900 MHz 频段的 5G 试验频率资源，其中 2515～2575 MHz、2635～2675 MHz 和 4800～4900 MHz 频段为新增频段，2575～2635 MHz 频段为中国移动现有的 TD-LTE（4G）频段；中国联通获得 3500～3600 MHz 共 100 MHz 带宽的 5G 试验频率资源。

1.5　多　址　方　式

1.5.1　移动通信系统中的多址方式

多址问题可以被认为是一个滤波问题，即许多用户可以同时使用同一频谱，然后采用不同的滤波器和处理技术，使不同用户信号互不干扰地被分别接收和解调。

蜂窝移动通信系统中，为了使信号仅在要求通信的两者之间传输而不影响其他用户，必须选用适当的天线和多址方式。

基站(BS)多数采用定向天线阵，以增加需要方向上的信号强度，减轻其他方向上的干扰，并通过现在的蜂窝移动通信系统中的扇形分区来减少相邻蜂窝共用信道造成的干扰。

基础的多址方式主要有四种：频分多址(FDMA)、时分多址(TDMA)、码分多址(CDMA)和空分多址(SDMA)。

(1) FDMA。图 1-6(a)所示为 FDMA 的频段划分方法。当前应用这种多址方式的主要蜂窝系统有美国的 AMPS 和英国的 TACS，它们均为第一代模拟移动通信系统(1G)。在我国这两种制式都曾商用过，但 TACS 占绝大多数。所谓 FDMA，就是指在频域中一个相对窄带信道里，不同信号被分配到不同频率的信道里，发往和来自邻近信道的干扰用带通滤波器限制，这样在规定的窄带里只能通过有用信号，而任何其他频率的信号被排斥在外。

(2) TDMA。TDMA 示意图如图 1-6(b)所示。当前应用这种多址方式的主要蜂窝系统有北美的 DAMPS 和欧洲的 GSM，为第二代数字移动通信系统(2G)。其中，GSM 在我国从 1994 年以后一直商用至今。所谓 TDMA，就是指一个信道由一连串周期性的时隙构成，不同信号被分配到不同的时隙里，通过定时选通来限制邻近信道的干扰，从而在规定时隙中只让有用的信号通过。现在使用的 TDMA 蜂窝系统实际上都是 FDMA 和 TDMA 的组合，如美国 TIA 建议的 DAMPS 数字蜂窝系统是先使用 30 kHz 的频分信道，再把它分成 6 个时隙进行 TDMA 传输，而 GSM 数字蜂窝系统是先使用 200 kHz 的频分信道，再把它分成 8 个时隙(全速)或 16 个时隙(半速)进行 TDMA 传输。

(3) CDMA。CDMA 示意图如图 1-6(c)所示。当前应用这种多址方式的主要蜂窝系统有北美的 QCDMA(IS-95)，为第二代数字移动通信系统(2G)，在我国目前正在商用。所谓 CDMA，就是指每一个信号被分配一个伪随机二进制序列进行扩频，不同信号被分配到不同的伪随机序列里。在接收机里，信号用相关器加以分离，这种相关器只接收选定的二进制序列并压缩其频谱，凡不符合该用户二进制序列的信号，其带宽不被压缩，结果只有有用信号的信息才被识别和提取出来。

(4) SDMA。它是一种较新的多址技术。在由中国提出的第三代移动通信(3G)标准 TD-SCDMA 中就应用了 SDMA 技术。空分多址示意图如图 1-6(d)所示。SDMA 的核心技术是智能天线的应用，理想情况下它要求天线给每个用户分配一个点波束，这样根据用户的空间位置就可以区分每个用户的无线信号。换句话说，处于不同位置的用户可以在同一时间使用同一频率和同一码型，而不会相互干扰。实际上，SDMA 通常都不是独立使用的，而是与其他多址方式(如 FDMA、TDMA 和 CDMA 等)结合使用的。也就是说，对于处于同一波束内的不同用户，可用这些多址方式加以区分。SDMA 的优势是明显的：① 可

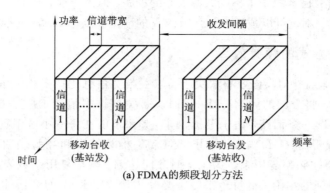

(a) FDMA的频段划分方法

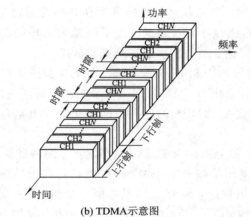

(b) TDMA示意图

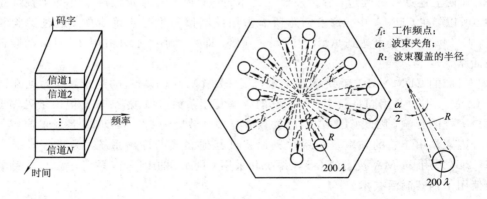

(c) FH-CDMA和DS-CDMA示意图　　　　　　(d) SDMA示意图

图 1-6　多址方式示意图

以提高天线增益，使得功率控制更加合理有效，显著地增大了系统容量；② 可以削弱来自外界的干扰，降低对其他电子系统的干扰。实现 SDMA 的关键是智能天线技术，这也正是当前应用 SDMA 的难点。特别是对于移动用户，由于移动无线信道的复杂性，使得智能天线中关于多用户信号的动态捕获、识别与跟踪以及信道的辨识等算法极为复杂，从而对 DSP（数字信号处理）提出了极高的要求，这对于当前的技术水平是个严峻的挑战。所以，虽然人们对于智能天线的研究已经取得了不少鼓舞人心的进展，但由于存在上述目前难以克服的问题而未得到广泛应用。不过可以预见，由于 SDMA 的诸多优点，SDMA 的推广是必然的。

1.5.2 不同多址方式的频谱效率

在 FDMA 蜂窝系统中，频谱效率取决于每赫兹带宽信息比特率和频率复用系数。美国模拟蜂窝系统 AMPS 将分配的频谱分成 30 kHz 带宽的许多信道，并使用窄带 FM 调制，调制效率为每 30 kHz 一条话路。由于干扰，同一频率不能在每一小区中重复作用。为提供可靠的通话质量，载干比(C/I)需要 18 dB 或更高。推算结果和经验表明，在大多数情况下，这个 C/I 值需要在频率复用系数为 1/7 时才能达到。频率复用系数表示相同频率被复用的数目。因此，得到的结论是：每个小区中必须占用 210 kHz 的频谱才有一条话路。通过减小小区面积来增加小区数，虽然从理论上能取得任意高的话路容量，但需要增加设备费用。此外，由于小区覆盖范围减小，因此也增加了基站间的切换次数。切换次数的增加将导致两个坏处：一是容易掉话；二是加重了交换机的负担。

TDMA 频谱效率的计算基本上和 FDMA 相同。由于目前被认可的频率复用准则和模拟系统的相似，因此我们可以算出对于 DAMPS，每个小区中必须占用 70 kHz 的频谱有三条话路。换句话说，它的容量是 AMPS 的三倍。同样可以算出，GSM 的系统容量约是 TACS 的两倍。

CDMA 频谱效率的算法和上面两种制式不大相同：上面两种制式每条话路占用的频谱宽度是一定的，只要频率复用系数一定，每个小区的话路容量就确定下来了；而 CDMA 是通过不同的地址码来区分用户的，所有用户都共用一个频率。决定 CDMA 系统容量的主要参数有处理增益、所需的 E_b/N_0 值、话音激活系数、频率复用效率和扇区数目等。另外，即使上述参数都确定，容量还要受具体的地理环境、背景噪声和外部干扰等条件的影响。所以，在 CDMA 中，每条话路所需占用的频谱宽度是不确定的。通过试验和理论计算，IS-95 的容量可达到 AMPS 的 8～10 倍，即每个小区中只占用 20 kHz 的频谱就有一条话路。

目前的 CDMA 蜂窝系统实际上也都是 FDMA 和 CDMA 的组合。因为处在同一载频的 CDMA 用户共用同一频率，所以它的频率复用系数可以被看作 1，但由于受邻近小区中用户干扰的影响，因此 CDMA 实际的频率复用系数应为 2/3。CDMA 系统的高容量很大一部分因素是由于它的频率复用系数远远超过其他制式的蜂窝系统。为进一步提高频率效率，2G(采用 TDMA 技术的 GSM 系统和采用 CDMA 的 IS-95 系统)及 2G 之后蜂窝系统均使用了话音激活技术。

1.5.3 3G/4G/5G 多址接入技术

在 3G 系统中采用了非正交技术——直接序列码分多址(DS-CDMA，Direct Sequence CDMA)技术。由于直接序列码分多址技术的非正交特性，系统需要采用快速功率控制(FTPC，Fast Transmission Power Control)来解决手机和小区之间的远近问题。在使用同一个频率资源的 CDMA 系统中，全部用户干扰能量决定了空中接口的吞吐量，进而影响数据速率或者用户数。所以我们说，该系统容量是干扰受限系统，对每个用户来说没有一个严格的信道分配限制，是一个软容量系统。

　　在 4G 系统中采用正交频分多址（OFDM）技术，OFDM 不但可以克服多径干扰问题，而且和 MIMO 技术结合应用，可以极大地提高系统速率。由于多用户正交，因此手机和小区之间不存在远近问题，系统将不再需要快速功率控制，转而采用 AMC（自适应调制编码）的方法来实现链路自适应。正交多址接入有很多优势，如用户间因保持正交，多用户干扰相对较小，线性接收机实现也较为简单。

　　但是，传统的正交多址接入技术的频谱利用率较低，不能满足 5G 的性能。5G 不仅要大幅度提升系统的频谱效率，还要具备支持海量设备连接的能力，此外，在简化系统设计及信令流程方面也提出了很高的要求，这些都将对现有的正交多址技术形成了严峻挑战。在最新的 5G 新型多址技术研究中，非正交多址接入（NOMA，Non-Orthogonal Multiple Access）被正式提出。NOMA 最初由 DoCoMo 提出，它改变了原来在功率域由单一用户独占资源的策略，提出功率也可以由多个用户共享的思路，在接收端系统可以采用干扰消除技术将不同用户区分开来。

　　NOMA 实现的是重新应用 3G 时代的非正交多用户复用原理，并使其融合到现在的OFDM 技术之中。从 2G、3G 到 4G，多用户复用多址技术主要集中于对时域、频域、码域的研究，而 NOMA 在 OFDM 的基础上增加了一个维度——功率域。新增的功率域可以利用每个用户不同的路径损耗来实现多用户复用。实现多用户在功率域的复用，需要在接收端加装一个串行干扰抵消（SIC，Successive Interference Cancellation）模块，通过这一干扰消除器，加上信道编码，如低密度奇偶校验码（LDPC）等，就可以在接收端区分出不同用户的信号。

　　NOMA 可以利用不同的路径损耗的差异来对多路发射信号进行叠加，从而提高信号增益。同时，NOMA 能够让同一小区覆盖范围的所有移动设备都获得最大的可接入带宽，解决由于 Massive MIMO 连接带来的网络挑战。NOMA 的另一个优点是：无须知道每个信道的 CSI，从而有望在高速移动场景下获得较好的性能。

1.6　其他常用技术

　　移动通信系统需要利用信号处理技术来改进恶劣无线电传播环境中的链路性能。均衡、分集和信道编码这三种技术可以用来改进小尺度时间、空间中接收信号的质量和链路性能。它们既可以单独使用，又可以组合使用。

　　均衡技术可以补偿时分信道中由于多径效应而产生的符号间干扰（ISI）。如果调制带宽超过了无线信道的相干带宽，则会产生符号间干扰，并且调制脉冲将会产生时域扩展，从而进入相邻符号。接收机的均衡器可对信道中的幅度和延迟进行补偿。由于无线信道具有未知性和时变性，因此均衡器应是自适应的。

　　分集技术是另外一种用来补偿信道衰落的技术，它通常使用两个或多个接收天线来实现。演进中的 3G 通用空中接口也利用了发射分集技术，即基站通过空间分开的天线或以不同的频率发送信号的多份副本。同均衡器一样，分集技术改善了无线通信链路的质量，而且不用改变通用空中接口，也不用增加发射功率或者带宽。不过，均衡技术用来削弱符号间干扰的影响，而分集技术通常用来减少接收时由于移动造成的衰落深度和持续时间。分集技术通常用在基站和移动接收机上。最常用的分集技术是空间分集，即多个天线按照一定的策略被分割开来，并被连到一个公共的接收系统中。当其中的一个天线未检测到信号时，另外一个天线却有可能检测到信号的峰值，这样接收机可以随时选择接收到的最佳信号作为输入。其他的分集技术还包括天线极化分集、频率分集、时间分集。CDMA 系统利用 Rake 接收机，通过时间分集来提高链路性能。

信道编码技术采用在发送的消息中加入冗余数据位的方式，从而在一定程度上提高链路性能。这样当信道中发生一个瞬时衰落时，同样可以在接收机中恢复数据。在发射机的基带部分，信道编码器将用户的数字消息序列映射成另一段包含更多数字比特的码序列，然后把已编码的码序列进行调制，以便在无线信道中传输。接收机可用信道编码技术来检测或者纠正由于在无线信道中传输而引入的一部分或全部误码。由于解码是在接收机进行解调之后执行的，因此编码被看作一种后检测技术。由于编码而附加的数据比特会降低信道中传输原始数据的速率，也就是会扩展信道的传输带宽。常用的信道编码有三种：分组码、卷积码和 Turbo 码。信道编码通常被认为独立于所使用的调制类型。不过最近随着网格编码调制方案、OFDM、新的空时处理技术的使用，这种情况有所改变。因为这些技术把编码、天线分集和调制结合起来，不需增加带宽就可以获得巨大的编码增益。

均衡、分集和信道编码这三种技术都用于改进无线链路的性能，但是在实际的无线通信系统中，每种技术在实现方法、所需费用和实现效率等方面有很大的不同。

1.6.1　均衡技术

在带宽受限（频率选择性的）且时间扩散的信道中，由于多径影响而导致的符号间干扰会使被传输的信号产生失真，因而在接收机中产生误码。符号间干扰被认为是在无线信道中传输高速率数据时的主要障碍，而均衡正是克服符号间干扰的一种技术。

从广义上讲，均衡指任何用来削弱符号间干扰的信号处理操作。在无线信道中，可以使用各种各样的均衡器来消除干扰。移动衰落信道具有随机性和时变性，这就要求均衡器必须能够实时地跟踪移动通信信道的时变特性，因此这种均衡器又称为自适应均衡器。

自适应均衡器一般包括两种工作模式，即训练模式和跟踪模式。其工作过程如下：发射机发射一个已知的、定长的训练序列，以便接收机中的均衡器通过参数调整达到优化设计，使误码率（BER）最小。典型的训练序列是一个二进制的伪随机信号或一串预先指定的数据比特，而紧跟在训练序列之后被传送的是用户数据。接收机中的自适应均衡器通过递归算法来评估信道特性，并且修正滤波器系数，以对多径造成的失真做出补偿。在设计训练序列时，要求做到即使在最差的信道条件下，均衡器也能通过这个序列获得恰当的滤波系数。这样就可以在训练序列执行完之后，使得均衡器的滤波系数接近最佳值，而在接收用户数据时，均衡器的自适应算法就可以跟踪不断变化的信道。这样处理的结果就是：自适应滤波器将不断改变其滤波特性。当均衡器得到很好的训练后，就说它已经收敛。

均衡器从调整系数至收敛，整个过程的时间跨度是均衡器算法、结构和多径无线信道变化率的函数。为了有效地消除符号间干扰，均衡器需要周期性地做重复训练。均衡器通常用于数字通信系统中，因为在数字通信系统中用户数据被分为若干段，并被放入小的时间段或时隙中传送。时分多址（TDMA）无线通信系统特别适合使用均衡器。TDMA 系统在长度固定的时间段中传送数据，并且训练序列通常在一个分组的开始被传送。每次收到一个新的数据分组时，均衡器将用同样的训练序列进行修正。

　　均衡器实际上是传输信道的均衡滤波器。如果传输信道是频率选择性的，那么均衡器将增强频率衰落大的频谱部分，而削弱频率衰落小的频谱部分，以使所收到的频谱的各部分衰落趋于平坦，相位趋于成线性。对于时变信道，自适应均衡器可以跟踪信道的变化。

　　由于自适应均衡器是对未知的时变信道做出补偿，因而它需要有特殊的算法来更新均衡器的系数，以跟踪信道的变化。比较常用的算法有很多，其中最经典的三种均衡器算法为：迫零算法（ZF）、最小均方算法（LMS）和递归最小二乘算法（RLS）。具体的算法可参见相关文献。

1.6.2　分集技术

　　分集技术是通信中的一种用相对低廉的投资就可以大幅度改进无线链路性能的接收技术。与均衡技术不同，分集技术不需要训练序列，因此发射机不需要发送训练序列，从而节省了开销。分集技术的使用范围很广。

　　分集的概念是：如果一条无线传播路径中的信号经历了深度衰落，那么另一条相对独立的路径中可能包含着较强的信号。因此，接收机可以在多径信号中选择两个或两个以上信号进行合并，这样做的好处是在接收机中的瞬时信噪比和平均信噪比都有所提高，并且通常可以提高 20～30 dB。分集技术是通过寻找无线传播环境中的独立（至少是高度不相关的）多径信号来实现的。

　　分集方案分为两种：一种称为宏观分集方案；另一种称为微观分集方案。宏观分集方案用于合并两个或多个长时限对数正态信号。这些信号是经独立的衰落路径接收的由不同基站站址上的两个或多个不同天线发射的信号。显然，只要在各方向上的信号传播不是同时受到阴影效应或地形地貌的影响，这种方法就能有效保持通信不中断。微观分集方案用于合并两个或多个短时限瑞利信号。这些信号都是在同一个接收基站上经独立的衰落路径接收的由两个或多个不同天线发射的信号。

　　常用的分集包括：空间分集、频率分集、时间分集、极化分集。

　　空间分集也称为天线分集，是无线通信中使用最多的分集形式之一。要想从不同的天线上获得非相关的接收信号，就要求天线间的间隔距离等于或大于半个波长。为了克服基站（BS）和移动台（MS）功率的不对称，在基站的设计中，采用分集接收技术，在每个小区的中心装备多个基站接收天线，目前一个扇区方向为一发二收。但是由于移动台接近地面，容易产生严重的信号散射现象，因此基站处的分集天线之间必须相隔很远（通常是波长的几十倍），才能实现信号的非相关。空间分集既可用于基站，也可用于移动台，还可同时用于这两者。

　　频率分集在多于一个的载频上传送信号。其工作原理是：在信道相干带宽之外的频率是不相关的，并且不会出现同样的衰落。在理论上，不相关信道产生同样衰落的概率是各自产生衰落概率的乘积。

　　时间分集是指以超过信道相干时间的时间间隔重复发送信号，以便让再次收到的信号具有独立的衰落环境，从而产生分集效果。目前，时间分集技术已经大量地用于扩频 CDMA 的 Rake 接收机中，由多径信道传输冗余信息。

　　极化分集利用了空中的水平极化和垂直极化路径不相关的特性。由于在传输中进行了多次反射，使得信号在不同的极化方向上是不相关的。将极化天线用于多径环境中，当传输路径中有障碍物时，极化分集可以惊人地减少多径时延扩展，而不会明显地降低功率。

在移动无线通信中，分集合并的方案是在几个信道上同时传输或者分集合并传输的，以降低在接收端上过量的深衰落概率。在宏观分集中，选择分集合并是有效的。这样可以减少长时限衰落。选择分集合并是在两个或者多个信号中进行选择，而不是对信号进行合并。对于短时限衰落的微观分集，原则是通过分集方案获得平均功率相等的大量信号，其相应的分集合并方法包括选择性合并、最大比值合并和等增益合并。这些线性分集合并方法包含了多个接收信号简单的加权线性和。

1.6.3　信道编码技术

信道编码通过在传输数据中引入冗余来避免数字数据在传输过程中出现差错。用于检测差错的信道编码称为检错编码，而既可检错又可纠错的信道编码称为纠错编码。

纠错和检错技术的基本目的是通过在无线链路的数据传输中引入冗余来改进信道的质量。冗余比特的引入提高了原始信号的传输速率。因此，在源数据速率固定的情况下，增加了带宽要求，降低了高 SNR 情况下的带宽效率，大大降低了低 SNR 情况下的 BER。根据香农定理可知，只要 SNR 足够大，就可以用很宽的带宽来实现无差错通信。这就是 3G 应用宽带 CDMA 的部分原因。另一方面，差错控制编码的宽度是随编码长度的增加而增加的。因此，纠错编码在带宽受限的环境中是有一定优势的，并且在功率受限的环境中提供一定的链路保护。

信道编码器把源信息变成编码序列，使其可用于信道传输，这就是它处理数字信息源的方法。检错码和纠错码有三种基本类型：分组码、卷积码和 Turbo 码。

分组码是一种前向纠错（FEC）编码。它是一种不需要重复发送就可以检出并纠正有限个错误的编码。在分组码中，校验位被加到信息位之后，形成新的码字（或码组）。在一个分组编码器中，k 个信息位被编为 n 个比特，而 $n-k$ 个校验位的作用就是检错和纠错。分组码以 (n,k) 表示，其编码速率定义为 $R_c=k/n$，这也是原始信息速率与信道信息速率的比值。

卷积码与分组码有根本的区别，它不是把信息序列分组后再进行单独编码，而是由连续输入的信息序列得到连续输出的已编码序列。已经证明，在同样的复杂度下，卷积码可以比分组码获得更大的编码增益。

卷积码是在信息序列通过有限状态移位寄存器的过程中产生的。通常移位寄存器包含 N 级（每级 k 比特），并对应有基于生成多项式的 m 个线性代数方程。输入数据每次以 k 位移入移位寄存器，同时有 n 位数据作为已编码序列输出，编码速率 $R_c=k/n$。参数 N 称为约束长度，它指明了当前的输出数据与多少输入数据有关。N 决定了编码的复杂度和能力大小。

Turbo 码是一种全新的编码，已应用于 3G 标准中。Turbo 码融合了卷积码的信道估算理论，并且被认为是平行的卷积码。Turbo 码可获得远远优于之前的纠错码的编码增益，并使无线链路非常接近于香农容量的极限。

1.7　移动通信系统的发展

1.7.1　全球移动通信的发展历程

全球移动通信的发展大致经历了以下几个阶段：

20 世纪 20～30 年代：警车无线电调度电话（AM 调幅），使用频率为 2 MHz。

20 世纪 40～50 年代：人工接续的移动电话（FM 调频），单工工作方式，使用频段为 150 MHz/450 MHz。特别值得一提的是，1947 年 Bell 实验室提出了蜂窝网的概念。

20 世纪 60 年代：自动拨号移动电话，全双工工作方式，使用频段为 150 MHz 及 450 MHz。1964 年美国开始研究改进型移动电话系统（IMTS）。

20 世纪 70～80 年代：AMPS、TACS 分别在美国、英国投入使用，使用频段为 800 MHz/900 MHz（早期曾使用 450 MHz），全自动拨号，全双工工作方式，具有越区频道转换、自动漫游通信功能，频谱利用率、系统容量和话音质量都有明显的提高。

20 世纪 90 年代：GSM 数字移动通信系统和窄带 CDMA（IS-95）数字移动通信系统及卫星移动通信系统。

21 世纪初：基于窄带 IS-95 CDMA 标准的宽带 CDMA 技术 CDMA2000，由欧洲电信标准协会（ETSI）、日本无线工业及商贸联合会（ARIB）等制定的 W-CDMA，由我国提出的时分同步 CDMA（TD-SCDMA）等第三代（3G）系统（IMT-2000）陆续投入使用。

21 世纪 10 年代：4G（LTE-FDD 和 TD-LTE）开始商用。

21 世纪 20 年代：5G（IMT-2020）开始商用。

20 世纪 80 年代发展起来的模拟蜂窝移动电话系统被称为第一代移动通信系统（1G）。其主要技术是模拟调频、频分多址，主要业务是话音。代表这一系统的有美国的 AMPS、英国的 TACS、北欧的 NMT-900 及日本的 HCNTS 等。其主要缺点是：频谱利用率低，不能与 ISDN 兼容，保密性差，移动终端要进一步实现小型化、低功耗、低价格的难度都较大。

美国的 AMPS 最早是由美国于 1971 年开始研制并投入军用的。1973 年，美国 Motorola 公司向美国联邦通信委员会（FCC）提出 AMPS 系统申请，经批准于 1983 年投入使用。

英国的 TACS 属于 AMPS 系统的改进型。AMPS 和 TACS 的主要差别见表 1-1。

表 1-1　AMPS 与 TACS 的主要差别

项　目		AMPS	TACS
工作频段/MHz	MS→BS	825～845	890～915
	BS→MS	870～890	935～960
频道间隔/kHz		30	25
话音频道调制峰值频偏/kHz		±12	±9.5
控制信号传输速率/(kb/s)		10	8
控制频道调制峰值频偏/kHz		±8	±6.4

　　使用的 150 MHz、450 MHz、900 MHz 三个频段的具体收发频率间隔分别为:150 MHz 的收发频率间隔为 5.7 MHz;450 MHz 的收发频率间隔为 10 MHz;900 MHz 的收发频率间隔为 45 MHz。

　　AMPS 系统和 TACS 系统均为采用 FDMA 方式的模拟蜂窝移动通信系统,属第一代(1G)移动通信系统。其缺点是容量小,不能满足飞速发展的移动通信业务量和业务种类的需要。

　　第二代(2G)移动通信系统采用 TDMA 或 CDMA 数字蜂窝系统,如 GSM/DCS-1800、D-AMPS(IS-54、IS-136)、CDMA(IS-95)等。其容量和功能都比模拟系统有了很大的提高,但其业务种类主要限于话音和低速数据(传输速度小于等于 9.6 kb/s)。

　　第二代移动通信系统在系统构成上与第一代模拟移动通信系统无多大差别。不同的是,它在几个主要方面(如多址方式、调制技术、话音编码、信道编码、分集技术等)采用了数字技术。

　　分析上述发展状况可以看出,从 20 世纪 20 年代到 70 年代的半个世纪内,移动通信的发展是缓慢的,应用范围也不大。从 20 世纪 70 年代开始,尤其是 20 世纪 80 年代以来,移动通信在技术进步和业务增长方面都是十分惊人的。其原因可以归纳为两个方面:

　　一是技术上的限制被突破。在半导体电子技术、大规模集成电路、程控交换及微机处理与控制技术未得到发展和广泛应用之前,不可能有现代蜂窝移动电话的出现与商用。

　　二是社会经济的发展。一方面促使人们需要在移动过程中进行信息交换;另一方面使更多的人具有承受移动费用的能力。

　　此外,频率资源的不断开发和有效利用,也是促进移动通信持续发展的一个重要因素。

　　表 1-2 列出了全球投入运营或曾经投入过运营的低功率系统的主要参数。

　　表 1-3 列出了全球投入运营的第二代(2G)数字蜂窝系统的主要参数。

表 1-2　低功率系统的主要参数

系统名称	DECT	PHS	CT-2	CT-3 (DCT-900)	PACS
应用时间	1993 年	1993 年	1989 年	1990 年	1994 年
多址方式	TDMA/FDMA	TDMA/FDMA	FDMA	TDMA/FDMA	TDM/TDMA/FDMA
工作频率/MHz	1800～1900	1895～1907	864～868	862～870	1850～1910 上行 1930～1990 或 1920～ 1930 下行
双工方式	TDD	TDD	TDD	TDD	FDD 或 TDD
射频信道间隔/kHz	1728	300	100	1000	300/300
调制方式	GFSK	$\pi/4$-DQPSK	GFSK	GMSK	$\pi/4$-DQPSK
手机发射功率 (最大值/平均值)	250 mW/10 mW	80 mW/10 mW	10 mW/5 mW	80 mW/5 mW	100 mW/25 mW
话音编码/(kb/s)	ADPCM 32	ADPCM 32	ADPCM 32	ADPCM 32	ADPCM 32
每个射频载波的 话音信道数	12	4	1	8	8

表 1 - 3　第二代(2G)数字蜂窝系统的主要参数

系统名称		GSM	DCS - 1800	IS - 54/IS - 136	IS - 95	PDC(JDC)
应用时间		1990 年	1993 年	1990 年	1993 年	1991 年
多址方式		TDMA/FDMA	TDMA/FDMA	TDMA/FDMA	CDMA/FDMA	TDMA/FDMA
工作频带/MHz	上行	890～915	1710～1785	824～849	824～849	810～830 1429～1453
	下行	935～960	1805～1880	869～894	869～894	940～960 1477～1501
双工方式		FDD	FDD	FDD	FDD	FDD
射频信道间隔/kHz		200	200	30	1250	25
调制方式		GMSK	GMSK	$\pi/4$ - DQPSK	QPSK	$\pi/4$ - DQPSK
手机发射功率 (最大值/平均值)		1 W/125 mW	1 W/125 mW	600 mW/200 mW	600 mW	
话音编码/(kb/s)		RPE - LTP 13	RPE - LTP 13	VSELP 7.95	QCELP 8	VSELP 11.2
每个射频载波的 话音信道数		8(16)	8(16)	3(6)	软容量	3(6)
信道速率		270.833 kb/s	270.833 kb/s	48.6 kb/s	1.2288 Mc/s	42 kb/s

1.7.2　从 2G 向 3G 发展

移动通信继续以前所未有的速度向前发展，用户数量的急剧增加、新业务的需求使人们已不再满足于第二代移动通信系统(2G)，因此人们不断进行系统的改进，从 2G 向 3G 发展是移动通信历史发展的必然趋势。

1. 移动用户数发展的必然趋势

随着移动用户数量的急剧增加，世界上一些发达地区已经出现了频率资源紧张、系统容量饱和的局面。移动通信所赖以生存的无线电频率是一种宝贵的资源。频谱资源是有限的，但随着移动通信的飞速发展，用户数量急剧增加，有限的资源被"无限"地利用，矛盾越来越尖锐。3G 由于采用了 CDMA 技术，相对于 2G 来说可以提供更大的系统容量，能有效缓解急剧增长的用户数量和有限的频率资源之间的矛盾。从这个角度分析，2G 的无线技术必将被 3G 所取代。

2. 移动业务发展的必然趋势

随着社会生产力的发展，人类已经逐渐步入信息化社会，人们对于移动通信也提出了越来越高的要求。在这种潮流下，分组交换、ATM、IP 等技术与移动通信技术的融合已经成为移动通信的发展趋势，而且移动通信和互联网络的结合也越来越紧密。同时，信息技术的发展和用户的多样化、个性化需求要求移动通信系统提供更丰富、更个性化的业务，如图像、话音与数据相结合的多媒体业务和高速数据业务，但 2G 系统主要为用户提供话音业务和低速数据业务，QoS 能力有限，无法满足用户多媒体、电子商务、移动上网等多种新兴通信的要求。3G 能够达到高速车载环境下 384 kb/s、低速或静止状态下 2 Mb/s 及以上的速率，因此可提供多样化、个性化业务，并向多媒体化、智能化、IP 化方向发展。

3. 运营商发展的必然趋势

从更深层次来说，随着终端价格和话费的下调、预付费业务的开展，手机消费已从奢侈品走向普及，大量低端用户的加入导致运营商的 ARPU 逐渐下降。ARPU 一直是投资者衡量运营商核心竞争力的一个重要指标，因此如何有效提高 ARPU 就成为亟待解决的问题。

由于话音业务的利润空间日益缩小，因此要提高 ARPU，还需要开展丰富的差异化竞争业务。因为 2G 直接将业务本身标准化，所以同一种业务就只有一种标准实现方式，不利于第三方的快速引入和业务生成，生成新业务比较困难，无法充分满足用户多样化、个性化的业务需求。在 3G 中，某个特定业务可以抽象为多个业务能力特征的集合，每个业务能力特征可以根据承载网络的不同而由不同的业务能力具体实现，这表现了 3G 业务生成的多样化和灵活性。运营商只有充分利用 3G 平台来开展差异化竞争，才能在未来的激烈竞争中生存和发展。

与第一、第二代移动通信系统相比，第三代移动通信系统的主要特征是可以提供移动多媒体业务，具体包括高速移动环境（FDD：500 km/h；TDD：120 km/h）中支持速率为 144 kb/s 的业务，步行慢速移动环境（30 km/h）中支持速率为 384 kb/s 的业务，室内环境（3 km/h）中支持速率为 2 Mb/s 的业务。

IMT - 2000 的目标是建立一个具有全球性、综合性的个人通信网（具有寻呼、无绳电话、蜂窝系统和移动卫星通信系统等的功能），为全球用户提供多媒体通信业务。其第一阶段目标是实现 2 Mb/s 的无线多媒体通信，第二阶段目标是实现 10 Mb/s 的无线多媒体通信。1999 年 6 月，国际电联 TG8/1 第 17 次会议在北京召开。此次会议全面完成了 IMT - 2000 无线接口技术规范建议（RSPC 建议）框架的制定，并进一步推动了宽带码分多址（CDMA）技术和 CDMA 时分双工（TDD）技术的融合。

IMT - 2000 的系统特性如下：

(1) 采用 1.8~2.2 GHz 频带的数字系统。

(2) 在多种无线环境（蜂窝系统、无绳系统、卫星系统和固定的无线系统）下工作。

(3) 使用多模式终端，提供漫游能力。

(4) 提供广泛的电信业务。

(5) 具有与固定网络业务可比的高质量和完整性。

(6) 具有国际漫游和系统内部越区切换的能力。

(7) 使用智能网（IN）技术进行移动性管理和业务控制。

(8) 具有高水平的安全和保密能力。

(9) 具有灵活开放的网络结构。

无线传输技术（RTT）是第三代移动通信系统的重要组成部分。无线传输技术主要包括多址技术、调制技术、信道编码与交织、双工技术、物理信道结构和复用、帧结构、RF 信道参数等。1998 年 6 月 30 日为 ITU 规定的提交 RTT 建议的最后期限，共有 10 个组织向 ITU 提交了候选 RTT 方案，如表 1 - 4 所示。

表 1-4　正式向 ITU 提交的候选 RTT 方案

序号	提 交 者	候选 RTT 方案
1	日本 ARIB	WCDMA
2	欧洲 ESA	SW - CDMA，SW - CTDMA
3	ICO	ICO RTT
4	中国 CATT	TD - SCDMA
5	韩国 TTA	Global CDMA Ⅰ & Ⅱ，Satellite RTT
6	欧洲 ETSI - DECT	EP - DECT
7	欧洲 ETSI - UTRA	UTRA
8	美国 TIA	TR45.3(UWC - 136) TR45.5(CDMA2000) TR46.1(WIMS WCDMA)
9	美国 T1P1 - ATIS	WCDMA N/A
10	INMARSAT	Horizons

特别值得一提的是，中国电信科学技术研究院(CATT)代表中国也提交了自己的候选方案(TD - SCDMA)，这说明我国政府主管部门高度重视第三代移动通信的发展，决心从制定标准起就涉足第三代系统，以改变我国以往跟着国外标准跑的局面。

1998 年 12 月成立的 3GPP(第三代伙伴关系项目)主要由欧洲的 ETSI、日本的 ARIB、日本的 TTC、韩国的 TTA 和美国的 T1P1 五个标准化组织发起，主要是制定以 GSM 核心网为基础、以 UTRA(FDD 为 WCDMA 技术，TDD 为 TD - CDMA 技术)为无线接口的第三代技术规范。

1999 年 1 月成立的 3GPP2(第三代合作伙伴项目 2)由美国的 TIA、日本的 ARIB、日本的 TTC、韩国的 TTA 四个标准化组织发起，主要是制定以 ANSI - 41 核心网为基础、以 CDMA2000 为无线接口的第三代技术规范。

1999 年 11 月，在芬兰召开的 ITU 第 18 次会议上正式确定了 IMT - 2000 的三个主流标准：欧洲 Ericsson 等公司倡导的 WCDMA，美国 Lucent、Motorola 和 Qualcomm 等公司提出的 CDMA2000，我国推出的 TD - SCDMA。这三个标准均采用 CDMA 技术。

1.7.3　WiMAX（全球微波互联接入）

WiMAX（全球微波互联接入）以 IEEE 802.16 系列宽频无线标准为基础，故称为 802.16 无线城域网(MAN)，是又一个为企业和家庭用户提供"最后一英里"的宽带无线连接方案，作为电缆和 DSL 之外的选择，由 WiMAX 论坛(WiMAX Forum)提出并于 2001 年 6 月成形。在 802.16 物理层的三个变体中，WiMAX 选择了 802.16 - 2004 版的 256 个载波的 OFDM，具有较宽的频带以及较远的传输距离。与主要以短距离区域传输为目的的 IEEE 802.11 通信协议有着相当大的不同，WiMAX 可以覆盖 40～48 km 的范围。

WiMAX 在北美、欧洲发展迅猛，而且这股热浪已经推进到了亚洲。为了分享 ITU 分配给 3G 的频谱资源，WiMAX 从一开始就积极试图加入 3G 家族，实现全球漫游的目标，成为真正意义上的移动通信技术，但遭到了分别代表 WCDMA、CDMA2000 和 TD - SCDMA

阵营的爱立信、高通和 TD 三方的强力反对。然而美国政府给予了强力支持，其他国家和企业也都一边倒地支持 WiMAX。2007 年 10 月，WiMAX 被正式批准为国际电信联盟标准（ITU），成为 3G 标准中 IMT-2000 家族的一名正式成员。由于 WiMAX 同 TD-SCDMA 一样均使用了 TDD 技术，因此如果 WiMAX 成为 3G 技术，在频谱资源方面就会对 TD-SCDMA 构成冲击，所以中国方面也持反对意见。WiMAX 未被我国列入 3G 标准。

　　WiMAX 目前定义了固定、游牧、便携、简单移动及自由移动五种应用场景，其在各场景下的性能指标如表 1-5 所示。

表 1-5　WiMAX 在典型的五种场景下的性能指标

性能	固定	游牧	便携	简单移动	自由移动
移动性	无	会话中无移动性要求	5 km/h	<60 km/h 时，性能不下降；60～120 km/h 时，性能略有下降	<120 km/h 时，性能不下降
总的切换时延	无	无	尽力而为	IP 子网络间切换<1 s，子网络内切换<150 ms	<50 ms
切换过程中数据传输中断时间	无	无	尽力而为	<150 ms	<5 ms 和帧长的最大值
会话连续	不支持	不支持	尽力而为	支持	支持
空闲模式支持	可选	可选	可选	支持	支持
移动时的典型应用	无	无	E-mail、Web、FTP、带 buffer 的流媒体、VPN	E-mail、Web、FTP、带 buffer 的流媒体、VPN	VoIP、可视电话、网络游戏、无 buffer 的流媒体
宏分集	可选	可选	可选	可选	支持，可接收和合并来自多个 BS 的数据或者进行快速小区选择
典型设备类型	CPE、网关	笔记本内置设备	笔记本内置设备	笔记本内置设备、PCI PDA	手机、笔记本或 MP3 等内置设备

　　固定接入业务是 802.16 运营网络中最基本的业务模型，包括：用户因特网接入、传输承载业务传输及 WiFi 热点回传等。

　　游牧场景下，终端可以从不同的接入点接入到一个运营商的网络中，在每次会话连接中，用户终端只能进行站点式的接入，在两次不同的网络接入中，传输的数据将不被保留。

　　便携场景下，除了进行小区切换外，连接不会发生中断，从这个阶段开始，终端可以在不同的基站之间进行切换。当进行切换时，用户将经历短时间（最大 2 s）的业务中断或者感到一些延迟。切换过程结束后，TCP/IP 应用对当前 IP 地址进行刷新或者重建 IP 地址。

　　简单移动场景是能够在相邻基站之间切换的第一个场景。在切换中，数据包的丢失将控制在一定范围内，最差的情况下，TCP/IP 会话不中断，但应用层业务可能有一定的中断。切换完成后，QoS 将重建到初始级别。

在自由移动场景下，用户可以在移动速度为 120 km/h 甚至更高的情况下，无中断地使用宽带无线接入业务，当没有网络连接时，用户终端模块将处于低功耗模式。

简单移动和自由移动网络需要支持休眠模式、空闲模式和寻呼模式。

1.7.4　从 3G 向 4G 发展

3G 在全球布局后，4G 的路如何走一直是行业关注的热点问题。从 2005 年开始，国际上 3GPP 和 3GPP2 标准化组织就开始制定新一轮的 3G 演进标准。2008 年，ITU 开始向全世界征求"后 3G（3G＋）"候选标准，而后有许多公司宣布自己的技术是 4G。

传统的 WCDMA 阵营的运营商和制造商都把 HSDPA、HSUPA 当作自己的发展方向，形成长期演进模式（LTE），LTE 技术着重考虑的方面主要包括降低时延、提高用户的数据率、增大系统的容量和覆盖范围以及降低运营成本等。为了满足这些要求，需要对无线接口以及无线网络的体系架构进行改进。诺基亚、西门子、爱立信在 2007 年 3GSM 大会上分别展示了 LTE 技术，提供的速度分别高达 143 Mb/s 和 144 Mb/s。应该说，传统通信阵营对于 LTE 寄托了极大的期望，将此作为 4G 的发展方向。

一些在 3G 领域没有占据市场的传统电信公司与计算机和互联网行业的企业，希望通过 Wireless MAN Advanced 和 4G 抗衡。而 Wireless MAN Advanced 即为 IEEE 802.16m，兼容 4G 无线网络。802.16m 可在"漫游"模式或高效率/强信号模式下提供 1 Gb/s 的下行速率。

2012 年 1 月 18 日，国际电信联盟在 2012 年无线电通信全会上，正式审议通过将 LTE 和 Wireless MAN Advanced 技术规范确立为"4G"国际标准，中国主导制定的 TD－LTE 和 FDD－LTE 同时并列成为 4G 国际标准。

TD－LTE 被确定为 4G 国际标准，标志着中国在移动通信标准制定领域再次走到了世界前列，为 TD－LTE 产业的后续发展及国际化提供了重要基础。

1.7.5　从 4G 向 5G 发展

物联网和自动驾驶等需求推进了 4G 向 5G 发展。5G 弥补了 4G 技术的不足，在吞吐率、时延、连接数量、能耗等方面进一步提升了系统性能。它采取数字全 IP 技术，支持分组交换；它既不是单一的技术演进，也不是几个全新的无线接入技术，而是整合了新型无线接入技术和现有无线接入技术（2G、3G、4G、WLAN 等），通过集成多种技术来满足不同的需求，是一个真正意义上的融合网络。另外，由于融合，5G 可以延续使用 3G、4G 的基础设施资源，并实现与 2G、3G、4G 共存。

随着用户需求和行业应用的驱动，对包括传输技术和网络技术在内的 5G 关键技术提出了极大的挑战。5G 将通过更高的频谱效率、更多的频谱资源以及更密集的小区部署等，共同满足移动业务流量增长的需求。在网络容量方面，5G 通信技术将比 4G 实现单位面积移动数据流量增长 1000 倍；在传输速率方面，典型用户数据速率将提升 10～100 倍，峰值传输速率可达 10 Gb/s（4G 为 100 Mb/s）；端到端时延缩短为 4G 的 1/10～1/5，频谱效率提升 5～10 倍，网络综合能效提升 1000 倍。

2015 年 6 月，ITU 明确了 5G 的名称、愿景和时间表等关键内容，并定义了 5G 的主要应用场景。2019 年 ITU 推出 5G 标准,2020 年商用,5G 系统正式命名为 IMT - 2020。3GPP 也于 2018 年完成了 5G 标准的制定。

1.7.6　我国的移动通信发展历程

我国移动通信是从军事移动通信(即战术通信)起步的。民用移动通信发展较晚,最初阶段大致可分为早期、74 系列、80 系列三个阶段。20 世纪 50 年代末到 70 年代中主要在公安、邮电、交通、渔业等少数部门用作专网;1974 年才开放了四个民用波段,制定了通用技术条件,开始研制频道间隔为 50 kHz 和 100 kHz 的 74 系列产品;1980 年制定了频道间隔为 25 kHz 的性能指标、测试方法和环境要求等部颁标准,开展了 80 系列设备的研制。

我国公众移动通信起步于 20 世纪 80 年代。1987 年在广州、上海率先采用 900 MHz TACS 标准的模拟蜂窝移动通信系统,开通了蜂窝移动通信业务。它一经面世,就受到广大用户的欢迎,并迅速发展到全国各省。移动电话用户数每年翻番,发展速度之快,令世人瞩目。至 1996 年已基本建成一个覆盖全国(除台湾省以外)31 个省、直辖市、自治区大部分地市县和部分重要县镇的全国移动通信网。该网采用的设备主要由摩托罗拉系统(称 A 网)和爱立信系统(称 B 网)组成。1995 年 1 月 1 日实现了 A 网和 B 网两系统内的分别联网自动漫游。1996 年 1 月 1 日实现了 A 网、B 网两系统的互联自动漫游,从而真正实现了"一机在手,信步神州"。随着 GSM 数字移动通信系统的发展与普及,模拟蜂窝移动通信系统于 2000 年起开始封网,并逐步退出中国电信发展的历史舞台,将频段让给数字蜂窝移动通信系统。

1994 年 4 月,中国联合通信有限公司(简称中国联通)的成立打破了邮电"一统天下"的局面。中国联通决定采用技术先进、设备成熟、具有国际自动漫游功能的 GSM 数字移动通信技术,组建全国第二个公众移动通信网。1994 年 9 月,中国电信也采用 GSM 数字移动通信技术,组建了中国电信全国公众数字移动通信网。从 1994 年 9 月至 1995 年年底短短一年多时间,中国就有 15 个省、直辖市、自治区开通了 GSM 数字移动电话业务,并采用中国 7 号信令完成了联网自动漫游。

在发展 GSM 的同时,我国积极跟踪 CDMA 技术的发展。CDMA 数字蜂窝试验网率先由长城电信公司在北京、上海、广州、西安四大城市建成并开通,使用效果不错。美国 TIA 的 IS - 95 的双模式 CDMA 标准以 Qualcomm 的方案为基础,系统带宽为 1.25 MHz。随着中国电信改革的深入,1999 年 4 月,信息产业部确定由中国联通在全国范围经营 CDMA 数字蜂窝系统。2000 年 4 月 20 日,从中国电信分离的移动业务由新成立的中国移动通信集团公司(简称中国移动)运行。中国移动的成立积极地推动了我国移动通信的发展,使我国很快成为世界上移动用户数最多的国家。

2008 年,电信业进行重组,中国铁通并入中国移动,中国联通与中国网通合并,中国电信收购中国联通 CDMA 网(包括资产和用户),中国卫通的基础电信业务并入中国电信,形成了目前中国移动、中国联通和中国电信三强并行的局面。

为了改变我国以往在制定技术标准方面跟着国外标准跑的局面,我国政府主管部门高度重视第三代移动通信(3G)的发展,积极制定具有我国自己知识产权的 3G 标准。

1999 年 6 月,中国无线电讯标准组(CWTS)在韩国正式签字,同时加入 3GPP 和 3GPP2,成为这两个当时主要负责第三代合作伙伴计划的组织伙伴。在此之前,我国是以观察员的身份参与该计划的标准化活动的。

1999 年 11 月，芬兰赫尔辛基 ITU 第 18 次会议上，TD - SCDMA 进入 ITU TG8/1 文件 IMT - RSPC 的最终稿，成为 ITU/3G 候选方案。2000 年 5 月 5 日，土耳其伊斯坦布尔无线电大会上，TD - SCDMA 正式被 ITU 接纳成为 IMT2000 标准之一，这是百年来中国电信发展史上的重大突破。

为推动中国 3G 产业的发展，2001 年 6 月，信息产业部组织国内运营企业、设备制造企业和科研支撑单位的专家成立了"第三代移动通信技术试验专家组"，正式启动 3G 技术试验，对 TD - SCDMA、WCDMA、CDMA2000 三种技术的系统设备、接口、网络性能、终端、互操作、业务、无线干扰、网管和计费等进行了全面测试。

在开展技术试验的同时，中国通信标准化协会按照"以企业为主体，以市场为导向，公平、公正、公开和协商一致"的标准制定原则，引导国内外通信制造企业、通信运营企业、科研机构、高等院校，在充分借鉴国际标准化组织的最新研究成果的基础上，经过国内外企业广泛参与和充分讨论，共同开展 TD - SCDMA、WCDMA、CDMA2000 通信行业标准的研究制定工作。

2006 年 1 月 20 日，我国信息产业部将第三代移动通信(3G)中国标准 TD - SCDMA 公布为中国通信行业标准。2006 年 5 月 16 日，信息产业部又将欧洲提出的 WCDMA 和美国提出的 CDMA2000 颁布为中国通信行业标准。

在 TD - SCDMA、WCDMA、CDMA2000 系列通信行业标准发布后，国内外积极参与 TD - SCDMA、WCDMA、CDMA2000 产品开发生产和运营的企业，在产品需求定义、设备合作开发、系统集成应用等方面有了一致的认识，技术和市场分工进一步明确，同类设备的性能和指标越来越具有可比性，从而形成了更加成熟的产业环境。

2008 年 9 月 28 日，中国联通与中国电信联合发布公告，CDMA 业务的经营主体由中国联通变更为中国电信。

2009 年 1 月 7 日，工业和信息化部对中国移动发放自主研发的 TD - SCDMA 牌照，对中国联通发放 WCDMA 牌照，对中国电信发放 CDMA2000 牌照。这标志着中国进入 3G 时代。至此，经过电信重组和 3G 牌照发放，中国电信、中国联通和中国移动三大电信运营商均获得了移动和固网牌照，形成了全业务经营格局。

2007 年，中国政府面向国内组织开展了 4G 技术方案征集遴选。经过两年多的攻关研究，最终中国产业界达成共识，在 TD - LTE 的基础上形成了 TD - LTE - Advanced 技术方案。与 TD - SCDMA 3G 标准相比，TD - LTE 更为开放，吸引了多家企业参与研发和技术跟踪，TD - LTE 与其他国际上同类技术的差距在缩小。TD - LTE 参与方也非常广泛，包括华为、中兴、中国移动、爱立信等多方都参与了 TD - LTE 的技术研发，企业越多，对这项技术产业化越有好处。

2012 年 1 月 18 日，国际电信联盟在 2012 年无线电通信全会上，正式认定中国主导制定的 TD - LTE 和 FDD - LTE 同时并列为 4G 国际标准。

2013 年 12 月 4 日，工业和信息化部向中国移动、中国电信和中国联通颁发"LTE/第四代数字蜂窝移动通信业务(TD - LTE)"经营许可。

2015 年 2 月 27 日，工业和信息化部结合前期 LTE 混合组网试验等情况，根据相关企业申请，依据《电信条例》和《电信业务经营许可管理办法》，经过对申请企业财务能力、技术能力和运营能力等方面的综合审查，向中国电信和中国联通发放"LTE/第四代数字蜂窝移动通信业务(LTE‑FDD)"经营许可,支持企业结合自身实际情况,统筹推进 4G 融合发展,促进信息消费。

在积极开发 4G 技术和推进 4G 商用的同时,2013 年 10 月,我国启动了国家 863 计划"第五代移动通信系统研究开发"项目,并在 2020 年之前,已系统地研究了 5G 移动通信体系架构、无线组网、无线传输、新型天线与射频以及新频谱开发与利用等关键技术,完成了性能评估及原型系统设计,进行了技术试验与测试,实现了支持业务总速率 10 Gb/s,将目前 4G 系统的频谱、功率效率提升了 10 倍,满足未来 10 年移动互联网流量增加 1000 倍的发展需求。此项目参加单位除了华为、中兴、大唐等国内数十家通信企业、学术研究机构外,还吸纳了三星、诺西、爱立信公司等数家国际企业作为研发合作伙伴。5G 研究正在成为全球移动通信领域新一轮技术竞争焦点。

值得一提的是,华为在 2013 年 11 月 6 日就宣布在 2018 年前投资 6 亿美元对 5G 的技术进行研发与创新,并预言在 2020 年用户会享受到 20 Gb/s 的商用 5G 移动网络。

目前,5G 正以超乎想象的速度加速到来,全球领先运营商正加速 5G 商用部署,5G 产业在标准、产品、终端、安全、商业等领域已经准备就绪。华为的 5G 技术和产品走在了世界的前列。截至 2019 年 1 月,华为全球 5G 商用合作伙伴最多,高达 50 多家;华为已获得 30 个 5G 商用合同,25 000 多个 5G 基站已发往世界各地。

2019 年 6 月 6 日,工信部正式向中国电信、中国移动、中国联通、中国广电发放 5G 商用牌照,中国正式进入 5G 商用元年。

1.8　第六代移动通信系统(6G)

5G 的研究随着即将商用的趋势慢慢地进入了最后的阶段,学术界、产业界等各界对 5G 之后的新一代移动通信技术逐渐产生了兴趣。工业和信息化部于 2018 年 3 月表示我国的 6G 研究已经开始。2019 年 11 月 3 日,科技部会同发展改革委、教育部、工业和信息化部、中科院、自然科学基金委在北京组织召开 6G 技术研发工作启动会。会议宣布成立了国家 6G 技术研发推进工作组、国家 6G 技术研发总体专家组。

随着移动通信技术的发展,人们对移动网络的传输速率的要求不断提升。从 1G 的 2.4 kb/s 到如今的 5G(理论峰值传输速率可达 10~20 Gb/s),移动网络传输速率已提升了千倍以上。同样地,更高的频段意味着可用的频谱范围更大,在如今频谱资源匮乏的情况下,高频段的移动通信技术可以很好地解决运营商在频谱资源利用上的压力。6G 网络将会使用太赫兹技术,即频率在 0.1~10 THz 之间,这就意味着更宽的频谱资源、更多的接入等。同时 6G 网络的传输速率将会是 5G 网络的 100 倍以上,网络时延也会从 5G 的毫秒级降至微秒级。6G 网络将实现天地互连的要求,包括地面设备、中低轨道卫星、近地飞行器等设备的连接。同时,6G 将支持虚拟现实(VR)、增强现实(AR)和触觉物联网等功能,着眼于用户感知和体验。触觉互联网要求非常短的端到端延迟(1 ms 及以下),它将在工业、交通、医疗和娱乐等多种应用中得到利用。低时延的需求将对网络体系结构产生影响,因为空中传播、运输和处理时间需要最小化。6G 的可靠性、安全性和隐私性将成为非常关键的要求。可靠的无线通信对于许多重要的场景是必不可少的,例如医疗保健、工业互联网和车联网。因此,只有在保证高度安全和隐私性的情况下,许多高级的应用和服务才能被提供。近年来，人们越来越关注甚高频电磁辐射对人体健康可能产生的影响，这也是研制 6G 时必须考虑的。

6G 开发将要考虑到很多社会因素。尽管移动网络的全球普及率越来越高，但是事实上，如今仍然有数以亿计的人并没有接触到移动网络。因此，6G 的设计还应承担这一社会责任，使世界上的每一个公民，特别是那些生活在严重经济限制下和偏远或不发达地区的公民都能实现互联互通。一个真正互联的世界是实现世界繁荣、稳定的关键先决条件。这一主题不仅与政治和经济决策有关，同时也离不开技术的支持和对新的商业模式的探索。

1.8.1　6G 通信系统的应用场景与需求

6G 的特征是全覆盖、全频谱、全应用。全覆盖是指 6G 网络将支持人、机器、物品之间的相互通信和超密集连接，并且向天地融合发展，从而实现对所有区域、领域的全覆盖。全频谱是指 6G 系统将往毫米波、太赫兹、可见光等高频率方向发展。全应用是指 6G 系统将融入各行各界中，与人工智能、大数据技术等深度融合，对社会产生革命性的影响。

6G 网络使用的高频波具有超高传输速率、超低延时的特点，这一特点结合地面通信、近地飞行器、无人机、中低轨道卫星等技术可以扩大信号的覆盖纵深，实现海陆空全方位的覆盖，这也被称为天地互联。天地互联的典型应用场景有：

(1) 全球覆盖通信服务。该服务提供了全球范围内的无缝覆盖，特别是支持偏远山区、沙漠、海洋、森林、无人区等无法建设传统地面基站的区域。

(2) 远程物联网服务。该服务保障了远程医疗、高精度的远程操作等业务。

(3) 飞行平台通信服务。该服务为飞行器之间的通信提供了平台，包括飞机、卫星、无人机等。

(4) 应急通信和广播服务。该服务包括基于地震、海啸、台风等自然灾害情况下的应急通信服务以及战争、暴动等公共安全和应急广播服务。

6G 系统不仅仅关注传输性能，更注重用户的感知和体验。6G 系统将会与人工智能、云计算、雾计算、边缘计算、物联网技术深度融合，实现虚拟现实、虚拟用户、智能网络等功能。未来的 6G 系统连接的将会是普遍具有智能性的对象，并且其连接方式将不再仅仅是感知，而是包括实时的控制与响应，因此它也被称为触觉物联网。触觉物联网提供了一种新型的人机交互形式，在人的视觉和听觉以外加上了触觉体验，使用户能够更自然地与虚拟环境进行交互操作。另外，触觉互联网提供了一个具有低时延、高可靠性、超密集连接、高安全性等特性的通信网络，这是 6G 通信系统的重要应用场景之一，可以在工业自动化、车联网、VR 游戏、远程医疗、远程互动实验教学等需要超低时延领域得到广泛应用。

ITU 于 2018 年 10 月在美国召开的网络 2030 研讨会上定义了 6G 的三大应用场景：

(1) 甚大容量与极小距离通信：包括 VR、AR、全息通信、高吞吐量($>$Tb/s)、全息传送($<$5 ms)、数字感官、定性沟通协调流等。

(2) 超越"尽力而为"与高精度通信：包括无损网络、吞吐量保证、时延保证、用户-网络接口。

(3) 融合多类网络：包括卫星网络、因特网规模专网、移动边缘计算、专用网络/特殊用途网络、超密集网络、网络-网络接口、运营商-运营商网络。

1.8.2　6G 关键技术

1. 太赫兹(THz)通信

太赫兹是指频率范围在 0.1～10 THz 范围内的电波,它在频谱资源匮乏的当下提供了一个全新的频段,并且该频段的范围更宽,可用资源更多。太赫兹通信具有传输速率超高、传输时延超低、频谱资源带宽超宽的特点,是未来 6G 系统最大的优势之一。太赫兹频谱同时具有微波和光波的特性,穿透性强,带宽宽,量子能量低,在未来是支持大数据实时传输的重要技术。

相比于微波通信,太赫兹通信的载波频率更高,穿透性更强,波长更短,可以支持更大规模的 MIMO 系统和通信设备便携化。相比于光通信,太赫兹通信具有更强的大气吸收能力,在短距离空间内能更加安全可靠地传输信息,保证消息的安全性和保密性。

6G 中采用太赫兹通信技术具备以下优势:

(1) 频谱资源宽:太赫兹频率高,具有丰富的频谱资源。

(2) 传输速率高:太赫兹通信数据传输速率理论可达 100 Gb/s 及以上。

(3) 捕获能力强:太赫兹频谱的波束灵活可控,在空间组网中更易被跟踪捕获。

(4) 抗干扰能力强:太赫兹通信的波束窄,能更好地波束赋形,使其更容易定向抗干扰传输。

(5) 穿透能力强:太赫兹在穿透障碍物时具有更小的衰减,可以满足一些特定场合下的应用需求。

2. 可见光(Visible Light)通信

可见光通信可以将设备架设在照明设备上,通过在照明设备发出的光线中掺入通信信号来传输数据。这种通信技术可以覆盖所有灯光能够覆盖的范围,在短距离传输中,特别是在室内能够拥有很好的应用,如智能家居业务。可见光通信技术解决了射频通信频带紧张的问题。可见光通信可以应用于现在的局域网,但是它相比于局域网更具有技术上的优势:

(1) 设备简单:可以利用照明设备代替局域网基站。

(2) 传输速率高:可见光通信理论上能够获得上百兆的传输速率,随着可见光技术的发展,未来的传输速率甚至可以超过光纤通信。

(3) 保密性更好:由于可见光可以轻易地被遮挡,因此只要挡住光线即可防止信息的泄露,具有更强的保密性。

(4) 终端设备便携性好:设备终端如手机、智能手表等只需要在可见光可达的范围内就能实现数据的顺利传输。

(5) 满足特殊的应用场景:如医院等特殊场所,第一电磁信号比较敏感,可见光通信技术可以被自由地使用。

可见光通信具有广泛的应用场景,如无线局域网、水下可见光通信、卫星之间的可见光通信等,在未来的移动通信中具有无可代替的作用。

3. 超大规模天线技术

当把 THz、Sub-THz、可见光的新增频谱用于 6G 时代的通信系统之后,将需要运营商以更多天线传输信息来获取更大的吞吐量。因此在 6G 系统图中，超大规模天线技术将提供比 5G 更大的空间分集，这将是提升 6G 系统频谱效率的关键技术之一。

但是因为太赫兹频谱的跨度较大，超大规模天线也存在工程上的难点。

对于未来的 6G 通信系统的需求，超大规模天线阵列技术将着力解决：

(1) 理论突破：实现大规模天线跨频段、高效率、全空域覆盖的射频理论突破。

(2) 技术实现：解决高集成射频电路面临的低功耗、高效率、低噪声、抗干扰等多项理论射频技术。

(3) 集成设计：大规模阵列天线和高集成射频电路联合设计，实现高性能、大规模波束赋形网络设计技术。

1.8.3 6G 通信系统的前景与挑战

6G 系统的目标是满足 2030 年后的信息社会需求，6G 系统旨在实现智慧通信、深度认知、全息体验和泛在连接，实现无缝融合的人与万物的智慧互联，如图 1-7 所示。

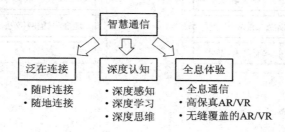

图 1-7 6G 系统目标

1. 智慧通信

未来的 6G 系统将会面临诸多挑战：更复杂庞大的网络，更多类型的终端和设备，更加复杂多样的业务类型。通信系统与人工智能的结合能够更好地让人工智能服务于未来的网络，充分利用人工智能先进理论和技术来解决复杂的需求是今后发展的必然趋势。智慧通信就是利用 AI 先进理论技术来解决通信系统中的一系列问题，实现智能通信，包括网元与网络架构的智能化、连接对象智能化、承载的信息支撑智能化等业务。

2. 深度认知

6G 系统将从深度覆盖演变为深度认知，其特征可概括为深度感知（即认知网络）、深度学习（即深度数据挖掘）、深度思维（即心灵感应）等。

3. 全息体验

6G 将提供高保真的 AR、VR、全息通信等需求，保证人们享受完全浸入式的全息交互体验。全息体验的特征可概括为：全息通信、高保真 AR/VR、随时随地无缝覆盖的 AR/VR。

4. 泛在连接

泛在连接即广泛存在的通信，它以无所不在、无所不包、无所不能为基本特征，以实现在任何时间、任何地点、任何人、任何物都能够顺畅地通信为目标。泛在连接就是实现全地形、全空间立体覆盖连接，即空、天、地、海随时随地连接。与深度认知相比，泛在连接更强调地理区域的广度。

5G 网络面临的挑战在 6G 网络中也同样存在，同时 6G 网络还存在更多的挑战。对比 5G 与 6G 的性能指标（如图 1-8 所示），可以发现 6G 网络需要考虑以下几项技术挑战。

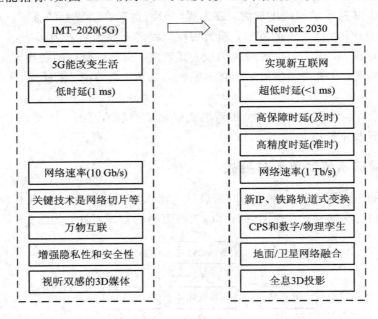

图 1-8　5G 与 6G 对比

1）超高峰值速率

6G 将采用新的频谱，进一步提升峰值速率，峰值速率将高达 Tb/s 级别。面向人们未来对移动互联网大流量应用的需求以及万物互联的高速率要求，6G 系统要求能够随时享受高速率、低时延的连接需求，这些将是 6G 系统面临的巨大挑战。

2）超海量连接

6G 网络面临超海量链接的物联网业务挑战。在万物互联的场景下，机器类通信、大规模通信大量存在。到 2030 年，将会有上千亿的移动设备实现互联，物联网应用领域将扩展至各个行业，M2M 终端数量激增，应用也将无处不在。

3）超高能耗

目前 5G 面临的推广问题之一就是能耗问题。从运营商的角度看，基站端能耗是 4G 系统的十几倍。基站端能耗高的问题同样存在于移动终端。有测试显示，在毫米波信号下，最新款的 5G 手机仅使用几分钟就会掉电 80% 以上并且出现死机、设备发烫等问题。在 6G，这一问题将会更加凸显。

思 考 题 与 习 题

1. 移动通信使用 VHF 和 UHF 频段的主要原因有哪三点？

2. 移动通信系统中 150 MHz 频段、450 MHz 频段、900 MHz 频段和 1800 MHz 频段的异频双工信道的收发频差为多少？

3. 已知移动台运动速度 v、工作频率 f 及电波到达角 θ，则多普勒频移为多少？

4. 移动通信按用户的通话状态和频率使用方法可分为哪三种工作方式？

5. 移动通信与其他通信方式相比，具有哪七个特点？

6. 常用的多址技术有哪四种？

7. 什么是均衡技术？

8. 什么是分集技术？常用的分集有哪四种？举例说出目前实际移动通信中采用的分集技术。

9. 为什么要进行信道编码？信道编码与信源编码的主要差别是什么？

10. 我国 3G 有哪三大标准？中国移动、中国联通、中国电信各自拿到哪个标准的牌照？

11. 中国为什么没有将 WiMAX 作为 3G 标准？

12. 我国 4G 有哪两大标准？了解中国移动、中国联通、中国电信各自拿到的 4G 牌照情况和频谱资源情况。

13. 我国 5G 牌照分别给了哪四大运营商？

14. 未来的 6G 主要想弥补 5G 的哪些方面的不足？6G 拟采用哪些关键技术？

15. 什么是同时同频全双工？其工作原理是什么？优点和技术难点分别是什么？

16. NOMA 技术的核心思想是什么？简述其工作原理。

17. 分析我国改革开放后的移动通信发展历史，如何看出我国移动通信"1G 空白、2G 跟跑、3G 突破、4G 并肩、5G 超越"的中国电信人创新创业精神？

18. 上网了解移动通信系统的最新情况。

第 2 章　移动通信网络基础

2.1　引　　言

移动通信网就是承接移动通信业务的网络，主要完成移动用户之间、移动用户与固定用户之间的信息交换。这里的"信息交换"不仅指双方的通话业务，还包括数据、传真和图像等通信业务。

一些移动通信网直接向社会公众提供移动通信业务，与公共交换电话网（PSTN）联系密切，并经专门的线路进入公共交换电话网，我们称之为公用移动电话网，简称公网。也有的移动通信网是一些专用网，并不对公众开放，不进入电话网，或与 PSTN 的联系较少，如工业企业中的无线电调度、公安指挥、交通管理、海关缉私、医疗救护等部门使用的无线电话网，通常称之为专用移动通信网，简称专网。

本书主要介绍公用移动电话网，它是国家公共电信网的一部分，是由电信部门经营和管理的。

2.2　移动通信体制

一般来说，移动通信网的服务区域覆盖方式可分为两类：一类是小容量的大区制，另一类是大容量的小区制（蜂窝系统）。

2.2.1　大区制移动通信网

大区制就是在一个服务区域（如一个城市）内只有一个或几个基站（BS，Base Station），并由它负责移动通信的联络和控制，如图 2-1 所示。

通常为了扩大服务区域的范围，基站天线架设得都很高，发射机输出功率也较大（一般在 200 W 左右），其覆盖半径大约为 30～50 km。

由于电池容量有限，通常移动台发射机的输出功率较小，因此移动台距基站较远时，移动台可以收到基站发来的信号（即下行信号），但基站收不到移动台发出的信号（即上行信号）。为了解决两个方向通信不一致的问题，可以在服务区域中的适当地点设立若干个分集接收站，如图 2-1 中的虚线所示，以保证在服务区内的双向通信质量。

在大区制中，为了避免相互间的干扰，在服务区内的所有频道（一个频道包含收、发一对频率）的频率都不能重复。比如，移动台 MS_1 使用了频率 f_1 和 f_2，那么，另一个移动台 MS_2 就不能再使用这对频率了，否则将产生严重的同频干扰。因而，这种体制的频率利用率和通信容量都受到了限制，满足不了用户数量急剧增长的需要。

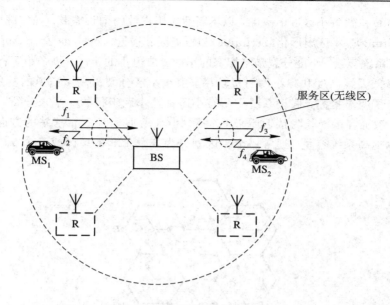

图 2-1　大区制移动通信示意图

　　大区制的优点是组成简单,投资少,见效快,主要用于专网或用户较少的地域。例如,在农村或城镇,为节约初期工程投资,可按大区制设计考虑。但是,从远期规划来说,为了满足用户数量增长的需要,提高频率的利用率,还需采用小区制的办法。

2.2.2　小区制(蜂窝)移动通信网

　　小区制就是把整个服务区域划分为若干个无线小区(Cell),每个小区分别设置一个基站,负责本区移动通信的联络和控制,同时又可在移动交换中心(MSC)的统一控制下,实现小区之间移动用户通信的转接,以及移动用户与市话用户的联系。比如,可以把图 2-1 中的服务区域一分为七,如图 2-2 所示。每个小区(半径为 2~20 km,目前小的有 1~3 km,有的城市为 500 m)各设一个小功率基站($BS_1 \sim BS_7$),发射功率一般为5~20 W,以满足各无线小区移动通信的需要。随着用户数的不断增加,无线小区还可以继续划分为微

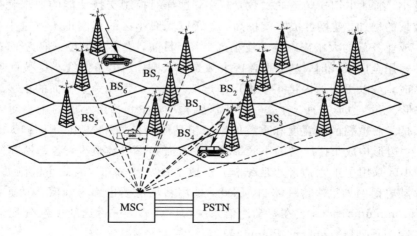

图 2-2　小区制(蜂窝)移动通信网

小区(Microcell)和微微小区(Picocell),以不断适应用户数的增长需要。在实际中,采用小区分裂(Cell Splitting)、小区扇形化(Sectoring)和覆盖区域逼近(Coverage Zone Approaches)等技术来增大蜂窝系统容量。小区分裂是将拥塞的小区分成更小的小区,每个小区都有自己的基站并相应地降低天线高度和减小发射机功率。由于小区分裂提高了信道的复用次数,因而使系统容量有了明显提高。假设系统中所有小区都按小区半径的一半来分裂,如图2-3所示,则理论上系统容量增长为接近原来的4倍。小区扇形化时依靠基站的方向性天线来减少同频干扰以提高系统容量,通常一个小区划分为3个120°的扇区或6个60°的扇区。

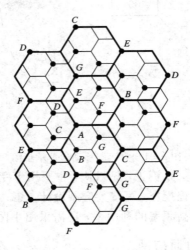

图 2-3　按小区半径的一半进行小区分裂的示意图

采用小区制不仅提高了频率的利用率,而且由于基站功率减小,也使相互间的干扰减少了。此外,无线小区的范围还可根据实际用户数的多少灵活确定,具有组网的灵活性。采用小区制的最大优点是有效地解决了频道数量有限和用户数增大之间的矛盾。所以,公用移动电话网均采用这种体制。

但是这种体制中,移动台从一个小区转入另一个小区时,需要更换工作频道。无线小区的范围越小,通话中切换频道的次数就越多,这样对控制交换功能的要求就提高了,再加上基站数量的增加,建网的成本就提高了,所以无线小区的范围也不宜过小。通常需根据用户密度或业务量的大小来确定无线小区半径。目前,宏小区半径一般为1～5 km。

当基站采用全向天线时,基站覆盖区大致是一个圆。当多个无线小区彼此连接并覆盖整个服务区时,可以用圆的内接正多边形来近似。能全面覆盖一个平面的正多边形有正三角形、正方形、正六边形三种。在这三种小区结构中,正六边形小区的中心间隔和覆盖面积都是最大的,而重叠区域宽度和重叠区域面积又最小。这意味着对于同样大小的服务区域,采用正六边形构成小区所需的小区数最少,所需频率组数最少,各基站间的同频干扰最小。由于小区采用了正六边形小区结构,形成了蜂窝状分布,因此小区制亦称蜂窝制。由于公用移动电话网均采用这种体制,因此,公用移动电话也称为蜂窝移动通信(Cellular Mobile Telecommunications)。在移动通信系统中,对基站进行选址以及分配信道组的设计过程叫作频率规划(Frequency Planning)。

当用正六边形来模拟覆盖范围时,基站发射机可安置在小区的中心(中心激励方式)或者安置在六个小区顶点之中的三个点上(顶点激励方式)。通常,中心激励方式采用全向天线,顶点激励方式采用扇形天线。

2.3　移动通信的信道结构

信道(Channel)是通信网中传递信息的通道。作为移动通信网,为了传递信息和其他控制信号,需要使用很多信道,包括无线信道和移动通信网与市话网之间的有线信道。

在移动通信系统中,无线信道通常有两种类型:业务信道(TCH)和控制信道(CCH)。

2.3.1　业务信道

业务信道(TCH)主要用于传输用户的话音或数据等业务信号。随着移动通信的发展,业务种类的增多,不同业务对信道的带宽的要求也不尽相同。比如 GSM 系统,它有全速率业务信道(TCH/F)和半速率业务信道(TCH/H)之分。业务信道的占用和空闲及带宽分配由移动交换中心(MSC)根据用户业务请求、用户接入权限及网络资源情况进行控制和管理。

业务信道通常分为前向业务信道和反向业务信道。

前向业务信道是基站向移动台传送业务信息(如语音和数据)的信道。此外,还需传输必要的随路指令,如功率控制和过境切换指令等。业务速率可以逐帧动态改变,以适应通信者的业务特征。

反向业务信道用于通信过程中由移动台向基站传输话音、数据和必要的信令信息。

2.3.2　控制信道

一般控制信道(CCH)的下行信道用于寻呼(Page),上行信道用于接入(Access)。控制信道还用来传递大量的其他数据。在每一个无线小区内,通常只有一个控制信道。所以,一个中心激励的基站应配备一套控制信道单元;一个顶点激励的基站(通常覆盖三个扇区小区)应配备三套控制信道单元。

1. 寻呼

当移动用户被呼时,就在控制信道的下行信道发起呼叫移动台信号,所以将该信道称为寻呼信道(PCH)。

2. 接入

当移动用户主呼时,就在控制信道的上行信道发起主呼信号,所以将该信道称为接入信道(ACH)。

在控制信道中,不仅传递寻呼和接入信号,还传递大量的其他信号,如系统的常用报文、重试(重新试呼)信号等。

2.4　蜂窝移动通信系统的频率配置

我国无线电委员会分配给当前国内三大运营商的频率(2G/3G/4G)如表 2-1 所示。

表 2 - 1　当前国内三大运营商的频率分配(2G/3G/4G)

运营商	频段名	双工方式	上行频率	下行频率	现在网络制式	频段带宽
电信	Band5	FDD	825~835 MHz	870~880 MHz	CDMA/LTE	2×10 MHz
	Band3	FDD	1765~1785 MHz	1860~1880 MHz	LTE	2×20 MHz
	Band1	FDD	1920~1940 MHz	2110~2130 MHz	LTE	2×20 MHz
	Band40	TDD	2370~2390 MHz			20 MHz
	Band41	TDD	2635~2655 MHz		TD - LTE	20 MHz
移动	Band8	FDD	885~909 MHz	930~954 MHz	GSM/LTE	2×24 MHz
	Band3	FDD	1710~1725 MHz	1805~1820 MHz	GSM/LTE	2×15 MHz
	Band39	TDD	1880~1920 MHz		TD - LTE	20 MHz
	Band34	TDD	2010~2025 MHz		TD - SCDMA	15 MHz
	Band40	TDD	2320~2370 MHz		TD - LTE/ TD - SCDMA	50 MHz
	Band41	TDD	2575~2635 MHz		TD - LTE	60 MHz
联通	Band8	FDD	909~915 MHz	954~960 MHz	GSM/UMTS	2×6 MHz
	Band3	FDD	1745~1765 MHz	1840~1860 MHz	LTE	2×20 MHz
	Band1	FDD	1940~1955 MHz	2130~2145 MHz	UMTS	2×15 MHz
	Band40	TDD	2300~2320 MHz			20 MHz
	Band41	TDD	2555~2575 MHz		TD - LTE	20 MHz

在 5G 频段方面,中国电信获得 3400~3500 MHz 共 100 MHz 带宽的 5G 试验频率资源;中国移动获得 2515~2675 MHz、4800~4900 MHz 频段的 5G 试验频率资源,其中 2515~2575 MHz、2635~2675 MHz 和 4800~4900 MHz 频段为新增频段,2575~2635 MHz 频段为中国移动现有的 TD - LTE(4G)频段;中国联通获得 3500~3600 MHz 共 100 MHz 带宽的 5G 试验频率资源。

2.5　移动通信环境下的干扰

在移动通信的无线网设计中,进行无线覆盖区设计和解决无线电干扰是两大难题。对于微蜂窝结构的无线网来说,解决无线电干扰可能比进行覆盖区设计更困难。在移动通信网内,无线电干扰一般分为同频道干扰、邻频道干扰、互调干扰、阻塞干扰和近端对远端的干扰等。

2.5.1　同频道干扰

所有落在收信机通带内的与有用信号频率相同或相近的干扰信号(非有用信号)称为同频道干扰。由于干扰信号与有用信号以相同的频率及方式进入接收机中频通带,因而无法避免或滤除。在设台组网过程中,防止同频道干扰的基本措施是通过基站站址布局(即保持同频复用距离)、合理的覆盖区设计及频道配置来满足同频道干扰保护比。

1. 同频道干扰保护比

接收机输出端有用信号达到规定质量的情况下,在接收机输入端测得的有用射频信号与同频无用射频信号之比的最小值,称为同频道干扰保护比。该指标与网络提供的话音质量有关。话音质量通过用户平均意见得分(MOS, Mean Opinion Scores)进行评价,分为1~5级,等级越高越好。

对于模拟蜂窝移动通信网,其同频道干扰保护比指标规定如下:

(1) 静态同频道干扰保护比。三级话音质量的下限信噪比为 14 dB,对应的有用信号与干扰信号之比为 8 dB。所以,为了维持三级话音质量下限,静态同频道干扰保护比要求大于等于 8 dB。四级话音质量的下限信噪比约为 25 dB。为了维持四级话音质量下限,静态同频道干扰保护比要求大于等于 12 dB。

(2) 同频道干扰概率。同频道干扰概率规定为 10%。

(3) 考虑衰落影响、干扰概率和静态射频保护比后的同频道干扰保护比。当有快衰落和慢衰落时,通常的做法是在静态同频道干扰保护比(P)上加上同频道干扰余量(Z_P),即 $P+Z_P$(dB)。表 2-2 列出了干扰概率为 10% 时的 $P+Z_P$ 值。

表 2-2　干扰概率为 10% 时的 $P+Z_P$ 值

话音等级	P/dB	Z_P/dB		$P+Z_P$/dB	
		$\sigma_L = 6$ dB	$\sigma_L = 12$ dB	$\sigma_L = 6$ dB	$\sigma_L = 12$ dB
三级话音质量	8	14.5	22.8	22.5	30.8
四级话音质量	12	14.5	22.8	26.5	34.8

注:σ_L 代表接收中值场强随位置变化的标准偏差。

对于数字蜂窝移动通信网,因为采用了先进的话音编码以及调制等技术,所以与模拟系统相比,在话音质量和可通率要求相同的情况下,所需的载干比可以降低。例如,对于GSM 系统,在采用跳频时,干扰保护比取 9 dB,在无跳频的情况下取 11 dB 就可以满足话音质量要求。

2. 同频道复用保护距离系数 D/r

在蜂窝网中,使两个同频小区保持必要的距离是保证同频道干扰保护比达到指标要求的主要办法。在全向基站区中,同频道复用保护距离系数由图 2-4 定义。为了满足表 2-2 的同频道干扰保护比指标,所需要的系数可由式(2-1)计算,其结果列于表 2-3。

$$P + Z_P = 40 \lg \frac{D-r}{r} \quad (2-1)$$

式中:D/r 为同频道复用保护距离系数。

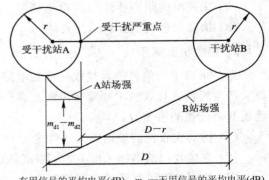

m_{d1}—有用信号的平均电平(dB);m_{d2}—无用信号的平均电平(dB)

图 2-4　同频道复用保护距离系数

表 2-3　同频道复用保护距离系数 D/r

$P+Z_P/\text{dB}$	22.7	26.5	32	35.9
D/r	4.7	5.6	7.3	8.9

2.5.2　邻频道干扰

工作在 k 频道的接收机受到的工作于 $k\pm1$ 频道的信号的干扰，即邻道（$k\pm1$ 频道）信号落入 k 频道的接收机通带内造成的干扰，称为邻频道干扰。解决邻频道干扰的措施包括：

（1）降低发射机落入相邻频道的干扰功率，即减小发射机的带外辐射。

（2）提高接收机的邻频道选择性。

（3）在网络设计中，避免相邻频道在同一小区或相邻小区内使用，以增加同频道干扰保护比。

2.5.3　互调干扰

在专用网和小容量网中，互调干扰可能成为设台组网过程中较关心的问题。产生互调干扰的基本条件是：

（1）几个干扰信号（ω_A、ω_B、ω_C）与受干扰信号的频率（ω_S）之间满足 $2\omega_A-\omega_B=\omega_S$ 或 $\omega_A+\omega_B-\omega_C=\omega_S$ 的条件。

（2）干扰信号的幅度足够大。

（3）干扰（信号）站和受干扰的接收机都同时工作。

互调干扰分为发射机互调干扰和接收机互调干扰两类。

1. 发射机互调干扰

一部发射机发射的信号进入了另一部发射机，并在其末级功放的非线性作用下与输出信号相互调制，产生不需要的组合干扰频率，对接收信号频率与这些组合频率相同的接收机造成的干扰，称为发射机互调干扰。减少发射机互调干扰的措施有：

（1）加大发射机天线之间的距离。

（2）采用单向隔离器件和高 Q 谐振腔。

（3）提高发射机的互调转换衰耗。

2. 接收机互调干扰

当多个强干扰信号进入接收机前端电路时，在器件的非线性作用下，干扰信号互相混频后产生可落入接收机中频频带内的互调产物而造成的干扰称为接收机互调干扰。减少接收机互调干扰的措施有：

（1）提高接收机前端电路的线性度。

（2）在接收机前端插入滤波器，提高其选择性。

（3）选用无三阶互调的信道组工作。

3. 在设台组网中对抗互调干扰的措施

（1）蜂窝移动通信网。由于需要频道多且采用空腔谐振式合成器，因此只能采用互调最小的等间隔频道配置方式，并依靠设备优良的互调抑制指标来抑制互调干扰。

（2）专用的小容量移动通信网。对于这种通信网，主要采用不等间隔排列的无三阶互调的频道配置方法来避免发生互调干扰。表 2 - 4 列出了无三阶互调干扰的信道组。由表 2 - 4 可见，当需要的频道数较多时，频道利用率很低，故不适用于蜂窝网。

表 2 - 4　无三阶互调干扰的信道组

需用信道数	最小占用信道数	无三阶互调干扰的 信道组的信道序号	信道利用率
3	4	1，2，4	75%
4	7	1，2，5，7 1，3，6，7	57%
5	12	1，2，5，10，12 1，3，8，11，12	41%
6	18	1，2，5，11，16，18 1，2，5，11，13，18 1，2，9，12，14，18 1，2，9，13，15，18	33%
7	26	1，2，8，12，21，24，26 1，3，4，11，17，22，26 1，2，5，11，19，24，26 1，3，8，14，22，23，26 1，2，12，17，20，24，26 1，4，5，13，19，24，26 1，5，10，16，23，24，26	27%
8	35	1，2，5，10，16，23，33，35，…	23%
9	46	1，2，5，14，25，31，34，41，46，…	20%
10	56	1，2，7，11，24，27，35，42，54，56，…	18%

2.5.4　阻塞干扰

当外界存在一个离接收机工作频率较远，但能进入接收机并作用于其前端电路的强干扰信号时，由于接收机前端电路的非线性而造成有用信号增益降低或噪声增高，使接收机灵敏度下降的现象称为阻塞干扰。这种干扰与干扰信号的幅度有关，幅度越大，干扰越严重。当干扰电压幅度非常大时，可导致接收机收不到有用信号而使通信中断。

2.5.5　近端对远端的干扰

当基站同时接收从两个距离不同的移动台发来的信号时，距基站近的移动台 B（距离 d_2）到达基站的功率明显要大于距离基站远的移动台 A（距离 d_1，$d_2 \ll d_1$）到达基站的功率。若二者频率相近，则距基站近的移动台 B 就会造成对接收距离距基站远的移动台 A 的有用信号的干扰或抑制，甚至将移动台 A 的有用信号湮没。这种现象称为近端对远端的干扰。

克服近端对远端干扰的措施主要有两个：一是使两个移动台所用频道拉开必要间隔；二是移动台端加自动（发射）功率控制（APC），使所有工作的移动台到达基站的功率基本一致。由于频率资源紧张，因此几乎所有的移动通信系统对基站和移动终端都采用 APC 工作方式。

2.6　蜂窝移动通信网络的频率规划

频率规划（Frequency Planning）是指在移动网络部署过程中，根据某地区的话务量分布而分配相应的频率资源，以实现有效覆盖和业务量的承载。在移动通信系统中，频率资源一直是非常有限的，故频率的规划在移动通信网络的规划中非常重要，如果对网络进行整体规划时频率规划得不好，则会造成整个网络建成或扩容后某些性能指标比较差的结果。

2.6.1　等频距分配法

在蜂窝移动通信网络中，同信道干扰问题已在分群时考虑，以保证有足够的防护比，而邻道干扰的问题则应在信道分配时加以考虑。等频距分配法按频率等间隔分配信道，这样可以有效地避免邻道干扰。若需要 M 个信道，将其分为 N 个信道组，则每个信道组中有 M/N 个信道，而 N 个信道组的信道序列可以确定如下：

$$K+jN \qquad K=1, 2, 3, \cdots, N; \quad j=0, 1, 2, \cdots, M/N-1$$

式中：K 为信道组的序列号，最大为 $K=N$；j 为信道序号的取值。

我国 GSM 网和 TACS 网均采用了这种方法。当基站采用无方向性激励时，通常以 12 个无线小区（基地区）作为一个簇（Cluster），其信道组配置如图 2-5 所示。按 $K+jN$ 的规律，可以确定各信道组的信道序列如下：

第一信道组：　　　$K=1$,　　$j=0\sim12$,　　故有（1，13，25，…）
第二信道组：　　　$K=2$,　　$j=0\sim12$,　　故有（2，14，26，…）
第三信道组：　　　$K=3$,　　$j=0\sim12$,　　故有（3，15，27，…）
第四信道组：　　　$K=4$,　　$j=0\sim12$,　　故有（4，16，28，…）
第五信道组：　　　$K=5$,　　$j=0\sim12$,　　故有（5，17，29，…）
第六信道组：　　　$K=6$,　　$j=0\sim12$,　　故有（6，18，30，…）
第七信道组：　　　$K=7$,　　$j=0\sim12$,　　故有（7，19，31，…）
第八信道组：　　　$K=8$,　　$j=0\sim12$,　　故有（8，20，32，…）
第九信道组：　　　$K=9$,　　$j=0\sim12$,　　故有（9，21，33，…）
第十信道组：　　　$K=10$,　　$j=0\sim12$,　　故有（10，22，34，…）
第十一信道组：　　$K=11$,　　$j=0\sim12$,　　故有（11，23，35，…）
第十二信道组：　　$K=12$,　　$j=0\sim12$,　　故有（12，24，36，…）

这样同一信道内的最小间隔为 12，保证了对邻道干扰的抑制。

如果采用扇形方向的天线激励，则通常将 4 个基站、24 个扇形无线小区（简称扇区）作为一个簇，此时信道组配置如图 2-6 所示。

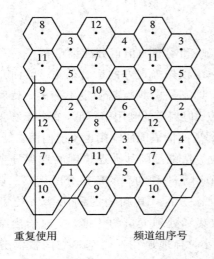

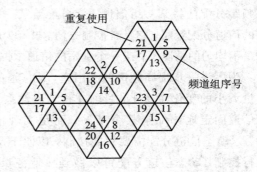

图 2-5　12 个无线小区为一个簇的
信道组配置

图 2-6　4 个基站、24 个扇形无线小区为
一个簇的信道组配置

图 2-6 采用 4 个基站、6 个顶点为 60° 的扇形定向天线，则每个基站应有 6 组信道，每个簇有 24 个信道组，共 96 个频点，其信道分配如下：

BS_1 选用的六个信道组为 (1，25，49，73)，(5，29，53，77)，…，(21，45，69，93)；

BS_2 选用的六个信道组为 (2，26，50，74)，(6，30，54，78)，…，(22，46，70，94)；

BS_3 选用的六个信道组为 (3，27，51，75)，(7，31，55，79)，…，(23，47，71，95)；

BS_4 选用的六个信道组为 (4，28，52，76)，(8，32，56，80)，…，(24，48，72，96)。

采用扇形方向的天线激励时，也可将 7 个基站、21 个扇区作为一个簇，信道组配置如图 2-7 所示。由图 2-7 可见，每个基站采用 3 个 120° 的扇形定向天线。

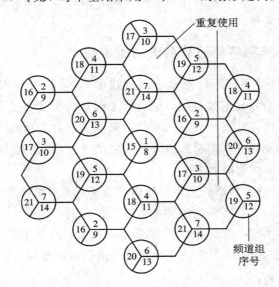

图 2-7　7 个基站、21 个扇区为一个簇的信道组配置

2.6.2 信道分配策略

信道分配策略可分为两类：固定的信道分配策略和动态的信道分配策略。

在固定的信道分配策略中，给每个小区分配一组预先确定好的话音信道。前面介绍的等频距分配法将某一组信道固定分配给某一基站，即基站的频点是固定不变的，就属于固定的信道分配策略。它具有控制方便、投资少的特点，但信道的利用率较低，在各个覆盖区话务量不均匀的情况下，当一个基站的信道全忙时，邻近的信道即使空闲也不能使用。

为了进一步提高频谱的利用率，使信道的配置方法能够随移动通信网的地理分布及业务量大小的变化而变化，目前在移动通信系统中采用了一种动态的信道分配策略。它不是将信道固定地分配给某个基站，而是实现信道动态分配，其频谱的利用率大约可提高20%。动态信道分配需要智能控制，以便于及时收集和处理大量的数据，实时给出结果并进行控制。动态信道分配可以做到按业务量的大小，合理地在不同基站之间按需分配信道，避免了小区忙闲不均的情况。其比较突出的缺点是此时造成的干扰（同频干扰和邻道干扰）比较严重，必须要有一个既可充分利用无线频谱以增加用户容量又能减少干扰的综合考虑方案。为此，人们提出了许多不同的信道分配策略。

在动态的信道分配策略中，各基站在接到呼叫请求后，就向 MSC 请求一个信道。MSC 则根据某种算法给发出请求的小区分配一个信道。这种算法应考虑以下问题：该小区中以后呼叫阻塞的可能性，候选信道使用的频次，信道的复用距离以及其他要增加的开销等。

因此，MSC 只分配符合以下条件的某一频率：这个小区没有使用该频率，而且任何为了避免同频干扰而限定的最小频率复用距离内的小区也都没有使用该频率。动态的信道分配策略有利于提高信道利用率，并可以减小系统呼叫阻塞率，但要求 MSC 连续实时地收集关于信道的占用情况、话务量的分布情况以及所有信道的无线信号强度指示（RSSI）等数据，这增加了系统的计算量和存储量。

2.6.3 CDMA 数字蜂窝移动通信系统的频率规划

CDMA 数字蜂窝移动通信系统是基于码分技术（扩频技术）和多址技术的通信系统，系统为每个用户分配各自特定的地址码。地址码之间具有相互正交性，从而在时间、空间和频率上都可以重叠。将需传送的具有一定信号带宽的信息数据，用一个带宽远大于信号带宽的伪随机码进行调制，可扩展原有的数据信号的带宽，接收端进行相反的过程，即进行解扩，从而增强了抗干扰的能力。

CDMA 数字蜂窝移动通信系统采用码分多址技术，频率复用系数为 1，若干小区的基站都工作在同一频率上，这些小区内的移动台也工作在同一频率上。不同基站或同一基站的不同扇区之间不再像 GSM 系统那样依靠频率来区分，而是依靠 PN 序列（称为 PN 短码）的相位偏置进行区分，即 CDMA 数字蜂窝移动通信系统变频率规划为 PN 码规划。

1. PN 序列(PN 短码)

在 CDMA 数字蜂窝移动通信系统中，可为每个基站分配一个 PN 序列，以不同的 PN 序列来区分基站地址，也可只用一个 PN 序列，而用 PN 序列的相位来区分基站地址，即每个基站分配一个 PN 序列的初始相位。

由美国高通(Qualcomm)公司提出的 CDMA 数字蜂窝移动通信系统(也就是我们目前使用的 C 网)就采用了给每个基站分配一个 PN 序列的初始相位的方法。该法将周期为 $2^{15} = 32\,768$ Chip 的 PN 序列(称为 PN 短码,每 64 Chip 为一个初始相位,共有 512 个初始相位)分配给 512 个基站。由于 PN 短码用来标识基站,因此通常我们称 PN 短码为导频 PN。

在前向信道,长度为 $2^{15} - 1$ 的 m 序列被用于对前向信道进行正交调制(标识基站),不同的基站采用不同相位的 m 序列进行调制,其相位差至少为 64 个码片,这样最多可有 512 个不同的相位可用,可分配给 512 个基站,即这 512 个基站使用不同的 PN - Offset。

在反向信道,长度为 $2^{15} - 1$ 的 PN 码也被用于对反向业务信道进行正交调制,但因为在反向业务信道上不需要标识属于哪个基站,所以对于所有移动台而言都使用同一相位的 m 序列,其相位偏置是 0。

虽然 CDMA 系统的频率复用系数约为 1,但基站都工作在同一频率上,不需要进行频率规划。在实际情况中会有一个潜在的问题——尽管所有的基站都使用不同的 PN - Offset,然而在移动台端看来,会造成以下两种干扰:由于传播时延造成的邻 PN - Offset 干扰和由于 PN - Offset 复用距离不够造成的同 PN - Offset 干扰。邻 PN - Offset 干扰是影响大覆盖区基站的主要因素,同 PN - Offset 干扰是影响小覆盖区基站的主要因素。因此 PN - Offset 的规划是 CDMA 系统特有的问题。由于 PN - Offset 的规划使用的 PN 被称为 PN 短码,因此 PN - Offset 的规划也称 PN 短码的规划。

CDMA 数字蜂窝移动通信系统中移动用户的识别,需要采用周期足够长的 PN 序列,以满足对用户地址量的需求。在 Qualcomm - CDMA 数字蜂窝移动通信系统中采用的 PN 序列是周期为 $2^{42} - 1$ 的 m 序列(称为 PN 长码)。这利用了 m 序列良好的自相关特性。

2. 导频分配的目标和原则

在实际工程中,基站由扇区构成,导频 PN 是扇区的一个参数,我们在网络规划和扩容时,都需要对每一个扇区的导频 PN 进行设置,这就是常说的导频 PN 分配。由导频相位重叠分析可知,导频相位重叠会导致通话质量恶化、掉话等后果。为了避免导频相位重叠的发生,在给扇区分配导频 PN 时,原则之一是必须保证邻近扇区的导频 PN 之间有足够的相位差。另外,导频分配尤其要避免导频相位重叠的第一种情形(零接收相位差)。为了保证来自不同扇区的两个同相位的导频信号即使传播造成较大的相位偏移,其在移动台处接收的导频相位差也能不为零,相同导频 PN 的两个扇区的最小距离(称为导频 PN 的复用距离)必须保证超过 $64 \times \text{PILOT\_INC} \times c \times (1/\text{码片速率})$。其中,$c$ 为光速;PILOT_INC 为系统参数,表示实际使用的导频 PN 的最小序号差,其取值范围是 $0 \sim 16$,工程上使用的典型值为 4。例如,在 CDMA IS - 95 和 CDMA2000 1X 中,PN 码的码片速率为 1.2288 MC/s,当系统参数 PILOT_INC 取值为 1 时相位差最小,代入得相同导频 PN 的两个扇区的最小距离为 $64/4.096 = 15.625$ km。

以上就是导频 PN 分配时需要遵循的一个原则。但是,为了保证在各种情形下扇区之间具有足够的相位差,在分配导频 PN 时,具有相同 PN 的扇区之间的距离越大越好。

3. PN 码相位偏置规划的意义

PN 码的规划对 CDMA 网络性能的影响很大。因为就其移动终端而言,由于传播时延和 PN 偏置复用的距离不够，会使一些非相关的导频信号近乎相同，分别造成邻 PN 偏置干扰和同 PN 偏置干扰。另外，如果两个小区扇区的导频信号间的传输时延刚好补偿其 PN 码的时间偏置，则在跟踪导频信号时会产生错误，在切换过程中可能导致切换到错误的小区，严重时甚至发生掉话。邻 PN 偏置干扰是影响大覆盖区基站的主要因素，会导致系统通信容量下降；同 PN 偏置干扰是影响小覆盖区基站的主要因素，会造成通信质量下降。所以在 CDMA 系统中，研究如何尽可能地降低这些干扰，从而改善系统性能，就是 PN－Offset 规划问题。

4. PN 码偏置干扰分析及对策

在 CDMA 网络的测试过程中，最值得注意的参数是 Ec/Io，该参数用于评价导频的强度和质量，相当于 GSM 系统中的接收电平，同时也包括对接收质量的要求。CDMA 网络测试过程中的参数有以下几个：

Ec：从目标扇区导频信道接收的码片能量。

Io：总接收干扰谱密度，包括 1.228 MHz 信道的带内/外干扰和噪声。

Ec/Io：导频总功率/1.228 MHz 带宽的总功率。

具有相同频率但不同 PN 码相位的导频集有四种：有效导频集（Active Set，简称有效集或激活集）、相邻导频集（Neighbor Set，简称邻集）、候选导频集（Candidate Set，简称候选集）和剩余导频集（Residual Set，简称剩余集）。PN－Offset 干扰只会发生在前两种导频集中，因为后两种导频集只有被使用后才会产生干扰。

T_Add：此值为移动台对导频信号监测的门限。当移动台发现邻集或剩余集中某个基站的导频信号强度超过 T_Add 时，移动台发送一个导频强度测量消息并将该导频转向候选集，持续时间为 ΔT，且有效集未满，则该导频就进入有效集。该值取值范围为 1～63，建议取值为 28。

T_Add 的值决定了切换区域的大小。T_Add 设置太小会导致很低弱的导频进入有效集或候选集，结果切换区域过大，信号质量却很差；T_Add 设置太大则会损失前向链路容量，同时导致切换区域不足，从而造成掉话、覆盖不足或切换阻塞。

T_Drop：此值为移动台对导频信号下降监测的门限。当导频下降至低于 T_Drop 时，触发切换去掉计时器 T_Drop；当激活集和候选集中的导频强度 Ec/Io 低于该门限值时，移动台会启动该导频对应的 T_Drop；如果导频强度 Ec/Io 超过 T_Drop，则该计数器中止。一旦计数器满，导频就从有效集或候选集中去除相邻集。该值取值范围为 1～63，建议取值为 32。

T_Drop 和 T_Add 一样，也决定了切换区域的大小，该值越大，切换区域就越小，该值越小，则切换区域就越大。T_Drop 设置太小会导致切换区域增加，过早地失掉可用导频，从而产生掉话，因为去掉的导频只会以干扰的形式出现；T_Drop 设置太大则会导致切换区域过小，损失前向链路容量，同时造成掉话、覆盖不足或切换阻塞。

5. 导频偏移增量（PILOT_INC）的设置

在实际运行的网络中，系统可用的 PN 码相位偏置个数由系统参数——导频偏移增量（PILOT_INC）确定，可用偏置个数＝512/PILOT_INC。PILOT_INC 的取值决定了不同基站导频间的相位偏移量。PILOT_INC 减小，则可用导频相位偏置数增多，同相位的导频间复用距离将增大，从而降低同相复用导频间的干扰，但此时不同导频间的相位间隔将减少，可能引起导频间的混乱，因此可以得出 PILOT_INC 的下限。PILOT_INC 增大，可用导频相位偏置数减少，这样同相位的导频间复用距离将减小，而同相复用导频间的干扰将增大，因此同相位导频复用时必须满足复用距离要求。由上面分析可知，如何对 PILOT_INC 优化取值是进行导频 PN 相位偏置规划的关键步骤。

PILOT_INC 的取值原则包括：导频间不同 PN 偏置的间隔原则；导频间相同 PN 偏置的复用原则。

根据 PILOT_INC 的取值原则可推出导频 PN 偏置规划的原则：

(1) 相邻扇区的 PN 码偏置间隔要尽可能大。

(2) 同相位偏置 PN 码复用时，复用基站间要有足够的地理距离。

(3) 要预留一定数目的 PN 码，以备扩容及边界协调使用。

PN 码偏置规划的过程大致如下：

(1) 确定 PILOT_INC，在此基础上确定可以采用的导频集。

(2) 根据站点分布情况（相对位置）组成复用集（站点的集合），先确定一个基础复用集，其余站点在此基础上进行划分。

(3) 确定各复用集的各个站点与基础复用集中各站点的 PN 复用情况（即与基础复用集中哪个站点采用相同的 PN 偏置）。

(4) 给最稀疏的复用集站点分配相应的 PN 资源，根据该复用集站点的 PN 规划得到其他复用集的 PN 规划结果。

PILOT_INC 的典型值如表 2-5 所示。密集区建议设置的 PILOT_INC 比理论值大 1 倍：一方面可以留出足够多的 PN 资源用于扩容，另一方面可以减少建网初期基站覆盖范围比较大导致小区之间由于传输延迟产生干扰的可能性。对于郊区和农村，由于站点之间的距离比较远，站点密度比较小，理论上不存在导频复用的问题，可以通过相邻站点不设置相邻 PN 来满足隔离要求。实际设置时，可将城区和农村站点的 PILOT_INC 设置为同一个值。配置导频时，郊区及农村的 PN 可以不连续设置，如系统中将 PILOT_INC 设置为 4，城区导频按 PILOT_INC 为 4 设置，郊区及农村导频按 PILOT_INC 为 8 设置，这样能够同时满足城区和郊区（农村）的要求。

表 2-5　PILOT_INC 典型值设置

	密集区理论值	密集区建议设置值	郊区及农村理论值	郊区及农村建议设置值
PILOT_INC	2	4	4	4 或 8
PILOT_INC	3	6	6	6 或 12

选定 PILOT_INC 后，一般有如下两种方法设置 PN（这里假设所有基站都有 3 个扇区）。

(1) 连续设置，同一个基站的 3 个扇区的 PN 分别为 $\{(3n+1)\times \text{PILOT\_INC}\}$、$\{(3n+2)\times \text{PILOT\_INC}\}$、$\{(3n+3)\times \text{PILOT\_INC}\}$。

(2) 同一个基站的 3 个导频之间相差某个常数，各基站的对应扇区（如都是第一扇区）之间相差 n 个 PILOT_INC：取 PILOT_INC=3 时，可以满足 $n=512/3/3 \approx 56$ 个基站的

PN 规划，可以分为三组。例如，我们一般将 $\{3 \times N\}$ 分配给第一扇区，将 $\{(N+56) \times 3\}$ 分配给第二扇区，将 $\{(N+112) \times 3\}$ 分配给第三扇区。这样我们共有 56 组扇区。例如 $N=1$，则基站第一扇区的 PN$=3$，第二扇区的 PN$=171$，第三扇区的 PN$=339$。取 PILOT_INC$=4$ 时，可以满足 $n=512/3/4 \approx 42$ 个基站的 PN 规划，3 个扇区的 PN 偏置分别设为 $\{4 \times N\}$、$\{(N+42) \times 4\}$、$\{(N+84) \times 4\}$。

第二种设置方法更能够满足扩容的需求，一般建议使用该法。但无论采用哪一种 PN 设置方法，只要 PILOT_INC 确定，可以提供的 PN 资源就是一定的。

(1) 如果 PILOT_INC 设置为 3，可以提供的 PN 资源为 $512/3 \approx 170$，每组 PN 使用 3 个 PN 资源(假设站点使用 3 扇区)，对于新建网络，留出一半用作扩容，这样可以提供的 PN 组为 $170/(3 \times 2)=28$，也就是对于新建网络，每个复用集可以是 28 个基站。

(2) 如果 PILOT_INC 设置为 4，可以提供的 PN 资源为 $512/4=128$，每组 PN 使用 3 个 PN 资源(假设站点使用 3 扇区)，对于新建网络，留出一半用作扩容，这样可以提供的 PN 组为 $128/(3 \times 2) \approx 21$，也就是对于新建网络，每个复用集可以是 21 个基站。

2.7 多信道共用技术

多信道共用是指在网内的大量用户共享若干无线信道，这与市话用户共同享有中继线相类似。这种占据信道的方式相对于独立信道方式而言，可以明显提高信道利用率。

例如，一个无线区有 N 个信道，对用户分别指定一个信道，不同信道内的用户不能互换信道，这就是独立信道方式。当某一个信道被某一个用户占用时，在他通话结束前，属于该信道的其他用户都处于阻塞状态，无法通话。但是，与此同时一些其他信道却处于空闲状态，而又得不到运用。这样一来，就造成有些信道在紧张排队，而另一些信道却处于空闲状态。显然，信道得不到充分利用。如果采用多信道共用方式，即在一个无线小区内的 N 个信道为该小区内所有用户共用，则当 $k(k<N)$ 个信道被占用时，其他需要通话的用户可以选择剩下的任一空闲信道通话。因为任何一个移动用户选取空闲信道和占用信道的时间都是随机的，所以所有信道同时被占用的概率远小于单个信道被占用的概率。因此，多信道共用可明显提高信道的利用率。

在相同数量的用户和信道的情况下，多信道共用的结果是使用户通话的阻塞概率明显下降。当然，在相同多的信道和同样的阻塞率的情况下，多信道共用可使用户数目明显增加，但也不是无止境的，否则将使阻塞率增加而影响质量。那么，在保持一定质量的情况下，采用多信道共用时，一个信道究竟平均分配多少用户才合理？这就是我们要讨论的话务量和呼损问题。

2.7.1 话务量与呼损

1. 呼叫话务量 A

话务量是度量通信系统业务量或繁忙程度的指标。所谓呼叫话务量 A，是指单位时间(1 小时)内进行的平均电话交换量。它可用下面的公式来表示：

$$A = C \times t_0 \tag{2-2}$$

式中：C 为每小时平均呼叫次数（包括呼叫成功和呼叫失败的次数）；t_0 为每次呼叫平均占用信道的时间（包括接续时间和通话时间）。

如果 t_0 以小时为单位，则话务量 A 的单位是爱尔兰（Erlang，占线小时，简称 Erl）。

设在 100 个信道上，平均每小时有 2100 次呼叫，平均每次呼叫时间为 2 分钟，则这些信道上的呼叫话务量为

$$A = \frac{2100 \times 2}{60} = 70 \ \text{Erl}$$

2. 呼损率 B

当多个用户共用时，通常总是用户数大于信道数。因此，会出现许多用户同时要求通话而信道数不能满足要求的情况。这时只能先让一部分用户通话，而让另一部分用户等待，直到有空闲信道时再通话。这后一部分用户虽然发出呼叫，但因无信道而不能通话，称作呼叫失败。在一个通信系统中，造成呼叫失败的概率称为呼叫失败概率，简称为呼损率（B）。

设 A' 为呼叫成功而接通电话的话务量，简称为完成话务量，C 为总呼叫次数，C_0 为一小时内呼叫成功而通话的次数，t_0 为每次通话的平均占用信道时间，则

完成话务量 A' 为

$$A' = C_0 \times t_0 \tag{2-3}$$

呼损率 B 为

$$B = \frac{A - A'}{A} = \frac{C - C_0}{C} \tag{2-4}$$

式中：$A - A'$ 为损失话务量。

所以呼损率的物理意义是损失话务量与呼叫话务量之比的百分数。

显然，呼损率 B 越小，成功呼叫的概率越大，用户就越满意。因此，呼损率也称为系统的服务等级（GoS，Grade of Service）。例如，某系统的呼损率为 10％，即说明该系统内的用户每呼叫 100 次，其中有 10 次因信道被占用而打不通电话，其余 90 次则能找到空闲信道而实现通话。但是，对于一个已建成的通信网来说，要使呼损减少，只有让呼叫流入的话务量减少，即容纳的用户数少一些，这是不希望的。可见，呼损率和话务量是一对矛盾，即服务等级和信道利用率是矛盾的。

如果呼叫有以下性质：

（1）每次呼叫相互独立，互不相关（呼叫具有随机性）；

（2）每次呼叫在时间上都有相同的概率，并假定移动电话通信服务系统的信道数为 n，则呼损率 B 可计算如下：

$$B = \frac{A^n/n!}{1 + (A/1!) + (A^2/2!) + (A^3/3!) + \cdots + (A^n/n!)} = \frac{A^n/n!}{\displaystyle\sum_{i=0}^{n} A^i/i!} \tag{2-5}$$

式（2-5）就是电话工程中的 Erlang 公式。如已知呼损率 B，则可根据式（2-5）计算出 A 和 n 的对应关系，见表 2-6（注：表中话务量单位均为 Erl）。

表 2-6 呼 叫 话 务 量

n \ B	1%	2%	3%	5%	7%	10%	20%
1	0.010	0.020	0.031	0.053	0.075	0.111	0.250
2	0.153	0.223	0.282	0.381	0.470	0.595	1.000
3	0.455	0.602	0.715	0.899	1.057	1.271	1.980
4	0.869	1.092	1.259	1.525	1.748	2.045	2.945
5	1.361	1.657	1.875	2.218	2.504	2.881	4.010
6	1.909	2.276	2.543	2.960	3.305	3.758	5.109
7	2.501	2.935	3.250	3.738	4.139	4.666	6.230
8	3.128	3.627	3.987	4.543	4.999	5.597	7.369
9	3.783	4.345	4.748	5.370	5.879	6.546	8.552
10	4.461	5.048	5.529	6.216	6.776	7.551	9.685
11	5.160	5.842	6.328	7.076	7.687	8.437	10.857
12	5.876	6.615	7.141	7.950	8.610	9.474	12.036
13	6.607	7.402	7.967	8.835	9.543	10.470	13.222
14	7.352	8.200	8.803	9.730	10.485	11.473	14.413
15	8.108	9.010	9.650	10.633	11.434	12.484	15.608
16	8.875	9.828	10.505	11.544	12.390	13.500	16.608
17	9.652	10.656	11.368	12.461	13.353	14.522	18.010
18	10.437	11.491	12.238	13.385	14.321	15.548	19.216
19	11.230	12.333	13.115	14.315	15.294	16.579	20.424
20	12.031	13.182	13.997	15.249	16.271	17.613	21.635
21	12.838	14.036	14.884	16.189	17.253	18.651	22.848
22	13.651	14.896	15.778	17.132	18.238	19.692	24.064
23	14.470	15.761	16.675	18.080	19.227	20.737	25.861
24	15.295	16.631	17.577	19.030	20.219	21.784	26.499
25	16.125	17.505	18.483	19.985	21.215	22.838	27.720
26	16.959	18.383	19.392	20.943	22.212	23.885	28.940
27	17.797	19.265	20.305	21.904	23.213	24.939	30.614
28	18.640	20.150	21.221	22.867	24.216	25.995	31.388
29	19.487	21.039	22.140	23.833	25.221	27.053	32.614
30	20.337	21.932	23.062	24.802	26.228	28.113	33.840

n \ B	1%	2%	3%	5%	7%	10%	20%
31	21.191	22.827	23.987	25.773	27.238	29.174	35.067
32	22.048	23.725	24.914	26.746	28.249	30.237	36.295
33	22.909	24.626	25.844	27.721	29.262	31.301	37.524
34	23.772	25.529	26.776	28.698	30.277	32.367	38.754
35	24.638	26.435	27.711	29.677	31.293	33.434	39.985
36	25.507	27.343	28.647	30.657	32.311	34.503	41.216
37	26.378	28.254	29.585	31.640	33.330	35.572	42.448
38	27.252	29.166	30.526	32.624	34.351	36.645	43.680
39	28.129	30.081	31.468	33.609	35.373	37.715	44.913
40	29.007	30.997	32.412	34.596	36.396	38.787	46.147
41	29.888	31.916	33.357	35.584	37.421	39.861	47.381
42	30.771	32.836	34.305	36.574	38.446	40.936	48.616
43	31.656	33.758	35.253	37.565	39.473	42.011	49.851
44	32.543	34.682	36.203	38.557	40.501	43.088	51.086
45	33.432	35.607	37.155	39.550	41.529	44.165	52.322
46	34.322	36.534	38.108	40.545	42.559	45.243	53.559
47	35.215	37.462	39.062	41.540	43.590	46.322	54.796
48	36.109	38.392	40.108	42.537	44.621	47.401	56.033
49	37.004	39.323	40.975	43.535	45.654	48.481	57.270
50	37.901	40.255	41.933	44.533	46.687	49.562	58.508

3. 繁忙小时集中度 K

日常生活中,一天 24 小时中总有一些时间打电话的人多,另外一些时间使用电话的人少,因此对一个通信系统来说,可以区分忙时和非忙时。例如,在我国早晨 8 点到 9 点属于电话的忙时,而一些欧美国家晚上 7 点属于电话忙时,因此在考虑通信系统的用户数和信道数时,显而易见,应采用忙时平均话务量。因为只要在忙时信道够用,非忙时肯定没有问题。忙时话务量与全日的话务量之比称为繁忙小时集中度。

繁忙小时集中度 K 为

$$K = \frac{\text{忙时话务量}}{\text{全日话务量}}$$

K 一般为 8%～14%。

4. 每个用户忙时话务量 A_a

假设每一用户每天平均呼叫次数为 C,每次呼叫平均占用信道的时间为 T(单位为

秒），繁忙小时集中度为 K，则每个用户忙时话务量为

$$A_a = \frac{CTK}{3600} \qquad (2-6)$$

可以看出，A_a 为最忙时那个小时的话务量，它是统计平均值。

例如，每天平均呼叫 3 次，每次呼叫平均占用时间为 120 s，繁忙小时集中度为 10%（$K=0.1$），则每个用户忙时话务量为 0.01 Erl/用户。

一些移动电话通信网的统计数据表明，对于公用移动电话网，每个用户忙时话务量可按 0.04 Erl 计算；对于专用移动电话网，由于业务的不同，每个用户忙时话务量也不一样，一般可按 0.06 Erl 计算。

2.7.2　每个信道能容纳的用户数

当每个用户忙时的话务量确定后，每个信道所能容纳的用户数为

$$m = \frac{A/n}{CTK \dfrac{1}{3600}} = \frac{A/n}{A_a} = \frac{A/A_a}{n} \qquad (2-7)$$

每个信道的 m 与在一定呼损条件下的信道平均话务量成正比，而与每个用户忙时话务量成反比。

例如，某移动通信系统的一个无线小区有 8 个信道（1 个控制信道，7 个话音信道），每天每个用户平均呼叫 10 次，每次占用信道的平均时间为 80 s，呼损率要求 10%，繁忙小时集中度为 0.125。该无线小区能容纳多少用户？

（1）根据呼损的要求及信道数（$n=7$），求总话务量 A，可以利用公式，也可查表。求得 $A=4.666$ Erl。

（2）每个用户忙时话务量：

$$A_a = \frac{CTK}{3600} = 0.0278 \text{ Erl/ 用户}$$

（3）每个信道能容纳的用户数：

$$m = \frac{A/n}{A_a} \approx 24$$

（4）系统所容纳的用户数：

$$mn = 168$$

2.8　移 动 性 管 理

移动通信网络与固定通信网络相比，其主要优点是可移动性（Mobility）。移动性是指对于用户和终端位置的改变而持续接入服务、继续通信的能力。

移动性可划分为两个级别：一个称为游牧移动，指用户在移动时能改变其网络接入点，但正在进行的服务会话会完全停止，必须重新启动；另一个称为无缝（Seamless）移动，指当用户或终端移动时能随时改变其网络接入点而不中断正在进行的服务会话。它们都要求在核心网提供相应的功能。这些功能应该包括用户鉴别、授权、位置更新、用户信息的下载等，我们称之为移动性管理（MM，Mobility Management）。从第一代蜂窝移动通信开

始，人们就致力于无缝移动。实际上，一些大范围专用无线通信系统，如早期的 DECT 系统，已经包含了某些移动性功能，这些功能与蜂窝系统中的移动性有某些相似之处。

用户的移动性和对移动性的自动管理是移动通信网络的基础，因此移动性管理(MM)是移动通信网络必不可少的功能。

移动性管理包括两个方面：位置管理和切换管理。其中，位置管理确保移动台在移动过程中能被移动通信网络有效地寻呼到；切换管理确保与网络正进行业务连接的移动台在跨小区或跨 MSC 时具有原有业务的连续性。

2.8.1 位置管理

移动网络跟踪记录移动台(MS)的位置信息，这样就能把来话转至被叫用户。为了实现位置跟踪，一个移动服务区被划分成几个位置区(LA，Location Area)或注册区。一般情况下，LA 的范围固定。每个 LA 包括一组基站收发信机(BTS)，这些 BTS 通过无线链接与 MS 进行通信。位置管理的主要任务就在于当 MS 从一个 LA 移动到另一个 LA 时更新 MS 的位置信息。

通常一个移动通信网的位置管理系统由一个归属位置寄存器(HLR)以及若干个访问位置寄存器(VLR)组成。一个 VLR 管理若干个 LA，而每个 LA 由一定数量的 BTS 组成，如图 2-8 所示。当然，当某一地区用户数量超过一个 HLR 所能承受的数量时，可以通过多个 HLR 来分级管理。

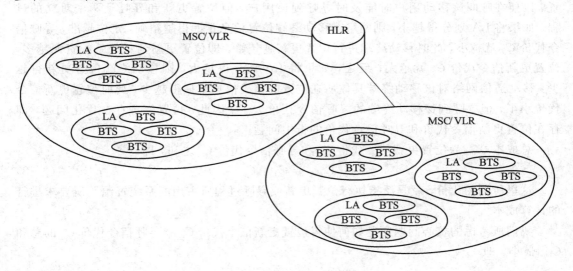

图 2-8　位置区结构

位置更新过程如下：BTS 周期性地向 MS 广播相应的 LA 地址。当 MS 收到的 LA 位置信息与所存储的位置信息不同时，MS 就向网络发送一个位置更新请求或注册消息。位置管理使得移动通信网络能够跟踪移动终端的位置。当有外来呼叫寻呼该移动终端时，移动通信网络需要确定该移动终端所在的具体蜂窝小区，即确定该移动终端的精确的小区位置。所以，位置更新的过程即为"注册"过程。

位置管理分为两个部分，即位置更新(Location Update)和寻呼(Paging)，如图 2-9所示。

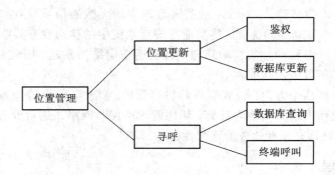

图 2-9 位置管理功能框图

为了确定每个移动终端的精确的小区位置，移动终端需要不时地向移动通信系统报告其当前所在位置，这便是位置更新的过程。在位置更新过程中，移动终端首先通过上行控制信道发送位置更新消息，然后执行更新数据库的信令过程。在位置更新阶段，移动终端把它的新的接入点（LA＋BTS 编号）通知网络，使网络能对移动终端进行鉴权并能更新数据库中移动终端位置档案等数据。

寻呼则是搜索并确定移动终端所在具体蜂窝位置的过程。寻呼包括查询数据库中移动终端的位置档案，并进行呼叫。

由此可以看出，位置更新的目的是使移动网络能够有效地掌握移动终端当前所处的位置，以便在呼叫该移动用户时能及时寻呼到该用户。但位置更新和寻呼是两个对立的过程。如果将 LA 划分得越小，则网络对移动终端位置信息掌握得越精确，定位越准，寻呼信令代价 C_p 就越小，此时移动终端进行位置更新越频繁，即位置更新消耗的系统资源越多，位置更新信令代价 C_u 就越大；反之，如果将 LA 划分得越大，则移动终端位置更新得越少，移动通信网络对该移动终端具体所在位置的精确信息掌握得越少，此时位置更新信令代价小了，但寻呼到该移动终端的寻呼信令代价大了。因此，位置管理存在优化问题，即存在位置更新信令代价和寻呼信令代价的折中问题。

总成本 C_{total} 为位置更新信令代价 C_u 和寻呼信令代价 C_p 之和，即

$$C_{total} = C_u + C_p \qquad (2-8)$$

这里所谓的代价，就是泛指执行位置更新或寻呼过程所占用的系统资源及所要求进行的计算成本。

我们所考虑的核心问题便是如何使得位置更新信令代价 C_u 和寻呼信令代价 C_p 的总和 C_{total} 最小，即

$$minC_{total} = min(C_u + C_p) \qquad (2-9)$$

1. 位置更新

位置更新的策略可分为静态位置更新（Static Location Update）策略和动态位置更新（Dynamic Location Update）策略。

1）静态位置更新策略

静态位置更新策略基于网络发起位置更新操作。所谓静态，主要体现在位置区 LA 的范围是固定的。第一代和第二代移动通信系统采用的都是静态位置更新策略。

在某个地区，各个位置区 LA 的界限是固定不变的。当然，这个固定的位置区 LA 是

与当地的移动用户密集程度、话务量等相关的。当移动用户从一个位置区移动到另一个位置区时，就会产生位置更新的过程。

如图 2-10 所示，当处于待机状态的移动终端离开原来的 LA、进入一个新的 LA 时，由移动终端向系统发起位置更新。若新的 LA 与原来的 LA 属于同一个 VLR，则只需在 VLR 中更新信息，如图 2-10(a)所示；若新的 LA 属于不同的 VLR，则新的 VLR 在确定移动终端的 HLR 后，向该 HLR 发出位置登记信息，HLR 在经过鉴权之后，记录下移动终端的新的 VLR，并给原来的 VLR 发出一个删除信息，删除在原来的 VLR 上的信息，如图 2-10(b)所示。

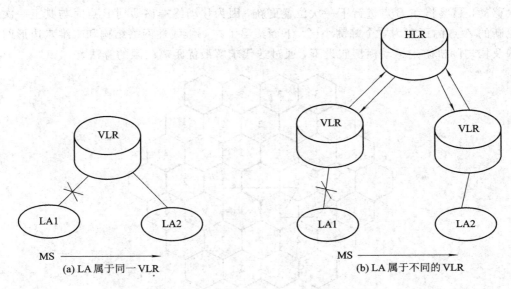

图 2-10　静态位置更新

静态位置更新策略存在以下缺点：

(1) 当移动终端在边界上来回运动时，将产生大量不必要的位置更新操作，即会产生位置更新的"乒乓"现象。

(2) 信令负载过于集中，边界小区的信令负载远大于内部小区。

(3) 位置区的大小、形状、配置对所有的移动终端并不是统计最佳的。

(4) 寻呼业务量过大，当呼叫到达时，要在 LA 的所有小区中进行寻呼。

2) 动态位置更新策略[①]

静态位置更新策略所带来的一个很大问题是随着移动用户的增长，移动网络所承受的信令负载急剧增加。对于位置管理来说，信令负载的增加是一个很沉重的负担，特别是会导致无线带宽资源稀缺，因此必须采用有效的方法来减少信令负载。基于以上分析和考虑，研究人员提出了诸多动态的优化策略，以提高移动通信系统的工作效率，改善移动网络的性能。相对于静态位置更新策略而言，动态位置更新策略是基于移动用户的呼叫和运动模式来发起位置更新操作的。

现阶段，动态位置更新策略主要有基于距离的位置更新策略（Distance - based

---

① 对一般本科生不作要求，供有兴趣的本科生或研究生参考。

Scheme)、基于时间的位置更新策略(Time – based Scheme)、基于运动的位置更新策略
(Movement – based Scheme)以及其他动态位置更新策略。

（1）基于距离的位置更新策略。在基于距离的位置更新策略中，移动终端在进行了一
次位置更新之后，一直监测着自己与上一次位置更新点之间的距离，一旦检测到移动终端
离开上次位置更新所在蜂窝小区的距离超过了一定的值 d（距离门限），移动终端就进行一
次位置更新，将其位置信息通告给网络。其中，最佳距离门限的确定取决于各个移动终端
的运动方式和呼叫到达参数。

在图 2 – 11 中，假设距离门限 $d=3$，则移动终端零时刻在 A 点执行位置更新后，经过
多次移动，最终将在 B 点进行下一次位置更新，因为移动终端移动到 B 点时与其上一次位
置更新的 A 点的距离为 3 个蜂窝小区。下面给出了在一维线性网络结构和二维六边形网络
结构及均匀随机游走运动模型假设下，通过迭代求解最优距离门限的算法。

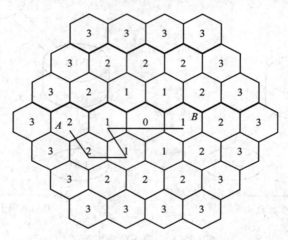

图 2 – 11　基于距离的位置更新策略

最关键的问题就是距离门限 d 的取值，它直接影响基于距离的位置更新策略的性能
优劣。

假设位置更新信令代价为 $C_u^{distance}$，寻呼信令代价为 C_p，U 为发生一次位置更新的平均
代价，T 为某时间发生位置更新的次数，则该时间段位置更新信令代价为

$$C_u^{distance} = U \times T \tag{2 – 10}$$

假设 V 为一个小区发起寻呼的平均代价，M 为 LA 内小区个数，则寻呼信令代价为

$$C_p = V \times M \tag{2 – 11}$$

如果寻呼采用的是同步全呼策略，则寻呼信令代价为

$$C_p = V \times N = V \times [1 + 3 \times (k^2 - k)] \tag{2 – 12}$$

式中，N 为此 LA 内的小区个数，k 为蜂窝小区的层数。

位置更新信令代价主要与移动用户的平均移动速度 v_{av} 有关系。因为移动用户在单位
时间内经过了 v_{av} 个蜂窝小区，并且移动用户的运动路线并非是直线式的，所以位置更新信
令代价和平均移动速度 v_{av} 存在着下面的关系：

$$C_u^{distance} \leqslant U \times \frac{v_{av}}{k} \tag{2 – 13}$$

由于实际中蜂窝小区的大小不一致，因此基于距离的位置更新策略的实现对系统要求

的复杂度较高，是最不实际的一种动态位置更新策略。

（2）基于时间的位置更新策略。基于时间的位置更新策略就是使移动用户每隔 ΔT 时间就周期性地进行一次位置更新。这里的 ΔT 是时间门限数值，其大小可以由系统根据呼叫到达间隔的概率分布动态确定。这个时间门限值的取值是影响该位置更新策略的关键。

在图 2-12 所示的基于时间的位置更新策略中，如果零时刻移动终端在 A 点进行了一次位置更新，在 ΔT、$\Delta 2T$、$\Delta 3T$ 和 $\Delta 4T$ 时刻，移动终端分别运动到 B、C、D 和 E 点，则移动终端将分别在 B、C、D 和 E 点执行位置更新。执行基于时间的位置更新策略时，移动终端仅需一个定时器跟踪时间的情况，因此易于实现和应用。

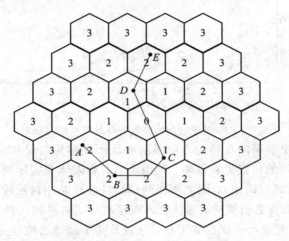

图 2-12　基于时间的位置更新策略

该策略的一种变体是自适应时间门限策略，即时间门限 ΔT 可随上行链路控制信道的信令负荷而变化。数值结果表明，在一维线性网络和随机游走运动模型的假设下，自适应时间门限策略的性能优于基于时间的位置更新策略。

如果我们希望使用的寻呼策略所消耗的寻呼代价与基于距离的寻呼信令代价一致，那么基于时间的位置更新策略的时间门限数值就应该为 $\Delta T = \dfrac{k}{v_{\max}}$，移动终端的寻呼信令代价也如式（2-12）所示。

该策略的位置更新信令代价与 $v_{\max}$ 存在下面的关系：

$$C_{u}^{\text{time}} = U \times \frac{1}{\Delta T} = U \times \frac{v_{\max}}{k} \tag{2-14}$$

由式（2-12）和式（2-14）可以得到：

$$C_{p} = V \times \left[1 - 3 \times \frac{U \times v_{\max}}{C_{u}^{\text{time}}} + 3 \times \left(\frac{U \times v_{\max}}{C_{u}^{\text{time}}} \right)^{2} \right] \tag{2-15}$$

令 $U = 1$，$V = 1$，则可以得到图 2-13。图 2-13 表明了式（2-15）中 C_{p} 与 C_{u}^{time} 之间的关系。从图 2-13 中可以看出，$v_{\max}$ 为 5 cells/hour、10 cells/hour 和 15 cells/hour 分别表示每小时穿越 5 个小区、10 个小区、15 个小区这三种情况，随着最大速度 $v_{\max}$ 的增大，寻呼信令代价 C_{p} 也随之增加。另外，从图 2-13 中还可看出，单位时间位置更新次数越大，寻呼信令代价 C_{p} 就会越小，这也表明了位置更新和寻呼之间的关系。

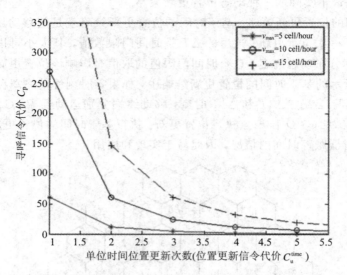

图 2-13 基于时间的位置更新策略的性能分析

基于时间的位置更新策略在移动通信网络中是比较容易实现和应用的。当然，移动通信网络若采用基于时间的位置更新策略，则由于 ΔT 难以体现实际蜂窝小区的拓扑结构信息（即二者的优化关系难以确定），因此网络的移动性能也是相对比较差的。

（3）基于运动的位置更新策略。当移动终端穿越小区边界的次数超过一个门限值 d（运动门限）时，移动终端就进行一次位置更新，这就是基于运动的位置更新策略的概念。

如图 2-14 所示，当运动门限 $d=3$ 时，移动终端从 A 点出发，此后将分别在 B、C 点执行位置更新。该策略可以根据每个用户的情况动态选择运动门限。

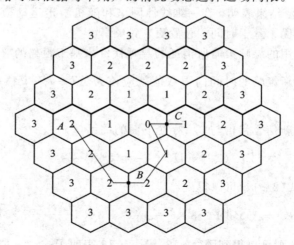

图 2-14 基于运动的位置更新策略

执行该策略时，移动终端仅需要一个计数器来记录跨越小区边界的次数，不需要掌握小区拓扑结构信息，因此实现起来比较简单。

这里的运动门限 d 的取值对于基于运动的位置更新策略而言是最为关键的。d 随每个移动终端的移动特性以及呼叫特性等情况而定，它直接影响该策略的移动性能。

如果运动门限 d 为 k，那么一次外来呼叫寻呼该移动终端时，采用同步全呼时寻呼到该移动终端的寻呼信令代价同样也与式（2-12）所示的一致。

该策略的位置更新信令代价为

$$C_{\mathrm{u}}^{\mathrm{movement}} = U \times \frac{v_{\mathrm{av}}}{k} \leqslant U \times \frac{v_{\mathrm{max}}}{k} \tag{2-16}$$

同样地，我们也可以得到 C_{p} 与 v_{av} 之间的关系式：

$$C_{\mathrm{p}} = v \times \left[1 - 3 \times \left(\frac{U \times v_{\mathrm{av}}}{C_{\mathrm{u}}^{\mathrm{movement}}} \right) + 3 \times \left(\frac{U \times v_{\mathrm{av}}}{C_{\mathrm{u}}^{\mathrm{movement}}} \right)^2 \right] \tag{2-17}$$

执行基于运动的位置更新策略时，移动终端仅需要一个计数器来记录跨越小区边界的次数，而不需要掌握小区拓扑结构信息，因此对于单个移动终端而言实现起来也是比较简单的。

由式（2-13）、式（2-14）及式（2-16）可以看出：

$$C_{\mathrm{u}}^{\mathrm{distance}} \leqslant C_{\mathrm{u}}^{\mathrm{movement}} \leqslant C_{\mathrm{u}}^{\mathrm{time}} \tag{2-18}$$

以上分析以及其他相关研究表明，与基于时间和运动的位置更新策略相比，基于距离的位置更新策略具有最好的性能，该策略所产生的位置更新信令代价是最小的，但它要求的系统复杂度和实现的开销最大，它还要求移动终端拥有不同小区之间的距离信息并不断监测，网络必须能够以高效的方式提供这样的信息，这会带来大量的计算负荷，因此对于能量有限的移动终端来说，该策略并不十分理想。

相比之下，基于时间的位置更新策略其性能是最差的，但该策略实现起来也是相对最容易的。

基于运动的位置更新策略的性能则介于上述两者之间，它的实现相对于基于距离的位置更新策略而言要容易，其复杂度也介于其他两者之间。

因此，基于运动的位置更新策略能够取得比较好的移动性能，虽然该策略不是最有效的位置更新策略，但其实是最实际的。

（4）其他动态位置更新策略。其他的有关动态位置更新的策略有如下几个：

① 自适应位置更新策略。自适应位置更新策略中位置区的边界是变化的，它将位置区分为若干个等级，根据移动终端过去和现在的移动特性为不同的移动终端分配不同等级的位置区，每个等级的位置区大小不同。移动终端开机后，根据自身的移动特性请求分配一个等级合适的位置区，并将此位置区信息在系统数据库中进行存储登记。这些信息包括位置区的边界小区位置信息、位置区等级和用户标识等。在移动终端中，存储了位置区的边界小区的信息。每个基站在自己的控制信道中周期性地广播它的小区位置信息。移动终端收到小区位置信息后，将它与存储在移动终端中的位置区边界小区的位置信息进行比较。一旦移动终端发现二者不相符，则认为当前正在穿越位置区边界，于是发起位置更新。此时系统根据用户在前一个位置区中的移动特性，以它当前所在的小区为中心，再分配一个等级适当的位置区。若在前一个位置区中的停留时间比预期的短，则认为移动终端的移动速度加快，为它分配一个更大的新的位置区；反之，认为移动终端的移动速度变慢，为它分配一个较小的新的位置区。

在自适应位置更新策略中，没有固定的位置区边界，移动终端在每次穿越边界时更换一个新的位置区，并被置于位置区的中心。自适应位置更新策略具有以下优点：位置更新的频率大大降低（因为它被分配了一个适当的位置区且位于位置区的中心）；位置更新的信令负载均匀分布；不再出现边界信令过于集中的情况（因为边界是不固定的）。

然而在实际中，位置区的大小经常变化，实现起来较复杂。

② 带预测的策略。该策略的思想是认为移动终端将来的速度和位置与当前的速度和位置是相关的，并且移动终端在位置更新过程中向网络报告它的位置地点及运动速度，网络根据这些信息确定移动终端位置的概率密度函数，并据此预测移动终端未来时刻所处的位置，网络端和移动终端都维护预测信息，移动终端周期性地检查它的位置，当移动的距离超过根据预测信息所确定的距离门限时执行位置更新。

在一次位置更新以后，移动终端定期计算与位置更新点的距离，统计出均值 d，在下一次位置更新时，向系统报告这个均值以及速度、位置等具体信息，同时移动终端计算与更新点的距离 s，当发现 $|s-d|$ 超过了事先设定的值 N 时，发起一次位置更新。在高斯-马尔可夫运动模型、泊松呼叫过程及一维线性网络结构的假设下，数值结果显示该策略的性能优于不进行预测的基于距离的位置更新策略。

③ 基于状态的位置更新策略。状态信息可以指上一次位置更新后所经历的时间、跨越的小区数目或者运动的距离等。不同的状态信息对应于不同的位置更新策略。一种情况是状态信息包括当前所在位置及上一次位置更新后所经过的时间，移动终端运动模型为时变高斯过程，则基于该状态信息的位置更新策略比基于时间的位置更新策略获得了 10% 的性能改善。

2. 寻呼（Paging）

当呼叫（Incoming Call）某移动用户时，移动通信网络需要及时通过有效的寻呼策略将该呼叫传递到该移动用户。

在一次寻呼期间，移动网络通过下行控制信道向移动终端可能驻留的小区发送寻呼消息，即在位置区内以一次或多次呼叫方式向一个或多个寻呼区（PA）内的所有移动终端广播寻呼信号，而所有的移动终端时刻都在监听寻呼消息，只有被呼移动终端响应并通过上行控制信道发回应答消息。每一个寻呼周期都有一个超时期，如果移动终端在超时期之前响应，则寻呼过程终止，否则进入下一个寻呼周期。为了避免掉线，移动网络必须在允许的时延内确定移动终端位置。最大寻呼时延对应于定位移动终端所允许的最大寻呼周期数。例如，最大寻呼时延为1，则必须在一个寻呼周期内确定移动终端的位置。

由于无线信道资源有限，因此设计和实现有效的寻呼策略就显得比较重要。寻呼策略的有效性主要体现在如下几个方面：

（1）寻呼策略对移动网络所消耗的信令代价比较小。正是由于存在激增的移动用户使得移动网络所承受的信令负荷越来越严重，因此如何减小寻呼策略所引起的信令负荷就显得非常必要。

（2）寻呼时延比较小。每个移动网络都有自身能承受的最大寻呼时延。只要在寻呼过程中，寻呼时延都在移动网络所承受的最大时延内，就可以实现正常的寻呼过程。当然，寻呼时延越小，寻呼策略越有效，并可显示出对应的寻呼方案处理寻呼过程的及时性。

（3）实用性较强。很多寻呼策略在理论上往往比较理想，而实际上对移动网络的相应处理能力提出了非常高的不切实际的要求，因此简易、实用且有效的寻呼策略才是非常适合的。

目前，寻呼策略主要分为以下几类：同步全呼（Simultaneous Paging）、依序单呼（Sequential Paging）、依序组呼（Sequential Group Paging）、用户档案法、直线寻呼、智能寻呼等。除同步全呼属静态寻呼策略外，其余为(动态)优化寻呼策略。

对下面用到的一些符号，我们先作如下具体说明：

N：位置区中的所有小区数目。

k：寻呼区中最大的小区数目。

C：位置区中控制信道的总数。

G：位置区中寻呼区的个数。

λ_p：移动用户在位置区内移动时，呼叫该移动用户的入呼率(Arrival Call Rate)。

μ：在一次呼叫的寻呼过程中，寻呼到该移动用户的平均寻呼次数。

τ：移动网络所能承受的最大时延单位。

1) 静态寻呼策略(同步全呼)

如果图 2-15 所示的整个区域为一个位置区，那么当有呼叫到来时，移动网络在移动终端所在位置区内的所有小区同时发起对目标移动终端的寻呼，如图 2-15 中的阴影部分所示。可见，在同步全呼寻呼策略中，寻呼区其实就是位置区。

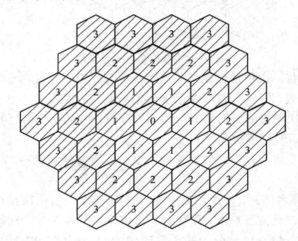

图 2-15　同步全呼寻呼策略

这种策略的优点是寻呼时延最小，即为一个单位的寻呼时延。然而，该策略的寻呼开销主要依赖于位置区内蜂窝数目的大小。特别在微蜂窝大范围应用的第三代移动通信网络中，位置区内的小区数目较多，采用同步全呼寻呼策略所引起的寻呼开销必然很高，会引起过量的信令负载。

2) (动态)优化寻呼策略[①]

(1) 依序单呼。传统的依序单呼是指以每个蜂窝小区为单元依一定的概率次序逐个地寻呼过来，直到寻呼找到移动终端，如图 2-16 所示。当然，该寻呼策略的前提是当前移动网络能够承受不少于该位置区内所有蜂窝小区数目大小的单位时延数。一般这种情况下，可以认为移动网络对时延不敏感，可以承受任意大的时延。

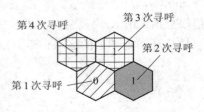

图 2-16　依序单呼寻呼策略

———————————

① 对一般本科生不作要求，供有兴趣的本科生或研究生参考。

上述依序单呼寻呼策略其实是一种比较极端的情况，即移动网络能够承受任意大的时延。

在实际研究过程中，往往讨论的是如图 2-17 所示的以每层小区为单位的依序单层寻呼策略。如图 2-17 所示，从中心第 0 层小区开始依序寻呼，直至寻呼到移动终端。

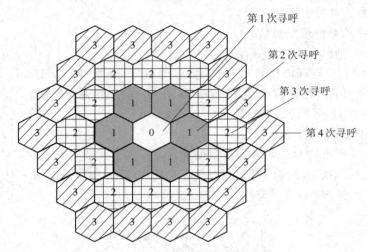

图 2-17　依序单层寻呼策略

一般移动终端进行一次位置更新之后，就以这次位置更新所在小区为中心，向外扩展多层小区为当前的位置区。这种依序单层寻呼策略其实就是一种环状寻呼策略。所谓环状寻呼策略，就是以上次位置更新时移动终端所在小区为中心，把寻呼区域划分为环绕中心小区的若干个环，然后进行依次寻呼。

这里所述的依序单层寻呼策略要求移动网络的最大时延必须不小于如图 2-17 所示的位置区的层数。

（2）依序组呼。顾名思义，依序组呼就是以多环形成一组依次按组进行寻呼。特别在基于运动和距离的位置更新策略中，往往都是按依序组呼方式来实现的。

如图 2-18 所示，位置区被分为两个寻呼区 PA1 和 PA2（图中以不同的阴影标识出来），中心第 0 环和第 1 环形成一组（PA1），作第一次寻呼，如果这次寻呼过程未发现移动终端，则进行下一次寻呼。第二次寻呼以第 2 环和第 3 环形成一组（PA2）一起寻呼。

依序组呼的关键问题是如何分组，即如何将各环组成寻呼区。最短距离优先划分（SDF，Shortest Distance First）方法是一种分组方法，它是指把移动终端的驻留区划分为 $l=\min(\eta, d)$ 个子区域。其中，η 为最大呼叫时延，d 是基于运动的位置更新策略中的运动门限数值。用 A_j 代表第 j 个子区域，$0 \leqslant j < l$，每个子区域包括一个或更多的环，子区域 A_j 包括从环 s_j 到环 e_j 的区域。环 s_j 和环 e_j 的定义如下：

$$s_j = \begin{cases} 0 & j = 0 \\ \left\lfloor \dfrac{d \times j}{\eta} \right\rfloor & j \geqslant 1 \end{cases} \tag{2-19}$$

$$e_j = \left\lfloor \frac{d \times (j+1)}{\eta} \right\rfloor - 1 \tag{2-20}$$

以上两个公式保证了每个子区域拥有近似相等的环数。可见，每个移动终端的子区域划分是不同的，取决于各个终端的特性。当有呼叫到达时，网络先确定该被呼终端的子区

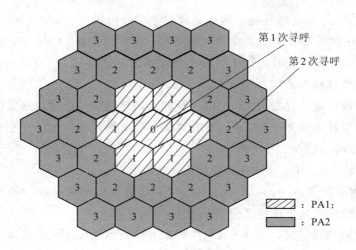

第 1 次寻呼

第 2 次寻呼

▨ : PA1;

▨ : PA2

图 2-18　依序组呼寻呼策略

域，然后进入终端呼叫过程，呼叫子区域 A_0，如果找到移动终端，则结束呼叫过程，建立通话，如果未找到移动终端，则继续呼叫子区域 A_1，以此类推。在图 2-18 中，假设 $d=4$，$\eta=2$，则 $s_0=0$，$e_0=\left\lfloor\dfrac{4\times1}{2}\right\rfloor-1=1$，$s_1=\left\lfloor\dfrac{4\times1}{2}\right\rfloor=2$，$e_1=\left\lfloor\dfrac{4\times2}{2}\right\rfloor-1=3$。子区域 A_0 包括中心小区（第 0 环）和第 1 环，共两层，子区域 A_1 则包括第 2 环和第 3 环，也是两层。当呼叫到达时，依次呼叫 A_0、A_1，一旦找到被呼移动终端，则立即中止轮询过程。比如，移动终端在 A_1 中，则网络必须轮询 A_0 和 A_1。总的轮询小区数为 $1+6+12+18=37$ 个，即遍历了该位置区内的所有小区。

　　以上 SDF 分区方法不必考虑各个移动终端在各个位置的概率分布。当然，引入概率分布会提高查找效率，但是也增加了网络的负担。网络必须存储用户的大量资料，当呼叫到达时还需进行大量的计算，因此不如同步全呼和依序单呼策略简单。

　　以上三种寻呼策略的性能比较如表 2-7 所示。由于同步全呼策略寻呼的小区数目为整个位置区，所以其平均寻呼的小区数目 $\overline{L}$ 为 N。表 2-7 中的"每个小区的寻呼负荷 λ"表示在单位时间内每个小区被寻呼的次数。对于同步全呼策略而言，λ 即为 λ_p，而平均寻呼时延 d 就是 $\dfrac{1}{\mu-\lambda_\mathrm{p}}$，这都是比较容易理解的。

表 2-7　三种寻呼策略的性能比较

性能参数	同步全呼	依序单呼	依序组呼
平均寻呼的小区数目 $\overline{L}$	N	$\dfrac{N+1}{2}$	$N-k(G-1)\dfrac{k^2G(G-1)}{2N}$
每个小区的寻呼负荷 λ	λ_p	$\dfrac{\lambda_\mathrm{p}\cdot\overline{L}}{N}$	$\alpha^*\cdot\lambda_\mathrm{p}$
平均寻呼时延 d	$\dfrac{1}{\mu-\lambda_\mathrm{p}}$	$\dfrac{\overline{L}\cdot N}{N\mu-\lambda_\mathrm{p}\overline{L}}$	$\dfrac{1}{\mu-\alpha\lambda_\mathrm{p}}\cdot\left\{(\overline{g}^{**}-1)\cdot\sum\limits_{l=1}^{k}\dfrac{1}{l}+1\right\}$

注：$\alpha^*=1-(G-1)\cdot\dfrac{k}{N}\left(1-\dfrac{k}{2N}G\right)$，$\overline{g}^{**}=G\left(1-\dfrac{k(G-1)}{2N}\right)$。

（3）用户档案法。该方法的前提是认为移动终端的位置在大部分时间内是有规律可循的。大多数移动用户具有一定的工作和生活规律，经常在住处、办公室、学校等固定地点及其周围地区活动，只有相对比较小的可能性背离这一规律。用户档案法正是利用这一规律来减少位置管理过程中的信令负荷的。

用户档案法根据移动终端的运动方式，预测移动终端所要经过的路径以避免大部分无效的位置更新和寻呼。在这种策略中，系统为每个移动终端维护了一个记录档案。在这个档案中，记录的内容如下：

① 在时间段 $[t_i, t_j]$ 中，移动终端穿越了 k 个位置区。

② 若干个数据对 (a_m, p_m)，其中 $1 \leqslant m \leqslant k$，$a_m$ 是移动终端第 m 个有可能活动的位置区，p_m 则是移动终端在这个位置区停留的概率。

移动终端在最初登记时，就要下载它的档案和位置区 LA 列表。当移动终端更新这个档案时，系统就要再产生一个新的 LA 列表。LA 列表是所有在档案中出现的 LA 的集合。表中 LA 按照移动终端在各个 LA 中停留的概率由高到低排列。只有当移动终端进入一个没有在 LA 列表中出现过的 LA 时，移动终端才进行登记，将这个新 LA 添加到 LA 列表中。当移动终端有呼叫到达时，则按照 LA 列表的顺序依次呼叫，直到找到该移动终端。

虽然用户档案法对于长期事件来说具有较好的性能，但是对于短期事件来说不是十分理想。比如：

① 当移动终端进入一个从未去过的 LA 后，它进行了一次登记，但由于移动终端在此 LA 的停留概率最小，因此，该 LA 在 LA 列表中的位置排在最后。若此时有一个呼叫到达，则该 LA 将最后一个被寻呼，因而浪费了大量的寻呼。

② 移动终端在某 LA 与网络进行一次操作（如有一个呼叫到达，或用户发起一次呼叫等）后不久又有一个呼叫到达时，移动终端在此 LA 的概率是最大的，但仍然得按照 LA 列表的顺序进行寻呼。

以上两种情况都不能充分利用移动终端与网络相互操作时提供给网络的信息。

在此基础上进行一定的改进，可利用补偿量 W 的作用对 LA 列表进行修改，即在系统中保留移动终端与系统的操作记录，当有呼叫到达时，系统先计算它与上一次操作之间的时间间隔 t，将 t 与一时间门限 T 进行比较：

① 若 $t \leqslant T$，则认为它是一个短期事件，先根据操作记录里登记的 LA（不止一个）进行呼叫，若找不到，则进入步骤②。

② 若 $t > T$，则直接进入步骤③。

③ 在操作记录里的 LA 的概率将被增加一个补偿量 W，系统根据此时的概率大小重新安排 LA 列表，再按照此新列表进行寻呼。

这个改进方案有效地减少了以上两种情况下多余的寻呼量。

（4）直线寻呼。如图 2 - 19 所示，每个 LA 都被赋予一个合适的坐标 (X_1, Y_1)，(X_2, Y_2)，(X_3, Y_3)，…，(X_n, Y_n)，若相邻两个 LA 的坐标的差值 $(X_2 - X_1, Y_2 - Y_1)$，$(X_3 - X_2, Y_3 - Y_2)$，…，$(X_n - X_{n-1}, Y_n - Y_{n-1})$ 相等，则认为它们处在同一条直线上，如果一个移动终端在这些 LA 上移动，则认为它的移动方向不变。移动终端每进入一个 LA

就对当前 LA 的坐标和前一个 LA 的坐标进行相减运算，得到坐标差值(D_{Xc}，D_{Yc})，并将它与存储在移动终端中的在前一个 LA 经相减运算得到的坐标差值(D_{Xp}，D_{Yp})进行比较，若两者不同，则认为移动终端改变了移动的方向。此时移动终端发起位置更新操作。在位置更新时，也将移动方向(D_{Xc}，D_{Yc})通知网络。当有呼叫到达时，寻呼的过程就是在整条直线上依次对每个 LA 进行寻呼。当然，移动终端不能沿直线走无限远，因此需要设立一个门限值 d，当移动终端离开更新位置的距离超过门限值时，发起位置更新。

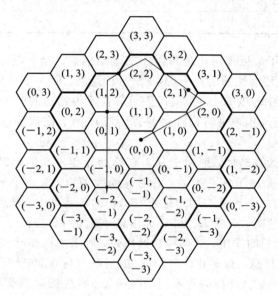

图 2-19　直线寻呼

直线寻呼策略相对于环形寻呼策略来说，大大减少了寻呼的信令负载。比如，当有两个环时，环形寻呼需要寻呼 19 个 LA，而直线寻呼只需要寻呼 5 个 LA。另外，这一策略的计算复杂度也较理想，只需进行相减运算和比较运算。当然，对于频繁变换移动方向的用户，位置更新的代价要增大。

(5) 智能寻呼。智能寻呼根据某些信息选择位置区中的部分小区组成寻呼区（PA），因此寻呼分成多步进行。为减少寻呼代价和寻呼延迟，应使第一步寻呼成功概率（PSFS）尽可能高。因此需要充分利用各种与寻呼相关的信息。这些信息包括：

① 与用户相关的信息：

A. 新近与用户进行相互操作的基站，何时进行的操作。

B. 用户是高移动性的用户还是低移动性的用户。

C. 用户在哪些区域逗留的时间较长，逗留多久。

② 与用户无关的信息：

D. 当前的情况（如上下班高峰期、工作时间等）；

E. 寻呼基站的分布情况。

根据以上信息，智能寻呼共有 5 种方案，每种方案对信息的利用情况如表 2-8 所示。

表 2 - 8　智能寻呼的 5 种方案对信息的利用情况

方案	A 类信息	B 类信息	C 类信息	D 类信息	E 类信息
方案 1	√				
方案 2	√	√			
方案 3	√	√	√		
方案 4	√	√	√	√	
方案 5	√	√	√	√	√

方案 1：网络存储了最近与用户进行操作的基站信息。当有呼叫到达时，这些基站首先发起寻呼。这对于低移动性的用户来说，PSFS 较理想，但对于高移动性用户来说，并不能保证较高的 PSFS。因此引入时间判决门限 T，若呼叫到达的时刻距离上次呼叫的时间间隔 $t \leqslant T$，则寻呼最近与用户进行操作的基站，若 $t \geqslant T$，则认为原有的位置信息已经过时，采用单步寻呼策略。

方案 2：根据用户的移动性，把用户分为高移动性用户和低移动性用户。当有呼叫到达时，先查询被叫用户是属于哪一类的，对高移动性用户，采用单步寻呼策略，对低移动性用户，则利用 A 类信息在最近与用户进行过操作的各基站中首先发起呼叫。

方案 3：在呼叫到达时，查询 A、B、C 类信息，先利用 C 类信息，在用户常去的区域发起呼叫，而 B 类信息起辅助作用。对高移动性用户，则采用单步呼叫策略。

方案 4：根据 D 类信息，有高移动时间段（如上下班高峰期）、低移动时间段（如夜晚居家时间）、一般时间段（如工作时间）等不同的时间段。首先确定当前属于哪一个时间段，这样做的目的是在不同的时间段选择不同大小的 PA。例如，在高移动时间段，PA 就要选得大一点，其他信息起辅助作用。

方案 5：综合运用 5 类信息。例如，当一个用户从起点走向终点时，如果途中与网络进行了一次操作，则在快要到达终点时，有呼叫到达，此时在起点附近的基站就不需考虑。如果是高移动用户，则在确定寻呼区域时，PA 就要比低移动性用户的 PA 多增加几个基站。

由此可见，智能寻呼策略对于 LA 较大的区域比较合适，但是它需要较大的存储空间和一定的运算处理能力。

2.8.2　切换管理

1. 切换的基本概念

在蜂窝移动通信网络中，当一个正在运行业务的移动台（MS）渐渐离开其当前工作的基站（简称原 BS）而移动到邻近的基站（简称新 BS）覆盖的小区时，连接到原 BS 的无线链路最终被迫中断，因此，需要及时建立一条到新 BS 的链路，以保持业务继续进行，这一过程称为切换。

切换是蜂窝系统的基本操作。切换按情况不同可分为硬切换、软切换和更软切换。

所谓硬切换，就是 MS 在业务（如通话）过程中离开原工作 BS 覆盖的小区，进入相邻 BS 覆盖的小区时，为保持业务的连续性，需将工作信道进行切换，由于使用的工作频率不同，MS 需先中断与原 BS 的联系，再与新 BS 取得联系，以保持业务的连续性。硬切换时，一个终端一次只能与一个 BS 进行连接，在与新 BS 建立连接之前必须立刻切断与原 BS 的连接，即所谓的通前断(Break Before Make)方式。

所谓软切换，就是在上述切换中，当移动台开始与一个新 BS 联系时，并不立即中断与原 BS 的通信，而是先与新 BS(可能不止 1 个)取得联系，在保证业务切换成功后，才中断与原 BS 的通信，即所谓的断前通(Make Before Break)。在进行软切换的时候，终端可以同时与多个 BS 相连，利用短 PN 码来区分不同基站的信令，并分析监测各个基站的信令以控制切换过程。目前，软切换应用于具有相同载波的 CDMA 信道之间的切换。

所谓更软切换，是指发生在同一 BS 具有相同频率的不同扇区之间的切换。更软切换只由 BS 完成，一般不通知 MSC。更新切换也属软切换。

软切换的优点是：信道转换平滑。新 BS 渐渐接入，在 MS 从原小区走向新小区前就已经开始了。当原小区的信号功率比新小区弱很多时，MS 根据收到的引导信号强度或者由原小区采取行动让 MS 完成切换。为避免在小区边界附近的频繁切换，软切换在新小区(可能不止 1 个)信号比原小区足够高(通常为 6 dB)时启动，先建立新链路，稳定后再拆除原连接。由于在软切换过程中，有一段时间同时保留 2 条以上链路，因此软切换明显地加大了蜂窝系统的负荷。

在第一代模拟蜂窝系统中，小区覆盖的半径较大(一般为五到几十公里)，通话发生切换的频繁程度不高。

在第二代数字蜂窝系统中，小区覆盖的半径相对较小(在高密度地区的小区半径一般小于 500 m)。在一次呼叫完成前，移动用户穿越一个小区的概率很高，因此切换频繁发生。在市区，一次呼叫可能会经历多次切换。

在第三代移动通信系统中，为了满足高容量和高数据速率的需要，小区覆盖的半径会变得更小，因此，切换必须更加快速和准确。另外，不同的系统(如用于室内高密度环境的无绳电话系统、用于室外的微蜂窝系统)之间要实现完全透明的漫游。切换性能往往影响整体网络性能。

第一代和第二代系统运营后发现，通话途中的中断现象主要是由切换所造成的。由此可见切换在蜂窝移动通信中的重要性。

值得一提的是，所有基站切换都需要精确的时间控制，以保证数据的连续性。

切换的性能除与切换本身的算法有关外，与 BS 的布点有着极大的关系。

(1) 从抗干扰的角度讲，相邻小区的无线重叠区应尽可能小，但从切换的角度看，相邻小区的无线重叠区不宜太小。相邻小区的无线重叠区如果太小了，由于 MS 的高速移动等原因，会造成原 BS 的信号强度无法维持通信，而新的 BS 尚未来得及提供新的信道，从而造成通信中断。

(2) 相邻小区的无线重叠区(即切换区)应避免与交通流量大的区域重叠，否则会造成 MS 在相邻两个小区之间来回切换，即造成切换的乒乓现象。

软切换与进出切换小区的频繁程度无多大关系，可使中断概率大大降低。此外，在软切换中的分集接收技术不需要像硬切换那样靠增大功率、扩大切换区域来改善通信质量。但由于软切换在切换期间要占用两个或两个以上信道，因而导致信道利用率降低。对于硬切换，一个呼叫只占用一个信道，因此信道利用率为 1；对于软切换，每一个移动台在切换区最少占用两个信道(每个小区一个信道),而不是一个,其信道利用率降低了。

为了评价切换策略是否完善,通常可通过以下三个切换性能指标来衡量:

(1) 新呼叫阻塞概率(the Probability of New Call Blocking)P_{NCB}。新呼叫到达而被拒绝接入的概率称为新呼叫阻塞概率,也称阻塞概率。在每个小区内,为了使切换到该小区内的用户由于拥塞而掉线的情况尽可能少,通常都需要预留一部分专用作切换的预留带宽或切换预留信道。如果预留太小,则切换掉线率(切换失败率)可能太高,用户的服务质量得不到保证;如果预留太大,则本小区新呼叫用户的服务质量得不到保障,且导致预留资源得不到充分利用。

(2) 由于切换造成的强迫中断概率(the Probability of Forced Termination)P_{FT}。所谓强迫中断(Forced Termination)概率,也称切换掉线发生的概率,是指一个正在进行的业务由于切换失败而造成的业务被迫终止的概率。

(3) 切换速率(the Rate of Handover)R_{H}或信道利用率(中继资源利用率)。如果是硬切换,则切换将造成通话的中断,切换速率越快,由于切换造成通话的中断时间越短,反之,中断时间越长。因此,用切换速率衡量较为合理。如果是软切换,则虽然切换不会造成通话的中断,但同时占用多条(至少两条)链路,会造成网络资源紧张,切换速率越快,由于切换造成网络资源紧张的时间越短,反之则越长。因此,用信道利用率(中继资源利用率)替代切换速率来衡量软切换的切换性能更为合理。

2. 切换的三个阶段

一个完整的切换过程包括三个阶段:切换的初始阶段、新的连接产生阶段、新的数据流建立阶段。在切换的初始阶段,由用户、网络代理或正在改变的网络状态来识别出切换的必要性,即检测切换需求。在新的连接产生阶段,网络必须找到新的资源来进行切换连接,并执行额外的路由操作。在新的数据流建立阶段,进行从旧的连接路径到新的连接路径的数据的传送,并根据已协商的业务保证来进行维护。切换的功能示意图如图 2－20 所示。

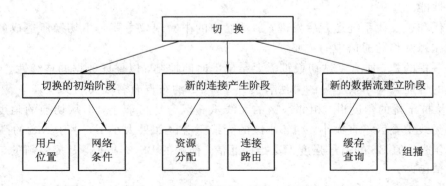

图 2－20　切换的功能示意图

3. 切换检测策略

在切换需求检测方面,人们已经提出了 3 种策略:移动台控制切换(MCHO)、网络控制切换(NCHO)和移动台辅助切换(MAHO)。

(1) 移动台控制切换 (MCHO)。在移动台控制切换(MCHO)中,MS 一直监测周围

BS 的信号,当满足某些切换准则时,启动切换过程。MCHO 是低层无线系统最流行的技术,在欧洲 DECT 和北美 PACS 空中接口协议中得到了应用。在这种策略中,MS 持续监督来自所接入的 BS 和几个切换候选 BS 的信号的强度和质量。当满足某些切换准则时,MS 选定一个"最佳"可用业务信道作为候选 BS,并发出切换请求。

我们希望由 MS 完成自动链路转换(ALL,两个 BS 之间的切换)和时隙转换(TST,同一个 BS 中两个信道之间的切换)的组合控制,其原因是:

① 减轻网络切换任务的负担。

② 即使无线信道突然变差,也能通过允许重新连接两个呼叫来保证无线连接的稳固性。

③ 控制自动链路转换和时隙转换,以防止两个过程的无益的、同时的激发。

自动链路转换控制需要 MS 在 BS 附近进行当前的和候选的信道质量测量。MS 在同一个 BS 中两个信道之间的切换控制可以由误字指示器(WEI)通过将上行链路质量信息经下行链路传送给 MS 来实现。MCHO 工作进程由以下 4 个部分组成:

① 正在进行的测量和测量数据的处理,其中允许 MS 监督质量。

② 触发器决策机制,MS 利用经处理的测量数据决定是否进行自动链路转换或时隙转换等动作。

③ 自动链路转换或新时隙转换的频率载波选择,这是一个与触发器决策密切相连的处理。

④ 在 MS 与网络设备之间,通过一种信令协议执行自动链路转换或时隙转换。

换句话说,在某一个 MS 中,一个正在进行的测量过程负责检查无线链路的质量信息。当达到某些准则时,该过程即明确切换需求,并选择一个新的信道。作为解调处理结果,MS 能够每帧都得到一次当前信道的 QI 测量值。例如,在每个 TDMA 帧期间,当 MS 不接收和发送信息时,该单元就有足够的时间进行至少一次附加信道的测量(QI 和 RSSI)。MS 也能获得下行链路的 WEI。此外,BS 能够向 MS 反馈上行链路的 WEI。该信息只需占用每个突发脉冲下行链路流的一位。

在 PACS 中,由于在下行链路采用 TDMA,因此上行链路 WEI 反馈的使用可以表示同一个 BS 中两个信道的切换需求。另一方面,DECT 采用动态信道分配,可以通过同一个 BS 中信道的转换来同时改善上行链路和下行链路。DECT 所需的切换时间是 100~500 ms。对于 PACS,据报道该时间可为 20~50 ms。

(2) 网络控制切换(NCHO)。在网络控制切换(NCHO)中,周围的 BS 测量来自 MS 的信号,且当满足某些切换准则时,网络启动切换过程。NCHO 主要用于 CT2+、AMPS 和 TACS 等系统。在这种策略中,BS 监督来自 MS 的信号强度与质量。当这些参数低于某些阈值时,网络安排一次到另一个 BS 的切换,网络要求附近所有的 BS 监督来自某个 MS 的信号,并将测量结果报告给网络,然后网络为切换选择一个新 BS,并同时通知该 MS(通过原 BS)和新 BS,随后切换生效。

BS 通过测量 RSSI 监督所有当前连接的质量。移动交换中心(MSC)指示周围的 BS 经常测量这些链路。基于这些测量值,MSC 决定什么时候和在什么地方使切换生效。由于网络收集所需的信令信息其业务量很重,因此在基站尚缺少足够的无线资源去频繁地测量相邻链路时,切换执行时间在秒数量级。因为不能频繁测量,所以精度自然就降低了。为了减少网络信令负荷，相邻 BS 不必连续地将测量报告发送回 MSC，所以，在实际 RSSI 低于一个预先设定的阈值之前不做比较。NCHO 所需要的切换时间可能达 10 s 或更高。

（3）移动台辅助切换（MAHO）。在移动台辅助切换（MAHO）中，网络是控制切换的主体，网络要求 MS 测量来自周围 BS 的信号，并向原 BS 报告测量结果，因而网络能够确定是否需要切换，以及切换到哪一个 BS。GSM、IS－95 CDMA 和 IS－136 TDMA 标准均采用这种切换策略，但任何低功率 PCS 标准均未采用此策略。

在 MAHO 中，切换过程更加分散，MS 和 BS 共同监督链路的质量，如 RSSI 和 WEI 值，由 MS 来测量相邻 BS 的 RSSI 值。在 GSM 中，MS 每秒钟向 BS 传送两次测量结果，而由网络（即 BS、MSC 或 BSC）决定什么时间和什么地点执行切换。GSM 切换执行时间大约为 1 s。

在 MAHO 和 NCHO 中，需要用网络信令去通知 MS 有关网络所做出的切换决策，即由一个正在失效的链路传送将要在信道分配（即在哪个信道上建立新的连接）的决策。因而存在这样的可能性，即在此信息传送到 MS 之前信道已失效。在这种情况下，呼叫被迫中断。

随着移动通信的 MS 密度的增大，小区越划越小，加上 MS 的智能化程度及处理能力的不断增加，移动网络由原来的网络集中控制渐渐转向网络集中控制和 MS 分散控制相结合，MS 完全有能力进行切换的管理并积极参与整个切换过程。目前，先进的移动通信系统（包括 3G 系统）均采用了 MAHO。

4. 切换准则

在移动通信系统中，一般可以根据射频信号强度、载干比、手机到基站的相对位置以及数字系统中的误码率来判断切换与否。实际应用中，可以选取其中一种或几种作为参数。假定移动台从基站 1 向基站 2 运动，其接收来自基站 1、2 的信号强度的变化如图 2－21 所示。

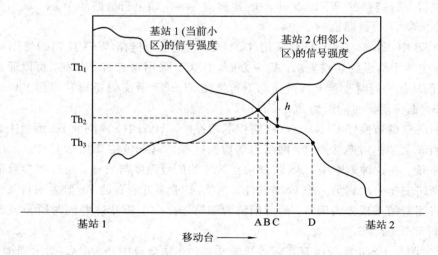

图 2－21 越区切换示意图

判定何时需要越区切换的准则如下所述。

1）相对信号强度准则（准则 1）

切换判决基于从基站接收的信号强度平均值，任何时间都选择具有最强接收信号的基站，手机连续监测各个小区的信号强度，当某个相邻小区基站的信号强度超过当前基站时，就发起切换。如图 2-21 所示，A 点将发生越区切换。此方式的优点是简单易行，缺点是当服务基站还能提供所要求的业务质量时就进行了许多不必要的切换。此外，容易造成切换的乒乓效应。

2）具有门限规定的相对信号强度准则（准则 2）

手机连续监测各个小区的信号强度，当某个相邻小区基站的信号强度超过当前小区基站，并且当前小区基站的信号强度低于某一门限时，才发起切换。如图 2-21 所示，在门限为 Th_2 时，在 B 点发生越区切换。

在此准则中需要恰当地选择门限值。例如，在图 2-21 中，如果门限值选择太高，取为 Th_1，则由于信号强度总是低于门限 Th_1，一旦相邻小区基站的信号强度超过当前小区，则立即切换，即在 A 点就进行了切换，此时准则 2 就退化成为准则 1；如果门限值选择太低，如 Th_3，则信号强度总是高于门限 Th_3，不满足准则 2，导致一直到达不了切换状态。此时虽然相邻小区基站信号已远高于当前小区，但在切换条件满足前，可能会因当前小区的链路质量较差而导致通信中断。

3）具有滞后余量的相对信号强度准则（准则 3）

准则 3 在准则 1 的基础上引入了滞后余量（Hysteresis Margin）h，仅允许移动用户在新基站的信号强度比原基站信号强度强很多（即大于 h）的情况下进行越区切换。例如，在图 2-21 中基站 2 与基站 1 的信号强度之差大于滞后余量 h 时，在 C 点进行切换。此准则可以防止由于信号波动引起的移动台在两个基站之间来回重复切换，即乒乓效应。

4）具有滞后余量和门限规定的相对信号强度准则（准则 4）

准则 4 在准则 2 的基础上引入了滞后余量，仅允许移动用户在当前基站的信号电平低于规定门限并且新基站的信号强度高于当前基站的一个给定滞后余量时进行越区切换。如图 2-21 所示，滞后余量为 h，如设定门限为 Th_2，则在 C 点发生切换，如设定门限为 Th_3，则在 D 点发生切换。

2.9 无线资源管理技术

对于无线系统来说，无线资源的概念是很广泛的，它既可以是频率，也可以是时间，还可以是码字或空间。不论从哪个角度来看，移动通信系统的无线资源都是受限的，而与此同时用户的数量却在持续高速增长，因此，从移动通信系统正式开始商用化以来，无线资源管理（RRM，Radio Resource Management）就一直是移动通信系统的一个重要组成部分并得到了广泛研究。随着移动通信系统的快速发展及用户数的剧增，移动通信系统对无线资源管理的要求也越来越高。1G 系统和 2G 系统的设计主要面对电路交换和低速数据业务，其无线资源管理功能相对较为简单，范围涉及频率分配、切换和简单的功率控制等。在 3G 系统中，其宽带、高业务速率、多业务种类等典型特点给无线资源管理带来了极大的挑战。3G 系统中的无线资源管理涉及灵活的分组调度方法、灵敏的接入控制算法和有效的功率控制措施等。目前正在进一步研发的 4G 系统与前几代移动通信系统相比，具有更高频点、更高业务速率、更宽频带、更大业务范围等特点，这些注定了无线资源管理在 4G 系统中会扮演越来越重要的角色。同时，正交频分多址接入（OFDMA）、MIMO－OFDMA 等先进技术的引入给无线资源管理策略的设计带来了新的挑战。

　　无线资源管理的目标是在有限带宽的条件下，为网络内无线用户终端提供业务质量保障，其基本出发点是在网络话务量分布不均匀、信道特性因信道衰弱和干扰而起伏变化等情况下，灵活分配与动态调整无线传输部分和网络的可用资源，最大限度地提高无线频谱利用率，防止网络拥塞，保持尽可能小的信令负荷。因此，无线资源管理的研究内容主要包括：功率控制、接入控制、负载（拥塞）控制、信道分配、分组调度等。

2.9.1　功率控制

　　功率控制在无线通信系统的资源分配中占有重要的地位。一个好的功率控制算法可以显著减少干扰，增加系统容量，降低移动台的能耗。功率控制的主要目的是使所有的移动台以恰好能满足信号目标载干比要求的最低发射功率电平发送信号，以降低整个系统的同频干扰和邻频干扰，减小移动台的能量消耗，同时使基站接收到的本小区内的各个移动台的上行信号功率相同，以克服远近效应。

　　目前上行功率控制主要分为开环和闭环两种形式。开环功率控制算法是指利用移动台测得的基站导频的发射功率，通过开环功率控制算法决定移动台的发射功率。如果上下行链路是互易关系，比如时分双工（TDD）模式中上下行载频相同，则这种方式可以较为精确地设定发射功率。但是在频分双工（FDD）模式下，上下行之间有一个较大的频率间隔，传输损耗可能会有很大的差别，这样利用下行链路估计上行链路损耗的方法就不太适用了。所以在 FDD 模式下，开环功率控制只适用于上行链路的初始化，在通话的过程中还是由闭环功率控制来完成的。闭环功率控制算法是根据基站接收到的信噪比，决定移动台的发射功率，以保证基站收到的信号足够强，同时对其他信道干扰最小。目前使用比较多的是基于信噪比的固定步长功率控制方法。该法虽然收敛较慢，但是占用的信令资源比较少。

2.9.2　接入控制

　　如果无线通信系统空中接口上的负载过高，则由于干扰的存在，小区的覆盖区域会降低到规划值以下，并且已有的连接的业务质量也得不到保证。因此在接收一个新的连接之前，无线通信系统中的接入控制单元必须检查该接入是否会牺牲规划好的覆盖区域或已有连接的质量。一项好的接入控制策略不仅可以同时保证新用户和已有用户的业务质量，还能最大限度地为系统提供高容量，使系统的业务分布更趋于合理化，资源分配更加科学。

　　对于话音和电路交换业务，如呼叫请求被接纳，则经功率控制后就直接进行业务通信；对于分组业务，如呼叫请求被接纳，则被送到相应的队列中由分组调度技术进行控制。呼叫接入控制方案主要分为两大类：预留信道方案和设置等待队列方案。前者为切换呼叫设置（静态或动态的）专用信道；后者在呼叫发现无空闲信道时，不是被立即阻塞，而是先进入队列等待，一旦有呼叫结束，队列中的呼叫就可以得到服务。设置等待队列方案由于需要排队，更加适合非实时的数据业务，如第三代移动通信系统中的交互类（Interactive Class）和背景类（Background Class）业务。对于实时性要求较高的会话类（Conversational Class）业务来说，预留信道方案更加适合。

2.9.3　负载(拥塞)控制

负载(拥塞)控制可以分为两个部分。正常情况下负载(拥塞)控制的任务是确保系统在不过载的情况下工作,并保持稳定。为了实现这个目的,负载控制必须和接入控制以及分组调度技术紧密结合,如果能安排得当,则过载就可以避免。一般称这种机制为预防性负载控制算法。在特殊情况下,比如信道环境突然恶化,系统受到的干扰突然增加,导致系统瞬时过载,此时负载控制的功能是使系统迅速并且可控地回到无线网络所定义的目标负载值。

要进行负载控制,首先必须对系统的容量和负载进行正确有效的评估。为了降低负载,减少拥塞,可能采取的负载控制措施有:强制某些用户掉话;在同一基站的不同时隙间进行负载均衡;下行链路执行快速负载控制,拒绝移动台发来的下行功率增加命令;降低分组数据流的吞吐量;减少实时业务的传输速率;切换到另一个载波;减小基站的发射功率;减小本基站的覆盖范围;迫使本基站内的部分移动台切换到其他小区;等等。

2.9.4　信道分配

无线通信系统中,将给定的无线频谱按照彼此分开或者互不干扰的原则划分成信道,这些信道可以同时使用并保证一定的信号接收质量。通常使用的信道划分技术有频分、时分和码分三种。实际的系统中往往会同时采用几种技术。例如,在 GSM 系统中首先采用频分技术将频谱划分成若干频段,然后采用时分技术使多个用户共享相同的载频。

对于无线系统来说,无线信道的数量是有限的,要提高系统的容量,就要对信道资源进行合理的分配。按照信道分配方式的不同,信道分配技术可以分为固定信道分配(FCA)、动态信道分配(DCA)和混合信道分配(HCA)。FCA 根据预先估计的覆盖区域内的业务负荷将信道资源分给若干个小区,相同的信道集合在间隔一定距离的小区内可以再次得到利用(信道复用)。FCA 的实施方式较为简单,但信道利用率较低,无法适应空间或时间上的突发业务波动,不能很好地适应网络中的负荷变化。在数据和多媒体业务占有相当比重的 3G 系统中,业务的多样性使得不同用户对于信道的需求有所不同,同时由于小区半径变小,同样的服务区域所划分的小区数目急剧增长,使得 FCA 的实现愈加困难,因此,3G 系统信道分配方案以 DCA 为主。在 DCA 系统中,信道资源不固定属于一个小区,所有信道被集中分配,DCA 根据小区的业务负荷,通过信道质量、使用率和信道的复用距离等因素选择最佳的信道,动态地分配接入的业务。HCA 是 FCA 和 DCA 的结合。在 HCA 中信道被分为固定和动态两个集合,各小区可优先使用分给它的固定信道,当固定信道不够用时,再按 DCA 方式使用空闲的动态信道。

2.9.5　分组调度

考虑到未来的移动通信系统是以数据业务传输为主的系统,为了适应这种需求,保证实时的、非实时的、高速的、低速的各种不同业务的服务质量(QoS),并同时对无线资源加以优化使用,需要采用流量控制技术,结合无线链路特性,通过先进的分组调度算法提高数据业务吞吐量,保证用户公平性,满足业务服务质量。

无线分组调度算法是提高系统容量的一项关键技术,它以最大化系统吞吐量为目标,以保证用户间的公平性为前提,以确保不同业务的 QoS 要求为基础。无线分组调度算法主要是判决在什么时间分配给哪些用户什么样的无线资源来进行通信,其中无线资源包括频率、时间、码字,甚至子载波。无线分组调度的主要功能可以概括为:在分组用户之间共享可用的空中接口资源;确定用于每个用户分组数据传输的传输信道;监视分组分配和系统负载等。

2.10　信道自动选择方式

在多信道共用系统中,每个基站(BS)控制的无线小区内有 n 个信道,每个信道可容纳 m 个用户,则 mn 个用户共用这 n 个信道,因此就存在一个信道管理问题。对网络而言,存在在哪个或哪几个信道上寻呼 MS 的问题;对移动台(MS)来说,存在如何自动选择信道呼叫或在什么信道上接收来自网络的寻呼信号并最终建立业务信道的问题。这就是所谓的信道自动选择方式。

信道自动选择方式有专用呼叫信道方式、循环定位方式、循环不定位方式和循环分散定位方式等四种。

2.10.1　专用呼叫信道方式

专用呼叫信道方式是指在给定的多个共用信道中,选择一个专用呼叫信道专门用于呼叫处理与控制,而其余信道作为业务(话音或数据)信道。专用呼叫信道的作用主要有两个:一是处理呼叫,可分成下行信道(BS→MS)和上行信道(MS→BS),下行信道又称寻呼信道(Page Channel),上行信道又称接入信道(Access Channel);二是指配话音信道。

平时移动交换中心(MSC)通过基站在寻呼信道上发空闲信号,而移动台都守候在该呼叫信道上。基站呼叫移动台通过寻呼信道进行,移动台呼叫基站通过接入信道进行。一旦寻呼或接入成功,MSC 就通过寻呼信道指定可用的业务信道,移动台根据指令转入指定的业务信道进行业务交互。呼叫信道又空出来,可以处理其他用户的呼叫。为了减少同抢概率(即用户间在占用信道时发生碰撞的概率),要求专用呼叫信道处理一次呼叫过程所需的时间很短,一般约几百毫秒甚至更短,所以一个专用呼叫信道就可以处理成百上千个用户。专用呼叫信道方式一般用于大容量移动通信系统,并采用数字信令。目前蜂窝移动电话系统就采用这种方式。

由于专用呼叫信道方式专门需要一个信道用作呼叫信道,相对来说,减少了业务信道的数目,因此不适合信道数目小于 12 的小容量移动通信系统。

2.10.2　循环定位方式

循环定位方式是指没有专用的呼叫信道,由 BS 临时指定一个信道作呼叫信道,并在该临时呼叫信道上发空闲信号,平时所有未通话的移动台都自动对全部信道进行扫描搜索,一旦在哪个信道上收到空闲信号,就停留在该信道上。因此在平时所有移动台都集中守候在临时呼叫信道上,当某个用户叫通后,就在此信道上通话。此时,基站要另选一个空闲信道作为临时呼叫信道发空闲信号,于是所有未通话的移动台接收机都自动转到新的临时呼叫信道上守候(定位)。

可见，在循环定位方式下，其呼叫信道是临时的、不断改变的。一旦临时呼叫信道转为通话信道，BS 就要重新确定某空闲信道为临时呼叫信道，并发空闲信号。移动台一旦收不到空闲信道就不断进行信道扫描。

采用这种方式信道利用率高（全部信道都可用作通话），接续快。但由于所有不通话的移动台都守候在一个临时呼叫信道上，同抢概率大，因此这种方式只适合小容量系统。

2.10.3　循环不定位方式

循环不定位方式是在循环定位方式的基础上，为减少同抢概率而提出的一种改进方式。

循环不定位方式中的基站在所有不通话的空闲信道上都发出空闲信号，网内移动台自动扫描空闲信道，并随机地停靠在就近的空闲信道上（不定位）。这种方式避免了像循环定位方式那样，所有不通话的移动台都在一个临时呼叫信道上从而引起主叫抢占的情况。当基站呼叫移动台时，必须选择一个空闲信道先发出时间足够长的召集信号（其他空闲信道停发空闲信号），而后再发出选呼信号。网内移动台由于收不到空闲信号而重新进入扫描状态，一旦扫到召集信号就停在该信道上等候被呼。一旦发现自己未被呼中，就重新处于不停的信道扫描状态。

从上述可以看出，循环不定位方式的优点是降低了同抢概率。但移动台被呼的接续时间比较长，而且系统的全部信道（不管通话与不通话）都处于工作状态。这种多信道的常发状态会引起严重的互调干扰，因此这种方式只适合于信道数较少的系统。

2.10.4　循环分散定位方式

为克服循环不定位方式下移动台被呼的接续时间比较长的缺点，人们提出了一种循环分散定位方式。在循环分散定位方式下，基站在全部不通话的空闲信道上都发空闲信号，网内移动台分散停靠在各个空闲信道上。移动台主呼是在各自停靠的空闲信道上进行的，保留了循环不定位方式的优点。基站呼叫移动台时，其呼叫信号在所有的空闲信道上发出，并等待应答信号，从而提高了接续的速度。

这种方式接续快，效率高，同抢概率小。但当基站呼叫移动台时，这种方式必须在所有空闲信道上同时发出选呼信号，互调干扰比较严重。这种方式同样只适于小容量系统。

思 考 题 与 习 题

1. 移动通信的服务区域覆盖方式有哪两种？各自的特点是什么？
2. 模拟蜂窝系统在通话期间靠什么连续监视无线传输质量？如何完成？
3. 什么是近端对远端的干扰？如何克服？
4. CDMA 系统是否需要频率规划？
5. 在实际应用中，用哪三种技术来增大蜂窝系统容量？
6. 某通信网共有 8 个信道，每个用户忙时话务量为 0.01 Erl，服务等级 $B = 0.1$，若采用专用呼叫信道方式，该通信网能容纳多少用户？
7. 已知在 999 个信道上，平均每小时有 2400 次呼叫，平均每次呼叫时间为 2 分钟，求这些信道上的呼叫话务量。

8. 已知每天呼叫 6 次，每次的呼叫平均占用时间为 120 s，繁忙小时集中度为 10%（$K=0.1$），求每个用户忙时话务量。

9. 移动性管理包括哪两个方面？各起什么作用？

10. 动态位置更新有哪些方法？请比较几种方法的性能。

11. 寻呼策略有哪些？各有什么优缺点？

12. 切换分为哪几种？请描述一个完整的切换流程。

13. 无线资源管理包括哪几个方面？各有什么作用？

14. 为了减少拥塞，可能采取的负载控制措施有哪些？

15. 移动通信中信道自动选择方式有哪四种？大容量系统采用哪一种合适？为什么？

第 **3** 章　移动通信的电波传播

3.1　VHF、UHF 频段的电波传播特性

当前陆地移动通信主要使用的频段为 VHF 和 UHF，即 150 MHz、450 MHz、900 MHz、1800 MHz、2000 MHz。移动通信中的传播方式主要有直射波、反射波、散射波和地表面波（绕射波）等。由于地表面波的传播衰耗随着频率的增高而增大，传播距离有限，因此在分析移动通信信道时，主要考虑直射波、反射波和散射波的影响。图 3-1 表示出了典型的移动信道电波传播路径。

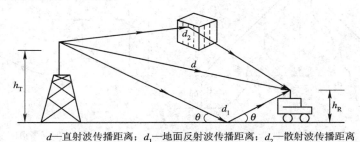

d—直射波传播距离；d_1—地面反射波传播距离；d_2—散射波传播距离

图 3-1　典型的移动信道电波传播路径

3.1.1　直射波

在自由空间中，电波沿直线传播，既不被吸收，也不发生反射、折射和散射等现象，直接到达接收点的传播方式称为直射波传播。直射波传播衰耗可看成自由空间的电波传播衰耗 L_{bs}。L_{bs} 的表示式为

$$L_{bs} = 32.45 + 20 \lg d + 20 \lg f \quad dB \qquad (3-1)$$

式中：d 为距离，单位为 km；f 为工作频率，单位为 MHz。

3.1.2　视距传播的极限距离

由于地球是球形的，因此凸起的地表面会挡住视线。视线所能到达的最远距离称为视线距离 d_0（即图 3-2 中的 AB）。已知地球半径 $R = 6370$ km，设发射天线和接收天线高度分别为 h_T 和 h_R（单位为 m），理论上可得视距传播的极限距离为

$$d_0 = 3.57 \times (\sqrt{h_R} + \sqrt{h_T}) \text{ km} \qquad (3-2)$$

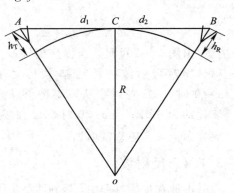

图 3-2　视距传播的极限距离

由此可见，视距传播的极限距离取决于收发天线的高度。天线架设得越高，视距传播的极限距离越远。

实际上，当考虑了空气的不均匀性对电波传播轨迹的影响后，在标准大气折射情况下，等效地球半径 $R = 8500$ km，可得修正后的视距传播的极限距离为

$$d_0 = 4.12 \times (\sqrt{h_R} + \sqrt{h_T}) \quad \text{km} \tag{3-3}$$

3.1.3 绕射衰耗

在移动通信中，通信的地形环境十分复杂，很难对各种地形引起的电波衰耗做出准确的定量计算，只能采用工程估算的方法作一些定性分析。在实际情况下，除了考虑在自由空间中的视距传输衰耗外，还应考虑各种障碍物对电波传输所引起的衰耗。通常将这种衰耗称为绕射衰耗。设障碍物与发射点、接收点的相对位置如图 3-3 所示，图中 x 表示障碍物顶点 P 至直线 AB 之间的垂直距离。在传播理论中，x 称为菲涅尔余隙。

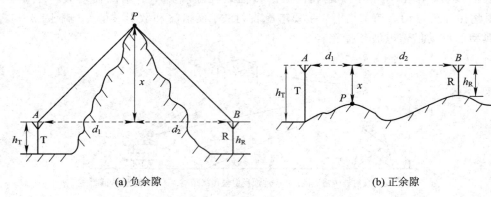

(a) 负余隙　　　　　　　　　　　　　(b) 正余隙

图 3-3　菲涅尔余隙

图 3-3(a)中所示的 x 被定义为负值，图(b)中所示的 x 被定义为正值。

根据菲涅尔绕射理论，可得到障碍物引起的绕射衰耗与菲涅尔余隙之间的关系如图 3-4 所示。图中，横坐标为 x/x_1，x_1 称为菲涅尔半径(第一菲涅尔半径)，且有

$$x_1 = \sqrt{\frac{\lambda d_1 d_2}{d_1 + d_2}} \tag{3-4}$$

由图 3-4 可见，当横坐标 $x/x_1 > 0.5$ 时，障碍物对直射波的传播基本上没有影响；当 $x = 0$ 时，AB 直射线从障碍物顶点擦过，绕射衰耗约为 6 dB；当 $x < 0$ 时，AB 直射线低于障碍物顶点，衰耗急剧增加。

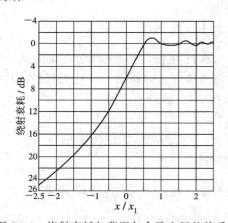

图 3-4　绕射衰耗与菲涅尔余隙之间的关系

3.1.4 反射波

电波在传输过程中，遇到两种不同介质的光滑界面时，就会发生反射现象。图 3-5 给出了从发射天线到接收天线的电波由反射波和直射波组成的情况。反射波与直射波的行距差为

$$\Delta d = a + b - c = \frac{2h_{\mathrm{T}}h_{\mathrm{R}}}{d} \tag{3-5}$$

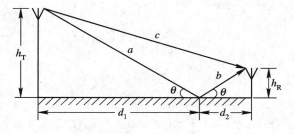

图 3-5　反射波和直射波

由于直射波和反射波的起始相位是一致的，因此两路信号到达接收天线的时间差换算成相位差为

$$\Delta\phi_0 = \frac{\Delta t}{T} \times 2\pi = \frac{2\pi}{\lambda}\Delta d \tag{3-6}$$

再加上地面反射时大都要发生一次反相，实际的两路电波相位差为

$$\Delta\phi = \Delta\phi_0 + \pi = \frac{2\pi}{\lambda}\Delta d + \pi \tag{3-7}$$

3.1.5　多径衰落

由于接收者所处地理环境复杂，因此到达接收者的电波不仅有直径波的主径信号，还有从不同建筑物反射及绕射过来的多条不同路径信号，而且它们到达时的信号强度、到达时间及到达时的载波相位都不一样，所接收到的信号是上述各路信号的矢量和，从而会引起信号衰落及失真，称为多径衰落。由于多径衰落造成的信号电平变化比较快，因此又称为快衰落。

正是由于在传播路径上电波可能存在直射、反射、散射和绕射等现象，当电波传输到接收天线时，电波通过各个路径的距离不同，所以各个路径电波到达接收机的时间不同，相位也就不同。多个不同相位的信号在接收端叠加，有时是同相叠加而加强，有时是反相叠加而减弱。这样接收信号的幅度将急剧变化，即产生了所谓的多径衰落，这种现象称为多径效应。由于此时信号的包络服从瑞利(Rayleigh)分布，因此多径衰落也称为瑞利衰落。

在移动通信传播环境中，电波在传播路径上遇到起伏的山丘、建筑物、树林等障碍物阻挡，会形成电波的阴影区，造成信号场强中值的缓慢变化，引起衰落。通常把这种衰落称作阴影衰落，把这种现象称作阴影效应。由于该场强中值随地理改变而缓慢变化，因此也被称为慢衰落。阴影衰落一般遵从对数正态分布。相对于阴影衰落，多径所造成的接收信号的幅度变化要急剧得多，故多径衰落也称为快衰落。

设发射机发出 $A\cos\omega_{\mathrm{c}}t$ 后，接收机接收端收到的合成信号为

$$R(t) = \sum_{i=1}^{n} R_i(t)\cos\{\omega_{\mathrm{c}}[t-\tau_i(t)]\} = \sum_{i=1}^{n} R_i(t)\cos\{[\omega_{\mathrm{c}}t+\phi_i(t)]\} \tag{3-8}$$

式中：$R_i(t)$ 为第 i 条路径的接收信号；$\tau_i(t)$ 为第 i 条路径的传输时间；$\phi_i(t)$ 为第 i 条路径的滞后相位，$\phi_i(t) = -\omega_{\mathrm{c}}\tau_i(t)$。

经大量观察可知，$R_i(t)$ 和 $\phi_i(t)$ 随时间的变化与发射信号的载频周期相比，通常要缓慢得多，所以，$R_i(t)$ 和 $\phi_i(t)$ 可以认为是缓慢变化的随机过程，式(3-8)可以写成

$$R(t) = \sum_{i=1}^{n} R_i(t) \cos\phi_i(t) \cos\omega_c t - \sum_{i=1}^{n} R_i(t) \sin\phi_i(t) \sin\omega_c t \qquad (3-9)$$

设

$$x_c(t) = \sum_{i=1}^{n} R_i(t) \cos\phi_i(t)$$

$$x_s(t) = \sum_{i=1}^{n} R_i(t) \sin\phi_i(t)$$

则式(3-9)可写成

$$R(t) = x_c(t) \cos\omega_c t - x_s(t) \sin\omega_c t = U(t) \cos[\omega_c t + \phi(t)] \qquad (3-10)$$

式中：$U(t)$ 为合成波 $R(t)$ 的包络；$\phi(t)$ 为合成波 $R(t)$ 的相位。$U(t)$ 和 $\phi(t)$ 的表达式为

$$U(t) = \sqrt{x_c^2(t) + x_s^2(t)}$$

$$\phi(t) = \arctan \frac{x_s(t)}{x_c(t)}$$

由于 $R_i(t)$ 和 $\phi_i(t)$ 随时间的变化与发射信号的载频周期相比，是缓慢变化的，因此 $x_c(t)$、$x_s(t)$ 及包络 $U(t)$、相位 $\phi(t)$ 也是缓慢变化的。通常，$U(t)$ 满足瑞利分布，$\phi(t)$ 满足均匀分布，$R(t)$ 可视为一个窄带过程。假设噪声为高斯白噪声，σ 为噪声方差，r 为接收信号的瞬时幅度，则包络概率密度函数 $p(r)$ 和相位概率密度函数 $p(\theta)$ 分别为

$$p(r) = \frac{r}{\sigma^2} \exp\left(-\frac{r^2}{2\sigma^2}\right) \qquad 0 \leqslant r \leqslant +\infty \qquad (3-11)$$

$$p(\theta) = \frac{1}{2\pi} \qquad 0 \leqslant \theta \leqslant 2\pi \qquad (3-12)$$

由式(3-11)不难得出，瑞利衰落的均值 r_{mean} 和方差 σ_r^2 分别如下：

$$r_{\text{mean}} = E[r] = \int_0^\infty r p(r) \, dr = \sigma \sqrt{\frac{\pi}{2}} = 1.2533\sigma$$

$$\sigma_r^2 = E[r^2] - E^2[r] = \int_0^\infty r^2 p(r) \, dr - \frac{\sigma^2 \pi}{2} = \sigma^2 \left(2 - \frac{\pi}{2}\right) = 0.4292\sigma^2$$

如果存在一个起支配作用的直达波，则接收端接收信号的包络为莱斯分布。包络的概率密度函数为

$$p(r) = \begin{cases} \dfrac{r}{\sigma^2} \, e^{-\frac{(r^2 + A^2)}{2\sigma^2}} I_0\left(\dfrac{Ar}{\sigma^2}\right) & A \geqslant 0, \, r \geqslant 0 \\ 0 & r < 0 \end{cases} \qquad (3-13)$$

式中：A 为直达波振幅；r 为接收信号的瞬时幅度；σ 为噪声方差；$I_0(\cdot)$ 为第一类 0 阶 Bessel 函数。设

$$K = 10 \lg \frac{A^2}{2\sigma^2} \quad \text{dB}$$

若 $A \to 0$，$K \to -\infty$，则莱斯分布趋近于瑞利分布。

3.1.6　阴影衰落

当电波在市区传播时，必然会经过高度、位置、占地面积等都不同的建筑物，而这些建筑物之间的距离也是各不相同的。因此，接收到的信号均值就会产生变化，这就是阴影

衰落。由于阴影衰落造成的信号电平变化较缓慢，因此又称为慢衰落。

产生阴影衰落的原因之一是建筑物的位置不同以及屋顶边缘的绕射特性不同，这就导致了基站与移动台之间衍射衰耗的随机变化。阴影衰落产生的另一原因是用户附近的屋顶接收到的场强在不断变化，这是由于产生上一次反射的建筑物高度不同而导致的。这些因素也同样会导致相同地区的不同街道之间接收信号均值的变化。这两种因素对信号的影响是各自独立的。

阴影衰落反映了在中等范围（数百倍的波长量级）内的接收信号电平平均值起伏变化的趋势，且一般服从对数正态分布。对数正态分布的概率密度函数可表示为

$$p(x) = \begin{cases} \dfrac{1}{\sqrt{2\pi}\sigma x} \exp\left[-\dfrac{(\ln x - m)^2}{2\sigma^2}\right] & x > 0 \\ 0 & x \leqslant 0 \end{cases} \tag{3-14}$$

式中：x 为由对数正态随机变量 x 所假设的值；m 为对应于正态分布的中值；σ 为对应于正态分布的标准偏差。

3.2 电波传播特性的估算

无线电波传播特性的研究，一般是在给定区域范围内进行接收场强的预测以及场强变化的预测，根据场强变化的快慢可以将无线信号的传播特性分为大尺度传播特性和小尺度传播特性。

大尺度传播特性主要包括路径损耗和阴影衰落。路径损耗通常是由收发天线之间的距离、发射的信号载频以及地形等因素导致的。阴影衰落主要是由建筑物或地形地貌的遮挡而使一些区域的接收信号骤然下降所产生的衰落。

小尺度传播特性主要为多径衰落。由于无线电波的反射、绕射和散射等特性的综合作用，导致从发射端到接收端的传播路径不止一条，也就是一个发送信号在信号传播过程中会在接收端接收到多个不同的接收信号，而这些信号是以不同的到达时间和不同的到达强度到达接收天线的。

传播模型所反映的是在某种特定区域环境以及传播路径下的无线电波的传播损耗情况，而在实际的室外传播模型中，从发射机到接收机之间的传播距离较长，路测的半径可以达到几千米，所以在区域传播模型中主要研究的是传播路径上的路径损耗以及阴影衰落影响（即大尺度慢衰落的影响）。

3.2.1 Egli John J. 场强计算

在实际中，由于移动通信的移动台在不停地运动，绕射衰耗计算中 x、x_1 的数值处于变化中，因而使用公式计算不平坦地区的场强时会遇到较大的麻烦。Egli John J. 提出了一种经验模型，并根据此模型提出了经验修正公式（称为 Egli 公式），认为不平坦地区的场强等于用平面大地反射公式算出的场强加上一个修正值，该修正值为

$$20 \lg \frac{40}{f} \tag{3-15}$$

其中：f 为工作频率，单位为 MHz。

这样，不平坦地区的场强公式为

$$E(\text{dB}) = E_0(\text{dB}) + 20 \lg \frac{4\pi h_T h_R}{\lambda d^2} + 20 \lg \frac{40}{f} \qquad (3-16)$$

或者说，不平坦地区的传播衰耗为

$$L_A(\text{dB}) = E(\text{dB}) - E_0(\text{dB}) = 20 \lg \frac{4\pi h_T h_R}{\lambda d^2} + 20 \lg \frac{40}{f} \qquad (3-17)$$

如果 h_T、h_R 用米（m）表示，d 用公里（km）表示，f 用 MHz 表示，则不平坦地区的传播衰耗为

$$L_A(\text{dB}) = 120 + 40 \lg d - 20 \lg h_T h_R - 20 \lg \frac{40}{f}$$
$$= 88 + 20 \lg f - 20 \lg h_T - 20 \lg h_R + 40 \lg d \qquad (3-18)$$

3.2.2　奥村(Okumura)模型

移动通信中电波传播的实际情况是复杂多变的。实践证明，任何试图使用一个或几个理论公式计算所得的结果，都会引入较大误差，甚至与实测结果相差甚远。为此，人们通过大量的实地测量和分析，总结归纳了多种经验模型。在一定情况下，使用这些模型对移动通信电波传播特性进行估算，通常都能获得比较准确的预测结果。这里主要介绍目前应用较为广泛的奥村(Okumura)模型，简称 OM 模型。它是由奥村等人在日本东京使用不同的频率、不同的天线高度，选择不同的距离进行一系列测试，最后绘成经验曲线而构成的模型。这一模型将城市视为准平滑地形，给出了城市场强中值。对于郊区，给出了开阔区的场强中值，以城市场强中值为基础进行修正。对于不规则地形，也给出了相应的修正因子。由于这种模型给出的修正因子较多，因此可以在掌握详细地形、地物的情况下，得到更加准确的预测结果。我国有关部门在移动通信工程设计中也建议采用 OM 模型进行场强预测。

OM 模型适用的范围：频率为 150～1920 MHz，可扩展到 3000 MHz，基地站天线高度为 20～1000 m，移动台天线高度为 1～10 m，传播距离为 1～100 km。

1. 市区的传播衰耗中值

在城市街道地区，电波传播衰耗取决于传播距离 d、工作频率 f、基地站天线有效高度 h_b、移动台天线高度 h_m 以及街道的走向和宽度等。OM 模型中给出了市区准平滑地形传播衰耗中值的预测曲线簇，如图 3-6 所示。利用图 3-6 就能预测准平滑地形上，城市地区的电波传播衰耗中值。由于在计算其他地形、地物的传播衰耗中值时，通常以市区准平滑地形的传播衰耗中值为基础，因此，又称其为基本衰耗中值（或基准衰耗中值）。

图 3-6 表明了基本衰耗中值 $A_m(f, d)$ 与工作频率、通信距离的关系。由图 3-6 可以看出，随着工作频率的升高或通信距离的增大，传播衰耗都会增加。图 3-6 中，纵坐标以分贝计量，这是在基地站天线有效高度 $h_b = 200$ m，移动台天线高度 $h_m = 3$ m，以自由空间传播衰耗为基准（0 dB），求得的衰耗中值的修正值 $A_m(f, d)$。换言之，由曲线上查得的基本衰耗中值 $A_m(f, d)$ 加上自由空间的传播衰耗 L_{bs} 才是实际路径衰耗 L_T，即

$$L_T = L_{bs} + A_m(f, d) \qquad (3-19)$$

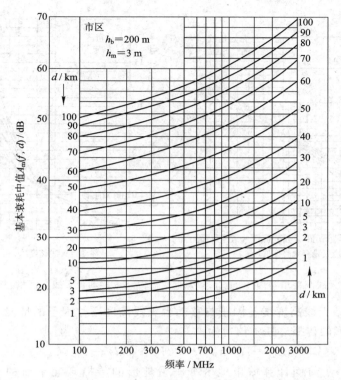

图 3－6　市区准平滑地形传播衰耗中值 $A_m(f, d)$ 的预测曲线簇

【**例 3－1**】　当 $d=10$ km，$h_b=200$ m，$h_m=3$ m，$f=900$ MHz 时，由式(3-1)可求得自由空间的传播衰耗为

$$L_{bs} = 32.45 + 20\lg d + 20\lg f = 32.45 + 20\lg 10 + 20\lg 900 = 111.5 \text{ dB}$$

查图 3－6 可求得

$$A_m(f, d) = A_m(900, 10) = 30 \text{ dB}$$

利用式(3-19)就可以计算出城市街道地区准平滑地形的传播衰耗中值为

$$L_T = L_{bs} + A_m(f, d) = 111.5 + 30 = 141.5 \text{ dB}$$

　　若基地站天线有效高度不是 200 m，可利用图 3－7 查出修正因子 $H_b(h_b, d)$，对基本衰耗中值加以修正，它称为基地站天线高度的增益因子。图 3－7、图 3－8 分别是以 $h_b=200$ m，$h_m=3$ m 作为 0 dB 参考的。$H_b(h_b, d)$ 反映了由于基站天线高度的变化使图 3－7 的预测值产生的变化量。

　　同样地，若移动台天线高度不等于 3 m，则可利用图 3－8 查出修正因子 $H_m(h_m, f)$，对基本衰耗中值进行修正，它称为移动台天线高度的增益因子。图 3－8 中曲线是以 $h_m=3$ m 作为 0 dB 参考的。由图 3－8 可见，当 $h_m>5$ m 时，$H_m(h_m, f)$ 不仅与天线高度和工作频率有关，而且与环境条件有关。在中小城市中，当移动台天线高度 $h_m=4\sim5$ m 时，建筑物的屏蔽作用减小，因而相对应的移动台天线高度增益因子迅速增加。大城市建筑物的平均高度在 15 m 以上，所以对于大城市而言，曲线在 10 m 范围内没有出现拐点。当移动台天线高度在 1～4 m 范围内时，$H_m(h_m, f)$ 受工作频率、环境变化的影响较小，因此移动台天线高度增益因子曲线簇在此范围内大多交汇重合，变化一致。

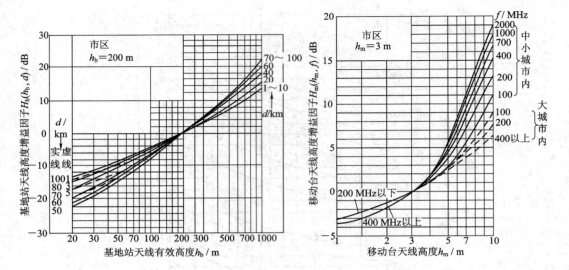

图 3-7　基地站天线高度增益因子 $H_b(h_b, d)$　　图 3-8　移动台天线高度增益因子 $H_m(h_m, f)$

在考虑基地站天线高度增益因子与移动台天线高度增益因子的情况下，式(3-19)所示市区准平滑地形的传播衰耗中值应为

$$L_T = L_{bs} + A_m(f, d) - H_b(h_b, d) - H_m(h_m, f) \tag{3-20}$$

【例 3-2】　在前面计算城市地区准平滑地形的传播衰耗中值的例子中，当 $h_b = 200$ m，$h_m = 3$ m，$d = 10$ km，$f = 900$ MHz 时，计算得 $L_T = 141.5$ dB。

若将基地站天线高度改为 $h_b = 50$ m，移动台天线高度改为 $h_m = 2$ m，利用图 3-7、图 3-8 对传播衰耗中值重新进行修正。

查图 3-7 得

$$H_b(h_b, d) = H_b(50, 10) = -12 \text{ dB}$$

查图 3-8 得

$$H_m(h_m, f) = H_m(2, 900) = -2 \text{ dB}$$

修正后的传播衰耗中值为

$$\begin{aligned} L_T &= L_{bs} + A_m(f, d) - H_b(h_b, d) - H_m(h_m, f) \\ &= 141.5 - H_b(50, 10) - H_m(2, 900) \\ &= 141.5 - (-12) - (-2) = 155.5 \text{ dB} \end{aligned}$$

在利用式(3-20)进行传播衰耗中值计算时，由于 $H_b(h_b, d)$、$H_m(h_m, f)$ 两项均为增益因子，因此这两项在公式中的符号均应取负。

2. 郊区和开阔区的传播衰耗中值

郊区的建筑物一般是分散的、低矮的，电波传播条件优于市区，故其衰耗中值必然低于市区衰耗中值。郊区衰耗中值为市区衰耗中值减去郊区修正因子 K_{mr}。K_{mr} 的曲线如图 3-9 所示。在距离小于 20 km 的范围内，K_{mr} 随距离增加而减小，但当距离大于 20 km 时，K_{mr} 基本不变。

开阔区、准开阔区(开阔区与郊区之间的过渡地区)修正因子与工作频率的关系如图 3-10 所示。图 3-10 中，Q_o 为开阔区修正因子；Q_r 为准开阔区修正因子。由于开阔区的传播条件好于郊区，而郊区的传播条件又优于市区，因此 Q_o 和 Q_r 均为增益因子。在求郊区或开阔区、准开阔区的传播衰耗中值时，应在市区衰耗中值的基础上减去由图 3-9 或图 3-10 查得的修正因子。

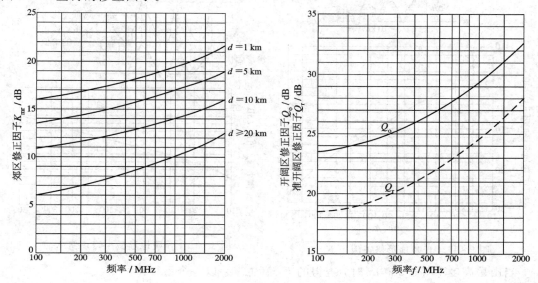

图 3-9　郊区修正因子 K_{mr}　　　　　图 3-10　开阔区修正因子 Q_o 和准开阔区修正因子 Q_r

需要说明的是，当通信距离较短(如 5 km 以内)且基地站天线又较高时，按上述方法求出的衰耗中值若小于自由空间传播衰耗，则应以自由空间传播衰耗为准。

3. 不规则地形上的传播衰耗中值

在计算不规则地形上的传播衰耗中值时，同样可以采用对基本衰耗中值修正的方法。

(1) 丘陵地形的修正因子。丘陵地形的地形参数可用地形起伏高度 Δh 表示。其定义是：自接收点向发射点延伸 10 km 的范围内地形起伏的 90% 与 10% 处的高度差，如图 3-11 所示。此定义只适用于地形起伏达数次以上的情况。

图 3-11 中给出了相对于基本衰耗中值的修正值，即基本衰耗中值与丘陵地形衰耗中值之差，常称为丘陵地形修正因子 K_h。很明显，K_h 为增益因子。

由图 3-11 可见，当 $\Delta h > 20$ m 时，丘陵地形的衰耗中值大于基本衰耗中值，而且随着地形起伏高度 Δh 的增大，由于屏蔽作用的增强，使衰耗中值也随之加大(K_h 表现为负值)。

由于在丘陵地形中，起伏的顶部与谷部的衰耗中值相差较大，因此有必要进一步加以修正，如图 3-12 所示。图 3-12 中给出了丘陵地形中起伏的顶部和谷部的微小修正值 K_{hf}，它是在 K_h 的基础上，进一步修正的微小修正值。图 3-12 上方所示为地形起伏与场强变化的对应关系，顶部的修正值 K_{hf} 为正，谷部的修正值 K_{hf} 为负。总之，计算丘陵地形中不同位置的衰耗中值时，一般先参照图 3-11 修正，再参照图 3-12 作进一步微小修正。

(2) 孤立山岳地形的修正因子。当电波传播路径上有近似刃形的单独山岳时，若求山背后的场强，则应考虑绕射衰耗、阴影效应、屏蔽吸收等附加衰耗。这时可用孤立山岳修正因子 K_{js} 加以修正，其曲线如图 3-13 所示。它表示在使用 450 MHz、900 MHz 频段，山岳高度 $H = 110 \sim 350$ m 时，基本衰耗中值与实测的衰耗中值的差值，并归一化为

$H=200\text{ m}$ 时的值，即孤立山岳修正因子 K_{js}。显然，K_{js} 亦为增益因子。

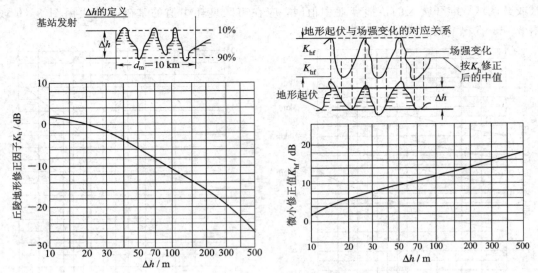

图 3-11 丘陵地形修正因子 K_h

图 3-12 丘陵地形微小修正值 K_{hf}

当山岳高度不等于200 m 时，查得的 K_{js} 值还需乘以一个系数：

$$\alpha = 0.07\sqrt{H'} \tag{3-21}$$

式中：H' 为山岳的实际高度，单位为米(m)。图 3-13 中，d_2 是山顶距移动台的水平距离；d_1 是发射台至山顶的水平距离。

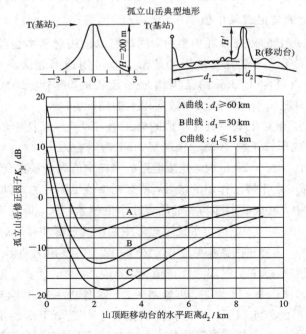

图 3-13 孤立山岳地形的修正因子 K_{js}

（3）斜坡地形的修正因子。斜坡地形是指在5～10 km 内倾斜的地形。若在电波传播方向上，地形逐渐升高，则称为正斜坡，倾角为 $+\theta_m$；反之，为负斜坡，倾角为 $-\theta_m$，如图

3-14 所示。图 3-14 中，曲线是 450 MHz 和 900 MHz 频段斜坡地形的修正因子曲线，其纵坐标为斜坡地形修正因子 K_{sp}，它也是增益因子，横坐标为平均倾角 θ_m，它以毫弧度（mrad）为单位。图 3-14 中以收发天线之间的距离为参变量给出了三种不同距离的修正值，其他距离的修正值可用内插法近似求得。

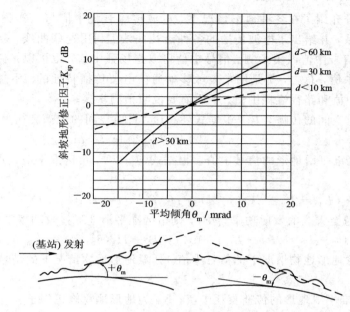

图 3-14　斜坡地形修正因子 K_{sp}

（4）水陆混合地形的修正因子。在电波传播路径上如遇有湖泊或其他水域，则接收信号的路径衰耗中值比单纯陆地传播时要低。不难想象，水陆混合地形的修正因子 K_s 也是增益因子。图 3-15 中，横坐标为水面距离 d_{SR} 与全部距离 d 之比（d_{SR}/d），纵坐标为水陆

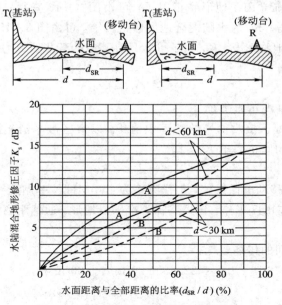

图 3-15　水陆混合地形的修正因子 K_s

混合地形修正因子 K_s，其值还与水面所处的位置有关。图 3-15 中，曲线 A 表示水面位于移动台一方时，水陆混合地形的修正值，曲线 B 表示水面位于基站一方时的修正值。当水面在传播路径的中间时，取上述两曲线的中间值。

4. 任意地形的信号中值预测

本节前面部分介绍了在各种地形情况下，电波传输衰耗中值与工作频率、通信距离、天线高度等的关系，并给出了电波传播的各种衰耗曲线。利用这些曲线，就可以对各种地形地物情况下的信号中值做出预测。信号中值可以是场强中值，也可以是路径衰耗中值或接收信号的功率中值，总之，都是用来表示移动通信电波传播特性的。不过在传输电路计算中，常用功率中值和路径衰耗中值。下面简要说明预测步骤。

(1) 计算自由空间的传播衰耗。根据式(3-1)，自由空间的传播衰耗为

$$L_{bs} = 32.45 + 20 \lg d + 20 \lg f \quad dB$$

(2) 计算市区准平滑地形的信号中值。根据式(3-20)，市区准平滑地形的传播衰耗中值为

$$L_T = L_{bs} + A_m(f, d) - H_b(h_b, d) - H_m(h_m, f)$$

如果发射机送至天线的发射功率为 P_T，则市区准平滑地形接收功率中值为

$$P_P = P_T - L_T = P_T - L_{bs} - A_m(f, d) + H_b(h_b, d) + H_m(h_m, f) \quad (3-22)$$

(3) 计算任意地形地物情况下的信号中值。任意地形地物情况下的信号中值为

$$L_A = L_T - K_T \quad (3-23)$$

式中：L_T 为市区准平滑地形的传播衰耗中值；K_T 为地形地物修正因子。

K_T 由如下项目构成：

$$K_T = K_{mr} + Q_o + Q_r + K_h + K_{hf} + K_{js} + K_{sp} + K_s \quad (3-24)$$

式中：K_{mr} 为郊区修正因子，可由图 3-9 查得；Q_o、Q_r 为开阔区、准开阔区修正因子，可由图 3-10 查得；K_h、K_{hf} 为丘陵地形修正因子及丘陵地形微小修正值，可分别由图 3-11、图 3-12 查得；K_{js} 为孤立山岳地形修正因子，可由图 3-13 查得；K_{sp} 为斜坡地形修正因子，可由图 3-14 查得；K_s 为水陆混合地形修正因子，可由图 3-15 查得。

根据实际的地形地物情况，K_T 因子可能只有其中的某几项或为零。例如，传播路径是开阔区、斜坡地形，则

$$K_T = Q_o + K_{sp} \quad (3-25)$$

其余各项为零。其他情况可以类推。

任意地形地物情况下接收信号的功率中值 P_{PC} 以市区准平滑地形的接收功率中值 P_P 为基础，加上地形地物修正因子 K_T，即

$$P_{PC} = P_P + K_T \quad (3-26)$$

【例 3-3】 某一移动电话系统，工作频率为 450 MHz，基站天线高度为 70 m，移动台天线高度为 1.5 m，在市区工作，传播路径为准平滑地形，通信距离为 20 km，求传播路径的衰耗中值。

解 (1) 自由空间的传播衰耗：

$$L_{bs} = 32.45 + 20 \lg d + 20 \lg f$$
$$= 32.45 + 20 \lg 20 + 20 \lg 450$$
$$= 111.5 \ dB$$

（2）市区准平滑地形的传播衰耗中值：

由图 3-6 查得

$$A_m(f, d) = A_m(450, 20) \approx 30.5 \text{ dB}$$

由图 3-7 查得

$$H_b(h_b, d) = H_b(70, 20) \approx -10 \text{ dB}$$

由图 3-8 查得

$$H_m(h_m, f) = H_m(1.5, 450) \approx -3 \text{ dB}$$

所以

$$L_T = L_{bs} + A_m(f, d) - H_b(h_b, d) - H_m(h_m, f)$$
$$= 111.5 + 30.5 - (-10) - (-3) = 155 \text{ dB}$$

（3）根据已知条件可知，$K_T = 0$，所以任意地形地物情况下的衰耗中值：

$$L_A = L_T - K_T = L_T = 155 \text{ dB}$$

【例 3-4】 若例 3-3 改为在郊区工作，传播路径是正斜坡，且 $\theta_m = 15$ mrad，其他条件不变，再求信号中值。

解 根据已知条件，由图 3-9 查得

$$K_{mr} = 8.5 \text{ dB}$$

由图 3-14 查得

$$K_{sp} = 4.5 \text{ dB}$$

所以地形地物修正因子为

$$K_T = K_{mr} + K_{sp} = 13 \text{ dB}$$

因此信号中值为

$$L_A = L_T - K_T = 155 - 13 = 142 \text{ dB}$$

5. 其他因素的影响

移动通信的电波传播是错综复杂的。在已介绍的 OM 模型中，给出了多种地形地物的修正因子，利用修正因子对电波传播特性可做出较为准确的估算。除此以外，还有其他因素，也会影响移动通信的电波传播。这些因素在进行预测估算时，也应予以考虑。

（1）街道走向的影响。电波传播的衰耗中值与街道的走向（相对于电波传播方向）有关。特别是在市区，走向与电波传播方向平行（纵向）或垂直（横向）时，在距基站同一距离上，接收的场强中值相差很大。这是由于建筑物形成的沟道有利于电波的传播，因而在纵向街道上衰耗较小，在横向街道上衰耗较大。也就是说，在纵向街道上的场强中值高于基准场强中值，在横向街道上的场强中值低于基准场强中值。图 3-16 给出了它们相对于基本衰耗中值的修正曲线。图 3-16 中的纵坐标分为纵向线路修正因子 K_{ai} 和横向线路修正因子 K_{ac}，它们均为增益因子，故而 $K_{ai} > 0$，$K_{ac} < 0$。从图 3-16 中还可看出，随着传播距离的增加，这种街道走向的影响将变得越来越小。例如，在距基站 5 km 处，纵向街道走向的接收场强中值比横向街道高出约 12 dB，而在 50 km 处仅高出约 6.7 dB。

（2）建筑物的穿透衰耗 L_p。各个频段的电波穿透建筑物的能力是不同的。一般来说，波长越短，穿透能力越强。同时，各个建筑物对电波的吸收也是不同的。不同的材料、结构和楼房层数，其吸收衰耗都不一样。例如，砖石的吸收较小，钢筋混凝土的大一些，钢结构的最大。一般介绍的经验传播模型都以在街心或空阔地面为假设条件，故如果移动台要在

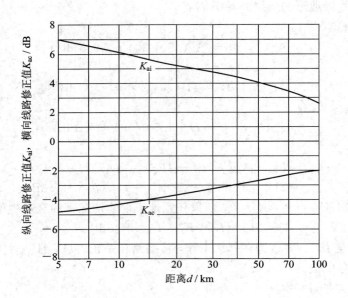

图 3-16　市区街道走向修正值

室内使用，则在计算传播衰耗和场强时，需要把建筑物的穿透衰耗也计算进去，才能保持良好的可通率，即有

$$L_b = L_0 + L_p \tag{3-27}$$

式中：L_b 为实际路径衰耗中值；L_0 为在街心的衰耗中值；L_p 为建筑物的穿透衰耗。

　　一般情况下，L_p 不是一个固定的数值，而是一个 $0 \sim 30$ dB 的范围，需根据具体情况而定，参见表 3-1。此外，穿透衰耗还随不同的楼层高度而变化，衰耗中值随楼层的增高而近似线性下降，大致为 -2 dB/层，如图 3-17 所示。

　　此外，在建筑物内从建筑物的入口沿着走廊向建筑物中央每进入 1 m，穿透衰耗将增加 $1 \sim 2$ dB。

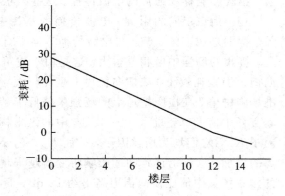

图 3-17　穿透衰耗与楼层

表 3-1　建筑物的穿透衰耗（地面层）

频率/MHz	150	250	450	800
平均穿透衰耗/dB	22	19.7	18	17

　　（3）植被衰耗 L_z。树木、植被对电波有吸收作用。在传播路径上，由树木、植被引起的附加衰耗不仅取决于树木的高度、种类、形状、分布密度、空气湿度和季节变化，还取决于工作频率、天线极化、通过树木的路径长度等多方面因素。在城市中，由于树木、绿地与建

筑物往往是交替存在着的，因此，它们对电波传播引起的衰耗与森林对电波传播的影响是不同的。大片森林对电波传播产生的附加衰耗可参看图 3－18。图中，曲线 A 与 B 分别表示垂直极化波与水平极化波。一般来说，垂直极化波比水平极化波的衰耗稍大些。图3－18所示的曲线可作为考虑城市树林影响的参考。存在植被衰耗时，实际路径衰耗中值为

$$L_b = L_0 + L_z \tag{3-28}$$

式中：L_b 为实际路径衰耗中值；L_0 为在传播路径上的衰耗中值；L_z 为植被衰耗。

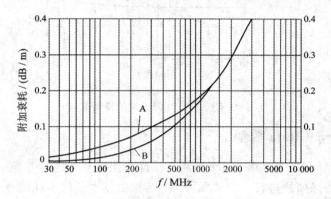

图 3－18　森林地带的附加衰耗

（4）隧道中的传播衰减 L_{sd}。移动通信的空间电波传播在遇到隧道等地理障碍时，将受到严重衰落而不能通信。例如，对于地铁，地下铁矿、煤矿井下无线调度系统，以及乘坐汽车、火车在穿越山洞隧道时使用移动电话等情况，均需解决隧道或地下通道的电波传播问题。空间电波在隧道中传播时，由于隧道壁的吸收及电波的干涉作用，会有较大的衰耗。在图 3－19 中，曲线 A 是 160 MHz 时隧道内两半波偶极子天线之间的电波传播衰耗。由图3－19 可知，在隧道内，中等功率通信设备间的通信距离在通常情况下为 200 m 左右，在理想条件下不超过 300 m。当通信系统中的一方天线在隧道外时，由于地形、地物的阻挡，通信距离还要大大缩短。电波在隧道中的衰耗还与工作频率有关，频率越高，衰耗越小。这是由于隧道对较高频率电磁波形成了有效的波导，因而使传播得到了改善。当隧道出现分支或转弯时，衰耗会急剧增加，弯曲度越大，衰耗越严重。例如，450 MHz 的电波，在直隧道内衰耗为 6 dB，一个直角转弯后，衰耗为 58 dB，所以转弯后通信距离将大大缩短。隧道中的实际路径衰耗中值为

$$L_b = L_0 + L_{sd} \tag{3-29}$$

式中：L_b 为实际路径衰耗中值；L_0 为传播路径上的衰耗中值；L_{sd} 为隧道中的传播衰耗。

解决电波在隧道中的传播问题，通常可采用两种措施：一是在较高频段（数百兆赫）使用强方向性天线，把电磁波集中射入隧道内，但传播距离也不能很长，且会受到车体的影响（特别是地铁列车驶入隧道后，占用了隧道内绝大部分空间）；二是在隧道中，纵向沿隧道壁敷设导波线（通常为泄漏电缆），使电磁波沿着导波线在隧道中传播，从而减小传播衰耗。在导波线附近的移动台天线可以通过与导波线开放式泄漏场发生耦合，实现与基站的通信。在图 3－19 中，曲线 B 为 200 Ω 导波线的衰耗曲线。

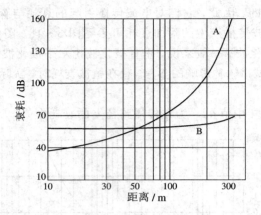

图 3-19　电波在隧道中的传播衰耗

3.2.3　Okumura - Hata 模型

为了在系统设计时，使 Okumura 预测方法能采用计算机进行预测，Hata 对 Okumura 提出的基本中值场强曲线进行了公式化处理，所得的基本传输衰耗的计算公式如下：

$$L_b(市区) = 69.55 + 26.16 \lg f - 13.82 \lg h_b - \alpha(h_m) +$$

$$(44.9 - 6.55 \lg h_b) \lg d \quad dB \tag{3-30}$$

$$L_b(郊区) = L_b(市区) - 2\left[\lg\left(\frac{f}{28}\right)\right]^2 - 5.4 \quad dB \tag{3-31}$$

$$L_b(开阔区) = L_b(市区) - 4.78(\lg f)^2 + 18.33 \lg f - 40.98 \quad dB \tag{3-32}$$

式中：d 为收发天线之间的距离，单位为 km；f 为工作频率，单位为 MHz；h_b 为基站天线的有效高度，单位为 m；$\alpha(h_m)$ 为移动台天线高度校正因子，h_m 为移动台天线高度，单位为 m。$\alpha(h_m)$ 的计算式为

$$\alpha(h_m) = \begin{cases} (1.1 \lg f - 0.7)h_m - 1.56 \lg f + 0.8 \text{ dB} & 中、小城市 \\ 8.29(\lg 1.54 h_m)^2 - 1.1 \text{ dB} & f \leqslant 300 \text{ MHz，大城市} \\ 3.2(\lg 11.75 h_m)^2 - 4.97 \text{ dB} & f > 300 \text{ MHz，大城市} \end{cases} \tag{3-33}$$

这个公式的适用范围为：150 MHz≤f≤1920 MHz，频率上限可从 1920 MHz 扩展到 3000 MHz，20 m≤h_b≤1000 m，1 m≤h_m≤10 m，1 km≤d≤100 km，准平坦地形。

3.2.4　COST - 231 - Hata 模型

随着城市的发展，人口不断聚集，从而出现了密集城区。为了提高话务量，通过小区分裂使得基站之间的距离缩到了几百米，这就造成了模型预测的困难，而在基站密集地区仍采用 Okumura -Hata 模型会出现预测值比实际测量值明显偏高的问题。因此，为了适应密集城区，由 EURO - COST 组成的 COST - 231 工作委员会，在 Okumura - Hata 的基础上提出了其扩展模型，即 COST - 231 - Hata 模型。

COST - 231 - Hata 模型路径衰耗的计算公式为

$$L_b(d) = 46.3 + 33.9 \lg f - 13.82 \lg h_b - \alpha(h_m) + (44.9 - 6.55 \lg h_b)\lg d + C_M$$

$$\tag{3-34}$$

式中，C_M 为大城市中心校正因子。在中等城市和郊区，$C_M = 0$ dB；在市中心，$C_M = 3$ dB。其他参数同 Okumura - Hata 模型，$\alpha(h_m)$ 按式（3 - 33）计算。

接收到的场强为

$$P_r(d) = 10 \lg P_t + G_t + G_r - L_b(d) \ \text{dBm} \tag{3-35}$$

式中，G_t 为发射天线增益（dBm），G_r 为接收天线增益（dBm），$L_b(d)$ 就是式（3 - 34）中的 $L_b(d)$。当取定 $P_t = 10^{-6}$ W，$f = 1800$ MHz，$h_b = 40$ m，$h_m = 3$ m，不考虑收发天线增益时，可以得到表 3 - 2。

表 3 - 2 不同距离下的 $P_r(d)$ 取值

d/km	$P_r(d)/\text{dBm}$
2	−40.35
5	−54.05
10	−64.51
20	−74.77

COST - 231 - Hata 模型的适用条件如表 3 - 3 所示。

表 3 - 3 COST - 231 - Hata 模型的适用条件

参　　数	数　　值
适用频率	1500～2300 MHz
收发端距离	1～20 km
基站天线高度	30～200 m
移动台天线高度	1～10 m

COST - 231 - Hata 模型同 Okumura - Hata 模型的最大区别在于两者有不同的频率衰减系数。COST - 231 - Hata 模型中的频率衰减系数为 33.9，而 Okumura - Hata 模型中的频率衰减系数为 26.16。此外，COST - 231 - Hata 模型还新增了一个大城市中心校正因子 C_M，对于大城市中心地区而言路径衰耗增加了 3 dB。

3.2.5 Walfisch - Bertoni 模型

Walfisch - Bertoni 模型是通过绕射来计算街道的平均信号场强的，其模型公式主要考虑三个部分：自由空间衰耗、电波传播过程中的绕射衰耗以及由建筑物高度造成的影响。

S 表示路径衰耗，其计算式为

$$S = P_0 Q^2 P_1 \tag{3-36}$$

式中：P_0 代表全向天线自由空间的路径衰耗；Q^2 是基于建筑物的信号衰耗；P_1 是从建筑物屋顶到街道的基于绕射的信号衰耗。

路径衰耗为

$$S = L_0 + L_{rts} + L_{ms} \ \text{dB} \tag{3-37}$$

式中：L_0 是自由空间衰耗；L_{rts} 是从建筑物屋顶到街道的绕射和散射衰耗；L_{ms} 是建筑物的多屏绕射衰耗。

Walfisch - Bertoni 模型的适用条件如表 3 - 4 所示。

表 3 - 4　Walfisch - Bertoni 模型的适用条件

参　数	数　值
适用频率	800～2000 MHz
收发端距离	0.2～5 km
基站高度	4～50 m
移动台高度	1～3 m

3.2.6　COST - 231 - WI 模型

COST - 231 - WI 模型广泛应用于建筑物高度近似一致的郊区和城区环境。它是基于 Walfisch - Bertoni 模型和 Ikegami 模型得到的。在使用高基站天线时，模型采用理论的 Walfisch - Bertoni 模型计算多屏绕射衰耗；在使用低基站天线时，采用测试数据。该模型也考虑了自由空间衰耗、从建筑物屋顶到街道的衰耗以及街道方向的影响。COST - 231 - WI 模型适用的范围为：$800\ \text{MHz} \leqslant f \leqslant 2000\ \text{MHz}$，$0.02\ \text{km} \leqslant d \leqslant 5\ \text{km}$，$4\ \text{m} \leqslant h_r \leqslant 50\ \text{m}$。

COST - 231 - WI 模型分视距传播（LOS）和非视距传播（NLOS）两种情况计算路径衰耗。对于视距传播（LOS）环境，其路径衰耗为

$$L_{\text{LOS}} = 42.64 + 20\lg f + 26\lg d \tag{3-38}$$

式中：f 的单位为 MHz；d 的单位为 km。

3.2.7　SPM 模型

SPM 模型是在 3G/4G 无线网络规划中应用比较广泛的一种标准宏蜂窝模型，属于经验模型的一种。该模型基于实际的数字地图信息，确定针对当地地物信息的地物衰耗因子，从而更加准确地预测出规划网络在当地地物下的传播特性。

SPM 模型传播衰耗的具体公式如下：

$$L_{\text{SPM}} = K_1 + K_2 \times \lg d + K_3 \times \lg h_b + K_4 \times \text{DiffractionLoss} + K_5 \times \lg d \times \lg h_b +$$
$$K_6 \times h_m + K_{\text{clutter}} \times f(\text{clutter}) \tag{3-39}$$

式中：clutter 为地物衰耗因子，结合函数 $f(\text{clutter})$ 得到不同地物的衰耗；h_b 为发射天线的等效高度，单位为 m；h_m 为移动台的等效天线高度，单位为 m。

传播衰耗公式包含诸多因素，在进行传播模型校正时，会产生多套 K 值。每套 K 值都是由于考虑因素的侧重点不同而导致的。为方便评估传播模型的准确性，需要分析 K 值之间的相互影响。

K_1 表征传播衰耗的平均值，在地理位置上的每条传输路径都会产生一个固定衰耗，表征地物的平均衰耗以及频率衰耗。K_2 表征传播距离引起的衰耗。K_3 是由于发射机高度导致传播路径提高而引起的传播衰耗，通常会对近场有较明显的影响，如塔下黑现象。K_4 描述绕射衰耗，当发射机与接收机之间存在刃形山脉时会引起该衰耗，通常在丘陵地带需要考虑，一般平原地带不用考虑。K_5 是传播距离与发射机高度所引起的增益，因为发射机位置较高，接收距离相对较远时，接收功率会有增益，因此通常 $K_5 = -6.65$。K_6 是接收机高度带来的增益，终端高度只有 1.6 m 左右，通常可以忽略不计。K_{clutter} 表征各种地物类型的衰耗。

等效高度的计算方法会影响传播模型的预测结果。通常，在平原地带采用基础高度法；在丘陵或多山地区采用增强斜率法；而在个别山顶基站采用平均高度法。后两种等效高度的计算方法通常会考虑发射机和接收机的相对海拔高度。所以，在不同的地理环境下，通常要采用相应的计算方法。

3.2.8　SUI 模型

5G 系统的载波频率都在 3 GHz 以上，超出了 Okumura – Hata 模型和 COST – 231 – Hata 模型的适用范围。宏蜂窝传播模型可以采用 SUI(Standford University Interim)模型进行分析。

SUI 模型传播衰耗的具体公式如下：

$$L = L_{bs} + 10 \times K_L \times \lg d \tag{3-40}$$

其中，L_{bs} 为自由空间衰耗，K_L 为路径衰耗因子。

3.2.9　校正后的 SUI 传播模型

1. 3.5 GHz 频段

以 SUI 模型为基础，在 3.5 GHz 频段对某城区的模型进行校正，根据实际的测试环境，比对常见的城市环境，归类为密集市区和一般市区，结果如下：

密集市区 NLOS：

$$L = 27.2 + 38.7 \lg d \tag{3-41}$$

一般市区 NLOS：

$$L = 7.4 + 43.7 \lg d \tag{3-42}$$

其中，基站天线高度为 30 m；终端天线高度为 1.5 m；d 代表距离，单位为 m。

在 3.5 GHz 频段对某郊区进行模型校正，比对实际测试环境，归类为郊区模型，结果如下：

郊区：

$$L = 33 + 33 \lg d \tag{3-43}$$

2. 5.0 GHz 频段

以 SUI 模型为基础，在 5.0 GHz 对普通市区的模型进行校正，模型结果如下：

LOS 环境：

$$L = 53.6 + 20.4 \lg d \tag{3-44}$$

NLOS 环境：

$$L = 30.9 + 32.7 \lg d \tag{3-45}$$

在 5.0 GHz 频段对郊区的模型进行校正，模型结果如下：

LOS 环境：

$$L = 47.6 + 22.2 \lg d \tag{3-46}$$

NLOS 环境：

$$L = 21.9 + 35.5 \lg d \tag{3-47}$$

在高频段的网络传播模型中，LOS 和 NLOS 对信号传播的影响大，路径衰耗有较大差异,因此,在网络覆盖分析中,需要根据不同的场景和覆盖特性选择合适的模型。高频段折射能力弱,在 NLOS 环境下,信号衰落较快。当传播信号第一菲涅耳区被遮挡时,信号衰减速度大幅增加。

3. 6 GHz 以上频段

对于 6 GHz 以上的毫米波段,国内外已经有不少研究机构基于 SUI 模型开展了针对高频段候选频段的信道测量工作,取得了一些测试结果,如 28 GHz、38 GHz、73 GHz 频段的测试结果。

无线电波的信号衰耗的表达公式为

$$L = L_{bs} + 10 \times K_L \times \lg d \tag{3-48}$$

测试得到几个典型场景的 K_L 参数,见表 3-5。

表 3-5   典型场景的 K_L 参数

频段	K_L		测试无线环境	对应环境类型
	LOS	NLOS		
28 GHz	2.55	5.76	纽约曼哈顿密集城区	密集市区
38 GHz	2.3	3.86	德克萨斯大学奥斯汀分校	郊区
73 GHz	2.58	4.44	纽约曼哈顿密集城区	密集市区

3.2.10   微蜂窝系统的覆盖区预测模式

在大蜂窝和小蜂窝系统中,基站天线都安装在高于屋顶的位置,这时传播路径衰耗主要由移动台附近的屋顶绕射波和散射波决定,即主要射线在屋顶之上传播。Okumura-Hata 模式适用于基站天线高度高于其周围屋顶的宏蜂窝系统进行传播衰耗预测,而不适用于基站天线高度低于其周围屋顶的微蜂窝系统。

在微蜂窝系统中,基站天线高度通常低于其周围屋顶,电波传播由其周围建筑物的绕射和散射决定,即主要射线传播是在类似于槽形波导的街道峡谷中进行的。COST-231-WI 模式可用于宏蜂窝及微蜂窝作传播衰耗预测。但是,在基站天线高度大致与其附近的屋顶高度为同一水平时,屋顶高度的微小变化将引起路径衰耗的急剧变化,这时容易造成预测误差。所以,在这种情况下使用 COST-231-WI 模式要特别小心。

在作微蜂窝覆盖区预测时,必须有详细的街道及建筑物的数据,不能采用统计近似值。

市区环境的特性用下列参数表示(这些参数的定义见图 3-20(a)和(b)):建筑物高度 h_{Roof},街道宽度 w,建筑物间隔 b,相对于街道平面的直射波方向角 ϕ。以上参数适用于市区地形为平滑地形。

微蜂窝覆盖区预测计算模式分为两部分:

(1) 视线传播。基本传播衰耗的计算式为

$$L_b = 42.6 + 26 \lg d + 20 \lg f \tag{3-49}$$

式中:d 为基站至移动台之间的距离,且 $d \geq 20$ m;f 为工作频率,单位为 MHz。

(2) 非视线传播。在街道峡谷内有高建筑物阻挡视线时,基本传播衰耗 L_b 由以下三项组成:

$$L_b = L_{bs} + L_{rts} + L_{msd} \tag{3-50}$$

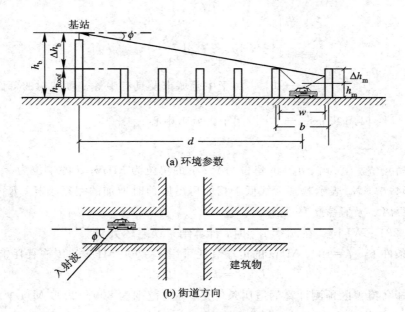

图 3 - 20 环境参数的定义

式中：① L_{bs} 为自由空间传播衰耗，即

$$L_{bs} = 32.45 + 20\lg d + 20\lg f$$

② L_{rts} 为屋顶至街道的绕射及散射衰耗，即

$$L_{rts} = \begin{cases} -16.9 - 10\lg w + 10\lg f + 20\lg \Delta h_m + L_{ori} & h_{Roof} > h_m \\ 0 & L_{rts} < 0 \end{cases} \quad (3-51)$$

式中：w 为街道宽度，单位为 m；Δh_m 的单位为 m。

决定 L_{rts} 的各项参数如下：

$$L_{ori} = \begin{cases} -10 + 0.354\phi & 0° \leqslant \phi < 35° \\ 2.5 + 0.075 \times (\phi - 35°) & 35° \leqslant \phi < 55° \\ 4.0 - 0.114 \times (\phi - 35°) & 55° \leqslant \phi < 90° \end{cases} \quad (3-52)$$

$$\Delta h_m = h_{Roof} - h_m \quad (3-53)$$

式中：ϕ 的单位为度（°）。

③ L_{msd} 为多重屏障的绕射衰耗，即

$$L_{msd} = \begin{cases} L_{bsh} + K_a + K_d \lg d + K_f \lg f - 9\lg b \\ 0 \quad L_{msd} < 0 \end{cases} \quad (3-54)$$

决定 L_{msd} 的各项参数如下：

$$L_{bsh} = \begin{cases} -18\lg(1 + \Delta h_b) & h_b > h_{Roof} \\ 0 & h_b \leqslant h_{Roof} \end{cases} \quad (3-55)$$

$$K_a = \begin{cases} 54 & h_b > h_{Roof} \\ 54 - 0.8 \times \Delta h_b & d \geqslant 0.5 \text{ km 且 } h_b \leqslant h_{Roof} \\ 54 - 0.8 \times \Delta h_b \times (d/0.5) & d < 0.5 \text{ km 且 } h_b \leqslant h_{Roof} \end{cases} \quad (3-56)$$

$$K_d = \begin{cases} 18 & h_b \leqslant h_{\text{Roof}} \\ 18 - 15 \dfrac{\Delta h_b}{\Delta h_m} & \left(\dfrac{\Delta h_b}{h_{\text{Roof}}}\right) h_b > h_{\text{Roof}} \end{cases} \qquad (3-57)$$

$$K_f = -4 + \begin{cases} 0.7 \times \left(\dfrac{f}{925} - 1\right) & \text{用于中等城市及具有中等密度的树的郊区中心} \\ 1.5 \times \left(\dfrac{f}{925} - 1\right) & \text{用于大城市中心} \end{cases}$$

$$(3-58)$$

式中：$\Delta h_b = h_b - h_{\text{Roof}}$，$\Delta h_b$、$h_{\text{Roof}}$ 的单位为 m；f 的单位为 MHz；d 的单位为 km。

式(3-54)中，K_a 表示基站天线低于相邻房屋屋顶时增加的路径衰耗；K_d 及 K_f 分别控制 L_{msd} 与距离 d 及频率 f 的关系。

COST-231-WI 模式在 $h_b \ll h_{\text{Roof}}$ 时，计算结果误差较大。

在同一条件下，$f=1800$ MHz 的传输衰耗可用 $f=900$ MHz 的传输衰耗求得，即

$$L_{1800} = L_{900} + 10 \text{ dB} \qquad (3-59)$$

以上微蜂窝覆盖区预测计算的适用条件是：f 的范围为 800～2000 MHz；h_b 的范围为 4～50 m；h_m 的范围为 1～3 m；d 的范围为 0.02～5 km。

3.3　传播模型的校正——路测

前面经典的传播模型大多是由国外的专家以及学者总结得出的，具有很强的普遍适用性，然而对于具体情况下的路径衰耗预测可能会很不准确。所以选择合适的无线电波传播模型以及开展对模型校正算法的研究显得非常重要。因此需要对上述经典的传播模型进行校正，这样既可以充分利用经典的传播模型对路径衰耗趋势预测相对比较准确的优点，也可以克服具体环境下的不足。

传播模型的校正其常用方法是通过车载路测，得到本地的路径衰耗测试数据，通过软件对数据进行拟合，根据一般传播模型公式，对其各个系数及各种地理因子进行校正，使得校正后的预测值与实际数据误差在规定准则范围内。

路测(DT，Drive Test)是无线网络规划和优化的重要组成部分。它包括：路测的准备、测试及调整、调整总结。

以 GSM 无线网络路测为例，路测是对 GSM 无线网络的下行信号，也就是 GSM 的空中接口(Um)进行测试，主要用于获得以下数据：服务小区信号强度、话音质量、各相邻小区的信号强度与质量、切换及接入的信令过程、小区识别码、区域识别码、手机所处的地理位置信号、呼叫管理、移动管理等。其作用主要在于网络质量的评估和无线网络的优化。

路测是指借助仪表/测试手机以及测试车辆等工具，沿着特定的线路进行无线网络参数和话音质量指标的测定和采集。测试设备可以记录无线环境参数以及移动台与基站之间的信令消息，路测系统具有对测试记录数据的分析与回放功能。它的目的是模拟移动用户的呼叫状态，记录数据并分析这些数据，把这些数据与原来的网络设计数据进行比较，若有差异及异常的呼叫信息，则设法修改各种参数，以便优化网络。路测是网络优化的重要手段，路测所采集的参数、呼叫接通情况以及测试者对通话质量的评估，为运营商提供了

较为完备的网络覆盖情况，也为网络运行情况的分析提供了较为充分的数据基础。路测可以记录并回放测试过程中的所有信息，这对于故障定位和效果评估有非常大的作用，特别是对于掉话点的定位。

路测在网络优化过程中起着重要作用。首先是网络质量的评估，其次是对于定点优化的测试。当进行全网质量评估时，路测可以模拟高速移动用户的通话状态。由于路测设备可以记录测试全过程以及测试线路上的所有无线参数，因此通过路测可以全面完整地评估网络质量。当进行定点优化时，路测的作用是对故障点、掉话点进行定位和对优化后的效果进行验证。

目前常用的专用测试软件厂家主要有：万禾、ERICSSON（TEMS）、AGILENT、鼎利、科旭、东方通信、WILTECH、创我等。各个测试软件都能够满足基本的测试要求，其区别只在于使用的方便性。

现有的模型校正方案都是在经典的传播模型的基础上进行系数的校正，从而使得校正后的传播模型匹配当地的传播环境。

现有的模型校正方法大多数采取普通的拟合校正法对模型的系数进行调整，普通的拟合校正法是在经典传播模型的基础上，首先对处理后的路测数据进行拟合，再根据拟合公式来调整经典传播模型路径衰耗公式中的各个系数（如 SPM 模型中的 7 个 K 系数），使得传播模型的预测数据曲线与实测数据拟合曲线尽可能重合，这样得到的新的路径衰耗公式就为校正后的预测模型。

另一个传播模型校正方法是一元校正法，该法降低了计算复杂度，也属于低成本校正法，其只考虑距离因子系数 K_1 以及同频率有关的系数 K_2，并不考虑因地物所引起的地貌衰耗或者绕射衰耗等因子，用一元一次线性最小二乘法对模型的 K_1、K_2 两个系数进行校正。

拟合校正法由于需要进行数据拟合，因此拟合的方法不同，校正后的误差分析结果也会大不相同。而一元校正法虽然降低了计算复杂度，但是由于地物信息复杂，实际应用价值并不高。

一般在进行无线网络规划设计时，根据计算机的模拟软件进行模拟仿真预测（即通信系统的静态或者动态仿真），以提高网络规划设计的合理性、有效性和准确度，从而减少网络规划过程中的资源浪费，提高资源利用率，达到节省成本的效果。然而在利用计算机的模拟软件进行仿真分析时，仿真结果的准确性在很大程度上依赖于模拟中所使用的无线传播模型是否能有效地匹配当地的无线传播环境，所以在进行系统级仿真前，必须要进行传播模型的校正，从而得到一个与当地无线传播环境相匹配的传播模型。而我们所使用的经典传播模型是根据大量的实际测试数据的统计，遵循数据变化的规律总结出来的，对于差异较大的传播环境区域，传播模型必须根据无线传播环境的变化进行调整。因为模型校正算法的选择会直接影响到校正后模型的准确性，所以对无线电波传播模型及模型校正算法的研究显得非常重要。

思 考 题 与 习 题

1. 陆地移动通信的电波传播方式主要有哪三种？
2. 经过多径传输，接收信号的包络与相位各满足什么分布？当多径中存在一个起支配作用的直达波时，接收端接收信号的包络满足什么分布？

3. 视距传播的极限距离为多少？考虑空气的非均匀性对电波传播轨迹的影响，修正后的视距传播的极限距离为多少？

4. 传播衰耗(路径衰耗)主要是由哪些因素导致的？

5. 什么叫大尺度传播特性？什么叫小尺度传播特性？

6. 什么叫阴影衰落？主要是由什么原因导致的？

7. 在市区工作的某调度电话系统，工作频率为 150 MHz，基站天线高度为 100 m，移动台天线高度为 2 m，传输路径为不平坦地形，通信距离为 15 km。试用 Egli 公式计算其传播衰耗。

8. 在郊区工作的某一移动电话系统，工作频率为 900 MHz，基站天线高度为 100 m，移动台天线高度为 1.5 m，传播路径为准平滑地形，通信距离为 10 km。试用 Okumura 模型求传输路径的衰耗中值，再用 Egli 公式计算其传播衰耗，比较误差。

9. 试采用 Okumura‒Hata 方法进行计算机编程(C 语言)。

10. 路测的作用是什么？

第 **4** 章　数字调制技术

4.1　引　言

　　调制的目的是使所传送的信息更好地适应信道特性，以达到有效和可靠传输的目的。在移动通信中，由于电波传播的恶劣条件、快衰落的影响，接收信号幅度发生急剧变化，衰落幅度达 30 dB。因此，在移动通信中必须采用抗干扰能力强的调制方式。在模拟调制技术中，调频制在抗干扰和抗衰落性能方面优于调幅制，但调频制存在着固有的弱点：需占用较宽的信道带宽，同时还存在门限效应。

　　移动通信的数字调制要求是：

　　(1) 必须采用抗干扰能力较强的调制方式(如采用恒包络角调制方式以抵抗严重的多径衰落影响)。

　　(2) 尽可能提高频谱利用率。

　　① 占用频带要窄，带外辐射要小(采用 FDMA、TDMA 调制方式)。

　　② 占用频带尽可能宽，但单位频谱所容纳的用户数多(采用 CDMA 调制方式)。

　　(3) 具有良好的误码性能。

4.1.1　影响数字调制的因素

　　数字调制方式应考虑如下因素：抗干扰性、抗多径衰落的能力、已调信号的带宽、应用、成本等。好的调制方案应在低信噪比的情况下具有良好的误码性能，具有良好的抗多径衰落能力，频谱利用率高，使用方便，成本低。

4.1.2　数字调制的性能指标

　　数字调制的性能指标通常通过功率有效性 η_p (Power Efficiency)和带宽有效性 η_B (Spectral Efficiency)来反映。功率有效性 η_p 是反映调制技术在低功率电平情况下保证系统误码性能的能力，可表述成每比特的信号能量与噪声功率谱密度之比，即

$$\eta_p = \frac{E_b}{N_0} \tag{4-1}$$

　　带宽有效性 η_B 是反映调制技术在一定的频带内数字有效性的能力，可表述成在给定带宽条件下每赫兹的数据通过率，即

$$\eta_B = \frac{R}{B} \tag{4-2}$$

式中：R 为数据速率(b/s)；B 为调制射频 RF 信号的占用带宽。

香农(Shannon)定理：

$$C = B \, \mathrm{lb}\left(1 + \frac{S}{N}\right) \tag{4-3}$$

式中：C 为信道容量；B 为 RF 带宽；S/N 为信噪比。

因此，最大可能的带宽有效性 η_{BMAX} 为

$$\eta_{\mathrm{BMAX}} = \frac{C}{B} = \mathrm{lb}\left(1 + \frac{S}{N}\right) \tag{4-4}$$

对于 GSM，$B = 200 \text{ kHz}$，$S/N = 10 \text{ dB}$，则有

$$C = B \, \mathrm{lb}\left(1 + \frac{S}{N}\right) = 200 \, \mathrm{lb}(1 + 10) = 691.886 \text{ kb/s}$$

$$\eta_{\mathrm{BMAX}} = \frac{C}{B} = \mathrm{lb}(1 + 10) = 3.46 \text{ (kb/s)/Hz}$$

对于 GSM，目前实际数据速率为 270.833 kb/s，只达到信道容量的约 40%。

4.1.3　当今蜂窝系统、个人通信系统和无绳电话采用的主要调制方式

当今蜂窝系统、个人通信系统(PCS)和无绳电话采用的主要调制方式见表 4-1。

表 4-1　蜂窝系统、PCS 和无绳电话采用的主要调制方式

标　准	类　型	应用时间	接入方式	频率带宽	调制方式	信道带宽/kHz	市场
AMPS	Cellular[①]	1983	FDMA	824~894 MHz	FM	30	北美
E-TACS	Cellular	1985	FDMA	900 MHz	FM	25	欧洲
N-AMPS	Cellular	1992	FDMA	824~894 MHz	FM	10	北美
GSM	Cellular	1990	TDMA	890~960 MHz	GMSK	200	欧洲
CDPD	Cellular	1993	FH/packet	824~894 MHz	GMSK	30	北美
IS-95	Cellular /PCS[②]	1993	CDMA	824~894 MHz, 1.8 GHz	QPSK/BPSK	1250	北美
DCS-1800	Cordless[③] /PCS	1993	TDMA	1710~1880 MHz	GMSK	200	欧洲
DCS-1900	PCS	1994	TDMA	1850~1990 MHz	GMSK	200	北美
PACS	Cordless/PCS	1994	TDMA/ FDMA	1850~1990 MHz	π/4-DQPSK	300	北美
PDC(JDC)	Cellular	1993	TDMA	810~1501 MHz	π/4-DQPSK	25	日本
CT-2	Cordless	1989	FDMA	864~868 MHz	GFSK	100	欧洲
DECT	Cordless	1993	TDMA	1880~1900 MHz	GFSK	1728	欧洲
PHS	Cordless	1993	TDMA	1895~1907 MHz	π/4-DQPSK	300	日本

注：① Cellular 为蜂窝系统；② PCS 为个人通信系统；③ Cordless 为无绳电话。

4.2　线性调制技术

数字调制技术广义上可分为线性调制和非线性调制两类。在线性调制中，发射信号 $s(t)$ 的幅度随调制信号 $a(t)$ 线性变化。线性调制技术(Linear Modulation Techniques)具有频道利用率高的优点，因而，对无线通信系统的应用有很大吸引力。

在线性调制方案中，发射信号 $s(t)$ 可表示如下：

$$s(t) = \mathrm{Re}[Aa(t)\,\exp(\mathrm{j}2\pi f_c t)] \qquad\qquad (4-5)$$

$$= A[a_{\mathrm{R}}(t)\,\cos(2\pi f_c t) - a_{\mathrm{I}}(t)\,\sin(2\pi f_c t)] \qquad (4-6)$$

式中：A 为载波振幅；f_c 为载波频率。

从式(4-5)和式(4-6)可以明显看出，载波信号的包络随调制信号线性变化。线性调制通常不是恒包络的。一些非线性调制可能具有线性或恒定载波包络，主要取决于基带波形的脉冲成形。假定每个符号的包络是矩形，即信号包络是恒定的，此时，已调信号的频谱无限宽。然而，实际信道是有限宽的，因此在发送 QPSK 信号时常常要经过带通滤波。限带后的 QPSK 信号已不能保持恒包络。相邻符号间发生变化时，经过限带后会出现包络值过零的现象。

线性调制方案具有很好的频谱有效性，它必须使用线性 RF 放大器发射，这时功率有效性较差。如果使用功率有效性高的非线性放大器，则会导致严重的邻道干扰。目前，使用比较普遍的线性调制技术有脉冲成形 QPSK、OQPSK 和 $\pi/4$ - QPSK。

4.2.1　二进制相移键控(BPSK)

1. BPSK 信号的表示式

BPSK 信号的表示式为

$$s_{\mathrm{BPSK}}(t) = \begin{cases} \sqrt{\dfrac{2E_{\mathrm{b}}}{T_{\mathrm{b}}}}\,\cos(2\pi f_c t + \theta_c) & 0 \leqslant t \leqslant T_{\mathrm{b}} \quad \text{“1”} \\[3mm] -\sqrt{\dfrac{2E_{\mathrm{b}}}{T_{\mathrm{b}}}}\,\cos(2\pi f_c t + \theta_c) & 0 \leqslant t \leqslant T_{\mathrm{b}} \quad \text{“0”} \end{cases} \qquad (4-7)$$

或写成：

$$s_{\mathrm{BPSK}}(t) = a(t)\,\sqrt{\dfrac{2E_{\mathrm{b}}}{T_{\mathrm{b}}}}\,\cos(2\pi f_c t + \theta_c) \qquad (4-8)$$

$$E_{\mathrm{b}} = 0.5A_c^2 T_{\mathrm{b}} \qquad\qquad (4-9)$$

式中：T_{b} 为码元宽度；$a(t)$ 为调制信号。

因此，BPSK 可采用平衡调制器产生。

2. BPSK 的功率谱密度

BPSK 信号的基带表示为

$$s_{\mathrm{BPSK}}(t) = \mathrm{Re}\{g_{\mathrm{BPSK}}(t)\,\exp(\mathrm{j}2\pi f_c t)\} \qquad (4-10)$$

式中：g_{BPSK} 为信号复包络，其表达式为

$$g_{\mathrm{BPSK}} = \sqrt{\dfrac{2E_{\mathrm{b}}}{T_{\mathrm{b}}}}\,a(t)\,\mathrm{e}^{\mathrm{j}\theta_c} \qquad\qquad (4-11)$$

信号复包络的功率谱密度为

$$P_{g_{\text{BPSK}}} = 2E_{\text{b}}\left(\frac{\sin\pi fT_{\text{b}}}{\pi fT_{\text{b}}}\right)^2 \tag{4-12}$$

BPSK 的功率谱密度为

$$P_{\text{BPSK}} = \frac{1}{4}\left[P_{g_{\text{BPSK}}}(f-f_{\text{c}}) + P_{g_{\text{BPSK}}}(-f-f_{\text{c}})\right] \tag{4-13}$$

因此得

$$P_{\text{BPSK}} = \frac{E_{\text{b}}}{2}\left[\left(\frac{\sin\pi(f-f_{\text{c}})T_{\text{b}}}{\pi(f-f_{\text{c}})T_{\text{b}}}\right)^2 + \left(\frac{\sin\pi(-f-f_{\text{c}})T_{\text{b}}}{\pi(-f-f_{\text{c}})T_{\text{b}}}\right)^2\right] \tag{4-14}$$

3. BPSK 接收机

如果信道无多径传输出现，则接收端的 BPSK 信号可表示为

$$s_{\text{BPSK}}(t) = a(t)\sqrt{\frac{2E_{\text{b}}}{T_{\text{b}}}}\cos(2\pi f_{\text{c}}t + \theta_{\text{c}} + \theta_{\text{ch}}) \tag{4-15}$$

即

$$s_{\text{BPSK}}(t) = a(t)\sqrt{\frac{2E_{\text{b}}}{T_{\text{b}}}}\cos(2\pi f_{\text{c}}t + \theta) \tag{4-16}$$

式中：θ_{ch} 是与信道时延有关的相位。

BPSK 可使用相干或同步解调。但由于式(4-14)中不含 f_{c} 离散谱，因此接收机载波恢复需采用非线性电路获得(见图 4-1 中的载波恢复电路)。

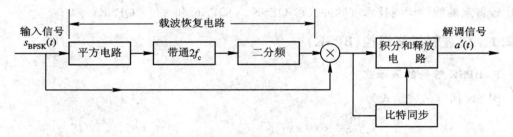

图 4-1　带载波恢复电路的 BPSK 接收机

输入信号经平方电路后：

$$a^2(t)\frac{2E_{\text{b}}}{T_{\text{b}}}\cos^2(2\pi f_{\text{c}}t + \theta) = a^2(t)\frac{2E_{\text{b}}}{T_{\text{b}}}\left[\frac{1}{2} + \frac{1}{2}\cos^2(4\pi f_{\text{c}}t + 2\theta)\right] \tag{4-17}$$

经带通滤波，获得 $\cos(4\pi f_{\text{c}}t + 2\theta)$，再经二分频，获得载波 $\cos(2\pi f_{\text{c}}t + \theta)$。

在加性白噪声条件下，BPSK 的误码率为

$$P_{\text{e,BPSK}} = Q\left(\sqrt{\frac{2E_{\text{b}}}{N_0}}\right) = Q(x) \tag{4-18}$$

式中：

$$Q(x) = \int_x^{\infty}\frac{1}{\sqrt{2\pi}}\exp\left(-\frac{x^2}{2}\right)\mathrm{d}x \tag{4-19}$$

由于 BPSK 接收机在载波恢复上存在相位模糊问题，因此 BPSK 无法得到实际应用。

4.2.2　差分相移键控(DPSK)

差分相移键控(DPSK)避免了接收机需要相干参考信号的缺点，在非相干接收机中比

较容易实现，且价格低廉，因而广泛应用于无线通信系统。DPSK 调制器框图如图 4 - 2 所示。图中有

$$d_k = \overline{a_k \oplus d_{k-1}}$$

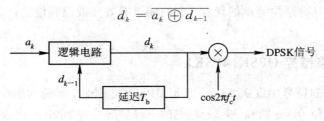

图 4 - 2　DPSK 调制器框图

差分编码的实现见图 4 - 3。

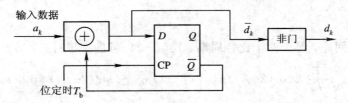

图 4 - 3　差分编码的实现

DPSK 接收机框图如图 4 - 4 所示。

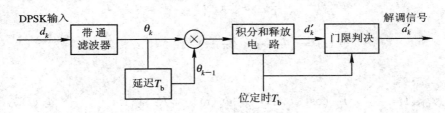

图 4 - 4　DPSK 接收机框图

　　由于 DPSK 信号是利用前后两相邻比特载波频率相位差来传送数字信息的，因此接收机就可以利用接收到的前后相邻两比特的相位差来判别发送的数字信息。采用差分相干解调时，将接收的前一比特 DPSK 信号延时一比特时间 T_b，作为相干基准信号同当前这一比特 PSK 信号相乘，因而差分相干解调又叫延迟相干解调。如果前一比特与当前比特相位相同，则相乘器（鉴相器）输出为"＋"，判为数据"1"；如果前一比特与当前比特相位不同，则相乘器（鉴相器）输出为"－"，判为数据"0"。DPSK 的调制和解调过程的结果如表 4 - 2 所示。

表 4 - 2　DPSK 的调制和解调过程的结果

输入数据系列 a_k	1	0	1	1	1	0	1	0	0	1
差分编码输出 d_k	1	1	0	0	0	1	1	0	1	1
发送（接收）载波相位 θ_k	0	0	π	π	π	0	0	π	0	0
相位比较结果 d_k'		＋	－	＋	＋	－	＋	－	－	＋
恢复的数据序列 a_k'	1	0	1	1	0	1	0	0	1	

　　在加性高斯白噪声（AWGN，Additive White Gaussian Noise）情况下，DPSK 的误码率为

$$P_{e,DPSK} = \frac{1}{2} \exp\left[-\frac{E_b}{N_0}\right] \tag{4-20}$$

DPSK 接收机具有结构简单的优点。它的能量有效性或误码性能比相干接收机差 3 dB 左右。

4.2.3　正交相移键控 QPSK(4PSK)

由于在一个调制符号中发送 2 bit，因此 QPSK 较 BPSK 频带利用率提高了一倍。载波相位取四个空间相位 0、$\pi/2$、π 和 $3\pi/2$ 中的一个，每个空间相位代表一对唯一的比特。QPSK 信号可写成：

$$s_{QPSK}(t) = \sqrt{\frac{2E_s}{T_s}} \cos\left[2\pi f_c t + (i-1)\frac{\pi}{2}\right] \qquad 0 \leqslant t \leqslant T_s; \; i = 1, 2, 3, 4$$
$$\tag{4-21}$$

式中：T_s 是符号间隙，等于两个比特周期。式(4-21)可进一步写成：

$$s_{QPSK}(t) = \sqrt{\frac{2E_s}{T_s}} \left\{ \cos(2\pi f_c t) \cos\left[(i-1)\frac{\pi}{2}\right] - \sin(2\pi f_c t) \sin\left[(i-1)\frac{\pi}{2}\right] \right\}$$
$$\tag{4-22}$$

假设：

$$\Phi_1(t) = \sqrt{\frac{2}{T_s}} \cos(2\pi f_c t) \qquad 0 \leqslant t \leqslant T_s \tag{4-23}$$

$$\Phi_2(t) = \sqrt{\frac{2}{T_s}} \sin(2\pi f_c t) \qquad 0 \leqslant t \leqslant T_s \tag{4-24}$$

则有

$$s_{QPSK}(t) = \left\{ \sqrt{E_s} \cos\left[(i-1)\frac{\pi}{2}\right]\Phi_1(t) - \sqrt{E_s} \sin\left[(i-1)\frac{\pi}{2}\right]\Phi_2(t) \right\}$$
$$i = 1, 2, 3, 4 \tag{4-25}$$

在 QPSK 系统中，载波相位共有四个可能的取值，对应于四个已调信号的矢量图，如图 4-5 所示，分别称为 QPSK 的 $\pi/4$ 系统和 $\pi/2$ 系统。

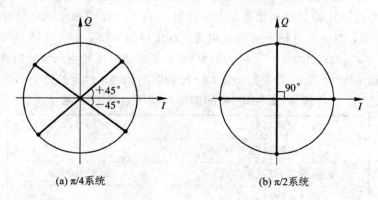

(a) $\pi/4$系统　　　　　　　(b) $\pi/2$系统

图 4-5　QPSK 信号矢量图

由图 4 - 5 可看出，QPSK 信号可以看成是载波相互正交的两个 BPSK 信号之和。QPSK - π/2 系统调制器原理框图如图 4 - 6 所示。

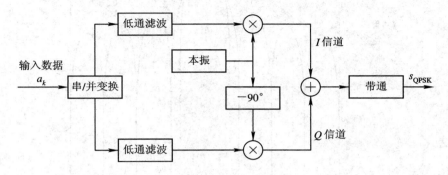

图 4 - 6　QPSK - π/2 系统调制器原理框图

QPSK - π/2 系统解调器原理框图如图 4 - 7 所示。

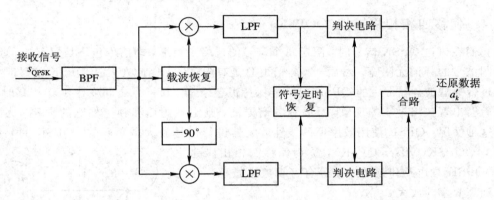

图 4 - 7　QPSK - π/2 系统解调器原理框图

QPSK - π/4 系统的调制器和解调器原理框图也可以用类似方法实现，只要把两个载波 $\cos \omega_c t$ 和 $\sin \omega_c t$ 分别用 $\cos(\omega_c t + 45°)$ 和 $\sin(\omega_c t + 45°)$ 代替就可以了。

在加性高斯白噪声条件下，QPSK 的误码率为

$$P_{\text{e,QPSK}} = Q\left(\sqrt{\frac{2E_b}{N_0}}\right) \tag{4-26}$$

QPSK 和 BPSK 的误码性能相同。

由于在相同的带宽情况下，QPSK 较 BPSK 发送的数据多一倍，因此，QPSK 的频谱利用率比 BPSK 的高一倍。QPSK 信号的功率谱密度为

$$P_{\text{QPSK}} = E_b\left[\left(\frac{\sin 2\pi(f - f_c)T_b}{2\pi(f - f_c)T_b}\right)^2 + \left(\frac{\sin 2\pi(-f - f_c)T_b}{2\pi(-f - f_c)T_b}\right)^2\right] \tag{4-27}$$

符号包络为矩形脉冲和升余弦脉冲的 QPSK 信号的归一化功率谱密度如图 4 - 8 所示。

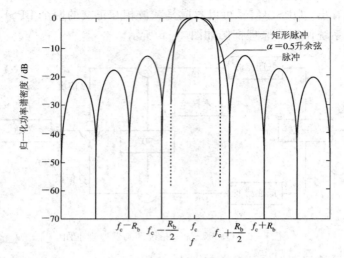

图 4 - 8　QPSK 信号的功率谱密度

4.2.4　偏移四相相移键控（OQPSK）

　　我们在讨论 QPSK 信号时，限定每个符号的包络是矩形，即信号包络是恒定的。此时，已调制信号的频谱无限宽。然而，实际信道总是有限宽的，因此在发送 QPSK 信号时常常要经过带通滤波。限带后的 QPSK 已不能保持恒包络。相邻符号之间发生 180°相移时，经限带后会出现包络过零的现象，反映在频谱方面，则出现边瓣和频谱加宽的现象。为防止出现这种情况，QPSK 使用效率低的线性放大器进行信号放大是必要的。QPSK 的一种改进型是 OQPSK（Offset QPSK），称为偏移四相相移键控。OQPSK 对边瓣和频宽加宽等有害现象不敏感，可以得到高效率的放大。

　　QPSK 由于两个信道上的数据沿对齐，因此在码元转换点上，当两个信道上只有一路数据改变极性时，QPSK 信号的相位将发生 90°突变，当两个信道上数据同时改变极性时，QPSK 信号的相位将发生 180°突变。随着输入数据的不同，QPSK 信号的相位将在四种相位上跳变，每隔 $2T_b$ 跳变一次，其相位图如图 4 - 9 所示。在带限信道中，QPSK 信号的数据传输速率将比 BPSK 信号的数据传输速率提高一倍。

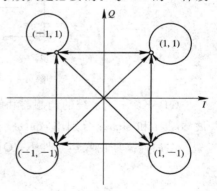

图 4 - 9　QPSK 的相位关系图

　　产生 OQPSK 信号时，是将输入数据 a_k 经数据分路器分成奇偶两路，并使其在时间上相互错开一个码元间隔 T_b，然后对两个正交的载波进行 BPSK 调制，叠加成为 OQPSK 信号。OQPSK 信号调制器框图如图 4 - 10 所示。

　　OQPSK 的 I 信道和 Q 信道上的数据流（信号波形和相位路径）如图 4 - 11 所示。由图可见，I 信道和 Q 信道的两个数据流，每次只有其中一个可能发生极性转换。所以每当一个新的输入比特进入调制器的 I 或 Q 信道时，输出的 OQPSK 信号的相位只有 $\pm\pi/2$ 跳变，而没有 π 的相位跳变，同时，经滤波及硬限幅后的功率谱旁瓣较小，这是 OQPSK 信号在实际信道中的频谱特性优于 QPSK 信号的主要原因。OQPSK 相位关系如图 4 - 12 所示。

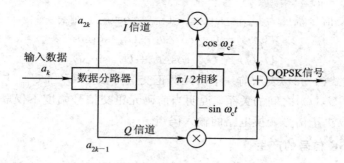

图 4 - 10　OQPSK 信号调制器框图

但是，OQPSK 信号不能接受差分检测。

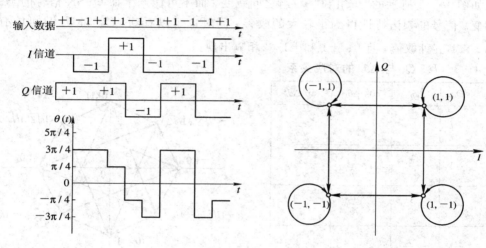

图 4 - 11　OQPSK 的 I、Q 信道波形及相位路径　　　图 4 - 12　OQPSK 相位关系图

4.2.5　$\pi/4$ - QPSK

　　$\pi/4$ - QPSK 调制是对 OQPSK 和 QPSK 在实际中最大相位变化进行的折中。它可以用相干或非相干方法进行解调。在 $\pi/4$ - QPSK 中，最大相位变化限制为 $\pm135°$。因此，带宽受限的 $\pi/4$ - QPSK 信号在恒包络性能方面较好，但是在包络变化方面比 OQPSK 要敏感。非常吸引人的一个特点是，$\pi/4$ - QPSK 可以采用非相干检测解调，这将大大简化接收机的设计。在采用差分编码后，$\pi/4$ - QPSK 可成为 $\pi/4$ - DQPSK。设已调信号为

$$s(t) = \cos(\omega_c t + \theta_k) \tag{4-28}$$

式中：θ_k 为 $kT \leqslant t \leqslant (k+1)T$ 间的附加相位。式(4-28)展开为

$$s(t) = \cos\theta_k \cos\omega_c t - \sin\theta_k \sin\omega_c t \tag{4-29}$$

式中：θ_k 是前一码元附加相位 θ_{k-1} 与当前码元相位跳变量 $\Delta\theta_k$ 之和。当前相位的表示如下：

$$\theta_k = \theta_{k-1} + \Delta\theta_k \tag{4-30}$$

　　设当前码元两正交信号分别为

$$U_I(t) = \cos\theta_k = \cos(\theta_{k-1} + \Delta\theta_k) = \cos\Delta\theta_k \cos\theta_{k-1} - \sin\Delta\theta_k \sin\theta_{k-1} \tag{4-31}$$

$$U_Q(t) = \sin\theta_k = \sin(\theta_{k-1} + \Delta\theta_k) = \cos\Delta\theta_k \sin\theta_{k-1} + \sin\Delta\theta_k \cos\theta_{k-1} \tag{4-32}$$

令前一码元两正交信号幅度为 $U_{Qm}=\sin\theta_{k-1}$，$U_{Im}=\cos\theta_{k-1}$，则有：

$$U_I(t) = U_{Im}\cos\Delta\theta_k - U_{Qm}\sin\Delta\theta_k \tag{4-33}$$

$$U_Q(t) = U_{Qm}\cos\Delta\theta_k + U_{Im}\sin\Delta\theta_k \tag{4-34}$$

式(4-33)和式(4-34)表示前一个码元两正交信号幅度(U_{Qm}，U_{Im})与当前码元两正交信号幅度($U_I(t)$，$U_Q(t)$)之间的关系，说明当前码元正交信号幅度不仅取决于当前码元的相位跳变量，还取决于信号变换电路的输入码组。

1. π/4-QPSK 信号的产生

表4-3给出了双比特信息 I_k、Q_k 和相邻码元间相位跳变 $\Delta\theta_k$ 之间的对应关系。由表4-3可见，码元转换时刻的相位跳变量只有 $\pm\pi/4$ 和 $3\pi/4$ 四种取值，所以信号的相位也必定在如图4-13所示的"。"组和"·"组之间跳变，而不可能产生如 QPSK 信号的 $\pm\pi$ 的相位跳变。信号的频谱特性得到了较大的改善。同时也可以看到，U_Q 和 U_I 只可能有 0、$\pm1/\sqrt{2}$、±1 五种取值，且 0、±1 和 $\pm1/\sqrt{2}$ 相隔出现。

表 4-3　I_k、Q_k 与 $\Delta\theta_k$ 的对应关系

I_k	Q_k	$\Delta\theta_k$	$\cos\Delta\theta_k$	$\sin\Delta\theta_k$
1	1	$\dfrac{\pi}{4}$	$\dfrac{1}{\sqrt{2}}$	$\dfrac{1}{\sqrt{2}}$
-1	1	$\dfrac{3\pi}{4}$	$-\dfrac{1}{\sqrt{2}}$	$\dfrac{1}{\sqrt{2}}$
-1	-1	$-\dfrac{3\pi}{4}$	$-\dfrac{1}{\sqrt{2}}$	$-\dfrac{1}{\sqrt{2}}$
1	-1	$-\dfrac{\pi}{4}$	$\dfrac{1}{\sqrt{2}}$	$-\dfrac{1}{\sqrt{2}}$

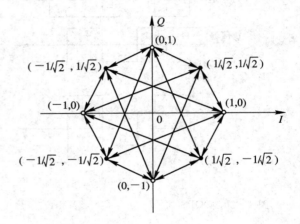

图 4-13　π/4-QPSK 的相位关系图

图4-14是一种数字式选择相位法 π/4-QPSK 调制电路，载波信号发生器将产生相位为 0，$\pi/4$，$\pi/2$，…，$7\pi/4$ 的8种载波信号，固定送给相位选择器 D_0，D_1，…，D_7，地址

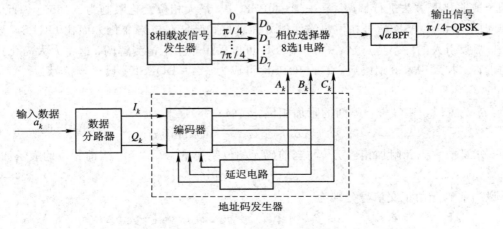

图 4-14　π/4-QPSK 调制电路

码发生器由编码器和延迟电路组成。编码器完成双比特 I_k、Q_k 输入和三比特 A_k、B_k、C_k 输出之间的转换。延迟电路完成相对码变换，以控制相位选择器 8 选 1 电路把所需要的载波选取出来，再经滤波器形成 π/4 - QPSK 输出信号。由于信息包含在两个取样瞬间的载波相位差之中，因此接收解调时只需检测这个相位差。

这种调制器具有电路简单、工作稳定、易于集成等特点。

2. π/4 - QPSK 信号的解调

π/4 - QPSK 的引人之处在于它既可以采用非相干解调，也可以采用相干解调。差分解调有三种方案，即基带差分检测、中频延迟差分检测和鉴频器检测。

1) 基带差分检测（Baseband Differential Detection）

基带差分检测电路如图 4 - 15 所示。

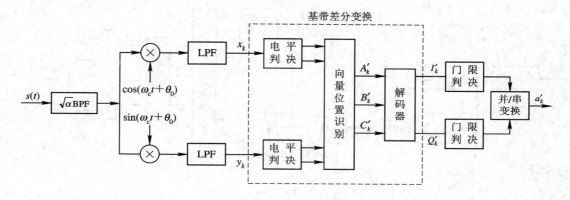

图 4 - 15 基带差分检测电路

设接收信号为

$$s(t) = \cos(\omega_c t + \theta_k) \qquad kT \leqslant t \leqslant (k+1)T \tag{4-35}$$

$s(t)$ 经高通滤波器（$\sqrt{\alpha}$BPF）、相乘器、低通滤波器（LPF）后的两路输出分别为

$$x_k = \frac{1}{2} \cos(\theta_k - \theta_0) \tag{4-36}$$

$$y_k = \frac{1}{2} \sin(\theta_k - \theta_0) \tag{4-37}$$

式中：θ_0 是本地载波信号的固有相位差；x_k、y_k 取值为 ± 1、0、$\pm 1/\sqrt{2}$。

令基带差分变换规则为

$$\begin{cases} I_k' = x_k x_{k-1} + y_k y_{k-1} \\ Q_k' = y_k x_{k-1} - x_k y_{k-1} \end{cases} \tag{4-38}$$

由此可得

$$\begin{cases} I_k' = \dfrac{1}{4} \cos\Delta\theta_k \\ Q_k' = \dfrac{1}{4} \sin\Delta\theta_k \end{cases} \tag{4-39}$$

θ_0 对检测信息无影响。接收机接收信号码元携带的双比特信息判断如下：

$$\begin{cases} Q_k' > 0 & \text{判为"1"} \\ Q_k' < 0 & \text{判为"0"} \end{cases} \qquad (4-40)$$

$$\begin{cases} I_k' > 0 & \text{判为"1"} \\ I_k' < 0 & \text{判为"0"} \end{cases} \qquad (4-41)$$

2) 中频延迟差分检测（IF Differential Detection）

中频延迟差分检测电路如图 4-16 所示。该检测电路的特点是在进行基带差分变换时无需使用本地相干载波。接收信号为

$$s(t) = \cos(\omega_c t + \theta_k) \qquad kT \leqslant t \leqslant (k+1)T \qquad (4-42)$$

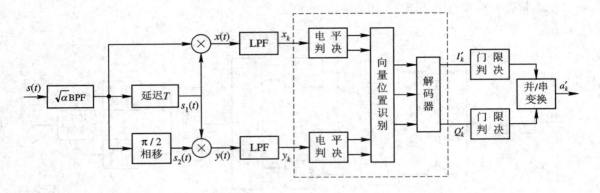

图 4-16 中频延迟差分检测电路

经延迟电路和 π/2 相移电路后输出电压为

$$s_1(t) = \cos(\omega_c t + \theta_{k-1}) \qquad kT \leqslant t \leqslant (k+1)T \qquad (4-43)$$

$$s_2(t) = -\sin(\omega_c t + \theta_k) \qquad kT \leqslant t \leqslant (k+1)T \qquad (4-44)$$

$s(t)$ 经 $\sqrt{\alpha}$BPF 与 $s_1(t)$ 相乘后的输出电压与 $s_1(t)$ 和 $s_2(t)$ 相乘后的输出电压分别为

$$x(t) = \cos(\omega_c t + \theta_k)\cos(\omega_c t + \theta_{k-1}) \qquad (4-45)$$

$$y(t) = -\sin(\omega_c t + \theta_k)\cos(\omega_c t + \theta_{k-1}) \qquad (4-46)$$

$x(t)$、$y(t)$ 经 LPF 滤波后输出电压为

$$x_k = \frac{1}{2}\cos\Delta\theta_k \qquad (4-47)$$

$$y_k = \frac{1}{2}\sin\Delta\theta_k \qquad (4-48)$$

此后的基带差分及数据判决过程与基带差分检测相同。

3) 鉴频器检测（FM Discriminator Detection）

图 4-17 给出了 π/4-QPSK 信号的鉴频器检测工作原理框图。输入信号先经过带通滤波器，而后经过限幅电路去掉包络起伏。鉴频器取出接收相位的瞬时频率偏移量。通过一个符号周期的积分和释放电路，得到两个样点的相位差。该相位差通过四电平门限检测电路得到原始信号。相位差可以用模 2 检测器进行检测。

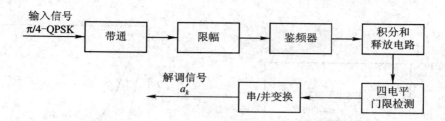

图 4-17　π/4-QPSK 信号的鉴频器检测工作原理框图

3. π/4-QPSK 信号的性能

1）频谱特性

图 4-18 给出了在数据速率为 32 kb/s、LPF 滚降因子 $\alpha=0.5$ 的情况下测得的 π/4-QPSK 信号的功率谱密度曲线。

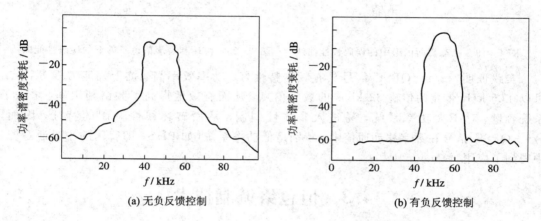

图 4-18　π/4-QPSK 信号的功率谱密度曲线

图 4-18(a)是功率放大器在无负反馈控制的情况下得到的曲线，图(b)是功率放大器在有负反馈控制的情况下得到的曲线。由图 4-18(b)可见，主瓣宽度为 25 kHz 时，频谱衰减达 -60 dB，显然这样的频谱特性已优于其他窄带数字调制方式。

2）误码性能

误码性能与所采用的检测方式有关。采用基带差分检测方式的误比特率（即误码率）与比特能量噪声功率密度比(E_b/N_0)之间的关系式为

$$P_e = e^{\frac{2E_b}{N_0}} \sum_{k=0}^{\infty} (\sqrt{2}-1)^k I_k\left(\sqrt{2}\,\frac{E_b}{N_0}\right) - \frac{1}{2} I_0\left(\sqrt{2}\,\frac{E_b}{N_0}\right) e^{\frac{2E_b}{N_0}} \tag{4-49}$$

式中：$I_k(\sqrt{2}E_b/N_0)$ 是参量为 $\sqrt{2}E_b/N_0$ 的 k 阶修正第一类贝塞尔函数。

在稳态高斯信道中，根据式(4-49)可作出 π/4-QPSK 基带差分检测误码性能曲线，如图 4-19 所示。它比实际的差分检测曲线的功率增益好 2 dB，比 QPSK 相干检测曲线的功率增益差 3 dB。

在快瑞利衰落信道条件下，误码性能曲线如图 4-20 所示。它是以多普勒频移 f_D 作为参量所作的一组曲线。由图 4-20 可见，当 $f_D=80$ Hz 时，只要 $E_b/N_0=26$ dB，可得误码率 BER$\leqslant 10^{-3}$，其性能仍优于一般的恒包络窄带数字调制技术。

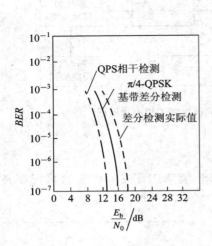
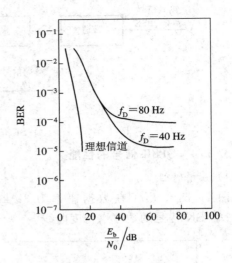

　图 4-19　稳态高斯信道中的误码性能曲线　　图 4-20　快瑞利衰落信道条件下的误码性能曲线

实践证明，$\pi/4$ - QPSK 信号具有频谱特性好、功率效率高、抗干扰能力强等特点，可以在25 kHz 带宽内传输 32 kb/s 的数字信息，从而有效地提高了频谱利用率，增大了系统容量。对于大功率系统，易进入非线性调制，从而破坏线性调制的特征。因而，$\pi/4$ - QPSK 信号在数字移动通信中，特别是低功率系统（如 PHS，即我国的小灵通系统）中得到了应用。

4.3　恒包络调制技术

许多实际的移动无线通信系统都使用非线性调制方法。不管调制信号的变化，均保证载波振幅恒定，这就是恒包络调制（Constant Envelope Modulation）。

恒包络调制具有以下优点：

（1）功率放大器工作在 C 类，不会引起发射信号占用频谱增大。

（2）带外辐射小，为 $-70\sim-60$ dB。

（3）使用简单限幅器-鉴频器检测，便可抗随机 FM 噪声和由于瑞利（Rayleigh）衰落造成的影响，且简化了接收电路。

但恒包络调制占用带宽较线性调制要宽。因而在频带利用率比功率有效性更重要时，采用恒包络调制不一定很适合。

4.3.1　最小频移键控（MSK）

1. MSK 信号的性质

虽然 OQPSK 和 $\pi/4$ - QPSK 信号消除了 QPSK 信号中 180° 的相位突变，但并没有从根本上解决包络起伏的问题。一种能够产生恒定包络、相位连续的信号的调制称为最小频移键控，简称 MSK，有时亦称为 Fast FSK（FFSK）。MSK 是 2FSK 的一种特殊情况。它具有正交信号的最小频差，在相邻符号的交界处保持连续。MSK 信号可表示为

$$s_{\text{MSK}}(t) = A \cos[2\pi f_c t + \phi(t)] \tag{4-50}$$

式中：$\phi(t)$ 是随时间变化而发生连续变化的相位；f_c 为载波频率；A 为已调信号幅度。

当码元为 ± 1 时，2FSK 信号为

$$s(t) = \begin{cases} s_{\text{m}}(t) = \cos \omega_{\text{m}} t & a_k = 1 \\ s_{\text{s}}(t) = \cos \omega_{\text{s}} t & a_k = -1 \end{cases} \tag{4-51}$$

式中：ω_{m} 和 ω_{s} 分别为 2FSK 信号的传号角频率和空号角频率。

定义两个信号 $s_{\text{m}}(t)$ 与 $s_{\text{s}}(t)$ 的波形相关系数为

$$\rho = \frac{1}{E_{\text{b}}} \int_0^{T_{\text{b}}} s_{\text{m}}(t) s_{\text{s}}(t) \, \mathrm{d}t \tag{4-52}$$

信号能量的表示式为

$$E_{\text{b}} = \int_0^{T_{\text{b}}} s_{\text{s}}^2(t) \, \mathrm{d}t = \int_0^{T_{\text{b}}} s_{\text{m}}^2(t) \, \mathrm{d}t \tag{4-53}$$

可求得

$$\rho = \frac{\sin(\omega_{\text{m}} - \omega_{\text{s}})T_{\text{b}}}{(\omega_{\text{m}} - \omega_{\text{s}})T_{\text{b}}} + \frac{\sin(\omega_{\text{m}} + \omega_{\text{s}})T_{\text{b}}}{(\omega_{\text{m}} + \omega_{\text{s}})T_{\text{b}}} \tag{4-54}$$

为便于控制，希望两个信号正交，而两个信号正交的条件是相关系数为零。首先令

$$2\omega_c T_{\text{b}} = (\omega_{\text{m}} + \omega_{\text{s}})T_{\text{b}} = n\pi \qquad n = 1, 2, 3, \cdots \tag{4-55}$$

则

$$T_{\text{b}} = n \frac{1}{4f_c} \tag{4-56}$$

式(4-56)说明，每个码元宽度是 1/4 个载波周期的整数倍。此条件满足后，相关系数 ρ 可写为

$$\rho = \frac{\sin(\omega_{\text{m}} - \omega_{\text{s}})T_{\text{b}}}{(\omega_{\text{m}} - \omega_{\text{s}})T_{\text{b}}} = \frac{\sin 2\pi(f_{\text{m}} - f_{\text{s}})T_{\text{b}}}{2\pi(f_{\text{m}} - f_{\text{s}})T_{\text{b}}} \tag{4-57}$$

由式(4-57)可见，当

$$(\omega_{\text{m}} - \omega_{\text{s}})T_{\text{b}} = n\pi \tag{4-58}$$

或

$$f_{\text{m}} - f_{\text{s}} = \frac{n}{2T_{\text{b}}} \tag{4-59}$$

时，$\rho = 0$。此时，$s_{\text{m}}(t)$ 和 $s_{\text{s}}(t)$ 两信号正交。当 $n = 1$ 时，$\omega_{\text{m}} - \omega_{\text{s}} = \dfrac{\pi}{T_{\text{b}}}$ 为最小频差。设调制系数为

$$h = \frac{2f_{\text{d}}}{r_{\text{d}}} = \Delta f \cdot T_{\text{b}} = (f_{\text{m}} - f_{\text{s}})T_{\text{b}} \tag{4-60}$$

式中：调制频偏 $f_{\text{d}} = f_{\text{m}} - f_c = f_c - f_{\text{s}}$；最小频差 $\Delta f = f_{\text{m}} - f_{\text{s}}$；数据速率 $r_{\text{b}} = 1/T_{\text{b}}$。从以上分析可以看出，相关系数为零所对应的频率并非单一值，但只有在 $h = 0.5$ 时，为最小频差的正交状态。所以称这种特殊状态下的 FSK 为最小频移键控(MSK)。

此时有：

$$f_c = \frac{1}{2}(f_{\text{m}} + f_{\text{s}}) \tag{4-61}$$

$$\phi(t) = \pm \frac{2\pi \Delta f t}{2} + \phi_k = \frac{\pi a_k}{2T_{\text{b}}} t + \phi_k \tag{4-62}$$

式中: ϕ_k 为初始相位。由此 MSK 信号可写为

$$s_{\mathrm{MSK}}(t) = A \cos\left[\omega_c t + \frac{\pi a_k}{2 T_{\mathrm{b}}} t + \phi_k\right] \tag{4-63}$$

式中: $a_k = \pm 1$, 分别表示二进制信息。

　　MSK 信号也可表示如下:

$$s(t) = \begin{cases} s_{\mathrm{m}}(t) = \cos \omega_{\mathrm{m}} t & a_k = 1 \\ s_{\mathrm{s}}(t) = \cos \omega_{\mathrm{s}} t & a_k = -1 \end{cases} \tag{4-64}$$

式中, 传号角频率为

$$\omega_{\mathrm{m}} = \omega_c + \frac{\pi}{2 T_{\mathrm{b}}} \tag{4-65}$$

空号角频率为

$$\omega_{\mathrm{s}} = \omega_c - \frac{\pi}{2 T_{\mathrm{b}}} \tag{4-66}$$

2. MSK 信号的波形

　　由于 MSK 信号在码元期间具有 1/4 的整数倍个载波周期, 因此若

$$n = 4N + m \tag{4-67}$$

则式(4-56)可写为

$$T_{\mathrm{b}} = \left(N + \frac{m}{4}\right) \cdot \frac{1}{f_c} \qquad N \text{ 为整数; } m = 1, 2, 3, 4 \tag{4-68}$$

式(4-67)中: N 为第 n 个码元周期内的载波周期数; m 为第 n 个码元周期内的 1/4 个载波周期数。

　　由此可求得传号频率 f_{m}、空号频率 f_{s} 和两频率之差的表达式, 即

$$f_{\mathrm{m}} = f_c + \frac{1}{4 T_{\mathrm{b}}} = \left(N + \frac{m+1}{4}\right)\frac{1}{T_{\mathrm{b}}} \tag{4-69}$$

$$f_{\mathrm{s}} = f_c - \frac{1}{4 T_{\mathrm{b}}} = \left(N + \frac{m-1}{4}\right)\frac{1}{T_{\mathrm{b}}} \tag{4-70}$$

$$\Delta f = \frac{1}{2} \cdot \frac{1}{T_{\mathrm{b}}} \tag{4-71}$$

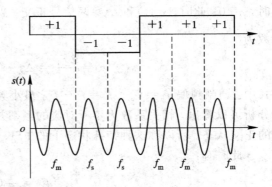

　　设码序列 $a_k = \{+1, -1, -1, +1, +1, +1\}$, 其传输比特率 $r_{\mathrm{b}} = 16$ kb/s $= 1/T_{\mathrm{b}}$, 载频 $f_c = 20$ kHz, 则 $f_{\mathrm{d}} = r_{\mathrm{b}}/4 = 4$ kHz。由此可以求得, $f_c = 5 f_{\mathrm{d}} = 5 r_{\mathrm{b}}/4 = (1 + 1/4) r_{\mathrm{b}}$, 故 $N = 1$, $m = 1$, 而 $f_{\mathrm{m}} = 1.5 r_{\mathrm{b}} = 24$ kHz, $f_{\mathrm{s}} = r_{\mathrm{b}} = 16$ kHz。根据以上分析, 可作出经 a_k 调制的 MSK 波形如图 4-21 所示。

　　由图 4-21 可见, 当严格满足式(4-68)的关系时, MSK 是一个包络恒定、相位连续的信号。

图 4-21　MSK 信号波形

3. MSK 信号的相位

MSK 信号的相位连续性有利于压缩已调信号所占频谱宽度和减小带外辐射，因此需要讨论在每个码元转换的瞬间保证信号相位的连续性问题。由式(4-62)可知，附加相位函数 $\phi(t)$ 与时间 t 的关系是直线方程，其斜率为 $a_k\pi/(2T_b)$，截距为 ϕ_k。因为 a_k 的取值为 ± 1，ϕ_k 是 0 或 π 的整数倍，所以附加相位函数 $\phi(t)$ 在码元期间的增量为

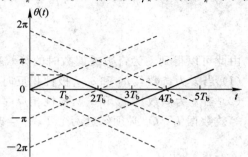

$$\theta(t) = \pm\frac{\pi}{2T_b}t = \pm\frac{\pi}{2T_b}\cdot T_b = \pm\frac{\pi}{2}$$

式中：正负号取决于数据序列 a_k。

根据 $a_k = \{+1, -1, -1, +1, +1, +1\}$，可作出附加相位路径图，如图 4-22 所示。

由图 4-22 可见，为保证相位的连续性，必须要求前后两个码元在转换点上的

图 4-22　附加相位路径图

相位相等。若在每个码元内均增加或减小 $\pi/2$，那么在每个码元的终点处，相位必定是 $\pi/2$ 的整数倍。

4. MSK 信号的正交性

MSK 信号的表达式为

$$s_{\text{MSK}}(t) = \cos[\omega_c t + \phi(t)] \tag{4-72}$$

式中：

$$\phi(t) = \frac{\pi a_k}{2T_b}t + \phi_k \qquad a_k = \pm 1; \ \phi_k = 0 \ \text{或} \ \pi \tag{4-73}$$

展开式(4-72)，得

$$s_{\text{MSK}}(t) = \cos[\omega_c t + \phi(t)] = \cos\omega_c t \cos\phi(t) - \sin\omega_c t \sin\phi(t) \tag{4-74}$$

因为 $\phi_k = 0$ 或 π，所以 $\sin\phi_k = 0$，则有

$$\cos\phi(t) = \cos\left(\frac{\pi t}{2T_b}\right)\cos\phi_k$$
$$\tag{4-75}$$
$$-\sin\phi(t) = -a_k\sin\left(\frac{\pi t}{2T_b}\right)\cos\phi_k$$

得到：

$$s(t) = \cos\omega_c t \cos\left(\frac{\pi t}{2T_b}\right)\cos\phi_k - a_k\sin\left(\frac{\pi t}{2T_b}\right)\sin\omega_c t \cos\phi_k$$
$$= I_k \cos\omega_c t \cos\left(\frac{\pi t}{2T_b}\right) + Q_k\sin\left(\frac{\pi t}{2T_b}\right)\sin\omega_c t \tag{4-76}$$

式中：I_k 为同相分量，Q_k 为正交分量，且有

$$I_k = \cos\phi_k$$
$$\tag{4-77}$$
$$Q_k = -a_k\cos\phi_k$$

I_k、Q_k 与输入数据有关，也称为等效数据。$\cos[\pi t/(2T_b)]$ 为同相加权系数，

$\sin[\pi t/(2T_b)]$ 为异相加权系数。由式(4-76)可见，MSK 信号是由两个正交的 AM 信号相加产生的。根据两个码元在转换点上相位相等的条件，可求得相位的递归条件。

设 $t=kT_b$，则由相位函数可得

$$\phi(kT_b) = \frac{\pi a_{k-1}}{2T_b}(kT_b) + \phi_{k-1} = \frac{\pi a_k}{2T_b}(kT_b) + \phi_k \tag{4-78}$$

$$\phi_k = \phi_{k-1} + (a_{k-1} - a_k)\frac{\pi}{2}k \tag{4-79}$$

由此可以得到 k 为奇数或偶数时的等效数据 I_k、Q_k 之间的关系，具体如下：

(1) 当 k 为奇数且 a_k 和 a_{k-1} 极性相反时，I_k 和 I_{k-1} 的极性才会不相同。

(2) 当 k 为偶数且 a_k 和 a_{k-1} 极性相反时，Q_k 和 Q_{k-1} 的极性才会不相同。

等效数据 I_k、Q_k 必须经过两个 T_b 才会改变极性，即等效数据的速率是输入数据速率的 $1/2$。

5. MSK 信号的产生

根据式(4-76)的结论，MSK 信号的产生可以用正交调幅合成方式来实现。MSK 调制器框图如图 4-23 所示。MSK 调制过程数值变化见表 4-4，其中 $c_k = a_k \oplus c_{k-1}$。

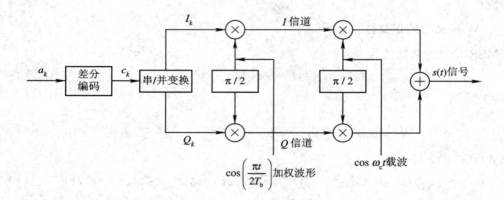

图 4-23 MSK 调制器

表 4-4 MSK 调制过程数值变化表

序号	0	1	2	3	4	5	6	7	8	9	10	11	12	13	14	15	16
a_k	1	-1	-1	1	1	1	-1	1	-1	-1	-1	1	1	-1	1	1	1
c_k		1	1	-1	1	-1	1	1	1	-1	1	-1	1	1	1	1	-1
I_k		1		-1		1		1		-1		1		1		1	
Q_k			1		1		1		1		1		1		-1		-1
频率	f_m	f_s	f_s	f_m	f_m	f_m	f_s	f_m	f_s	f_s	f_s	f_m	f_m	f_s	f_m	f_m	f_m

对于 MSK 信号的产生，其电路形式不是唯一的，但均必须具有如下 MSK 信号的基本特点：

(1) 恒包络，频偏为 $\pm 1/(4T_b)$，调制指数 $h=1/2$。

(2) 附加相位在一个码元时间的线性变化为 $\pm\pi/2$，相邻码元转换时刻的相位连续。

(3) 一个码元时间是 1/4 个载波周期的整数倍。

图 4-24 为另一种 MSK 调制器形式。

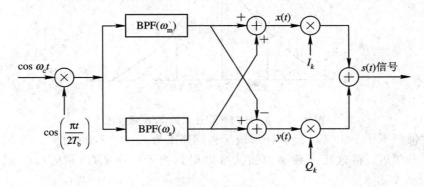

图 4-24　另一种 MSK 调制器形式

6. MSK 信号的解调

MSK 信号的解调可以采用相干解调，也可采用非相干解调，它们的电路形式亦有多种。非相干解调不需复杂的载波提取电路，但性能稍差。在相干解调电路中，必须产生一个本地相干载波，其频率和相位必须与载波频率和相位保持严格同步。在 MSK 信号中，因为载频分量已被抑制，所以不能直接采用锁相环或窄带滤波器从信号中提取，必须对 MSK 信号进行某种非线性处理。通常有平方环解调电路和 Costas 环提取相干载波的 MSK 解调电路两种非线性处理方法。

1) 平方环解调电路

平方环提取相干载波的电路框图如图 4-25 所示。

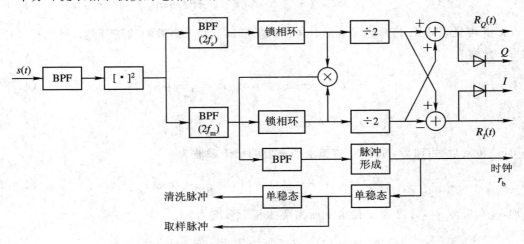

图 4-25　平方环提取相干载波电路

由于 MSK 是 $h=0.5$ 的连续相位 FSK 信号，因此它的频谱图只有连续谱，而无离散谱。MSK 信号经平方后，调制指数 $h=1$。此时信号在 $\pm 1/(2T_b)$ 处有两条谱线，如图4-26

所示。由于载频 $f_c = (f_s + f_m)/2$，时钟频率 $f_R = 2f_m - 2f_s$，因此可以分别采用两个锁相环滤波器提取 $2f_s$ 和 $2f_m$ 频率。为了得到 f_c 和 f_R，将 $2f_s$ 和 $2f_m$ 相乘后，取其差频再经滤

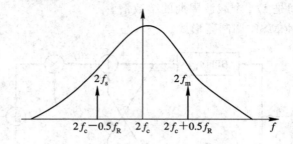

图 4 - 26　$h = 1$ 时相位连续的 FSK 频谱图

波，可得时钟频率 $f_R = 1/T_b$，经脉冲形成后得到速率为 $r_b = 1/T_b$ 的时钟。另外，将 $2f_s$ 和 $2f_m$ 分别二分频后，将这两个频率相加减可以得到相干载波 $R_I(t)$ 和 $R_Q(t)$。因为二进制 MSK 信号

$$s(t) = I_k \cos\left(\frac{\pi t}{2T_b}\right) \cos\omega_c t + Q_k \sin\left(\frac{\pi t}{2T_b}\right) \sin\omega_c t \tag{4-80}$$

经平方电路后

$$s^2(t) = \frac{1}{2} + \frac{1}{4}\left[\cos2\left(\omega_c + \frac{\pi}{2T_b}\right)t + \cos2\left(\omega_c - \frac{\pi}{2T_b}\right)t\right] +$$
$$\frac{1}{2}I_k Q_k \sin\left(\frac{\pi}{T_b}t\right) \sin2\omega_c t \tag{4-81}$$

在式(4-81)的推导过程中，采用 $I_k^2 = Q_k^2 = 1$，并设 $f_m = f_c + \dfrac{1}{4T_b}$，$f_s = f_c - \dfrac{1}{4T_b}$，所以有

$$s^2(t) = \frac{1}{2} + \frac{1}{4}\cos2\omega_m t + \frac{1}{4}\cos2\omega_s t + \frac{1}{2}I_k Q_k \sin\left(\frac{\pi}{T_b}t\right) \sin2\omega_c t \tag{4-82}$$

由此可见，MSK 信号经平方后，含有 $2\omega_s$ 和 $2\omega_m$ 两个离散的频谱分量，经锁相、二分频后，分别为

$$s_s(t) = \cos\omega_s t = \cos\left(\omega_c - \frac{\pi}{2T_b}\right)t \tag{4-83}$$

$$s_m(t) = \cos\omega_m t = \cos\left(\omega_c + \frac{\pi}{2T_b}\right)t \tag{4-84}$$

将 $s_s(t)$ 和 $s_m(t)$ 相加后，得到 I 信道上所需要的相干载波为

$$R_I = s_s(t) + s_m(t) = 2\cos\frac{\pi}{2T_b}t \cos\omega_c t \tag{4-85}$$

同理，$s_s(t) - s_m(t)$ 后得到 Q 信道上所需要的相干载波为

$$R_Q = s_s(t) - s_m(t) = 2\sin\frac{\pi}{2T_b}t \sin\omega_c t \tag{4-86}$$

由两个锁相环输出的信号再经乘法器相乘后得

$$\cos2\omega_s t \cos2\omega_m t = \frac{1}{2}\cos\frac{2\pi}{T_b}t + \frac{1}{2}\cos4\omega_c t \tag{4-87}$$

由式(4-87)可见，等号右边第一项是时钟频率，经低通滤波、脉冲形成，可得时钟信号 $r_b=1/T_b$。因此，相干解调电路框图如图 4-27 所示。

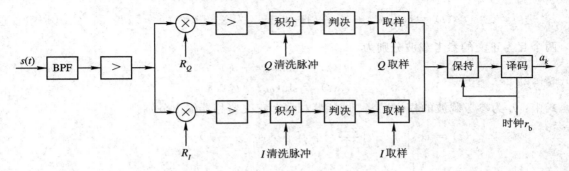

图 4-27　平方环相干解调器

如果将相干载波 $R_Q(t)$ 和 $R_I(t)$ 分别与 MSK 信号相乘，就能从 I 信道和 Q 信道上分离出数据。现以 I 信道为例分析如下：

$$s(t)\cdot R_I(t)=\left[I_k\cos\left(\frac{\pi t}{2T_b}\right)\cdot\cos\omega_c t+Q_k\sin\left(\frac{\pi t}{2T_b}\right)\cdot\sin\omega_c t\right]\cdot 2\cos\left(\frac{\pi t}{2T_b}\right)\cdot\cos\omega_c t$$

$$(4-88)$$

则

$$s(t)\cdot R_I(t)=\frac{1}{2}I_k+\frac{1}{2}I_k\cos\left(\frac{\pi t}{T_b}\right)+\frac{1}{2}I_k\cos 2\omega_c t+\frac{1}{2}I_k\cos\left(\frac{\pi t}{T_b}\right)\cos 2\omega_c t+$$

$$\frac{1}{2}Q_k\sin\left(\frac{\pi t}{T_b}\right)\sin 2\omega_c t \qquad (4-89)$$

式中，$I_k/2$ 为一直流项。$I_k/2$ 经解调器中的积分、判决、取样、保持电路后，其数据再经差分解码器，输出 I 信道中的数据，而其他各项在通过低通滤波器后被滤除。

同理，$s(t)$ 与 $R_Q(t)$ 相乘后，可以输出 Q 信道中的数据。

平方环解调电路虽较简单，但当输入数据出现连续 ±1 时，两个锁相环很难同时获得 $2f_s$ 和 $2f_m$ 的信号，此结果会破坏解调器的正常工作。

2) Costas 环提取相干载波的 MSK 解调电路

利用 Costas 环提取相干载波的 MSK 解调电路如图 4-28 所示。

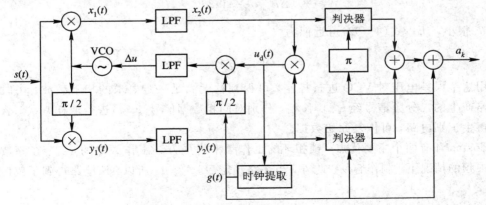

图 4-28　Costas 环同步解调电路

　　下面讨论该电路的工作原理。

　　在忽略噪声的情况下,设输入 MSK 信号为

$$s(t) = \cos\left[\omega_c t + \left(\frac{\pi a_k}{2T_b}t\right) + \phi_k\right] \qquad kT_b \leqslant t \leqslant (k+1)T_b \qquad (4-90)$$

两个互为正交的参考载波分别为

$$e_1(t) = \cos(\omega_c t + \theta_e) \qquad (4-91)$$

$$e_2(t) = \sin(\omega_c t + \theta_e) \qquad (4-92)$$

式中:θ_e 为参考载波的相位误差。同相鉴相器和正交鉴相器输出分别为

$$x_1(t) = \cos\left[\omega_c t + \left(\frac{\pi a_k}{2T_b}t\right) + \phi_k\right] \cdot \cos(\omega_c t + \theta_e)$$

$$= \frac{1}{2}\left[\cos\left(2\omega_c t + \frac{\pi a_k}{2T_b}t + \phi_k + \theta_e\right) + \cos\left(\frac{\pi a_k}{2T_b}t + \phi_k - \theta_e\right)\right] \qquad (4-93)$$

$$y_1(t) = \cos\left[\omega_c t + \left(\frac{\pi a_k}{2T_b}t\right) + \phi_k\right] \cdot \sin(\omega_c t + \theta_e)$$

$$= \frac{1}{2}\left[\sin\left(2\omega_c t + \frac{\pi a_k}{2T_b}t + \phi_k + \theta_e\right) - \sin\left(\frac{\pi a_k}{2T_b}t + \phi_k - \theta_e\right)\right] \qquad (4-94)$$

经各自的低通滤波器输出的基带信号为

$$x_2(t) = \frac{1}{2}\cos\left(\frac{\pi a_k}{2T_b}t + \phi_k - \theta_e\right) \qquad (4-95)$$

$$y_2(t) = \frac{1}{2}\sin\left(\frac{\pi a_k}{2T_b}t + \phi_k - \theta_e\right) \qquad (4-96)$$

式(4-95)和式(4-96)相乘后,输出电压为

$$u_d(t) = \frac{1}{4}\sin\left[2\left(\frac{\pi a_k}{2T_b}t + \phi_k - \theta_e\right)\right] \qquad (4-97)$$

因为 $\phi_k = 0$ 或 π(模 2π),同时当载波同步后 θ_e 很小,所以式(4-97)中的基带信号可提取为时钟信号 $g(t)$,因而有

$$g(t) = \frac{1}{4}\sin\frac{\pi a_k}{T_b} \qquad (4-98)$$

通过移相与相乘,取出直流分量,可得到环路的误差控制信号电压为

$$\Delta u = \frac{1}{8}\sin 2\theta_e \qquad (4-99)$$

由于 θ_e 很小,所以式(4-99)可近似为

$$\Delta u \approx \frac{1}{4}\theta_e \qquad (4-100)$$

　　用这个误差电压对 VCO 进行控制,可得到精度满足一定要求的相干载波。由时钟恢复电路产生的二分频信号经 π、0 移相,分别对同相数据信号 $x_2(t)$ 进行取样判决,合成后通过再生识别电路,可恢复原始数据。

　　Costas 环有两个主要优点:锁相环的工作频率为平方环工作频率的 1/2;在高数据率和高中频的情况下,制作容易。此外,当环路锁定后,$\theta_e \approx 0$。所以,该电路得到了较广泛的应用。

7. MSK 信号的性能

1）功率谱密度

MSK 信号不仅具有恒包络和连续相位的优点，而且功率谱密度特性也优于一般的数字调制器。下面分别列出 MSK 信号和 QPSK 信号功率谱密度的表达式，以作比较。

$$W(f)_{MSK} = \frac{16A^2 T_b}{\pi^2} \left\{ \frac{\cos 2\pi (f-f_c) T_b}{1-[4(f-f_c) T_b]^2} \right\}^2$$

$$(4-101)$$

$$W(f)_{QPSK} = 2A^2 T_b \left[\frac{\sin 2\pi (f-f_c) T_b}{2\pi (f-f_c) T_b} \right]^2$$

$$(4-102)$$

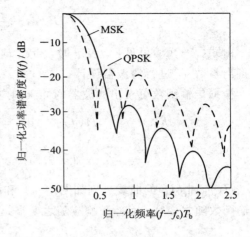

图 4-29　MSK 信号和 QPSK 信号的功率谱密度

它们的功率谱密度曲线如图 4-29 所示。MSK 信号的主瓣比较宽，第一个零点在 $0.75/T_b$ 处，第一旁瓣峰值比主瓣低约 23 dB，旁瓣下降比较快。QPSK 信号的主瓣比较窄，第一个零点在 $0.5/T_b$ 处，旁瓣下降比 MSK 要慢。MSK 调制方式已在一些通信系统中得到了应用。但是，就移动通信系统而言，通常要在 25 kHz 的信道间隔中传输 16 kb/s 的数字信号，邻道辐射功率要求低于 $-80 \sim -70$ dB，显然 MSK 信号不能满足，而另一种数字调制方式 GMSK 能很好地满足要求。

2）误比特率性能

在加性高斯白噪声（AWGN）信道下，MSK 信号的误比特率为

$$P_e = Q\left(\sqrt{\frac{1.7 E_b}{N_0}} \right) \qquad (4-103)$$

4.3.2　高斯滤波最小频移键控（GMSK）

GMSK 调制方式是在 MSK 调制器之间加入一个基带信号预处理滤波器，即高斯低通滤波器（GLPF）。由于这种滤波器能将基带信号变换成高斯脉冲信号，其包络无陡峭边沿和拐点，因而可以达到改善 MSK 信号频谱特性的目的。

1. GMSK 信号的基本原理

实现 GMSK 信号的调制其关键是设计性能良好的高斯低通滤波器，它必须具有如下特性：

（1）有良好的窄带和尖锐的截止特性，以滤除基带信号中的高频成分。

（2）脉冲响应过冲量应尽可能小，防止已调波瞬时频偏过大。

（3）输出脉冲响应曲线的面积对应的相位为 $\pi/2$，使调制系数为 1/2。

满足这些特性的高斯低通滤波器的频率传输函数为

$$H(f) = \exp(-\alpha^2 f^2) \qquad (4-104)$$

式中：α 是与滤波器 3 dB 带宽 B_b 有关的一个系数，选择不同的 α，滤波器的特性随之而改变。通常将高斯低通滤波器的传输函数值为 $1/\sqrt{2}$ 时的滤波器带宽定义为滤波器的 3 dB 带宽，即

$$B_{\rm b} = \frac{\sqrt{\ln 2}}{\sqrt{2}\alpha} = \frac{0.5887}{\alpha} \tag{4-105}$$

由式(4-105)可见，改变 α 时，带宽 $B_{\rm b}$ 也随之改变；反之，已知滤波器的 3 dB 带宽，可得出参数 α，进行滤波器设计。

根据传输函数可求出滤波器的冲激响应为

$$h(t) = \int_{-\infty}^{\infty} H(f) {\rm e}^{{\rm j}2\pi ft}\,{\rm d}f = \int_{-\infty}^{\infty} \exp[-\alpha^2 f^2 + 2({\rm j}\pi t)f]\,{\rm d}f$$

$$= \frac{\sqrt{\pi}}{\alpha} \exp\left(-\frac{\pi^2}{\alpha^2}t^2\right) \tag{4-106}$$

$H(f)$ 和 $h(t)$ 的曲线分别如图 4-30 和图 4-31 所示。当 3 dB 带宽增大时，滤波器的传输函数随之变宽，而冲激响应随之变窄。

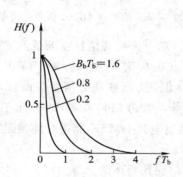

图 4-30　高斯低通滤波器传输函数　　　　图 4-31　高斯低通滤波器冲激响应

由式(4-106)可以看出，$h(t)$ 并不产生负值。因此，当滤波器输入信号为冲激序列时，其输出脉冲就是冲激响应序列 $g(t)$，若输入数据 $m(t)=+1$，则输出正响应脉冲，若输入数据 $m(t)=-1$，则输出负响应脉冲。这些脉冲不是时限的，但由于它随 t^2 而按指数下降很快，因此可近似认为其占据宽度是有限的。

下面讨论滤波器输出脉冲占据的宽度。将 $t=\pm T_{\rm b}$ 代入式(4-106)，滤波器输出脉冲宽度与最大值的比为

$$r = \frac{(\sqrt{\pi}/\alpha) \cdot \exp[(-\pi^2/\alpha^2) \cdot T_{\rm b}^2]}{\sqrt{\pi}/\alpha} \times 100\%$$

$$= \left\{\exp\left[-\frac{\pi^2}{\alpha^2} \cdot T_{\rm b}^2\right]\right\} \times 100\% \tag{4-107}$$

将 $\alpha=0.5887/B_{\rm b}$ 代入式(4-107)可得

$$r = \{\exp[-28.5(B_{\rm b}T_{\rm b})^2]\} \times 100\% \tag{4-108}$$

r 与 $B_{\rm b}T_{\rm b}$ 之间的关系如表 4-5 所示。在 $T_{\rm b}$ 确定的情况下，从表 4-5 中可以看出，带宽 $B_{\rm b}$ 越窄，输出响应越宽。当 $B_{\rm b}T_{\rm b}<0.25$ 时，输入宽度为 $T_{\rm b}$ 的脉冲被展宽成 $3T_{\rm b}$ 的输出脉冲宽度，其输出将影响前后各一个码元的响应。同样，其本身也将受前后相邻码元的影响。所以输入原始数据在通过高斯低通滤波器之后，输出将会产生码间干扰(ISI，也称符号间干扰)。

表 4 - 5　r 与 $B_b T_b$ 的关系

$B_b T_b$	0.15	0.2	0.25	0.3	0.4	0.5	0.7	1	∞
$r(\%)$	53	32	16.8	7.7	1.05	8×10^{-2}	8.6×10^{-5}	4.2×10^{-11}	0

引入可控制的码间干扰对压缩调制信号的频谱有利，解调判决时利用前后码元的相关性，仍可以准确地解调，这就是所谓的部分响应技术。

2. GMSK 信号的相位路径

高斯低通滤波器的输出脉冲经 MSK 调制得到 GMSK 信号，其相位路径由脉冲形状决定，或者说在一个码元期间，GMSK 信号相位变化值取决于在此期间脉冲的面积。由于脉冲宽度大于 T_b，即相邻脉冲间出现重叠，因此在决定一个码元内脉冲面积时要考虑相邻码元的影响。为了简便，近似认为脉冲宽度为 $3T_b$，脉冲波形的重叠只考虑相邻一个码元的影响。

与图 4 - 22 所示的 MSK 信号的附加相位路径图一样，当 GMSK 输入相邻三个码元为 +1、+1、+1 时，一个码元内相位增加 $\pi/2$；当 GMSK 输入相邻三个码元为 -1、-1、-1 时，一个码元内相位减少 $\pi/2$。在其他码流下，由于正负极性的抵消，叠加后脉冲波形面积比上述两种情况要小，即相位变化值小于 $\pm\pi/2$。

图 4 - 32 示出了当输入数据为 1、-1、-1、1 时的 MSK 和 GMSK 信号的相位路径。由图 4 - 32 可见，GMSK 信号在码元转换时刻其信号和相位不仅是连续的，而且是平滑的。这样就确保了 GMSK 信号比 MSK 信号具有更优良的频谱特性。

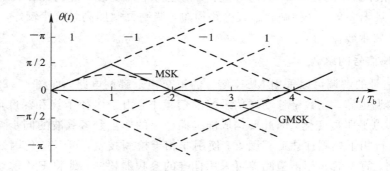

图 4 - 32　MSK 和 GMSK 信号的相位路径图

3. GMSK 信号的产生

产生 GMSK 信号时，只要将原始信号通过高斯低通滤波器后，再进行 MSK 调制即可。所以，GMSK 信号的产生有多种方式。产生 GMSK 信号最简单的方法是输入的 NRZ 信息比特流通过输出脉冲宽度与最大值的比满足式(4 - 108)的高斯低通滤波器(GLPF)，而后进行 FM 调制，如图 4 - 33 所示。该方法已广泛应用于各种模拟与数字移动通信系统，包括 GSM 系统。

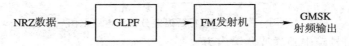

图 4 - 33　采用 FM 发射机构成的 GMSK 发射机的原理框图

GMSK 信号的产生也可采用如图 4-34 所示的正交调制和锁相环调制两种方法。

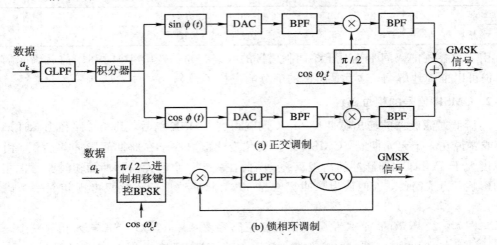

(a) 正交调制

(b) 锁相环调制

图 4-34　采用正交调制和锁相环调制的 GMSK 信号调制原理框图

在图 4-34(a)中，先对基带信号进行波形变换，再进行正交调制。这种调制方式电路简单，体积小，易于制作，便于集成化。

在图 4-34(b)中，先将输入数据经高斯低通滤波器后，直接对 VCO 进行调频，从而得到 GMSK 信号。π/2 二进制相移键控 BPSK 的作用是保证每个码元的相位变化为 +π/2 或 -π/2。锁相环的作用是对 BPSK 的相位变化进行平滑处理，使码元在转化过程中相位保持连续，而且无尖角。这种调制方式电路简单，调制灵敏度高，线性较好，但是对 VCO 的频率稳定度要求较高。

4. GMSK 信号的解调

GMSK 信号的解调可以采用 MSK 信号的正交相干解调电路，如图 4-28 所示，也可采用非相干解调电路。在数字移动通信系统的信道中，由于多径干扰和深度瑞利衰落，引起接收机输入电平明显变化，因此要构成准确而稳定的产生参考载波的同步再生电路并非易事，这样进行相干检测往往比较困难。使用非相干检测技术，可以避免因恢复载波而带来的复杂问题。简单的非相干检测器可采用标准的鉴频器检测，即将 FM 解调器的输出简单抽样。非相干解调电路有一比特延迟和二比特延迟两种差分检测电路。

1) 一比特延迟差分检测电路

一比特延迟差分检测电路框图如图 4-35 所示。

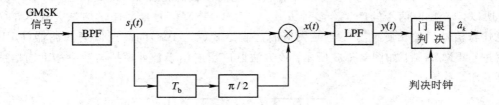

图 4-35　一比特延迟差分检测电路框图

设 GMSK 信号经中频滤波器输出为

$$s_I(t) = A(t) \cdot \cos[\omega_I t + \theta(t)] \tag{4-109}$$

式中：$A(t)$、ω_I、$\theta(t)$ 分别为 GMSK 信号的时变包络、中频载波角频率和附加相位函数。

由图 4 - 35 可见，乘法器的输出信号电压为

$$x(t) = A(t) \cdot \cos[\omega_I t + \theta(t)] \cdot A(t - T_b) \cdot \sin[\omega_I(t - T_b) + \theta(t - T_b)]$$
$$= \frac{1}{2} A(t) \cdot A(t - T_b) \{\sin[\omega_I t + \theta(t) - \omega_I t + \omega_I T_b - \theta(t - T_b)] -$$
$$\sin[\omega_I t + \theta(t) + \omega_I t - \omega_I T_b + \theta(t - T_b)]\} \qquad (4 - 110)$$

经 LPF 滤波后输出信号为

$$y(t) = \frac{1}{2} E \sin[\omega_I T_b + \Delta\theta(T_b)] \qquad (4 - 111)$$

当 $\omega_I T_b = 2k\pi$，k 为整数时，式 (4 - 111) 变为

$$y(t) = \frac{1}{2} E \sin\Delta\theta(T_b) \qquad (4 - 112)$$

式中：$\Delta\theta(T_b) = \theta(t) - \theta(t - T_b)$。

在判决时刻，信号包络 $E = A(t) \cdot A(t - T_b)$ 恒为正值，因而 $y(t)$ 的极性取决于相位差信息 $\Delta\theta(T_b)$，通常在输入 $+1$ 时，$\theta(t)$ 增大，输入 -1 时，$\theta(t)$ 减小。所以，判决门限值为零时的判决规则为

$$\begin{cases} y(t) > 0 & \text{判为} +1 \\ y(t) < 0 & \text{判为} -1 \end{cases} \qquad (4 - 113)$$

由此可恢复得到原始数据 $\hat{a}_k = a_k$。

2) 二比特延迟差分检测电路

二比特延迟差分检测电路框图如图 4 - 36 所示。

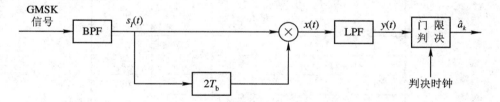

图 4 - 36　二比特延迟差分检测电路框图

由图 4 - 36 可见，乘法器的输出信号电压为

$$x(t) = A(t) \cos[\omega_I t + \theta(t)] A(t - 2T_b) \cos[\omega_I(t - 2T_b) + \theta(t - 2T_b)] + n(t)$$
$$(4 - 114)$$

式中：$n(t)$ 代表所有噪声分量。

经 LPF 滤波后的输出电压为

$$y(t) = A(t) A(t - 2T_b) \cos\left[K_m \sum_{j=-\infty}^{\infty} b_j \int_{t-2T_b}^{t} P(\tau - jT_b) \, \mathrm{d}\tau\right] + n(t) \qquad (4 - 115)$$

在判决时刻 KT_b，$y(t)$ 有如下形式：

$$y(KT_b) = A(KT_b) A(KT_b - 2T_b) \cos\left[\sum_{j=-\infty}^{\infty} b_j \theta_{k-j}\right] + n(t) \qquad (4 - 116)$$

式中：$\theta_{k-j} = K_m \int_{KT_b-2T_b}^{KT_b} P(\tau - jT_b) \, \mathrm{d}\tau$，积分式中 $P(\tau - jT_b)$ 是经 GLPF 后宽为 T_b 的矩形

单位幅度脉冲响应；b_j 为经过差分编码后的二进制数据。对于不同的 $B_b T_b$ 值，θ_j 的值也不同，如表 4-6 所示。

表 4-6　归一化 3 dB 带宽 $B_b T_b$ 与相位之间的关系

$B_b T_b$	θ_{-3}	θ_{-2}	θ_{-1}	θ_0	θ_1	θ_2	θ_3	θ_4
0.15	0.3	4.85	26.4	58.45	58.45	26.4	4.85	0.3
0.18	—	2.7	23.9	63.4	63.4	23.9	2.7	—
0.2	—	1.7	22.3	66.0	66.0	22.3	1.7	—
0.25	—	0.6	18.8	70.6	70.6	18.8	0.6	—
0.3	—	0.2	16.2	73.6	73.6	16.2	0.2	—
0.4	—	—	12.5	77.5	77.5	12.5	—	—
0.5	—	—	10.3	79.7	79.7	10.3	—	—
1.0	—	—	5.9	84.1	84.1	5.9	—	—
∞	—	—	—	90.0	90.0	—	—	—

在表 4-6 中，θ_0、θ_1 代表信号分量，θ_{-3}、θ_{-2}、θ_{-1}、θ_1、θ_2、θ_3、θ_4 为码间串扰。在表的任何一行 $\sum \theta_j = 180°$。从表 4-6 中可见，当 $j \geqslant 4$ 或 $j \leqslant -3$ 时，θ_j 几乎为零。因此，式 (4-116) 可以写成

$$y(KT_b) = A(KT_b)A(KT_b - 2T_b) \cos \Delta \theta_k + n(t) \qquad (4-117)$$

式中：$\Delta \theta_k = b_{k+2}\theta_{-2} + b_{k+1}\theta_{-1} + b_k\theta_0 + b_{k-1}\theta_1 + b_{k-2}\theta_2 + b_{k-3}\theta_3$。当 $B_b T_b = 0.25$ 时，对应于所有可能的数据组合与相位差 $\Delta \theta_k$ 的关系如表 4-7 所示。

表 4-7　数据组合与相位差 $\Delta \theta_k$ 的关系

数 据 组 合				状态	$\Delta \theta_k$
b_{k-2}	b_{k-1}	b_k	b_{k+1}		
1	1	−1	1	7	37.6
1	−1	1	1	7	37.6
1	1	−1	−1	8	0.0
1	−1	1	−1	8	0.0
−1	1	−1	1	8	0.0
−1	−1	1	1	8	0.0
−1	1	−1	−1	9	−37.6
−1	−1	1	−1	9	−37.6
1	1	1	1	10	−103.6
1	1	−1	1	11	−141.2
−1	1	−1	1	11	−141.2
−1	−1	−1	−1	12	−178.8
1	1	1	1	12	178.8
1	1	1	−1	13	141.2
−1	1	1	1	13	141.2
−1	1	1	−1	14	103.6

　　运用表 4-6 和表 4-7，可得到二比特差分检测的判决情况，相位状态图如图 4-37 所示。令判决门限为 y 轴，则当相位差 $\Delta\theta_k$ 位于 y 轴右侧时，$b_k b_{k-1} = -1$；当相位差 $\Delta\theta_k$ 位于 y 轴左侧时，$b_k b_{k-1} = +1$。

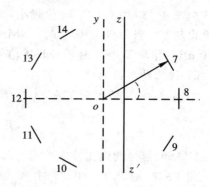

　　对于二比特差分检测：

$$a_k = -b_k b_{k-1} \qquad (4-118)$$

则输出码元序列可由下式得出：

$$\hat{a}_k = \operatorname{sgn}[d_2(kT_b)] \qquad (4-119)$$

这里当 $x \geqslant 0$ 时，$\operatorname{sgn}[x] = +1$；当 $x \leqslant 0$ 时，$\operatorname{sgn}[x] = -1$。

图 4-37　二比特差分检测相位状态图

　　从相位状态图可以看到，二比特差分检测电路输出端相位状态图关于 y 轴不对称，若以 y 轴为判决轴，则得出的结果对应的眼图也不对称。这种情况下，误码性能不够优良。其改进方法是在 BPF 后加入带限器，同时在门限比较器上加一直流偏置。此时，相当于把判决区域移到图中 zz' 线，这样可以提高误码性能。

　　采用二比特延迟差分检测电路时，在发信端，必须对原始数 a_k 进行一次差分编码。

5. GMSK 信号的性能

1）功率谱密度

　　用计算机模拟得到的 GMSK 信号功率谱密度曲线如图 4-38 所示。图中，纵坐标是以分贝表示的归一化功率谱密度；横坐标是归一化频率 $(f - f_c)T_b$；参数 $B_b T_b$ 是归一化 3 dB 带宽。

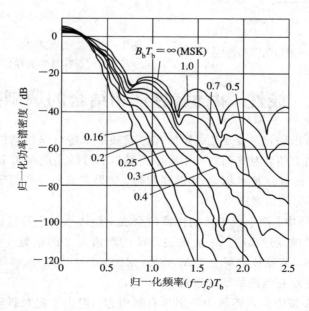

图 4-38　GMSK 信号的功率谱密度

由图 4 - 38 可见，$B_b T_b$ 值越小，即 LPF 带宽越窄，则 GMSK 信号的高频滚降就越快，主瓣也越窄。当 $B_b T_b = 0.2$ 时，GMSK 信号的功率谱密度在 $(f - f_c) T_b = 1$ 处已下降到 $-60 \, dB$；当 $B_b T_b \to \infty$ 时，GMSK 信号的功率谱密度与 MSK 信号相同。

2）误比特率性能

当 $B_b T_b = 0.25$ 时，在 AWGN 信道下采用相干解调方式的误比特率计算公式如下：

$$P_e = Q\left(\sqrt{\frac{1.36 E_b}{N_0}}\right) \tag{4 - 120}$$

GMSK 信号的误比特率性能与解调方式有密切关系。

图 4 - 39 是 $B_b T_b = 0.25$ 时，在 AWGN 信道下采用相干解调方式，考虑了多普勒频移 f_D 而得到的误比特率曲线。多普勒频移 f_D 与移动台速度、工作频率等因素有关。从图 4 - 39 中可以看出，f_D 越大，剩余误码率也越大。

图 4 - 40 是采用非相干的二比特延迟差分检测与相干检测的误比特率曲线的比较。由图 4 - 40 可见，采用延迟差分检测对改善瑞利衰落信道的误码性能有利。

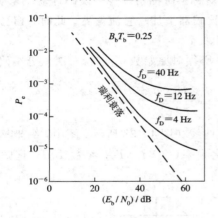

图 4 - 39　相干检测误码性能

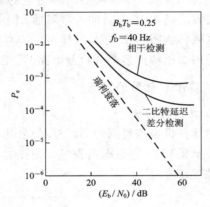

图 4 - 40　二比特延迟差分检测与相干检测的
误比特率曲线比较

4.4　"线性"和"恒包络"相结合的调制技术

基带数字信号可以通过改变 RF 载频的相位或频率来进行恒包络传输。由于包络和相位（频率）有两个自由取值，因此调制技术可以将基带信号转换成有四个自由取值或更多取值的调制信号。这样的调制技术称为 M 进制调制。如果它的相位和幅度可以进一步改变的话，它就可以表示更多的信息。

在 M 进制的信号中，两个或更多的比特位合成一组表示一个符号位，每一可能的符号位在一个时间周期内被发送出去。一般来说，M 的取值为 2 的倍数。依据改变的是幅度、相位还是载波的频率，调制技术可分为 MASK、MPSK、MFSK。能够同时改变幅度和相位（频率）的调制技术是现在活跃的研究领域。

M 维调制技术在带限信道传输中特别具有吸引力，但由于定时抖动（Timing Jitter）的影响限制了它的应用。星座图上相邻信号有偏差，会使信号的误码率增加。M 维调制技术是以牺牲功率来获得较高的带宽效率的。比如，一个 8PSK 的误码性能往往比 BPSK 差很多，但 8PSK 所需的带宽只是 BPSK 的 1/3。星座图上 8PSK 信号相邻的偏差减小使得误码性能远远差于 BPSK。

4.4.1　M 维相移键控（MPSK）

1. MPSK 调制方式概述

在 M 维相移键控（MPSK）中，载波频率有 M 个可能值，$\theta_i = 2(i-1)\pi/M$，此处 M 为自然数。调制波形的表达式如下：

$$s_i(t) = \sqrt{\frac{2E_s}{T_s}} \cos\left[2\pi f_c t + \frac{2\pi}{M}(i-1)\right] \qquad 0 \leqslant t \leqslant T_s; \ i = 1, 2, \cdots, M$$

$$(4-121)$$

式中：$E_s = E_b \, \mathrm{lb} \, M$ 为符号位的能值；$T_s = T_b \, \mathrm{lb} \, M$ 为时隙周期。

式（4-121）可以用正交象限形式重写如下：

$$s_i(t) = \sqrt{\frac{2E_s}{T_s}} \cos\left[(i-1)\frac{2\pi}{M}\right] \cos(2\pi f_c t) - \sqrt{\frac{2E_s}{T_s}} \sin\left[(i-1)\frac{2\pi}{M}\right] \sin(2\pi f_c t)$$

$$(4-122)$$

通过选择基带信号 $\Phi_1(t) = \sqrt{\dfrac{2}{T_s}} \cos(2\pi f_c t)$ 和 $\Phi_2(t) = \sqrt{\dfrac{2}{T_s}} \sin(2\pi f_c t)$，MPSK 信号可表达如下：

$$s_{\mathrm{MPSK}}(t) = \sqrt{E_s} \cos\left[(i-1)\frac{2\pi}{M}\right] \Phi_1(t) - \sqrt{E_s} \sin\left[(i-1)\frac{2\pi}{M}\right] \Phi_2(t) \quad (4-123)$$

式中，$i = 1, 2, \cdots, M$。

由于仅有两种基带信号，因此 MPSK 的星座图是二维的。M 维信号点均匀分布在以原点为中心，以 $\sqrt{E_s}$ 为半径的圆周上。MPSK 的星座分布如图 4-41 所示。在图中可以明显看出 MPSK 是恒包络的，并没有用到脉冲的形状信息。

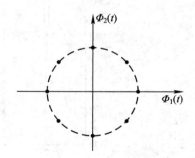

图 4-41　MPSK 星座分布图（M=8）

从图 4-41 中信号的分布可以看出信号之间的间隔等于 $2\sqrt{E_s} \sin(\pi/M)$。因此，在 MPSK 系统中的误比特率为

$$P_e \leqslant 2Q\left[\sqrt{\frac{2E_b \, \mathrm{lb} \, M}{N_0}} \sin\left(\frac{\pi}{M}\right)\right] \qquad (4-124)$$

就像 BPSK 和 QPSK 调制一样，MPSK 要么进行相关检测，要么用非相关差分检测进行差分编码。在 AWGN 信道中，$M \geqslant 4$ 的 MPSK 误比特率近似为

$$P_e \approx 2Q\left[\sqrt{\frac{4E_s}{N_0}} \sin\left(\frac{\pi}{2M}\right)\right] \qquad (4-125)$$

2. MPSK 的功率谱分布

MPSK 的功率谱密度（PSD）可以按照与 BPSK 和 QPSK 相同的方式来表示。信息位的持续时间 T_s 和比特位持续时间 T_b 的关系为

$$T_s = T_b \, \mathrm{lb} \, M \qquad\qquad (4-126)$$

具有矩形脉冲的 MPSK 功率谱密度（PSD）可表达如下：

$$P_{\mathrm{MPSK}} = \frac{E_s}{2}\left[\left(\frac{\sin\pi(f-f_c)T_s}{\pi(f-f_c)T_s}\right)^2 + \left(\frac{\sin\pi(-f-f_c)T_s}{\pi(-f-f_c)T_s}\right)^2\right] \qquad (4-127)$$

即

$$P_{\mathrm{MPSK}} = \frac{E_b \, \mathrm{lb} \, M}{2}\left\{\left[\frac{\sin\pi(f-f_c)T_b \, \mathrm{lb} \, M}{\pi(f-f_c)T_b \, \mathrm{lb} \, M}\right]^2 + \left[\frac{\sin\pi(-f-f_c)T_b \, \mathrm{lb} \, M}{\pi(-f-f_c)T_b \, \mathrm{lb} \, M}\right]^2\right\}$$

$$(4-128)$$

$M=8$、16 的 MPSK 功率谱密度如图 4-42 所示。由图 4-42 和式（4-128）可以明显看出，在 R_b 恒定的情况下，由第一个零点构成的 MPSK 带宽随着 M 的增加而减小，因此带宽效率随着 M 的增加而增加。也就是说，在 R_b 恒定的情况下，η_b 随着 M 的增加而增加，B 随着 M 的增加而减小。同时，增加 M 表明信号的密度也在增加，这样功率的有效性（噪声冗余度）降低了。对于不同的 M 值，在 AWGN 内传输的 MPSK 的带宽和功率有效性如表 4-8 所示。其中，假设没有定时抖动或信道衰减。但在实际中随着 M 值的增大将会导致误码率提高，干扰和多径会同时影响 MPSK 的相位，所有这些因素都会产生误码。同样，不同的接收方式也会影响性能。

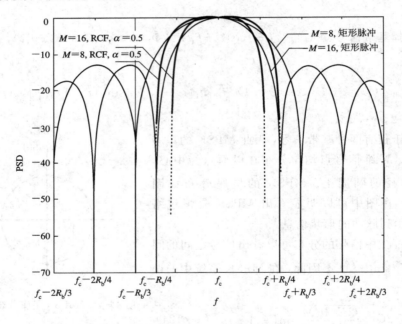

图 4-42 MPSK 功率谱密度（$M=8$、16）

表 4-8 MPSK 的带宽和功率有效性

M	2	4	8	16	32	64
$\eta_B = R_b/B$	0.5	1	1.5	2	2.5	3
E_b/N_0 （BER$=10^{-6}$）	10.5	10.5	14	18.5	23.4	28.5

4.4.2 M 维正交振幅调制（MQAM）

在 M 维 PSK 调制中，传输信号的振幅是恒定的，因此形成了一个圆周形状的星座图。

如果允许幅度随着相位的变化而变化，就可产生一种新的调制方式——M 维正交振幅调制（MQAM）。图 4-43 所示为 16 维 MQAM 的星座图。星座图中信号为格状分布。M 维正交振幅调制（MQAM）信号的一般形式如下：

$$s_i(t) = \sqrt{\frac{2E_{\min}}{T_s}}\, a_i \cos(2\pi f_c t) + \sqrt{\frac{2E_{\min}}{T_s}}\, b_i \sin(2\pi f_c t) \tag{4-129}$$

$$0 \leqslant t \leqslant T,\ i = 1, 2, 3, \cdots, M$$

式中，$E_{\min}$ 表示具有最低幅度的信号的能量，a_i 和 b_i 为依据信号点的特定位置而定的一对相互独立的整数。注意：M 维正交振幅调制（MQAM）中符号位的能量值并不是恒定的，各符号之间的间距也不是相等的。

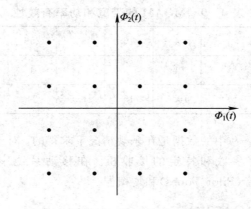

图 4-43　16 维 MQAM 的星座图

假设 M 维正交振幅调制（MQAM）为矩形脉冲。MQAM 信号 $s_i(t)$ 可以通过以下一对基本函数 $\Phi_1(t)$、$\Phi_2(t)$ 来表示，即

$$\Phi_1(t) = \sqrt{\frac{2}{T_s}}\, \cos(2\pi f_c t) \qquad 0 \leqslant t \leqslant T_s \tag{4-130}$$

$$\Phi_2(t) = \sqrt{\frac{2}{T_s}}\, \sin(2\pi f_c t) \qquad 0 \leqslant t \leqslant T_s \tag{4-131}$$

对于第 i 个信号点的 $a_i\, \sqrt{E_{\min}}$ 和 $b_i\, \sqrt{E_{\min}}$ 来说，(a_i, b_i) 为

$$(a_i, b_i) = \begin{bmatrix} (-L+1, L-1) & (-L+3, L-1) & \cdots & (L-1, L-1) \\ (-L+1, L-3) & (-L+3, L-3) & \cdots & (L-1, L-3) \\ \vdots & \vdots & & \vdots \\ (-L+1, -L+1) & (-L+3, -L+1) & \cdots & (L-1, -L+1) \end{bmatrix} \tag{4-132}$$

式中：$L = \sqrt{M}$。举例来说，16 维正交振幅调制（MQAM）矩阵如下：

$$(a_i, b_i) = \begin{bmatrix} (-3, 3) & (-1, 3) & (1, 3) & (3, 3) \\ (-3, 1) & (-1, 1) & (1, 1) & (3, 1) \\ (-3, -1) & (-1, -1) & (1, -1) & (3, -1) \\ (-3, -3) & (-1, -3) & (1, -3) & (3, -3) \end{bmatrix} \tag{4-133}$$

在加性高斯白噪声 AWGN 信道中，采用相关检测时，可求得 M 维正交振幅调制

(MQAM)的误比特率估计如下：

$$P_e \approx 4\left(1 - \frac{1}{\sqrt{M}}\right)Q\left(\sqrt{\frac{2E_{\min}}{N_0}}\right) \qquad (4-134)$$

若用平均信号能量 E_{av} 来表示，有

$$P_e \approx 4\left(1 - \frac{1}{\sqrt{M}}\right)Q\left[\sqrt{\frac{3E_{av}}{(M-1)N_0}}\right] \qquad (4-135)$$

MQAM 的信号功率谱和带宽效率与 MPSK 调制是相同的。在功率有效性上，MQAM 优于 MPSK。表 4 - 9 列出了不同的 M 值下 MQAM 的带宽和功率有效性。这里假设在 AWGN 信道中进行升余弦滚降滤波。

表 4 - 9　MQAM 的带宽和功率有效性

M	4	16	64	256	1024	4096
η_B	1	2	3	4	5	6
E_b/N_0 （BER=10^{-6}）	10.5	15	18.5	24	28	33.5

和 MPSK 一样，表 4 - 9 中的数据是在乐观情况下求得的。对于无线系统，其实际误码率还取决于不同的信道参数和特定的接收机。在移动系统中，M 维正交振幅调制（MQAM）必须采用导频音（Pilot Tones）和均衡器。

4.4.3　M 维频移键控（MFSK）

在 MFSK 调制中，传输信号 $s_i(t)$ 定义如下：

$$s_i(t) = \sqrt{\frac{2E_s}{T_s}}\cos\left[\frac{\pi}{T_s}(n_c + i)t\right] \qquad 0 \leqslant t \leqslant T_s;\ i = 1, 2, \cdots, M \qquad (4-136)$$

对于某些固定的整数 n_c 而言，$f_c = n_c/(2T_s)$。

MFSK 调制中，M 种传输信号都具有同样的信号能量和持续时间，信号频率被 $1/(2T_s)$ 所分割，这使得信号之间相互正交。

对于相关的 MFSK 而言，最佳接收机由 M 个相关器或匹配滤波器组成，误比特率如下：

$$P_e \leqslant (M-1)Q\left(\sqrt{\frac{E_b\,\text{lb}\,M}{N_0}}\right) \qquad (4-137)$$

在恒包络检测中，当采用匹配的滤波器进行非相关检测时，误比特率如下：

$$P_e = \sum_{k=1}^{M-1}\left[\frac{(-1)^{k+1}}{k+1}\right]\left(\frac{M}{k} - 1\right)\exp\left[\frac{-kE_s}{(k+1)N_0}\right] \qquad (4-138)$$

如果只取二项式的主要部分，则误比特率如下：

$$P_e \leqslant \frac{M-1}{2}\exp\left(\frac{-E_s}{2N_0}\right) \qquad (4-139)$$

相关 MPSK 的信道带宽可用下式表示：

$$B = \frac{R_b(M+3)}{2\,\text{lb}\,M} \qquad (4-140)$$

非相关 MFSK 的信道带宽可定义如下：

$$B = \frac{R_b M}{2 \operatorname{lb} M} \qquad\qquad (4-141)$$

这表明 MFSK 随着 M 的增加，带宽利用率降低，因此不同于 MPSK，MFSK 的带宽效率不高。但是由于 M 个信号相互正交，因此在信号空间不会发生拥挤现象。另外，MFSK 可进行非线性放大而不降低性能。表 4 – 10 提供了不同 M 值下的带宽和功率有效性。

表 4 – 10　MFSK 的带宽和功率有效性

M	2	4	8	16	32	64
$\eta_B = R_b / B$	0.4	0.57	0.55	0.42	0.29	0.18
E_b / N_0 （BER=10^{-6}）	13.5	10.80	9.30	8.20	7.50	6.90

　　MFSK 的正交特性引发了在相同信道上给多用户提供具有更高功率有效性的正交频分复用(OFDM)技术。在 OFDM 技术中，频率 f_c 用二进制数据(开/关)调制，提供多路包含部分用户数据的并行载波。

4.5　正交频分复用(OFDM)技术

　　从技术层面来看，第三代移动通信系统(3G)主要以 CDMA 为核心技术，3G 以后的移动通信系统则以正交频分复用(OFDM，Orthogonal Frequency Division Multiplexing)技术最受瞩目。

　　OFDM 的提出已有五十年的历史了。第一个 OFDM 技术的实际应用是军用的无线高频通信链路。但这种多载波传输技术在双向无线数据通信方面的应用是近十年来的新趋势。经过多年的发展，该技术在广播式音频和视频领域已得到了广泛的应用。近年来，由于数字信号处理(DSP，Digital Signal Processing)技术的飞速发展，OFDM 作为一种可以有效对抗 ISI 的高速传输技术，引起了广泛关注。目前，OFDM 技术已经成功地应用于数字音频广播(DAB)、高清晰度电视(HDTV，High-Definition TeleVision)、无线局域网(WLAN)，它在移动通信中的应用也是大势所趋。

4.5.1　正交频分复用的原理

　　我们知道，在多径传播环境下，当信号的带宽大于信道的相关带宽时，就会使所传输的信号产生频率选择性衰落，在时域上表现为脉冲波形的重叠，即产生码间干扰。面对恶劣的移动环境和频谱的短缺，需要设计抗衰落性能良好和频带利用率高的信道。在一般的串行数据系统中，每个数据符号都完全占用信道的可用带宽。由于瑞利衰落的突发性，一连几个比特往往在信号衰落期间被完全破坏而丢失，这是十分严重的问题。

　　采用并行系统可以减小串行传输中遇到的上述困难。这种系统把整个可用信道频带 B 划分为 N 个带宽为 Δf 的子信道，把 N 个串行码元变换为 N 个并行的码元，分别调制这 N 个子信道载波进行同步传输，这就是频分复用。通常 Δf 很窄，若子信道的码元速率 $1/T_s \leqslant \Delta f$，则各子信道可以看作平坦性衰落的信道，从而避免严重的码间干扰。另外，若频谱允许重叠，则还可以节省带宽而获得更高的频带效率，如图 4 – 44 所示。

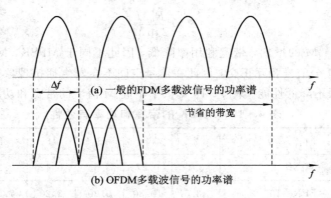

图 4-44　FDM、OFDM 带宽的比较

如果不考虑带宽的使用效率，则并行传输系统采用一般的频分复用的方法。在这样的系统中各个子信道的频谱不重叠，且相邻的子信道之间有足够的保护间隔以便于接收机用滤波器把这些子信道分离出来，如图 4-44(a)所示。如果子载波的间隔等于并行码元长度的倒数($1/T_s$)，并使用相干检测，则采用子载波的频谱重叠可以使并行系统获得更高的带宽效率，这就是正交频分复用，如图 4-44(b)所示。

OFDM 系统如图 4-45 所示。设串行的码元周期为 t_s，速率为 $r_s = 1/t_s$。经过串/并变换后 N 个串行码元被转换为长度 $T_s = Nt_s$、速率 $R_s = 1/T_s = 1/(Nt_s) = r_s/N$ 的并行码。N 个码元分别调制 N 个子载波：

$$f_n = f_0 + n\Delta f \quad n = 0, 1, 2, \cdots, N-1 \qquad (4-142)$$

式中：Δf 为子载波的间隔，设计为

$$\Delta f = \frac{1}{T_s} = \frac{1}{Nt_s} \qquad (4-143)$$

它是 OFDM 系统的重要设计参数之一。当 $f_0 \gg 1/T_s$ 时，各子载波是两两正交的，即

$$\frac{1}{T_s}\int_0^{T_s} \sin(2\pi f_k t + \varphi_k)\sin(2\pi f_j t + \varphi_j)\, \mathrm{d}t = 0 \qquad (4-144)$$

其中，$f_k - f_j = m/T_s (m = 1, 2, \cdots)$。把 N 个并行支路的已调子载波信号相加，便得到了 OFDM 实际发射的信号：

$$D(t) = \sum_{n=0}^{N-1} d(n)\cos(2\pi f_n t) \qquad (4-145)$$

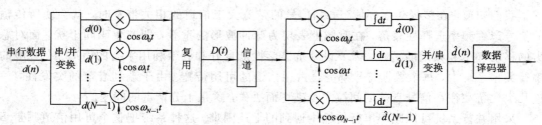

图 4-45　OFDM 系统

在接收端，接收的信号同时进入 N 个并联支路，分别与 N 个子载波相乘和积分(相干解调)便可以恢复各并行支路的数据：

$$\hat{d}(k) = \int_0^{T_s} D(t) \cdot 2\, \cos\omega_k t \; \mathrm{d}t = \int_0^{T_s} \sum_{n=0}^{N-1} d(n) 2(\cos\omega_n t)^2 \; \mathrm{d}t = d(k)$$

各支路的调制可以采用 PSK、QAM 等数字调制方式。为了提高频谱的利用率，通常采用多进制的调制方式。一般地，并行支路的输入数据可以表示为 $d(n) = a(n) + \mathrm{j}b(n)$，其中 $a(n)$、$b(n)$ 表示输入的同相分量和正交分量的实序列（例如，对于 QPSK，$a(n)$、$b(n)$ 取值为 ± 1；对于 16QAM，$a(n)$、$b(n)$ 取值为 ± 1、± 3），它们在每个支路上调制一对正交载波，输出的 OFDM 信号便为

$$D(t) = \sum_{n=0}^{N-1} \left[a(n) \cos(2\pi f_n t) + b(n)\sin(2\pi f_n t) \right] = \mathrm{Re}\left\{ \sum_{n=0}^{N-1} A(t)\mathrm{e}^{\mathrm{j}2\pi f_0 t} \right\} \qquad (4-146)$$

式中：$A(t)$ 为信号的复包络，即

$$A(t) = \sum_{n=0}^{N-1} d(n)\mathrm{e}^{\mathrm{j}n\Delta\omega t} \qquad (4-147)$$

系统的发射频谱的形状是经过仔细设计的，使得每个子信道的频谱在其他子载波频率上为零，这样子信道之间就不会发生干扰。当子信道的脉冲为矩形脉冲时，具有 sinc 函数形式的频谱可以准确满足这一要求，如 $N=4$、$N=32$ 的 OFDM 功率谱，如图 4-46 所示。

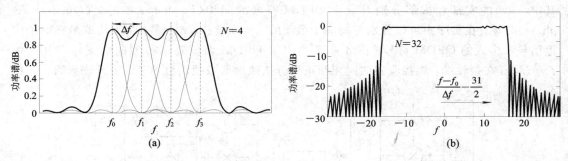

图 4-46　OFDM 的功率谱例子

由于频谱的重叠使得带宽效率得到了很大的提高，因此 OFDM 信号的带宽一般可以表示为

$$B = f_{N-1} - f_0 + 2\delta = (N-1)\Delta f + 2\delta \qquad (4-148)$$

式中：δ 为子载波信道带宽的一半。设每个支路采用 M 进制调制，N 个并行支路传输的比特速率便为 $R_b = NR_s\, \mathrm{lb}\, M$，因此带宽效率为

$$\eta = \frac{R_b}{B} = \frac{NR_s\, \mathrm{lb}\, M}{(N-1)\Delta f + 2\delta} \qquad (4-149)$$

若子载波信道严格限带，且 $\delta = \Delta f/2 = 1/(2T_s)$，则带宽效率为

$$\eta = \frac{R_b}{B} = \mathrm{lb}\, M \qquad (4-150)$$

但在实际的应用中，子信道的带宽比最小带宽稍大一些，即 $\delta = (1+\alpha)/(2T_s)$，这样

$$\eta = \frac{R_b}{B} = \frac{\mathrm{lb}\, M}{1 + \alpha/N} \qquad (4-151)$$

因此，为了提高频带利用率，可以增加子载波的数目 N 和减小 α。

4.5.2　子载波调制

一个 OFDM 符号包含多个经过相移键控（PSK）或者正交振幅调制（QAM）的子载波。

从 $t = t_s$ 开始的 OFDM 符号可以表示为

$$s(t) = \begin{cases} \text{Re}\left\{\sum_{i=0}^{N-1} d_i \, \text{rect}\left(t - T_s - \frac{T}{2}\right) \exp[j2\pi f_i(t - T_s)]\right\} & T_s \leqslant t \leqslant T_s + T \\ 0 & t < T_s \text{ 和 } t > T + T_s \end{cases}$$

(4 - 152)

其中，N 表示子载波的个数，T_s 表示 OFDM 符号的持续时间（周期），d_i（$i = 0, 1, 2, \cdots,$ $N-1$）是分配给每个子信道的数据符号，f_i 是第 i 个子载波的载波频率，$\text{rect}(t) = 1$，$|t| \leqslant T/2$。

一旦将要传输的比特分配到各个子载波上，某一种调制模式就将它们映射为子载波的幅度和相位。通常采用等效基带信号来描述 OFDM 的输出信号，即

$$s(t) = \begin{cases} \sum_{i=0}^{N-1} d_i \, \text{rect}\left(t - T_s - \frac{T}{2}\right) \exp\left[j2\pi \frac{i}{T}(t - T_s)\right] & T_s \leqslant t \leqslant T_s + T \\ 0 & t < T_s \text{ 和 } t > T + T_s \end{cases}$$

(4 - 153)

其中，$s(t)$ 的实部和虚部分别对应于 OFDM 符号的同相（In-phase）和正交（Quadrature-phase）分量，在实际中可以分别与相应子载波的 cos 分量和 sin 分量相乘，构成最终的子信道信号和合成的 OFDM 符号。图 4 - 47 给出了 OFDM 系统基本模型的框图，其中 $f_i = f_c + i/T$。在接收端，将接收到的同相和正交分量映射回数据消息，完成子载波解调。

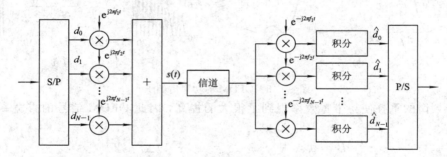

图 4 - 47　OFDM 系统基本模型框图

图 4 - 48 是在一个 OFDM 符号内包含 4 个子载波的实例。其中，所有的子载波都具有相同的幅值和相位。但在实际应用中，根据数据符号的调制方式，每个子载波都有相同的幅值和相位是不可能的。从图 4 - 48 中可以看出，每个子载波在一个 OFDM 符号周期内都包含整数倍个周期，而且各个相邻的子载波之间相差 1 个周期。这一特性可以用来解释子载波之间的正交性，即

$$\frac{1}{T} \int_0^T \exp\{j\omega_n t\} \exp\{j\omega_m t\} \, dt = \begin{cases} 0 & m = n \\ 1 & m \neq n \end{cases}$$

(4 - 154)

例如，对式（4 - 154）中的第 m 个子载波进行解调，然后在时间长度 T 内进行积分，即

$$\begin{aligned} \hat{d}_m &= \frac{1}{T} \int_{T_s}^{T_s+T} \exp\left[-j2\pi \frac{m}{T}(t - T_s)\right] \cdot \sum_{n=0}^{N-1} d_n \exp\left[j2\pi \frac{n}{T}(t - T_s)\right] dt \\ &= \frac{1}{T} \sum_{n=0}^{N-1} d_n \int_{T_s}^{T_s+T} \exp\left[j2\pi \frac{n-m}{T}(t - T_s)\right] dt = d_m \end{aligned}$$

(4 - 155)

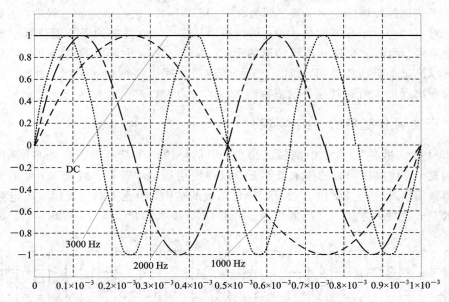

图 4 - 48 OFDM 符号内包括 4 个子载波的情况

由式(4 - 155)可以看到,对第 k 个子载波进行解调可以恢复出期望符号,而对其他载波来说,由于在积分间隔内,频率差别 $(n-m)/T$ 可以产生整数倍个周期,因此积分结果为零。

这种正交性还可以从频域角度来解释。根据式(4 - 152),每个 OFDM 符号在其周期 T 内包括多个非零的子载波,因此其频谱可以看作周期为 T 的矩形脉冲的频谱与一组位于各个子载波频率上的 δ 函数的卷积。矩形脉冲的频谱幅值为 sinc 函数,这种函数的零点出现在频率为 $1/T$ 整数倍的位置上。这种现象可以参见图 4 - 49。图 4 - 49 中给出了相互覆盖的各个子信道内经过矩形波形成形得到的符号的 sinc 函数频谱。在每个子载波最大值处,

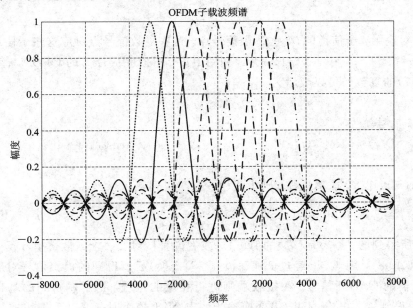

图 4 - 49 OFDM 系统中子信道符号的频谱

所有其他子信道的频谱值恰好为零。因为在对 OFDM 符号进行解调的过程中，需要计算这些点上所对应的每个子载波的最大值，所以可以从多个相互重叠的子信道符号中提取每一个子信道符号，而不会受到其他子信道的干扰。从图 4-49 中可以看出，OFDM 符号频谱实际上可以满足奈奎斯特准则，即多个子信道频谱之间不存在相互干扰。因此，这种一个子信道频谱出现最大值时其他子信道频谱为零的特点可以避免载波间干扰的出现。

4.5.3　正交频分复用的 DFT 实现

OFDM 技术早在 20 世纪中期就已出现，但信号的产生及解调需要许多调制解调器，硬件结构复杂，使得在当时的技术条件下难以在民用通信中普及，后来（20 世纪 70 年代）出现的离散傅里叶变换（DFT）方法可以简化系统的结构，但也是在大规模集成电路和信号处理技术充分发展后才得到广泛的应用。使用 DFT 技术的 OFDM 系统如图 4-50 所示。

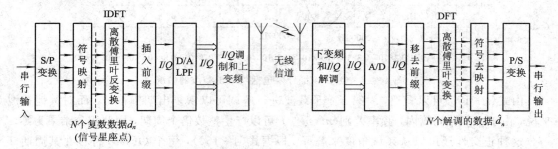

图 4-50　使用 DFT 技术的 OFDM 系统

输入的串行比特以 L 比特为一帧，每帧分为 N 组，每组比特数可以不同，第 i 组有 q_i 个比特，即

$$L = \sum_{i=1}^{N} q_i$$

第 i 组比特对应第 i 子信道的 $M_i = 2^{q_i}$ 个信号点。这些复数信号点对应这些子信道的信息符号，用 $d_n (n=0, 1, 2, \cdots, N-1)$ 表示。利用 IDFT 可以完成 $\{d_n\}$ 的 OFDM 基带调制，因为式（4-147）的复包络可以表示为

$$A(t) = x(t) + \mathrm{j}y(t) \tag{4-156}$$

因此 OFDM 信号就为

$$\begin{aligned} D(t) &= \mathrm{Re}\{A(t)\mathrm{e}^{\mathrm{j}\omega_0 t}\} = \mathrm{Re}\{[x(t) + \mathrm{j}y(t)](\cos\omega_0 t + \mathrm{j}\sin\omega_0 t)\} \\ &= x(t)\cos\omega_0 t - y(t)\sin\omega_0 t \end{aligned} \tag{4-157}$$

若对 $A(t)$ 以 $1/T_s$ 速率抽样，则由式（4-147）得到：

$$A(m) = x(m) + \mathrm{j}y(m) = \sum_{n=0}^{N-1} d_n \mathrm{e}^{\mathrm{j}n\Delta\omega \cdot mt} = \sum_{n=0}^{N-1} d_0 \mathrm{e}^{\mathrm{j}2\pi nm/N} = \mathrm{IDFT}\{d_n\} \tag{4-158}$$

可见，所得到的 $A(m)$ 是 $\{d_n\}$ 的 IDFT，或者说直接对 $\{d_n\}$ 求离散傅里叶反变换就得到 $A(t)$ 的抽样 $A(m)$，用 $A(m)$ 经过低通滤波（D/A 变换）后所得到的模拟信号对载波进行调制便得到所需的 OFDM 信号。在接收端则进行相反的过程，把解调得到的基带信号经过 A/D 变换后得到 d_n，再经过并/串变换输出。当 N 比较大时，可以采用快速傅里叶变换（FFT）。现在已有专用的 IC 可供选用，利用它可以取代大量的调制解调器，使结构变得简单。

　　设信道的一个输人符号信号为 $p(t)$，信道的冲激响应为 $h(t)$，不考虑信道噪声的影响，信道的输出 $r(t)=p(t)*h(t)$。$r(t)$ 的时间长度 $T_r=T_s+\tau$（τ 为信道冲激响应的持续时间）。若发送的码元是一个接一个无缝地连续发射的，则接收的信号由于 $T_r>T_s$ 而会产生码间干扰，因此应在数据块之间加人保护间隔 T_g。只要 $T_g\geqslant\tau$，就可以完全消除码间干扰。除了载波间隔 Δf 外，T_g 是 OFDM 系统的另一个重要的设计参数。

　　通常，T_g 是以一个循环前缀的形式存在的。这些前缀由信号 $p(t)$ 的 g 个样值构成，使得发送的符号样值序列的长度增加到 $N+g$，如图 4-51 所示。由于是连续传输，因此若信道的冲激响应样值序列长度 $j\leqslant g$，则信道的输出序列 $\{r_n\}$ 的前 g 个样值会受到前一分组拖尾的干扰，应把它们舍去，然后根据 N 个接收到的信号样值 r_n（$0\leqslant n\leqslant N-1$）来解调。将循环前缀填人保护间隔内，并将时域线性卷积变成圆周卷积，就可以用简单的一阶频域均衡恢复发送数据。在此段时间内必须传输信号，而不能让它空白。由于加人了循环前缀，因此为了保持原信息传输速率不变，信号的抽样速率应提高到原来的 $1+N/g$ 倍。

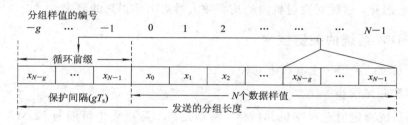

图 4-51　循环前缀的加人

4.5.4　OFDM 的特点

　　OFDM 系统具有以下优点：

　　(1) 减小了接收机实现的复杂度。高速率数据流通过串/并转换，使得每个子载波上的数据符号持续长度相对增加，从而有效地减少了无线信道的时间弥散所带来的符号间干扰（ISI，Inter-Symbol Interference），这样就减小了接收机内均衡的复杂度。

　　(2) 与常规的频分复用系统相比，OFDM 系统可以最大限度地利用频谱资源。传统的频分多路传输方法将频带分为若干个不相交的子频带来传输并行数据流，子信道之间要保留足够的保护频带。而 OFDM 系统由于各个子载波之间存在正交性，允许子信道的频谱相互重叠，当子载波个数很大时，系统的频谱利用率趋于 2 Baud/Hz。

　　(3) 采用了成熟的 IDFT/DFT 和 IFFT/FFY 技术。各个子信道中的正交调制和解调可以通过采用反离散傅里叶变换（IDFT）和离散傅里叶变换（DFT）的方法来实现。对于子载波数目较大的系统，可以通过采用快速傅里叶变换（FFT）来实现。而随着大规模集成电路技术与 DSP 技术的发展，这些变换都是非常容易实现的。

　　(4) 特别适合上下行非对称业务。无线数据业务一般存在非对称性，即下行链路中传输的数据量要大于上行链路中的数据传输量，这就要求物理层支持非对称高速率数据传输，OFDM 系统可以通过使用不同数量的子信道来实现上行和下行链路中不同的传输速率。

　　(5) 容易与其他多种接人方式结合。OFDM 容易与其他多种接人方式结合使用，构成各种系统，其中包括多载波码分多址 MC-CDMA、跳频 OFDM 以及 OFDM-TDMA 等，使得多个用户可以同时利用 OFDM 技术进行信息的传输。

　　但是 OFDM 系统内由于存在多个正交的子载波，而且其输出信号是多个子信道的叠加，因此与单载波系统相比，存在以下缺点：

　　（1）易受频率偏差的影响。子信道的频谱相互覆盖，这就对它们之间的正交性提出了严格的要求。由于无线信道的时变性，在传输过程中出现的无线信号的频谱偏移，或发射机与接收机本地振荡器之间存在的频率偏差，都会使 OFDM 系统子载波之间的正交性遭到破坏，导致子信道的信号相互干扰。这种对频率偏差的敏感是 OFDM 系统的主要缺点之一。

　　（2）存在较高的峰值平均功率比。多载波系统的输出是多个子信道信号的叠加，因此如果多个信号的相位一致，则所得到的叠加信号的瞬时功率就会远远高于信号的平均功率，导致出现较大的峰值平均功率比（PAPR，Peak-to-Average Power Ratio），可能带来信号畸变，使信号的频谱发生变化，从而导致各个子信道间的正交性遭到破坏，产生干扰，使系统的性能恶化，这就对发射机内的功率放大器提出了很高的要求。

4.5.5　OFDM 系统的关键技术

OFDM 系统的关键技术有以下几种。

1. 时域和频域同步

OFDM 系统对定时和频率偏移敏感，特别是在实际应用中可能与 FDMA、TDMA 和 CDMA 等多址方式结合使用，这种情况下时域和频域同步显得尤为重要。与其他数字通信系统一样，同步分为捕获和跟踪两个阶段。在下行链路中，基站向各个移动终端广播式发送同步信号，所以，下行链路同步相对简单，较易实现。在上行链路中，来自不同移动终端的信号必须同步到达基站，才能保证子载波间的正交性。基站根据各移动终端发来的子载波携带的信息进行时域和频域同步信息的提取，再由基站发回移动终端，以便让移动终端进行同步。具体实现时，同步可以分别在时域或频域进行，也可以时、频域同步同时进行。

2. 信道估计

在 OFDM 系统中，信道估计器的设计主要有两个问题。一是导频信息的选择，由于无线信道常常是衰落信道，需要不断对信道进行跟踪，因此导频信息也必须不断地传送。二是既有较低的复杂度又有良好的导频跟踪能力的信道估计器的设计。在实际设计中，导频信息的选择和最佳估计器的设计通常又是相互关联的，因为估计器的性能与导频信息的传输方式有关。

3. 信道编码和交织

为了提高数字通信系统的性能，信道编码和交织是通常采用的方法。对于衰落信道中的随机错误，可以采用信道编码；对于衰落信道中的突发错误，可以采用交织。实际应用中，通常同时采用信道编码和交织，以进一步改善整个系统的性能。在 OFDM 系统中，如果信道频域特性比较平缓，则均衡是无法再利用信道的分集特性来改善系统性能的，因为 OFDM 系统自身具有利用信道分集特性的能力，一般的信道特性信息已经被 OFDM 这种调制方式本身所利用了。但是，OFDM 系统的结构却为在子载波间进行编码提供了机会，形成了编码 OFDM（COFDM）方式。编码可以采用各种码，如分组码、卷积码等。卷积码的效果要比分组码好。

4. 降低峰值平均功率比

由于 OFDM 信号时域上表现为 n 个正交子载波信号的叠加，因此当这 n 个信号恰好均以峰值相加时，OFDM 信号也将产生最大峰值，该峰值功率是平均功率的 n 倍。尽管峰值功率出现的概率较低，但为了不失真地传输这些峰值平均功率比（PAPR）的 OFDM 信号，发送端对高功率放大器（HPA）的线性度要求很高，且发送效率极低，接收端对前端放大器以及 A/D 变换器的线性度要求也很高。因此，高的 PAPR 使得 OFDM 系统的性能大大下降，甚至会直接影响其实际应用。为了解决这一问题，人们提出了信号畸变技术、信号扰码技术和信号空间扩展等降低 OFDM 系统 PAPR 的方法。

此外，OFDM 与空时编码、智能天线等技术的结合也备受关注。

4.6　扩频调制技术

前几节讲述的调制和解调技术都追求在白噪声环境中有更高的功率和带宽有效性。但带宽是一个有限的资源，因此先前的调制方案的立足点在于如何减少带宽，而扩频技术正好相反，它所采用的带宽比最小信道传输带宽要大好几个数量级。虽然对于单用户来说，这样的系统很不经济，但扩频技术的优点在于许多用户可以同时通话而不会相互干扰。实际上，在多用户接入（MAI）环境中，扩频技术的带宽利用率是很高的。

除了占用较宽的频带外，扩频信号是一串伪随机信号，对于传输的数据信号来说具有噪声特性。在接收端通过在本地产生的伪随机信号进行正交解调。未知用户在正交解调中对于其他用户只产生较小的宽带噪声。

扩频调制技术具有许多优良的特性，这使得它特别适合应用于无线移动环境中。扩频调制的最大优点在于它的抗干扰性能。尽管多用户信号占用了同样的带宽，但由于每个用户都有自己的 PN 码，和其他用户的 PN 码是相互正交的，因此接收机可以通过它们各自的 PN 码进行解调。这说明对于使用相同频率的多个用户来说，扩频信号之间的干扰实际上可以忽略不计。不仅一个特定的扩频信号可以从中取出，就是在某一窄带干扰的情况下也能较为顺利地取出，因为窄带干扰只能干扰扩频信号的一小部分，这种情况下可以通过合适的窄带滤波剔除相干的干扰而不会对信息产生较大影响。由于有很多用户可以共享相同的信道，因此扩频通信中所有的用户使用相同的频率，无需进行频率规划。

能够对抗多径干扰的另一个原因还在于无线通信中的扩频通信机理。宽带信号具有频率选择性。由于扩频通信在宽带中具有相同的能量分布，因此在任何时刻出现的路径时延只是频谱中的一部分（请和宽带或窄带信号的多径干扰相对比）。从时域来讲，延时产生的 PN 码序列和原始的 PN 码序列之间的相关性较小，从而可以认为是另一个用户的通话，这样就可以被接收机忽略。扩频通信系统不仅对多径干扰具有抵抗能力，还可以利用多径传播来提高系统的性能；它不仅可以通过 Rake 接收机对不同路径的信号进行集成，还可以通过相关权值相关器进行集成，以达到最终有效的输出。

4.6.1　PN 码序列

伪随机(PN, Pseudorandom-Noise)序列在一定的周期内具有自相关特性。它的自相关特性和白噪声的自相关特性相似。虽然它是预先可知的,但和那些随机序列具有相同的性质。比如,对于具有相同数目的 0 和 1,在系列的不同部分具有很小的相关性,任何两串序列具有很小的相关性,等等。PN 码通常是通过序列逻辑电路得到的。

一个具有反馈逻辑电路的移位寄存器设计如图 4-52 所示。二进制序列依据时钟依次通过移位寄存器,输出的各种状态进行各种组合,反馈到第 1 级移位寄存器的输入作为新的初始状态。当图 4-52 中的反馈逻辑电路为异或门时,称为线性 PN 码产生器。

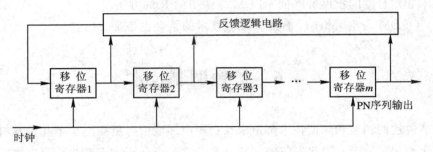

图 4-52　m 级广义反馈移位寄存器框图

存储器的最初状态和反馈电路决定了后继所存储的内容。如果移位寄存器在某个时候输出为零,它就会一直处于零状态,输出序列为全零。对于 m 位的移位寄存器,其不同的状态数为 $2^m - 1$。这个长度被称为最长(ML)序列。

4.6.2　直接序列扩频(DS-SS)

直接序列扩频(DS-SS)是指直接用伪随机信号产生的随机序列与多个基带信号脉冲进行相乘。PN 码中的每一个脉冲或符号位称为码片(Chip)。图 4-53 说明了用二进制进行调制的 DS-SS 系统原理框图。同步数据符号位有可能是信息位,也有可能是二进制编码符号位。在相位调制前进行模 2 运算。在接收端可能会采用相干或差分 PSK 解调。

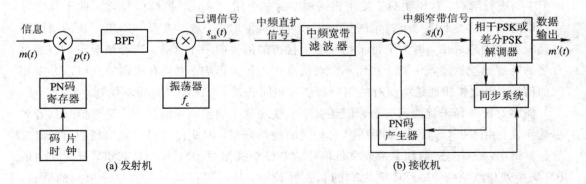

图 4-53　二进制调制的 DS-SS 发射机和接收机的原理框图

对于单用户来说，接收到的扩频信号可表示为

$$s_{ss}(t) = \sqrt{\frac{2E_s}{T_s}}\, m(t)p(t)\,\cos(2\pi f_c t + \theta) \tag{4-159}$$

式中：$m(t)$ 为数据序列；$p(t)$ 为 PN 码序列；f_c 为载波频率；θ 为载波初始相位。

数据波形 $m(t)$ 为一串非重叠的矩形波形，每个波形的幅度等于 $+1$ 或 -1。在 $m(t)$ 中，每个符号代表一个数据且持续时间为 T_s。在 PN 码系列 $p(t)$ 中，每个脉冲代表一个时间片，通常也是矩形波形，每个波形的幅度等于 $+1$ 或 -1，持续时间为 T_c。$m(t)$ 的数据符号和 $p(t)$ 的时间片是重叠的，T_s/T_c（T_s 与 T_c 之比）是一个整数。设扩频信号 $s_{ss}(t)$ 的带宽为 W_{ss}，$m(t)\cos(2\pi f_c t + \theta)$ 的带宽为 B，$p(t)$ 的带宽远远超过 B，即 W_{ss} 远大于 B。

假设接收机已实现码元同步，接收到的信号通过宽带滤波，与本地的 PN 码相乘。如果 $p(t) = +1$ 或 -1，则 $p^2(t) = 1$，这样就得到中频解扩信号为 $s_I(t)$，即

$$s_I(t) = \sqrt{\frac{2E_s}{T_s}}\, m(t)\,\cos(2\pi f_c t + \theta) \tag{4-160}$$

该信号进入解调器输入端。因为 $s_I(t)$ 具有 BPSK 信号的性质，所以通过相关的解调即可提取 $m(t)$。

图 4-54 给出了接收到的信号功率谱密度 PSD 以及在宽带接收滤波器上的输出干扰。

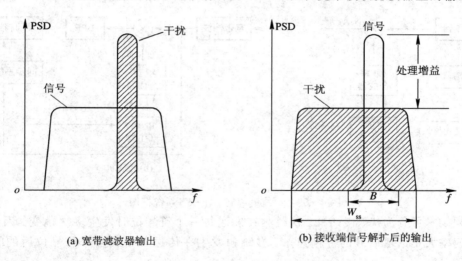

(a) 宽带滤波器输出　　　　　　　　　　(b) 接收端信号解扩后的输出

图 4-54　信号及干扰的频谱图

接收端信号解扩后的输出如图 4-54(b) 所示。图中，信号的带宽降低到 B，干扰信号的带宽为 W_{ss}。解调器中滤波器的作用在于过滤掉大部分干扰，使之不超过信号的能量。这样原来的大多数干扰被排除了，不会再影响接收性能。排除干扰的能力和 W_{ss}/B 有关，其处理增益为 PG。系统的处理增益越大，压制带内干扰的能力就越强。处理增益 PG 的计算式为

$$PG = \frac{T_s}{T_c} = \frac{R_c}{R_s} = \frac{W_{ss}}{2R_s} \tag{4-161}$$

式中：$R_s = \dfrac{1}{T_s}$；$R_c = \dfrac{1}{T_c}$。

4.6.3　跳频扩频(FH – SS)

跳频扩频(FH – SS)通过看似随机的载波跳频达到传输数据的目的。在每一信道上，发射机再次跳频之前一小串传输数据在窄带内依据传统的调制技术进行传输。一串可能的跳频序列被称为跳频集(Hopset)。跳频发生在频带上并跨越一系列信道。每一个信道由具有中心频点的频带区域构成。在这个频带内能够在相干的载波频率上进行窄带编码调制(通常为 FSK)。在跳频集中的信道带宽通常称为瞬时带宽(Instantaneous Bandwidth)。在跳频中所跨越的频谱称为跳频总带宽(Total Hopping Bandwidth)。

如果在跳频中对于每条信道采用一个基本载波频率，则这样的频率调制称为单信道调制(Single Channel Modulation)。跳频之间的时间称为跳频持续时间(Hop Duration)，用 T_h 表示。跳频总带宽和瞬时带宽分别由 W_{ss} 和 B 表示，处理增益为 W_{ss}/B。

如果跳频的序列能被接收机产生并和接收信号同步，则可以得到固定的差频信号，而后进入传统的接收机中。在图 4 – 55 所示的 FH – SS 系统中，一旦一个非预测到的信号占据了跳频信道，就会在该信道中带入干扰和噪声并因此进入解调器。这就是在相同的时刻、在相同的信道上可能和非预测到的信号发生冲突的原因。

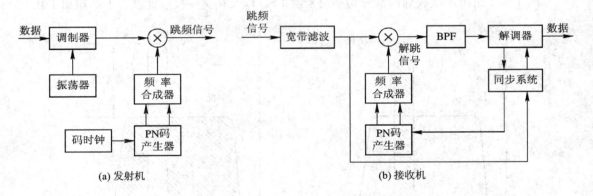

图 4 – 55　单信道调制 FH – SS 系统框图

跳频技术可分为快、慢两种。快跳频在发送每一个符号位时发生多次跳变。因此，快跳频的速率大于信道信号的传输速率。慢跳频发生在传送一个或多个符号位后的时间间隔内。

FH – SS 系统的跳频速率取决于接收机合成器的频率跳变的灵敏度、发射信号的类型、用于防碰撞的编码的冗余度和最近的潜在干扰的距离等。

4.6.4　直扩的性能

k 个用户接入的直接序列扩频系统(简称直扩系统)如图 4 – 56 所示。假设每个用户都有一个 PN 序列，每个符号位含有 N 个时间片，每个时间片占时 T_c，$NT_c = T$。第 k 个用户的传输信号表达式如下：

$$s_k(t) = \sqrt{\frac{2E_s}{T_s}}\, m_k(t)\, p_k(t)\, \cos(2\pi f_c t + \phi_k) \qquad (4 – 162)$$

式中：$p_k(t)$ 为第 k 个用户的 PN 码；$m_k(t)$ 为第 k 个用户的传输数据。接收机共接收到 K

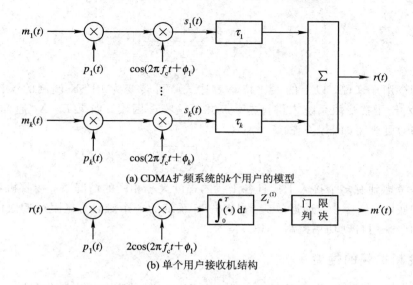

(a) CDMA扩频系统的k个用户的模型

(b) 单个用户接收机结构

图 4 - 56　　CDMA 扩频系统 k 个用户的模型和单个用户接收机结构

个不同的信号，只有一个是所需的，其他都是不需要的。接收过程是通过对适宜的信号序列进行参变量估计得出的。对于第一个用户的第 i 个符号，其参变量估计为

$$Z_i^{(1)} = \int_{(i-1)T+\tau_i}^{iT+\tau_i} r(t) p_1(t-\tau_1) \cos[2\pi f_c(t-\tau_1) + \phi_1] \, dt \tag{4-163}$$

如果 $m_{1,i} = -1$，$Z_i^{(1)} > 0$，那么接收到的信号出错。错误的概率可表示为

$$P_r[Z_i^{(1)} > 0 \mid m_{1,i} = -1]$$

由于接收到的信号 $r(t)$ 是信号的线性合成，因此接收信号可重写如下：

$$Z_i^{(1)} = I_1 + \sum_{k=2}^{K} I_k + \xi \tag{4-164}$$

$$I_1 = \int_0^T s_1(t) p_1(t) \cos(2\pi f_c t) \, dt = \sqrt{\frac{E_s T}{2}} \tag{4-165}$$

式中：I_1 是第一个用户接收到的信号的响应；$\sum\limits_{k=2}^{K} I_k$ 是除第一个用户外，共 $K-1$ 个用户造成的总接入干扰；ξ 是反映其他噪声影响的高斯随机变量，其表达式为

$$\xi = \int_0^T n(t) p_1(t) \cos(2\pi f_c t) \, dt \tag{4-166}$$

式中：$n(t)$ 为加性噪声。

由式（4-166）可见，ξ 变量的均值为零，它的方差为

$$E[\xi^2] = \frac{N_0 T}{4} \tag{4-167}$$

式（4-164）中，I_k 表示来自第 k 个用户的干扰，有

$$I_k = \int_0^T s_k(t-\tau_k) p_1(t) \cos(2\pi f_c t) \, dt \tag{4-168}$$

大数定理告诉我们，这些随机信号产生的总和仍是随机过程。$K-1$ 个用户作为完全独立的干扰，总的接入干扰可表示为 $I = \sum\limits_{k=2}^{K} I_k$。采用高斯表达式可以推导得到误比特率

的简单表达式为

$$P_e = Q\left(\frac{1}{\sqrt{\dfrac{K-1}{3N} + \dfrac{N_0}{2E_b}}}\right) \tag{4-169}$$

对于单个用户来说，以上的误比特率表达式就可转变为 BPSK 调制的误比特率表达式。注意：对于干扰受限系统来讲，热噪声并不是唯一因素。如果 E_b/N_0 趋向于无穷大，则式(4-169)可改写如下：

$$P_e = Q\left(\sqrt{\frac{3N}{K-1}}\right) \tag{4-170}$$

这就是考虑到有多个接入干扰且各干扰的强度大小相同的情况下，接收机不可避免的误比特率的底限。实际中，远近效应是 DS-SS 系统的一个难题。克服远近效应的最有效方法是移动台采用自动功率控制(APC)技术。

4.6.5　跳频扩频的性能

在 FH-SS 系统中，几个用户独立地采用 BFSK 调制系统在其频带上跳跃。假设任何两个用户不会在同一个信道中发生冲突，那么 BFSK 系统的误比特率的表达式如下：

$$P_e = \frac{1}{2} \exp\left(\frac{-E_b}{2N_0}\right) \tag{4-171}$$

如果有两个用户同时在一个信道中传输，发生了碰撞，则可按 0.5 的概率进行分配。这样，总的误比特率可表达如下：

$$P_e = \frac{1}{2} \exp\left(\frac{-E_b}{2N_0}\right)(1 - p_h) + \frac{1}{2} p_h \tag{4-172}$$

式中：p_h 为碰撞的可能性，它可以事先得到。如果有 M 个信道可以传输，那么在用户的接收信道时间片上有 $1/M$ 的可能性发生碰撞。如果有 $K-1$ 个用户干扰，那么在所接收的信道上至少有一个发生碰撞的可能性，这时 p_h 的表达式如下：

$$p_h = 1 - \left(1 - \frac{1}{M}\right)^{K-1} \approx \frac{K-1}{M} \tag{4-173}$$

假设 M 很大，则误比特率 P_e 的表达式如下：

$$P_e = \frac{1}{2} \exp\left(\frac{-E_b}{2N_0}\right)\left(1 - \frac{K-1}{M}\right) + \frac{K-1}{2M} \tag{4-174}$$

现在考虑下一个特殊情况。如果 $K=1$，则误比特率如式(4-171)所示，是一个标准的 BFSK 系统的误比特率。同样假设 E_b/N_0 趋向于无穷大，式(4-174)可改写为

$$\lim_{E_b/N_0 \to \infty} P_e = \frac{K-1}{2M} \tag{4-175}$$

它给出了对于多重干扰来说的不可避免的错误概率。

以上的分析都假设用户的跳频会同步发生，这称为时隙跳频(Slotted Frequency Hopping)。但对于许多 FH-SS 系统来说，实际情况并非如此。即使两个独立用户的时钟能够同步，不同的传输路径也会造成不同的时延。在这种异步的情况下，发生碰撞的可能性为

$$p_h = 1 - \left[1 - \frac{1}{M}\left(1 + \frac{1}{N_b}\right)\right]^{K-1} \tag{4-176}$$

式中：N_b 为每次跳频的传输数据数。

将式(4-176)和式(4-173)比较可以看出，异步情况下发生碰撞的可能性增加了。在异步情况下发生的误比特率为

$$P_e = 0.5 \exp\left(\frac{-E_b}{2N_0}\right)\left[1 - \frac{1}{M}\left(1 + \frac{1}{N_b}\right)\right]^{K-1} + 0.5\left\{1 - \left[1 - \frac{1}{M}\left(1 + \frac{1}{N_b}\right)\right]^{K-1}\right\}$$

$$(4-177)$$

与 DS-SS 系统相比，FH-SS 系统优越的地方在于它更能抗远近效应。由于信号一般不会同时使用同样的频率，因此接收机的功率就不会像 DS-SS 那样要求严格。但远近效应并不能完全避免，这是由于滤波过程中并不能避免强信号干扰弱信号。为此，在传输中要求有纠错码。通过应用较强的 RS 码以及其他抗突发错误的码，即使在发生了偶然碰撞的情况下也能较好地提高性能。

4.7　在多径衰落信道中的调制性能分析

如前讨论，无线传输信道会受到多径、衰落和多普勒效应等各种变量的影响。为了研究在无线传输环境下各种调制方案的效率，有必要在上述信道环境中对这些方案进行比较。虽然 BER 对于调制方案的比较是一个较好的指标，但它不能表示错误为何种类型。在一个衰落无线信道环境下，传输的信号可能要经历深度的衰落，因此有完全丢失信号的可能。

评价突发的可靠性(Probability of Outage)是对无线传输环境下信号传输效率的另一个评价标准。突发错误指的是在一定的传输过程中发生比特传输错误的个数。人们可通过计算机仿真完成不同无线环境下误比特率和突发可靠性对不同调制方案影响的分析。

在多径衰落信道上针对不同的调制信号进行性能分析之前，必须对可以得到的各信道的特征参数作进一步的了解。

4.7.1　在慢速平稳衰落信道中的数字调制性能

由于是慢变化，平稳衰落信道往往比调制变化要慢，因此可认为在一个符号位的传输过程中信号相位和幅度的变化是忽略不计的。

接收到的信号 $r(t)$ 可表示为

$$r(t) = \alpha \exp[-j\theta(t)]s(t) + n(t) \quad 0 \leqslant t \leqslant T \qquad (4-178)$$

式中：α 是信道的增益；$\theta(t)$ 是信道的相移；$n(t)$ 是加入信道的噪声。

在接收机上采用相干接收还是非相干接收，依据的是能否正确推断出 $\theta(t)$。

为了评价在慢变化信道下各种不同的数字调制和解调方案的误比特率，首先必须在衰落信道 AWGN 可能的信号变化范围内进行误比特率的平均估计。换句话说，在 AWGN 信道中发生的误比特率是一个有条件的平均错误率，其中 α 保持固定，误比特率的变化是缓慢的，平稳衰落信道可通过在 AWGN 信道的衰落概率分布得到误比特率的平均估计。这样平稳衰落信道的慢衰落误比特率为

$$P_e = \int_0^\infty P_e(X)p(X)\,\mathrm{d}X \qquad (4-179)$$

式中：$P_e(X)$ 为在某一特殊信噪比 X 的情况下某一调制方式的错误概率；$p(X)$ 是 X 的概率密度分布；$X = \alpha^2 E_b/N_0$，E_b 和 N_0 为常数，α 是信道增益。

对于瑞利衰落信道，α 具有瑞利分布，α^2 分布为以 X 为参变量的具有两个自由度的 χ^2 分布，且

$$p(X) = \frac{1}{\Gamma} \exp\left(-\frac{X}{\Gamma}\right) \qquad X \geqslant 0 \tag{4-180}$$

式中：$\Gamma = \dfrac{E_b}{N_0}\overline{\alpha^2}$，表示信噪比的平均值。

通过对式(4-179)和在 AWGN 信道中某一特定的调制方式进行误比特率的估计，衰落信道的误比特率可以通过相干的 BPSK 和 BFSK 等式得到，其表达式如下：

$$P_{e,\text{BPSK}} = \frac{1}{2}\left(1 - \sqrt{\frac{\Gamma}{1+\Gamma}}\right) \qquad \text{相干 BPSK} \tag{4-181}$$

$$P_{e,\text{BFSK}} = \frac{1}{2}\left(1 - \sqrt{\frac{\Gamma}{2+\Gamma}}\right) \qquad \text{相干 BFSK} \tag{4-182}$$

对于差分检测的 BPSK 和非相干解调的 BFSK，有

$$P_{e,\text{DPSK}} = \frac{1}{2(1+\Gamma)} \qquad \text{差分检测的 BPSK} \tag{4-183}$$

$$P_{e,\text{NCFSK}} = \frac{1}{2+\Gamma} \qquad \text{非相干解调的 BFSK} \tag{4-184}$$

图 4-57 给出了在慢的、平稳的瑞利衰落环境下，不同调制情况下的误比特率 P_e 随 E_b/N_0 的变化情况。

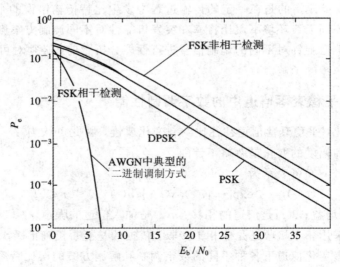

图 4-57　瑞利平稳衰落信道中不同调制情况下误比特率 P_e 随 E_b/N_0 的变化情况

对于较大的信噪比，误比特率的公式可简化如下：

$$P_{e,\text{BPSK}} = \frac{1}{4\Gamma} \qquad \text{相干 BPSK} \tag{4-185}$$

$$P_{e,\text{BFSK}} = \frac{1}{2\Gamma} \qquad \text{相干 BFSK} \tag{4-186}$$

$$P_{\mathrm{e,DPSK}} = \frac{1}{2\Gamma} \qquad \text{差分检测的 BPSK} \tag{4-187}$$

$$P_{\mathrm{e,NCFSK}} = \frac{1}{\Gamma} \qquad \text{非相干解调的 BFSK} \tag{4-188}$$

对于 GMSK 来说，在 AWGN 信道中瑞利衰落下的误比特率的表达式为

$$P_{\mathrm{e,GMSK}} = \frac{1}{2}\left(1 - \sqrt{\frac{\delta\Gamma}{\delta\Gamma+1}}\right) \approx \frac{1}{4\delta\Gamma} \qquad \text{GMSK} \tag{4-189}$$

式中：

$$\delta \approx \begin{cases} 0.68 & BT = 0.25 \\ 0.85 & BT = \infty \end{cases} \tag{4-190}$$

由式(4-185)～式(4-189)可以看出，这五种调制方式的 BER 和 SNR 成反比。这可以与在 AWGN 信道中误比特率和 SNR 成指数关系进行比较。由这些结果可见，在 BER 达到 10^{-3}～10^{-6} 时，需要 SNR 在 30～60 dB 之间。这明显比非衰落高斯噪声信道的要求高(高出 20～50 dB)。然而，有可能出现深衰落，使瞬时 BER 达到 0.5。在这种深衰落情况下，要想明显提高 BER，可以通过分集和差错控制编码等各种有效的手段来避免深衰落出现的可能性。

【例 4-1】　假设接收到的信号包络满足瑞利分布，试推导在慢变化平稳衰落信道上的 DPSK 和非相干正交二进制 FSK(NCFSK)的误比特率。

　　推导：

瑞利概率分布公式如下：

$$p(r) = \frac{r}{\sigma^2} \exp\left(\frac{-(r^2+A^2)}{2\sigma^2}\right) \mathrm{I}_0\left(\frac{Ar}{\sigma^2}\right) \qquad A, r \geqslant 0 \tag{4-191}$$

式中：r 是瑞利振幅；A 是特定振幅；σ 是噪声方差；r 是信号瞬时幅度；$\mathrm{I}_0(\cdot)$ 是 0 阶 Bessel 函数。

通过合适的转换，瑞利分布可表示为

$$p(X) = \frac{1+K}{\Gamma} \exp\left(\frac{X(1+K)+KT}{\Gamma}\right) \mathrm{I}_0\left(\sqrt{\frac{4(1+K)KX}{\Gamma}}\right) \tag{4-192}$$

式中：$K = A^2/(2\sigma^2)$ 是特定值和随机值的比值。

DPSK 和 NCFSK 在 AWGN 信道中的误比特率表达式如下：

$$P_{\mathrm{e}}(X) = k_1 \exp(-k_2 X) \tag{4-193}$$

式中：对于 FSK，$k_1 = k_2 = 1/2$；对于 DPSK，$k_1 = 1/2$，$k_2 = 1$。

为了得到慢变化平稳衰落信道的 BER，有

$$P_{\mathrm{e}} = \int_0^\infty P_{\mathrm{e}}(X) p(X) \, \mathrm{d}X \tag{4-194}$$

将式(4-192)和式(4-193)代入式(4-194)，可得到

$$P_{\mathrm{e}} = \frac{k_1(1+K)}{k_2\Gamma+1+K} \exp\left(\frac{-k_2 K\Gamma}{k_2\Gamma+1+K}\right) \tag{4-195}$$

对于 NCFSK，$k_1 = k_2 = 1/2$，得到慢变化平稳衰落信道的 BER 为

$$P_{\mathrm{e,NCFSK}} = \frac{1+K}{\Gamma+2+2K} \exp\left(\frac{-K\Gamma}{\Gamma+2+2K}\right) \tag{4-196}$$

对于 DPSK，$k_1 = 1/2$，$k_2 = 1$，得到慢变化平稳衰落信道的 BER 为

$$P_{e,\text{DPSK}} = \frac{1+K}{2(\Gamma+1+K)} \exp\left(\frac{-K\Gamma}{\Gamma+1+K}\right) \qquad (4-197)$$

4.7.2　在频率选择性移动通信信道中的数字调制技术

多径时延引起的频率选择性衰落导致了符号间干扰。即使无线信道没有频率选择性衰落，由于多普勒效应，仍会造成随机的频谱扩散，从而造成不可减少的 BER。这些因素使频带选择信道上的可靠的数据传输速率受到了限制。对于信道的选择特性，仿真是一个主要方法。学者 Chuang 通过仿真研究了不同的信道在不同调制技术下的性能指标，对滤波过的和没有滤波过的 BPSK、QPSK、OQPSK 和 MSK 调制方式进行了研究。

在频率选择性信道中，不可减少的错误概率主要是由符号间干扰和在接收端采样过程中不同信号的干扰所引起的。当主信号成分经多径合成后被抵消、非零 d 引起符号间干扰 ISI、接收机的采样时间由于时延而发生漂移时，均会发生上述情况。Chuang 发现在频率选择性衰落中发生的错误往往是突发的。仿真的结果表明，对于相对于符号周期较小的时延来讲，平稳衰落是误码干扰的主要来源；对于较大的时延来说，定时错误和 ISI 是主要的干扰来源。

图 4-58 给出了 BPSK、QPSK、OQPSK 和 MSK 的不可减少的平均误符号率性能图（仿真时用符号周期 T_s 对均方根（rms）延迟扩展 σ_τ 进行归一化），$d = \sigma_\tau / T_s$。

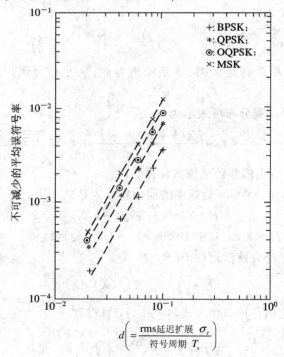

图 4-58　BPSK、QPSK、OQPSK 和 MSK 的不可减少的平均误符号率性能图

从图 4-58 中可看出，BPSK 的误符号率性能最好。这是因为在 BPSK 中没有符号间

干扰(在眼图中并无多条轨迹干扰,眼图清晰),其误符号率就是误比特率,而 OQPSK 和 MSK 在两个比特序列中都有 $T/2$ 的突变,导致符号间干扰 ISI 较为严重,它们的性能和 QPSK 相似。

在图 4-59 中用比特周期 T_b 对 rms 延迟进行了归一化($d' = \sigma_\tau / T_b$),得到 BPSK、QPSK、OQPSK 和 MSK 的误比特率。我们可以看出,四进制调制技术(QPSK、OQPSK 和 MSK)比 BPSK 更能抗时延扩散。

此外,从抗干扰角度看,采用八进制调制并不比采用四进制更能抗干扰,这也正是目前在数字移动通信系统(包括第三代移动通信系统)领域大多采用四进制键控调制方法的原因。

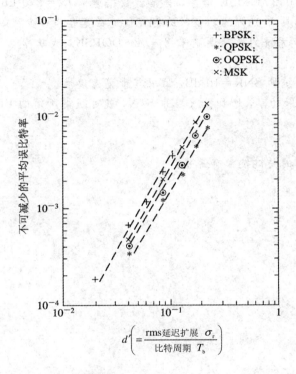

图 4-59 用比特周期 T_b 重画图 4-58(对 σ_τ 进行了归一化)

思 考 题 与 习 题

1. 为什么图 4-1 中的载波恢复电路存在相位模糊问题?

2. QPSK、OQPSK、$\pi/4$-QPSK 的最大相位变化各限制在多少?

3. MSK 信号能不能直接采用锁相环或窄带滤波器提取载波分量?

4. 试画出 $\pi/2$-QPSK 调制解调器的原理框图。

5. 已知 GMSK 在不同的 $B_b T_b$ 和功率百分比下,R_b 与射频带宽的比值如表 4-11 所示。

表 4 - 11　GMSK 在不同的 $B_b T_b$ 和功率百分比下 R_b 与射频带宽的比值

$B_b T_b$	R_b 与射频带宽之比			
	功率(90%)	功率(99%)	功率(99.9%)	功率(99.99%)
GMSK($B_b T_b$=0.2)	0.52	0.79	0.99	1.22
GMSK($B_b T_b$=0.25)	0.57	0.86	1.09	1.37
GMSK($B_b T_b$=0.5)	0.69	1.04	1.33	2.08
MSK	0.78	1.20	2.76	6.00

试问：为了产生 0.25 GMSK 信号，当信道数据速率 R_b＝270 kb/s 时，高斯低通滤波器的 3 dB 带宽 B_b 和具有 90% 的功率时的射频信道带宽各为多少？

6. 为什么小功率系统的数字调制采用 π/4 - DQPSK，大功率系统的数字调制采用恒包络调制？

7. 已知 GSM 系统的 SNR＝10 dB，试求其带宽有效性。

8. "只要提高发射功率，增加接收端的 S/N，就可获得所需的 BER。"这种说法对吗？为什么？

9. 简述 OFDM 的原理。

10. OFDM 系统的关键技术有哪些？

第 5 章　GSM 数字蜂窝移动通信系统与 GPRS

5.1　引　　言

　　20 世纪 70 年代末到 80 年代初，欧洲经历了无线通信的飞速发展，每天都有大量用户加入无线网络，网络覆盖面积不断扩大。无线网络的爆炸性扩大虽然给营运者带来了赢利，但同时各网络增长情况不同，使用的频段也不同，技术上又互不兼容，并缺乏一个中心组织来协调发展，而且都是模拟的，欧洲的营运商意识到这些模拟网容量已接近极限，原因如下：

　　(1) 使用不同的频段及不兼容的无线技术，使用户无法跨国界漫游。

　　(2) 所有的网络容量接近饱和，需寻找一个解决该问题的方法。

　　(3) 对各技术的有限市场，用户和基础设施上的经济指标未能达到，进一步的用户数增长将导致高的用户设备成本。

　　与欧洲相对应，北美市场决定发展称为先进移动电话服务(AMPS)的单一技术。它使用户可以穿越多数国家实现漫游。对用户来说，手机成本、服务费用都将降低。这一技术标准克服了原有模拟网的缺点，带来了许多益处。

　　1982 年欧洲 26 个国家的电信官员在欧洲邮电管理委员会的组织下举行会议，决定建立名为"移动通信特别小组(GSM，Group Special for Mobile)"的组织。该组织的宗旨就是为未来泛欧无线网提供一系列公共标准。该组织决定为该系统推荐 900 MHz 的两组频段。接着，由于容量问题已成为模拟系统的关键问题，GSM 决定将新的标准建立在数字技术上。数字技术可以提供更好的频谱利用率、通信质量、业务种类及保密性和安全性，并使生产的手机更轻、更小、更便宜。英国后来要求 GSM 适应工作于 1800 MHz 频段，频段间隔为 95 MHz，即 1800 MHz 的数字蜂窝系统(DCS1800)。表 5-1 给出了 GSM 的发展里程碑。

表 5-1　GSM 的发展里程碑

日　期	成　　果
1982 年	"移动通信特别小组"在欧洲邮政和电信会议(CEPT)上成立
1986 年	法国、意大利、英国和德国签署联合开发 GSM 合同
1986 年	欧盟(EU)各国首脑同意为 GSM 安排 900 MHz 频段
1987 年	来自 13 个国家的 15 个成员形成谅解备忘录，确定 GSM 标准的基本参数。泛欧数字会议(PEDC)在英国伦敦召开，先后更名为 GSM 世界大会、3GSM 世界大会

日　期	成　果
1989 年	决定将 GSM 作为全球数字蜂窝系统标准
1990 年	第一阶段 GSM900 规范(1987—1990 年制定)被冻结，开始 DCS1800 规范
1991 年	第一个系统在 Telecom 91 展示会上运行
1992 年	开始商业运行并发送第一条短信(SMS)
1994 年	GSM 第二阶段数据/传真业务开通
1998 年	在法国和意大利开展 WAP 试验
2000 年	第一个 GPRS 商用业务开通
2001 年	第一个 3GSM 网络开通
2003 年	第一个 EDGE 网络开通，GSM 成员国突破 200 个
2005 年	第一个 HSDPA 网络开通
2007 年	引入 HSUPA 技术

GSM 是当今应用最普及的数字移动通信技术，它已经被全球大多数国家所接受，用在不同的频段(900、1800、1900 MHz)，这代表了 GSM 技术的普及性。这是由于 GSM 的分层结构和网络实体间的标准接口使运营者可以从不同的设备供应商那里选择配件，也允许设备制造商只制造某专用部分，而不需要制造整个系统。这一点很受设备制造商的支持。因此，GSM 设备制造商能够不断推出专用设备的第二代和第三代，使其集成度更高，质量更好，成本更低。目前，GSM 继续保持着良好的发展势头。

5.2　GSM 的电信业务

GSM 小组在概念上受到无线网向 ISDN 发展的强烈影响，为发展与有线标准相兼容的无线数字标准，GSM 小组决定 GSM 标准将尽可能地接近 ISDN 标准。这意味着 GSM 与 ISDN 将使用相同的信令方案和信号特性。这一决定使得有线网与无线网需建立统一的接入平台和统一的业务特性。

由 GSM 网络支持的电信业务是由网络营运者提供给用户的通信能力。GSM 网络与其他网络(如 PSTN)一起为用户提供服务。GSM 小组受到了 ISDN 所提供业务的影响，打算使 GSM 提供与 ISDN 一样的业务。但由于受到空中接口的影响，因此 GSM 对宽带业务目前无法提供支持。ISDN 支持 64 kb/s 的话音作为基本服务，GSM 由于受到空中接口的影响，因而达不到这么高的速率。

GSM 支持的业务可分成两组：基本业务(Basic Services)和补充业务(Supplementary Services)。基本业务进一步又可分为以下两个项目：电信业务(Teleservices)和承载业务(Bearer Services)，如图 5-1 所示。

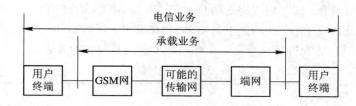

图 5-1　电信业务和承载业务

（1）承载业务。这类业务主要用于保证用户在两个接入点之间传输有关信号所需的带宽容量，以使用户之间实时、可靠地传递信息（话音、数据等）。这类业务与 OSI 模型的低三层有关。承载业务定义了对网络功能的需求。

（2）电信业务。这类业务主要用于提供给用户足够的容量，包括终端设备功能、与其他用户的通信。电信业务结合了与信息处理功能相关的传输功能，使用承载业务来传送数据及提供更高层的功能。这些更高层的功能与 OSI 模型中的 4～7 层相对应。电信业务包括网络及终端（如电话、传真等）容量。与承载业务将用于携带包括话音的数据传给终端不同，电信业务将这些数据转换成用户可以听到的声音。

5.2.1　承载业务

为了提供各种承载业务（Bearer Services），GSM 用户应能够发送和接收速率高达 9600 b/s 的数据。由于 GSM 是数字网，因此在用户和 GSM 网络之间不需 Modem，但在 GSM 和 PSTN 接口方面仍然需要话音 Modem。表 5-2 列出了 GSM 的承载业务。

表 5-2　承　载　业　务

业　　务	内　　容
异步数据	300～9600 b/s
同步数据	1200～9600 b/s
PAD 接入	300～9600 b/s，分组打包和拆包，为 GSM 用户接入分组网提供一个异步连接。该业务只能由移动台主叫发起
分组接入	2400～9600 b/s，为 GSM 用户接入分组网提供一个同步连接。该业务只能由移动台主叫发起
话音/数据交替	在呼叫过程中，提供话音和数据的交替
话音后数据	先话音连接，后数据连接

5.2.2　电信业务

1. 电话和紧急呼叫

话音编码可以以 64 kb/s 的速率进行传输，但频率利用率低。为提高频率利用率，GSM 采用 13 kb/s（全速）话音编码器来进行话音编码传输。GSM 还可采用接近 6.5 kb/s（半速）的速率进行话音编码，使频率利用率更高。表 5-3 列出了 GSM 支持的电信业务。

2. 短信息业务（SMS）

GSM 可以提供给用户短消息业务，使 GSM 用户无需同时携带寻呼机。GSM 设计者还允许移动用户发送短消息，即开展双向短消息业务。对于 MO/PP 和 MT/PP 两类短消息业务，业务中心作为存储转发中心，在功能上与 GSM 网络分开。所有 GSM 点对点短消息都来自或去向该业务中心。GSM 允许短消息在一次呼叫中发送或在空闲时发送。

表 5 – 3　电　信　业　务

业　　务	内　　容
话音服务	全速为 13 kb/s，半速为 6.5 kb/s。这项服务提供话音信息和话音信号到网络的传输
紧急呼叫	典型的是，紧急电话在一些受限的情况下，更具有优先权。一般只提供移动用户主叫发起
短消息服务（到移动电话终端，MT/PP）	短字符消息，小于 160 个字符。这项服务用于消息处理系统（服务中心）给移动用户提供短消息
短消息服务（移动电话发起，MO/PP）	短字符消息，小于 160 个字符。这项服务用于移动用户给消息处理系统（服务中心）提供短消息
短消息传输（小区广播）	短字符消息，小于 93 个字符。这项服务针对小区范围内的所有移动用户。这是一点对多点的服务
自动传真	第三类传真。这项服务自动提供第三类呼叫和被呼模式传真

5.2.3　补充业务

补充业务（Supplementary Services）是在承载业务和电信业务的基础上获得的。一项补充业务是在联合一项或多项承载业务时使用的，它不能单独使用，必须和基本电信业务一起提供给用户。相同的补充业务对一系列电信业务来说是有利的。前向呼叫是补充业务的一个例子，对于该业务的预要求是电话或传真业务。如果用户要求，则前向呼叫业务能在电话和传真呼叫中应用。表 5 – 4 给出了 GSM 支持的补充业务。

表 5 – 4　GSM 支持的补充业务

业　　务	内　　容
号码识别	主叫线号码显示（CLIP） 主叫线号码限制（CLIR） 连接线显示（CoLP） 连接线限制（CoLR）
呼叫服务	前向呼叫无条件转移（CFU） 移动台忙时前向呼叫（CFB） 无应答前向呼叫（CFNRy） 移动用户未能达到前向呼叫（CFNRc）
呼叫完成	呼叫保持（HOLD） 呼叫等待（CW）
多方	多方业务（MPTY）
兴趣群体	密切用户群（CUG）

续表

业　务	内　容
计费	计费信息提示（AoCI） 计费费用提示（AoCC）
呼叫限制	所有呼叫禁止（BAOC） 国际呼出禁止（BOIC） 除拨向归属国家的国际呼出禁止（BOIC‑exHC） 所有呼入禁止（BAIC） 漫游出归属国家呼入禁止（BIC‑Roam）
无结构化	无结构化补充业务数据
营运者确定限制	由营运者确定的不同呼叫/业务限制

5.3　GSM 结　构

　　GSM 有着标准化接口的模块化网络结构，这样就允许运营商混合使用或配合使用任何供货商的设备进入系统。图 5‑2 给出了 GSM 网络结构。在实际蜂窝网络中，根据网络规模、所在地域以及其他因素，各实体可有各种配置方式。通常将 MSC 和 VLR 设置在一起，而将 HLR、EIR 和 AuC 合起来设置于另一个物理实体中。

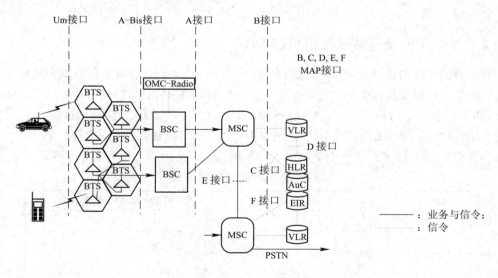

图 5‑2　GSM 网络结构

5.3.1　移 动 台（MS）

　　典型的移动台包括车载台、便携式移动台及手机。不同类型移动台的功率不同。表 5‑5 和表 5‑6 分别给出了它们的功率等级。

表 5 - 5　　GSM900 系统的移动台功率等级

功率等级	移动台最大功率/W
1	20
2	8
3	5
4	2
5	0.8

表 5 - 6　　DCS1800 系统的移动台功率等级

功率等级	移动台最大功率/W
1	1
2	0.25

表 5-5 和表 5-6 中,移动台最大输出功率是指在移动台天线输出端测得的最大输出功率。

由表 5-5、表 5-6 可见,与 GSM900 系统相比,DCS1800 系统具有较小的移动台功率等级。这是由于在 1800 MHz 频段,DCS1800 系统的小区尺寸比 GSM900 系统的小,小区尺寸减小,因而 MS 离小区基站更近了,这意味着 MS 的发射功率减小了。

一个 GSM 移动台可以分成两部分:一部分包括与无线电接口有关的硬件和软件;另一部分包括用户特有的模块——用户识别模块(SIM)。SIM 是 GSM 最有吸引力的组成部分。SIM 有着与信用卡相同的尺寸,或者是尺寸更小的内插卸式 SIM 卡(俗称小卡),小卡在许多手机中都得到了应用。SIM 卡支持用户个人移动性,用户可以只带 SIM 卡旅游,在新的目的地只需将 SIM 卡插入 GSM 移动台即可得到服务。SIM 卡包括有关移动用户指定的 GSM 业务和网络信息。它存储有用户识别号、位置信息、有关保密数据(如密钥)、禁止 GSM 网络和参考语言。SIM 卡支持用个人身份码(PIN)来鉴别卡的用户,以防非法卡的使用。PIN 由 4~8 位数字组成,在 SIM 卡出售时写入。移动台如无 SIM 卡则只能进行紧急呼叫。

5.3.2　基站(BS)及基站收发信机(BTS)

移动台到网络的接口是基站收发信机(BTS)。一个 BTS 由无线收发信机及多块用于无线电接口的信号处理模块组成。在朝基站控制器 BSC 侧,BTS 区分与移动台有关的话音和控制信令,并通过各自信道传给 BSC。在朝 MS 侧,BTS 将信令和话音合在一个载波上。BTS 位置通常在小区中心。BTS 的发射功率决定小区的尺寸。一个典型的 BTS 通常具有 1~24 个收发信机(TRX),每个 TRX 代表一个单独的 RF 信道。表 5-7 给出了基站的功率等级。

表 5-7　基站的功率等级

功率等级	GSM900 基站的最大功率/W	DCS1800 基站的最大功率/W
1	320	20
2	160	10
3	80	5
4	40	2.5
5	20	
6	10	
7	5	
8	2.5	

基站的各种配置与应用有关。一些基站在野外使用，必须考虑到环境和机械强度，如一年中的天气变化等。另一些在室内使用，审美更为重要。室内使用的一个重要因素是尺寸要小。基站可设置成扇形或全向。一个 BTS 可控制一个扇区或多个扇区。另外需要的设备有供电系统及一旦掉电后要用的后备电源。

5.3.3　基站控制器(BSC)

一个基站控制器(BSC)监视和控制几个基站。BSC 的主要任务是实现频率管理以及 BTS 的控制和交换功能。BSC 通过 BTS 和 MS 的远程命令对无线电接口进行管理，主要有无线信道的安排和释放、切换的安排。BSC 向下连接一系列 BTS，向上连接移动业务交换中心(MSC)。一个 BSC 和与它相应的 BTS 可看成一个基站子系统(BSS)。

5.3.4　发送编码器和速率适配器单元(TRAU)

TRAU 负责对 $16\sim64$ kb/s 的用户数据进行编码发送及速率适配。在物理上，TRAU 可以在 BTS 任何一侧，既可在 BTS 和 BSC 的 BTS 侧，也可在 BSC 和 MSC 的 BSC 侧或 MSC 侧。通常 TRAU 在 BSC 和 MSC 的 BSC 侧。

5.3.5　移动交换中心(MSC)

MSC 的主要功能是协调去 GSM 或来自 GSM 用户的呼叫。它主要由交换机及支持呼叫建立所需的几个数据库组成。它还是 GSM 网和公共交换电话网 PSTN 之间的接口。MSC 还完成由 MSC 负责的区域移动用户所有的交换和信令功能。一个 MSC 可以连接数个 BSC。除了支持 BSC 之外，MSC 还处理 BSC/MSC 内部的切换及相互之间的呼叫。此外，MSC 具有无线资源管理和移动性管理等功能，如移动台位置登记与更新、越区切换等。

为了建立从固定网至某个移动台的呼叫路由，固定网就近或就远进入关口 MSC(GMSC)，由该 GMSC 查询有关的归属位置寄存器 HLR，并建立至移动台当前所属的 MSC 的呼叫路由。

5.3.6　归属位置寄存器(HLR)

HLR 是用于移动用户管理的数据库。从逻辑上讲，每个移动网有一个 HLR。HLR 所存储的用户信息分为两类：一类是一些永久性的信息，如用户类别、业务限制、电信业务、承载业务、补充业务、用户的国际移动用户识别码 IMSI 以及用户的保密参数等；另一类是有关用户当前位置的临时性信息，如移动用户漫游号(MSRN)等，用于建立至移动台的呼叫路由。存储在 HLR 的数据由授权维护人员设置。

1. 用户数据的存储

HLR 必须存储其归属用户的有关数据。HLR 还必须存储由运营者选择的不同用户提供的业务数据，并能随着业务的发展，增改相应存储内容。

2. 用户数据的检索

任何时候当访问者位置寄存器 VLR 请求(例如登记)时，HLR 应能依据要求向 VLR

提供有关的用户数据。当某些用户数据有变化(例如签约的变化、服务项目清单的变化)时,HLR 要能够将这些数据信息通知 VLR。

3. 提供移动用户漫游号(MSRN)

MSRN 是在 MS 进行位置更新时,由当地的 VLR 负责产生的。MS 被叫时,HLR 应能根据 GMSC(关口 MSC)或始发 MSC 的请求,将 MSRN 发往请求的 MSC,请求的 MSC 得到 MS 目前所在的 MSC 和位置区域 LA。

4. 鉴权

HLR 应能支持用户的鉴权操作。

5. 登记

HLR 应能配合访问者位置寄存器 VLR 完成登记功能,还能完成向前一个 VLR 发起取消登记的功能。

6. 移动台去话

在 HLR 接收到 VLR 发来的移动台去话通知后,HLR 应能设置此移动台为去话状态。

7. HLR 的恢复

应能周期性地拷贝 HLR 中的数据(一般在 24 小时内),拷贝可存储在磁盘或磁带中。当 HLR 重新启动后,在前一次拷贝的基础上,执行 HLR 恢复程序,尽量得到正确的与移动用户位置和补充业务有关的信息。为避免错误数据的扩散,HLR 应通知相关的 VLR,使 VLR 删除与 HLR 有关的数据,同时 HLR 应能够撤销 MS 的登记,等待 MS 的重新登记。

5.3.7　访问者位置寄存器(VLR)

VLR 包含所有当前在服务 MSC 中的移动用户的有关数据。通常每一个移动交换区有一个 VLR。VLR 中的永久性数据与 HLR 中的相同,临时性数据则略有不同。这些临时性数据包括当前已激活的特性、临时移动用户识别码(TMSI)和移动台在网络中的准确位置(位置区域识别号)。当漫游用户进入某个 MSC 区域时,必须向与该 MSC 相关的 VLR 登记,并被分配一个移动用户漫游号(MSRN),在 VLR 中建立该用户的有关信息,其中包括临时移动用户识别码(TMSI)、移动用户漫游号(MSRN)、所在位置区的标志以及向用户提供的服务等参数,这些信息是从相应的 HLR 中传递过来的。MSC 在处理入网、出网呼叫时需要查询 VLR 中的有关信息。一个 VLR 可以负责一个或若干个 MSC 区域。

1. 用户数据的存储

VLR 必须存储其归属用户的有关数据。VLR 还必须存储由运营者选择的不同用户提供的业务数据,并能随着业务的发展,增改相应的存储内容。

2. 用户数据的检索

当呼叫建立时,根据 MSC 的请求,VLR 应能够依据 TMSI、MSRN 向 MSC 提供用户的信息。通常在移动台呼叫时,依据的是临时移动用户识别码 TMSI;移动台被叫时,依据的是移动用户漫游号 MSRN。

3. 登记

当移动用户出现在一个新的位置区域或从移动台收到登记、呼叫建立、补充业务操作消息后，若有需要，应向 HLR 发出请求登记通知。VLR 应具有完成登记、取消登记的功能，并能向 HLR 检索用户的信息。根据 HLR 的请求或当用户在 24 小时内没有在 MSC/VLR区域中出现时，VLR 应能删除该用户的有关信息。

4. 移动台去话

当 VLR 收到 MSC 发来的移动台去话通知后，VLR 应能删除此用户的数据，并能通知相应的 HLR。

5. 鉴权

VLR 应能向鉴权中心（AuC）索取并存储鉴权参数。VLR 通过 MSC 要求移动台进行鉴权，并比较从移动台返回的和自己存储的鉴权参数。当比较结果不一致时，拒绝移动台的业务请求，同时予以警告。

6. 提供 MSRN

当 MS 位置更新时，当地的 VLR 应能够根据 HLR 请求，要求 MSC 分配 MSRN，并将 MSRN 发往请求的 HLR，即支持每次 MS 被呼叫时进行 MSRN 分配。

7. VLR 的恢复

当 VLR 发生数据错误时，VLR 应能够通知相应的 HLR，删除与其相应的数据。

5.3.8　鉴权中心（AuC）

鉴权中心（AuC）是认证移动用户的身份以及产生相应认证参数的功能实体。AuC 对任何试图入网的用户进行身份认证，只有合法用户才能接入网中并得到服务。它给每一个在 HLR 登记的移动用户安排了一个识别字。该识别字用来产生用于鉴别移动用户身份的数据及用于对移动台与网络之间无线信道加密的另一个密钥。AuC 存储鉴权（A3）和加密（A8）算法。AuC 只与 HLR 通信。

5.3.9　设备识别寄存器（EIR）

EIR 是存储有关移动台设备的参数的数据库。EIR 实现对移动设备的识别、监视、闭锁等功能，以防止非法移动台使用。

5.3.10　操作和维护中心（OMC）

操作和维护中心（OMC）是网络操作维护人员对全网进行监控和操作的功能实体，用于接入 MSC 和 BSC，处理来自网络的错误报告，控制 BSC 和 BTS 的业务负载。OMC 通过 BSC 对 BTS 进行设置并允许操作者检查系统的相连部分。

5.4　GSM 较模拟网的优势

GSM 系统在射频调制、多址方式、话音编码、数字信号处理、信道控制、加密与鉴权等六个方面采用了新技术，较 TACS 系统优势明显。

5.4.1　GSM 系统在抗瑞利衰落及干扰方面的优势

GSM 系统在抗瑞利衰落及干扰方面均优于 TACS 系统。

(1) GSM 系统具有较为完善的对抗瑞利衰落和符号间干扰的措施。

① 天线(空间)分集。当分集天线间距为 5~6 m 时,最大可获得约 6 dB 的分集增益。

② 跳频。由于瑞利衰落的衰落谷点随频率不同而发生在不同地点,因此,使载频在几个频率点上变化(跳频),减少了信息损失,通过复杂的信息处理可重新恢复全部信息。跳频只对慢速移动用户有好处,其增益约为 1~4 dB(当无天线分集时,最多可达 4 dB;当有二重分集时,最多可达 2.5 dB)。但是,当一个基站或小区只有 2 个载波时,不能获得跳频增益。

③ 均衡。均衡是消除时间色散引起的符号间干扰的有效措施。GSM 规范要求均衡器能处理时延高达 15 μs 的反射信号,大约相当于传输 4 bit 需要的时间。

(2) 要求干扰保护比低。

TACS 系统要求同频道干扰 C/I 大于 17~18 dB,GSM 系统在无跳频时要求 $C/I \geqslant$ 12 dB,有跳频时要求 $C/I \geqslant 9$ dB。GSM 系统对邻道干扰保护比只要求 $C/I \geqslant -9$ dB,载波偏离 400 kHz 时,要求 $C/I \geqslant -41$ dB。

由于同频干扰保护比只要求大于等于 9~12 dB,因此在 GSM 系统中可以采用 TACS 系统中可以用的频率复用方式,如 4×3 方式。如果有跳频功能而且网络规划考虑周全,也可采用 3×3 或 2×6 方式。无论采用无方向性天线或有方向性天线,且无论采用哪一种复用方式,都应避免相邻载波在相邻基站或小区内使用。但选用 3×3 复用方式时,不能避免相邻频道在相邻小区内使用。

5.4.2　GSM 系统与 TACS 系统的性能比较

GSM 系统在提高网络容量、系统互联、业务种类和安全保密性方面均优于 TACS 系统。

(1) GSM 系统频率利用率高,系统容量大。

这里以 10 MHz 可用频带为例进行说明。

对于 TACS 系统,10 MHz 共有 400 个频道,按 7×3 复用方式计算,每个小区只有 18 个话音频道可用。按 5% 的频道呼损率和每个用户忙时话务量 0.027 Erl 计算,一个 3 小区的基站可负荷 13.385×3=40.155 Erl 的话务量或可容纳 1487 个用户。

对于 GSM 系统,10 MHz 共有 50 个载波 400 个频道,按 4×3 复用方式计算,每个小区有 31 或 32 个话音信道,一个 3 小区的基站可负荷 78.292 Erl 的话务量或可容纳 2899 个用户。如果按 3×3 复用方式,则每个小区有 42 或 43 个话音信道,一个 3 小区的基站可负荷 110.713 Erl 的话务量或可容纳 4100 个用户。以上均为按目前采用的全速率(FR)计算所得的结果。如按半速率(HR)考虑,则有:

4×3 复用方式可负荷 177.82 Erl 的话务量或可容纳 6586 个用户。

3×3 复用方式可负荷 244.83 Erl 的话务量或可容纳 9067 个用户。

GSM 与 TACS 两个系统的频谱利用率及容量比较见表 5-8。

表 5 - 8　GSM 与 TACS 的频谱利用率及容量比较

频率复用方式	频谱利用率		系统容量	
	GSM(FR)/TACS	GSM(HR)/TACS	GSM(FR)/TACS	GSM(HR)/TACS
GSM 4×3	1.74	3.59	1.95	4.43
TACS 7×3				
GSM 3×3	2.35	4.81	2.76	6.1
TACS 7×3				

（2）GSM 系统具有开放的接口和通用的接口标准。GSM 标准以 ITU 的规定为基础，与 PSTN、ISDN 及 BISDN 等公众电信网有完备的互通能力。

（3）GSM 系统支持电信业务、承载业务和补充业务。GSM 系统提供的业务较 TACS 系统多得多，并具有国际漫游能力。

（4）GSM 系统的保密性和安全性大大提高。由于采用数字传输，因此可以对全部消息进行加密，防止截听，使用户放心使用移动电话。利用用户识别鉴权功能，可以防止无权用户使用 GSM 系统。利用用户识别保密功能，则可使窃听者不能确定在无线路径上使用资源的是哪一个用户，以保证用户识别系统的安全性与保密性。

5.5　GSM 网络接口

GSM 按照开放系统互联（OSI）结构产生了一系列标准接口，运营商能够采用不同供应商的设备作为网络中心单元。例如，可以选择多个供应商的 BSS 和 BTS，及第三家的 MSC、VLR 和 HLR。这是由于所有实体的互联接口均已标准化，从而使互联比较简单。

5.5.1　空中接口（Um）

图 5 - 3 给出了用于空中接口的协议堆栈。基站收发信机 BTS 和移动台间的无线接口被称为空中接口（Um，User interface mobile）。空中接口使用 RF 信令作为第一层，将 ISDN 协议的改进型作为第二层和第三层。这一接口在 GSM 标准中有很好的定义，BST 和移动台供应商必须严格遵守。空中接口中每一个 RF 信道分成 8 个时隙，即 8 个用户/RF 信道。

由于有效无线频段先分成单一 RF 信道，每个信道再进一步分为时隙，因此 GSM 所采用的方案称为频分双工（FDD）时分多址（TDMA）接入。频分双工（FDD）表明用于上行和下行通信时有两个不同的 RF 信道。

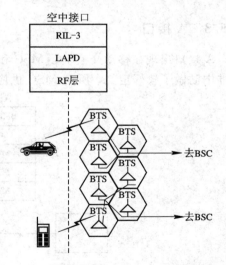

图 5 - 3　用于空中接口的协议堆栈

5.5.2　A - Bis 接口

A - Bis 接口是基站收发信机 BTS 和基站控制器 BSC 之间的接口（图 5 - 4 给出了详细

的协议层)。该接口在 GSM 标准中已有详细定义,但许多供应商有自己的专利版本。各版本在如何支持接口附件及如何操作、维护和管理(OA&M)方面有所不同。所有从 BSC 到 BTS 的连接实现了综合业务数字网 ISDN 信息第三层的改进及 ISDN 信息第二层的使用。物理接口是 E1。GSM 话音在 E1 上进行压缩,每个 64 kb/s 信道支持 4 个 TDMA 时隙(即 4 个用户),有一个单独的信令信道用于 BTS 的控制,BTS 同样通过 E1 时隙进行传输。

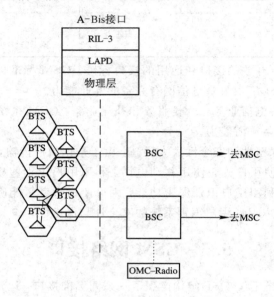

图 5 - 4   A - Bis 的接口协议堆栈

5.5.3   A 接口

A 接口出现在移动交换中心 MSC 和基站控制器 BSC 之间,见图 5 - 5。该接口在 GSM 标准中已做了较好定义。所有 MSC 供应商均支持该接口。A 接口 CCITT 7 号信令系统

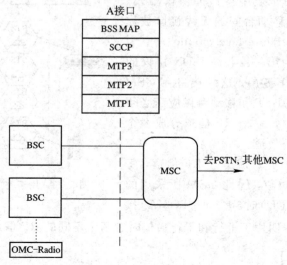

图 5 - 5   A 接口协议堆栈

(CCS7)的低三层传输改进的 ISDN 呼叫控制信令,该接口所携带的信息从属于 BSS 管理、呼叫处理和移动性管理。SCCP 和 MTP 层提供数据传输。SCCP 分两类完成——0 类和 2 类。0 类(无连接)用于 BSC 的信息,而 2 类(连接)用于特殊的移动站或逻辑连接。如果 BSS MAP 同时进行无线频道的安排和 BSS 之间的切换控制,则应具有控制基站以及管理 BSS 和 MSC 之间物理连接的功能。

5.5.4　PSTN 接口

就像 MSC 建立在综合业务数字网 ISDN 交换的基础上一样,GSM 结构也是建立在 ISDN 接入的基础上的。为了充分利用 ISDN 业务的优点,MSC 通过以 CCS7 为基础的协议(如 ISUP)连接公共交换电话网 PSTN。

5.5.5　移动应用部分(MAP)

GSM 中所有与非呼叫有关的部分称为移动应用部分(MAP)。与非呼叫有关的信令包括所有处理移动性管理信息、保密激活/去活等。所有 MAP 协议使用 CCS7 低三层(即 MTP1、MTP2、MTP3,SCCP 层和 TCAP 层)。这些协议优先用于数据库排队和响应。MAP 界面协议堆栈如图 5 - 6 所示。下面是特殊 MAP 协议的描述。

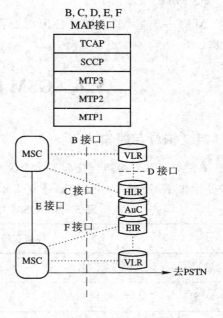

图 5 - 6　MAP 界面协议堆栈

1. MAP - B

MAP - B 是 MSC 和与它相关的访问者位置寄存器 VLR 的接口,一旦 MSC 需要当前在其区域移动台的有关数据,它就询问 VLR。当用户激活一个特殊的补充业务或修改与该业务有关的数据时,MSC(通过 VLR)通知归属位置寄存器 HLR 存储这些修改的数据。如果需要,就更新 VLR。由于 MSC 和 VLR 的接口相互联系非常多,因此,有些制造商将 VLR 的功能集成在 MSC 中。

2. MAP - C

MAP - C 是 MSC 和 HLR 之间的接口,在 GSM 中它有一个被称为关口的特殊功能。在 GSM 中,所有到移动台的呼叫编号和路由方案都首先由 GMSC(关口 MSC)处理(关口表示从公共交换电话网 PSTN 到移动网的一条路径),然后 GMSC 查询相应用户的 HLR,以决定一个呼叫或一条短消息的路由信息。这些信息由 MAP - C 协议处理。附加 SMS 和计费信息来自该接口信息组的部分。

3. MAP - D

MAP - D 是 HLR 和 VLR 之间的接口。它用于交换有关移动台的位置和用户管理的数据。为保证移动用户在整个服务区内能够建立和接收呼叫,必须在 VLR 与 HLR 之间交换数据,如 VLR 需要告知 HLR 其所属的移动用户当前的位置信息,HLR 需要把所有与

VLR 有关的业务数据发送给 VLR，如果移动用户所在的 VLR 区域已经发生改变，则 HLR 还需要删除移动用户在先前漫游 VLR 中的位置信息。另外，用户对所使用业务的修改请求（如补充业务操作）及运营者对用户数据的修改都要通过 D 接口进行。

4. MAP - E

当移动台在呼叫进程中从一个 MSC 区域移动到另一个 MSC 区域时，为了保持通信不中断，必须完成过境切换过程（Handover Procedure）。我们假设 MSC 之间已经交换了初始化的数据，并实现了该操作。该接口支持完成切换功能所需的信令，当移动台和短消息服务中心之间要传送短消息时，该接口用来在该移动用户所在的 MSC 和与短消息中心接口的 MSC 之间传送信息。

5. MAP - F

MAP - F 是 MSC 和设备识别寄存器（EIR）之间的接口，它用于交换和保证 EIR 的数据。

5.6　GSM 的编号、鉴权与加密

5.6.1　编号与路由

GSM 为每个移动台分配了多个编号用于标识用户身份、路由识别、鉴权、加密等。表 5 - 9 给出了 GSM 中不同的编号方式和识别参数。

表 5 - 9　GSM 中不同的编号方式和识别参数

存储在移动台和 SIM 卡中的信息		
缩写	全　名	解　释
IMSI	国际移动用户识别码	它是唯一的用户识别码，但不是可拨打的号码
TMSI	临时移动用户识别码	由 VLR 分配在空中接口使用，主要出于安全意图，用于确保用户的保密性
IMEI	国际移动设备识别码	用于空中接口，提供设备识别号，是手机终端设备的唯一识别码
网络使用的路由信息		
缩写	全　名	解　释
MSISDN	移动用户 ISDN 号	可拨打的移动用户电话号
MSRN	移动用户漫游号	GSM 网络内部使用，提供被访的 MSC 路由

1. 移动用户 ISDN 号（MSISDN）

MSISDN 是用户为找到 GSM 用户所拨的号码。公共交换电话网 PSTN 在 MSISDN 的基础上将该呼叫路由到关口 MSC（GMSC），GMSC 通过内部的一张 MSISDN 与 HLR 对应表,去对应的 HLR 上查询,可获得用户信息。HLR 应答有关移动用户当前所在的 MSC 身份等特殊信息,并提供一个可到达被叫用户的号码。该号码就是所谓的移动用户漫游号 (MSRN)。它的结构与 MSISDN 一样简单。之后 GMSC 使用 MSRN 重新建立主叫到该被叫当前所属的 MSC 的路由。MSISDN 通常与固定电话网的拨号方案相同。MSISDN 只在网络中关联,只在被呼时有效,它只与用户发生作用,它提供了用户可以接收呼叫的号码。本质上,MSISDN 是一个目录号码,不用于空中接口。MSRN 的使用是非常严格的,它只用在网络实体之间,没有用户可以访问它。更进一步说,与 MSISDN 不同,它不在性能上与一个用户有关,而只与特殊呼叫明显相关。

　　MSISDN 包含国家代码(CC)、国家目的代码(NDC)和用户号码(SN)。国家代码用于识别目的国家并按区域变化。例如,美国的国家代码是 1,英国的国家代码为 44,中国的国家代码为 86。国家代码由 ITU‐T 管理。NDC 有两种使用方法:识别目的网络和识别用户所属的地理区域。在美国,NDC 作为编码计划地区(NPA)的地区码,它不用来识别目的网络,而按地理区域编码。用户号码用于呼叫者拨号,该号码通常在电话簿中可以查到。NDC 和 SN 由国家指定的管理部门管理。

2. 国际移动用户识别码(IMSI)

　　在 GSM 系统中分配给每个移动用户一个唯一的代码,在国际上它可以唯一识别每一个独立的移动用户。这个码驻留在 SIM 卡中。它用于识别用户与用户和用户与网络的预约关系。使用 IMSI 是 GSM 网络的内部需求(如处理、识别和计费)。IMSI 在 GSM 网中承担非常关键的作用,并且保证不被复制或盗用。图 5‐7 给出了 IMSI 的结构。

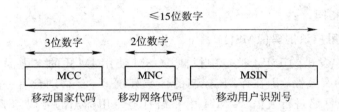

图 5‐7　IMSI 的结构

　　IMSI 由三部分组成:
　　(1) 由三位数字组成的移动国家代码(MCC)。
　　(2) 由两位数字组成的移动网络代码(MNC)。
　　(3) 移动用户识别号(MSIN)。
　　MCC 唯一表示移动用户的所属国家。MCC 与 MSISDN 中的 CC 的不同在于它只有固定长度(即 3 位数字),而 CC 字数是可变的。同样,在每一个国家,MCC 不同于 CC。例如,美国的 CC 是 1,而 MCC 是 310～316;我国的 CC 是 86,而 MCC 为 460。这一变化的目的是避免模糊并允许更多的号码投入服务。MCC 由 ITU‐T 管理。MNC 唯一表示该国家的网络,如中国移动 GSM 网为 00,中国联通 GSM 网为 01。这意味着 MNC 不同于 MSISDN 的 NDC,不需要有任何地理上的差别。MSIN 表示在某一特殊网下的用户。

3. 移动用户漫游号(MSRN)

既然移动用户只属于其所属的 HLR，那么移动用户在作为被叫的时候，主叫用户也只能根据被叫号码找到其所属的 HLR。然而移动用户具有移动和漫游特性，要完成一次话务的接续，知道其 HLR 是没用的，有用的是知道被叫移动用户所在的 MSC/VLR，这样才能建立一次完整的呼叫。为了解决这个问题，于是有了移动用户漫游号(MSRN)的概念。被叫用户所归属的 HLR 知道该客户目前处于哪一个 MSC/VLR 业务区，为了提供给入口 MSC/VLR(GMSC)一个用于路由选择的临时号码，HLR 请求被叫所在业务区的 MSC/VLR 给该被叫用户分配一个移动用户漫游号(MSRN)，并将此号码送至 HLR，HLR 收到后再发送给 GMSC，GMSC 根据此号码选择路由，将呼叫接至被叫用户目前正在访问的 MSC/VLR 交换局。路由一旦建立，此号码就可立即释放。这种查询、呼叫路由功能(即请求一个 MSRN 的功能)由 No. 7 信令中移动应用部分(MAP)的一个程序来实现，并在 GMSC – HLR – MSC/VLR 间的 No. 7 信令网中进行传递。

移动用户漫游号的结构如图 5 - 8 所示。

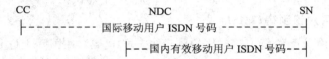

图 5 - 8　移动用户漫游号的结构

中国移动 GSM 移动通信网技术体制规定 139 后第一位为零的 MSISDN 号码为移动用户漫游号码，即 1390M1M2M3ABC。其中，M1M2M3 为 MSC 的号码，M1M2 与 MSISDN 号码中的 H1H2 相同。

4. 临时移动用户识别码(TMSI)

为了防止用户发送的 IMSI 被空中拦截，GSM 使用 IMSI 的空中混淆码(即 TMSI)。TMSI 只有本地的有效性，即在 VLR 控制的区域有效。一旦移动台有一个有效的 TMSI，它就替代 IMSI 与网络进行通信。TMSI 由一组打上专用标志的号码组成。这种方案有效地将用户的身份号与所使用的号码分开。由于号码随通信时间变化，并只具有本地有效性(即用户驻留在 VLR 时有效)，因此即使被拦截也无多大用处。TMSI 总长不超过 4 个字节，其格式由运营部门决定。

5. 国际移动设备识别码(IMEI)

国际移动设备识别码(IMEI)是一个 15 位的十进制数字，是唯一地识别一个移动台设备的编码，其结构如图 5 - 9 所示。

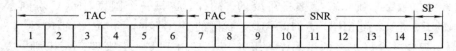

图 5 - 9　IMEI 的结构

图 5 - 9 中，TAC 为型号批准码，由欧洲型号认证中心分配；FAC 为工厂装配码，由厂家编码，表示生产厂家及其装配地；SNR 为序号码，由厂家分配，用于识别每个 TAC 和 FAC 中的某个设备；SP 是备用码，用于将来使用。

6. 位置区域

无线和有线最主要的不同在于移动性和移动台当前位置的确定。有以下两种方法可以达到这一目的。

在最简单的不需要位置登记的方案中,网络不需要对移动台进行跟踪,也不需要确定移动台当前的位置。一旦有来呼呼叫移动用户,网络只需在全网上呼叫移动用户,一旦有应答返回,网络将呼叫连接上即可。但这种方案对公网是不可行的,因为公网需支持国内、国际漫游。

另一种端呼的方法是:网络对用户的位置预先已有了解,当呼叫到来后,只在某一位置区域发起寻呼,而不是全网寻呼。这里引入位置区域的概念。最简单的位置区域只包含一个小区,一旦用户进入新的小区,网络就通知新的位置区域。该方案将造成网络负荷增加,因为需要许多有关位置更新信息来报告每个用户的每次位置变化,为此,要付出的位置更新代价是很大的。折中的方案是把一些小区集成为一个位置区域(LA,Location Areas),每个小区发送位置区域识别号给所属移动台。一旦移动台发现由于小区变化造成位置区域变化,它就发一个位置更新(Location Updating)给网络,这就是在 GSM 中使用的方案。位置区域在工程上需较好地规划,原因是它受一对矛盾的结果影响,这一对矛盾就是既要减少寻呼业务量又要减少位置更新业务量。如果位置区域很大,那么寻呼业务量很大;如果位置区域很小,那么位置更新业务量将很大。

图 5-10 给出了位置区域的结构图。位置区域和 TMSI 存在于 SIM 卡中。在 GSM 中,移动台能够自动发起位置更新,也可由网络发起(周期性位置更新)。位置区域通过位置识别码(LAI)来识别。每个位置区域中的小区有它自己的小区识别码(CI)。一个 LAI 和一个 CI 唯一确认网络中的每个小区。

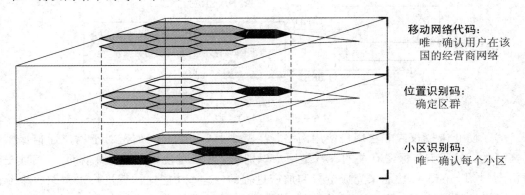

移动网络代码:
唯一确认用户在该国的经营商网络

位置识别码:
确定区群

小区识别码:
唯一确认每个小区

图 5-10　定位区域和小区识别参数

(1) 位置识别码(LAI)和小区识别码(CI)。LAI 的结构与 IMSI 的结构相同,有 MCC、MNC 和 LAC(Location Area Code)。在检测位置更新和信道切换时,要使用位置区域识别标志。

LAI 的结构如下:

三位数字	两位数字	最大 16 bit
MCC	MNC	LAC

MCC 和 MNC 与 IMSI 码中的 MCC 和 MNC 的定义相同。LAC 为位置区域码,用于

识别 GSM 网络中位置区域的固定长度的码字,最多不超过 2 个字节,采用十六进制编码,由各运营部门自定。在 LAI 后面加上小区的标志号(最大 16 bit)可构成小区识别码。

(2) 基站识别码(BSIC)。BSIC 用于移动台识别相同载波的不同基站,特别适用于区别在不同国家的边界地区采用相同载波且相邻的基站。

BSIC 为一个 6 bit 编码,结构如下:

3 bit	3 bit
NCC	BCC

NCC 为网络色码,用来识别相邻的移动通信网。BCC 为 BTS 色码,用来识别相同载波的不同基站。

5.6.2　鉴权与加密

图 5-11 描述了 GSM 中的鉴权(Authentication)过程。GSM 提供了非常严格的加密和鉴权过程。

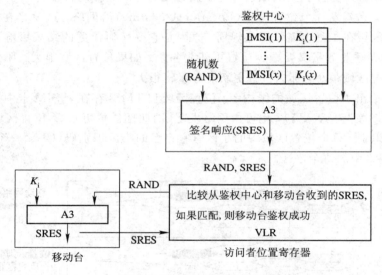

图 5-11　GSM 的鉴权过程

为了防止未授权或非法用户使用网络,鉴权是十分必需的。加密对于用户通信保密也是需要的,另一个与保密有关的参数是用户识别码,它通过使用 TMSI 来保证。GSM 是通过滑动门(Trapdoor)功能来完成鉴权和加密过程的。这些功能让计算机找出密钥也十分困难。即使与明文(Plain Text)相关的加密信息和用于加密的算法全都知道,找出密钥也十分困难。在 GSM 中,鉴权过程是建立在称为唯一询问响应方案的基础上的。一旦网络要对移动用户进行鉴权,它需做几件事:它需要有用户的密钥(K_i)、鉴权算法(A3)和一系列询问响应对。询问是指一个由网络产生的随机数(RAND)与 K_i 一起作为 A3 算法的输入,并将算法的输出作为响应。这个 A3 算法的输出响应在 GSM 定义中称为签名响应(SRES)。另一方面,移动台同样有一个唯一的 K_i 和与所有移动台一样的算法 A3。网络为了对移动台鉴权,从一张与该用户有关的表中取出一个随机数(RAND)送给移动台。移动台在收到随机数(询问)后,计算签名响应(SRES),并送给网络。网络用计算的 SRES 与收到的

SRES 进行比较，如果它们匹配就允许提供业务给用户，否则予以拒绝。这样，即使随机数和 SRES 在空中被拦截，A3 算法也是恒定的。A3 算法由运营商选定后虽然也是恒定的，但 K_i 由于 trapdoor 函数本身的特性以及以严格保护方式存储在 SIM 卡中，难以被外人截取，因而依然有着良好的安全性。由于鉴权计算使处理机增加负担，因此 AuC 为每个用户计算了询问响应对，并把它送到存储 HLR，到需要时再用。表 5 - 10 详细给出了北美标准 IS - 41. C 版本与 GSM 的鉴权过程比较。

表 5 - 10　IS - 41. C 与 GSM 的鉴权过程比较

比较项目	GSM	IS - 41. C
密钥的提供	128 位的鉴权密钥 K_i 存在于 SIM 卡中	64 位鉴权密钥（A 密钥）通过邮件传输给用户。用户接收到密钥后把它输入电话中。也可以选择空中接口程序输入密钥。这不需要用户进行任何干预。共享或保密的数据都是从 A 密钥中得到的
鉴权机理	独一无二的竞争过程，鉴权中心给每一个移动用户提供不同的随机数（RAND）	如果用户在同一个小区内使用同样的 RAND，就会运行全局竞争程序。程序支持唯一性，但它不是主要的鉴权过程
鉴权过程	独一无二的 RAND 和 K_i 作为 A3 算法的输入，生成 SRES 后通过网络传输进行鉴别。A3 算法的输入参数和接入方式无关	广播的 RAND、ESN、MINI 和 SSD - A 作为 CAVE 算法的输入，产生 AUTHR。通过网络传输进行鉴别。CAVE 算法的输入参数随着接入方式的不同而不同，如登记或主呼发起等
漫游用户的鉴权	给 VLR 提供一组参数。每组参数包括 RAND、SRES 和加密密钥 K_c。VLR 选择一个 RAND，要求移动用户进行鉴权。将 MS 送来的 SRES 与网络生成的 SRES 进行比较。一般来说，一次传输 5 个数据。一旦 VLR 全部用完，就需要向 HLR/AuC 申请附加的组参数。A3 算法驻留在 AuC 中	给 VLR 提供 SSD。VLR 中有 CAVE 算法。从 MS 接收到 RAND、ESN 和 MINI 信号后，VLR 能够将存储的 SSD - A 作为 CAVE 算法的输入，用于对 MS 自动鉴权
鉴权参数的传输	一旦信道建立起来，鉴权信息就被发送。这样带宽效率较高	鉴权参数可以作为初始接入信息的一部分
鉴权数据抗截获保护	如果这组参数在网络中被截获，则用户会遭到损害，直到这组参数全部用完。之后，又可以要求新的一组参数	SSD 在网络中被拦截，用户因此会受很长时间的牵连。可以通过修改历史记录（COUNT）参数来防范这一点

GSM 支持 MS 和 BTS 之间空中接口上的加密。图 5 - 12 给出了 GSM 网络 K_c 密钥生成流程图。用于鉴权的 RAND（128 bit）与 K_i（128 bit）一起作为 A8 算法的输入。网络将 RAND 发给手机，输出的 K_c 发给对应的 BTS。手机端计算出的 K_c 和帧号（FN，Frame Number）一起作为另一个 A5 算法的输入。输出被认为是加密序列和对数据加密。密钥的管理与鉴权密钥相同，在网络侧 BTS 使用密钥，对每次传输进行解密并将数据送给 BSC。

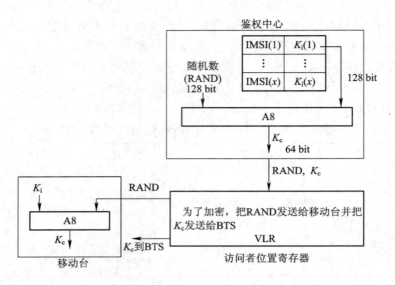

图 5 - 12 GSM 网络 K_c 密钥生成流程图

　　在通信过程中，发送端通过 A5/1 算法生成密钥流，根据自己发送的信息使用上行或下行信道选择其中 114 bit 密钥流，与数据流按位进行异或操作生成密文数据，通过消息传输给接收端，接收端采用相同的输入参数通过 A5/1 算法生成并取用其中相应的 114 bit 密钥流，将密钥流与消息中的密文按位进行异或操作最终恢复出数据流，解析得到信息内容。GSM 网络通信双方（MS - BTS）加解密流程图如图 5 - 13 所示。

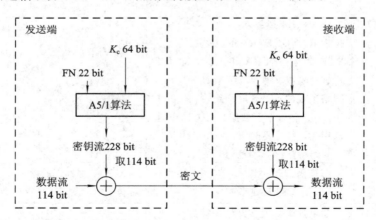

图 5 - 13 GSM 网络通信双方加解密流程图

　　由于 GSM 网络通信中的业务为实时通信，数据流的长度是不固定的，因此 GSM 网络采用固定长度的流密钥对数据流进行加密。密钥流的生成标准采用 A5 算法，A5 算法共有四种：A5/0、A5/1、A5/2 和 A5/3。其中，A5/0 算法实则为明文传输，不进行加密；A5/3 算法是后续加入的算法，并不常用；A5/1 和 A5/2 算法采用线性反馈移位寄存器（LFSR）实现，但 A5/2 算法为 A5/1 算法的简化版本且已被证明是不安全的。因此，A5/1 算法为其中安全性最高的标准，也是目前使用最广泛的 A5 算法。A5/1 算法的输入值为 64 bit 的 K_c 密钥和 22 bit 被加密的数据的帧号，输出为 228 bit 的密钥流，其中前 114 bit 用于上行传输数据的加密，后 114 bit 用于下行传输数据的加密。

5.7　　GSM 无线信道

5.7.1　　频域分析

正如前面已经提到，GSM 是 TDMA/FDMA 系统。GSM900 系统使用 900 MHz 频段，收发频差为 45 MHz。每个射频（RF）信道频带宽度为 200 kHz，共有 8 个时隙信道。每个 RF 信道由一个上行（Up Link）和一个下行（Down Link）频率对组成，这种方式称为频分双工（FDD）。由于各基站会占用频段中的任何一组频率，因此移动台必须有在整个频段上发送和接收信号的能力。

DCS1800 采用微蜂窝，被认为是个人通信网（PCN）的一种，它除使用 1800 MHz 频率外与 GSM 完全相同。DCS1800 的收发频差为 95 MHz。美国的个人通信网采用 PCS1900，使用 1900 MHz 频段，其上行频率为 1850~1910 MHz，下行频率为 1930~1990 MHz，收发频差为 80 MHz。整个频带被分成几块后分给不同的运营者，这些运营者可以使用不同的技术。最大频带宽度为 15 MHz。

5.7.2　　时域分析

GSM 将每一个无线信道分成 8 个不同的时隙，每个时隙支持一个用户，这样一个无线信道能够支持 8 个用户。每个用户被安排在无线信道的一个时隙中并且只能在该时隙发送。时隙从 0 至 7 编码。这相同频率的 8 个时隙被称为一个 TDMA 帧。用户在某一时隙发送被称为突发时隙（Burst）。一个突发时隙长度为 577 μs，一帧为 4.615 ms。若用户在上行频率的 0 时隙发送，则将在下行频率的 0 时隙接收。时隙 0 的上行发射出现在接收下行时隙的三个时隙之后。这样带来的一个好处是移动台不需要双工器。但它需要同步发射和接收。在移动台中去掉双工器，可使 GSM 手机更轻，功耗更小，制造价格更便宜。

5.7.3　　话音编码

GSM 网络提供给 GSM 用户最重要的电信业务是电话（即话音）业务，话音质量必须满足要求。话音是连续的，而 GSM 中空中信号是采用时隙方式发送的，这意味着连续的话音信号不得不进行分块压缩以使其能在一个时隙中传递，在接收端再扩张，以还原出原始连续的话音信号。完成上述功能的器件被称为话音编解码器。话音编解码器将人的话音变成一组适合无线接口传输的数据信号，接收端的解码器将接收的数字还原成人的话音。每一个移动台都有一个话音编解码器。在网络这一边，话音编解码器形成发送编码器和速率适配器单元 TRAU。TRAU 存在于基站子系统 BSS 中。GSM 支持各种话音编解码器。GSM 的第一阶段定义支持全速话音编解码。所谓全速话音编解码，是指编解码器在话音传送时每帧均占有一个时隙。该编解码器使用 RPELTP——长期预测的规律脉冲激励。GSM 的第二阶段定义支持半速编码。半速编解码器每隔两帧使用一个 TDMA 时隙。由于无线信道有着严格的传输容量，因此人们总希望用最小的容量而话音质量尽可能高。全速编码器输出为 13 kb/s，EFR 输出也为 13 kb/s，但具有更高的话音质量。半速编码器输出为

6.5 kb/s。采用半速编码的用户数量是全速编码的两倍。在另一方面，半速编码的话音质量差一些。图 5-14 给出了 GSM 网从发话人到收话人的话音是如何转换和传输的及传输的一些接口。

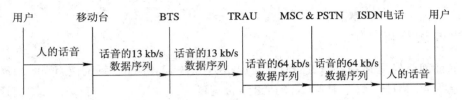

图 5-14　不同 GSM 接口的话音传输示意图

人的话音通过话筒转换成电信号，然后通过一个滤波器使其只保留话音频带(300～3.4 kHz)的信号，再以 125 μs 进行采样，并用 13 bit 字进行量化。一个 13 bit 字具有 8192 个量化电平。每隔 20 ms 话音编解码器取得 160 个被抽样点的 13 bit 字并分析它们。对样点进行分析可以产生滤波器的相关系数，并分成 40 个样点一组。话音编解码器选择最大能量的样点序列并与以前产生的序列比较，确定与当前序列最相似的序列并确定二者之间的不同值。比较后不同的值被送到空中接口，话音编解码器每 20 ms 输出 260 bit 的数据块，即发射 13 kb/s 数据序列。BTS 接收到这些信息之后，不经任何加工，将它送给 TRAU。TRAU 进行发送编码的相反处理，将 13 kb/s 数据序列变成传统的 PSTN 中使用的 64 kb/s PCM 信号。话音信息经数字化编码成 64 kb/s 被 ISDN 电话接收后，还原成人的话音。

发送编码器的一个附加特性是它能检测沉默，并指示给无线接口，它允许 MS 关掉发动机以节省功率，网络简单重复"舒适的噪声"(代表用户的背景噪声)直至被更新。

5.7.4　信道编码

图 5-15 给出了信道编码和交织过程。射频 RF 的传输环境常常十分恶劣，严重影响数据传输。有几种方法可以消除这些影响。一种较常采用的方法是信道编码。信道编码通过加冗余码来防止码字出错，而加入冗余码会增加数据发送量，只对一定内容有用。从话

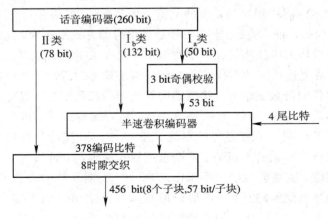

图 5-15　信道编码和交织过程(全速业务信道)

音编解码器来的 260 bit 数据块按照重要性和作用被分成三类。对重要的信息,进行重点保护;对非重要的信息,进行非重点保护。三类信息分别为 Ⅰₐ、Ⅰ_b 和 Ⅱ。Ⅰₐ 类是最重要的,包含 50 bit,受到来自信道编码的最大保护。它首先进行提供检错的分组编码,该过程增加 3 bit,然后这些分组编码比特进行具有检错纠错能力的半速卷积编码,半速卷积编码使比特数加倍。Ⅰ_b 类第二重要,也受到一些保护,包含 132 bit 与 Ⅰₐ 类相同的被卷积编码。Ⅱ 类不重要(78 bit),未受到任何保护。信道编码增加了数据速率,使其从 13 kb/s 增加到 22.8 kb/s。

5.7.5　交织

一旦话音数据按 5.7.4 节描述的那样进行编码,下一步就是将它放入 TDMA 时隙并通过空中接口发送,这一过程称为交织(Interleaving)。交织通常用于抵抗空中接口的不可靠传输路径,特别是通过交织的处理以抵抗瑞利衰落,数据被扩充到无线路径中几个时隙,这样可以减小在一个话音帧中被衰落的概率。在空中接口中使用的交织深度有 4(多数据控制信道)、8(全速话音)、19(数字信道)。

GSM 所采用的交织是一种既有块交织又有比特交织的交织技术。全速话音的时块被交织成 8 个突发时隙,即从话音编码器来的 456 bit 输出被分裂成 8 个子块,每个子块 57 个比特,再将每 57 个比特进行比特交织,之后根据奇偶原则分配到不同的突发子块,交织造成 65 个突发周期或 37.5 ms 滞后。

5.7.6　调制

GSM 采用 GMSK(高斯滤波最小移频键控)调制($B_b T_b = 0.3$)。GMSK 具有每符号 1 bit 的有效性。由于这种调制技术有个很窄的功率谱,因而与 IS-54 不同,不需要采用线性功率放大器。

5.7.7　信道组成

几种不同类型的信息要在 MS 和 BTS 之间交换,其中有用户信息、信令信息、信道配置信息和接入信息等。为了对这些不同的信息进行管理,GSM 把它们定义成不同的逻辑信息。所有特殊处理的功能被分为一个逻辑信息并送到有关的逻辑信道。GSM 定义了 10 个具有不同功能的逻辑信道。

1. 控制信道

控制信道携带系统正常运行所必需的信息。MS 和 BTS 使用这些信道保证用户信息正确传送,相互通报事件,建立起呼叫,对移动性和接入进行管理等。除了信令信息之外,控制信道也可用于携带分组交换数据,包括有关短消息业务。下面对不同的控制信道进行讨论。

1) 广播控制信道(BCCH)

BTS 在它的小区利用该信道进行广播,它是一个单向下行信道,用以传送 MS 在它的小区所要使用的信息。例如,网络同步信息就是建立在该信道上的信息,MS 能够决定是否通过和如何通过现行小区接入系统,该信道的信息还可以使 MS 识别网络、接入网络等。

广播信息可分成下面几组：

（1）网络和相邻小区的唯一识别信息。小区识别移动网编码（形成 IMSI 的部分）、位置区域识别码（LAI）和相邻小区广播控制信道的频率信息等组成了这部分信息。

（2）描述当前控制信道结构的信息。这部分信息包括用于小区的控制信道配置、周期位置更新等。

（3）确定小区所支持的选择信息。是否允许不连续发送（DTX），小区重新选择的磁滞（Hysteresis），MS 在接入控制信道时可使用的最大发射功率级，MS 允许接入系统所需要的最小接收信号级别，是否支持半速编解码或者支持扩展的 GSM 频率等组成了这部分信息。

（4）控制接入的信息。最多的试呼次数、试呼的平均间隔、小区是否禁止接入、小区是否允许重建、小区是否允许紧急呼叫等组成了这部分信息。

2）频率校正信道（FCCH）

FCCH 提供 MS 系统的参考频率。MS 使用 FCCH 来纠正它内部的时钟基准，使其容易获得另外信道的突发时隙，该信道同时也给 MS 提供一个指示的同步信道（SCH）。因为一个 SCH 总跟着与 FCCH 同样频率的 8 个时隙。

3）同步信道（SCH）

该信道提供 MS 接收来自 BTS 的突发时隙所必需的训练序列。因为 MS 和 BTS 预先都知道训练序列，所以 MS 可以调整它的内部定时方案，并正确进行解码。此外，该信道提供有关 BS 使用训练序列的信息码、国家色码和 TDMA 帧码。

4）公共控制信道（CCCH）

该信道支持 MS 和 BTS 之间专用通信路径（专用信道）的建立。CCCH 有三种类型，分别是随机接入信道（RACH）、寻呼信道（PCH）和接入许可信道（AGCH）。

（1）随机接入信道（RACH）。该信道由 MS 用于呼叫发起时从网络中申请一个专用信道。它是一个被所有试图接入网络工作的 MS 所共享的单向上行信道。RACH 只存在信道请求信息，有 8 bit 长。它有一个建立的起因和一个随机参数。建立的起因给试图接入网络的原因提供一个指示，使网络合理分配资源。呼叫包括紧急呼叫、对寻呼的应答、位置更新、发起话音呼叫和发起数据呼叫等，它们对资源的要求不尽相同。

（2）寻呼信道（PCH）。该信道由 BTS 用来寻呼小区中的 MS，它是单向下行信道，由小区中所有 MS 所共享。GSM 允许多至四个 MS 在一次寻呼信息中被呼叫。可以用 MS 的临时移动用户识别码 TMSI 或国际移动用户识别码 IMSI 来寻呼它们。为了延长电池寿命，GSM 还支持不连续接收（DRX），使 MS 在空闲状态（即等待寻呼信号状态）解码所需的信息量最小。一种最小化的方法是 MS 只监视 PCH 中寻呼的部分，而不是整个 PCH，GSM 通过允许寻呼子信道来支持这一点。对一个特殊 MS 的寻呼，只在它的寻呼子信道中进行。这使得 MS 只对子信道的寻呼进行解码，而不是整个 PCH，这样可以节省功耗。MS 通过用户 IMSI 的最后三位来预先确定呼叫子信道。

（3）接入许可信道（AGCH）。AGCH 送出对 MS 在 RACH 信道请求的响应，这是一个小区中所有 MS 共享的单向下行信道。成功的响应包括有关指示专用信道数的信息，MS 需要的定时信息及在其信道请求信息中 MS 发送的随机参考数。

5）专用控制信道（Dedicated Control Channels）

这些信道传送网络和 MS 之间的非用户信息，如信道管理、移动收费管理和无线资源管理。典型的发送信息包括 MS 请求由网络分配的附加专用信道、加密的开始和结束、MS 信息请求、切换信息等。专用控制信道有三种：独立专用控制信道（SDCCH）、慢相关控制信道（SACCH）和快相关控制信道（FACCH）。

（1）独立专用控制信道（SDCCH）。该信道用来在 MS 和 BTS 之间传送信令信息，它是双向的专用信道。该信道比较典型地用在位置更新及话音和数据呼叫中，在使用业务信道前使用。

（2）慢相关控制信道（SACCH）。SACCH 结合业务信道 TCH 或 SDCCH 进行分配。它是双向的专用信道，用以携带控制和测量参数，并用于保持 MS 和 BTS 之间无线链路必要的路由数据。SACCH 现主要用于短信以及传送手机测量下行信道的测量参数和功率控制信息等。

（3）快相关控制信道（FACCH）。FACCH 是一个需要时才出现的信道。该信道能携带的信息与 SDCCH 一样。它与 SDCCH 不同的是被分配和固定了时间间隙，直到网络或用户需要时才释放它。另一方面，一个 FACCH 通过从 TCH 窃得时隙来使用 TCH。这在 MS 和网络需要交换关键定时信息时才采用。FACCH 主要用于切换、短信及通知手机测试哪些邻区等场合。

2. 业务信道（TCH）

业务信道是传输用户信息（如话音或数据）的信道。它是单个 MS 和 BTS 之间的双向专用信道。它主要有两种形式：业务信道/全速（TCH/F）和业务信道/半速（TCH/H）。全速对应于全速话音编解码器，半速对应于半速话音编解码器。TCH/F 的信息速率是 13 kb/s，TCH/H 的信息速率为 6.5 kb/s。

表 5-11 给出了 GSM 所支持的逻辑信道及其特征。

表 5-11　GSM 支持的逻辑信道及其特征

逻辑信道	只有上行	只有下行	既有上行，又有下行	点到点	广播	专用的	共享的
BCCH		√			√		√
FCCH		√			√		√
SCH		√			√		√
RACH	√			√			√
PCH		√		√			√
AGCH		√		√			√
SDCCH			√	√		√	
SACCH			√	√		√	
FACCH			√	√		√	
TCH			√	√		√	

用于不同信道的不同传输时隙如图 5-16 所示。

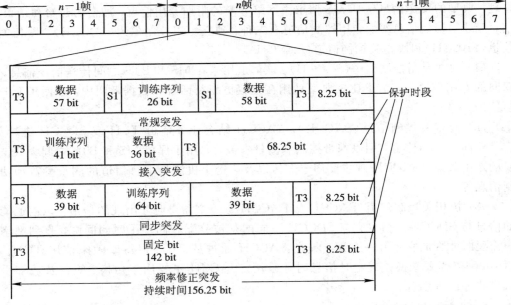

图 5-16　用于 GSM 的各类突发时隙

5.7.8　不连续发送和话音激活检测

不连续发送是人们讲话的重要特性。当两人在交谈时,总是一方讲,一方听,如果二人同时讲,往往会造成混乱。GSM 利用了这一特点,当 GSM 的话音编解码器检测到话音的间隙后,在间隙期不发送,这就是所谓的 GSM 不连续发送(DTX)。DTX 能在通话期对话音进行 13 kb/s 编码,在停顿期进行 500 b/s 编码。为什么在停顿期要用 500 b/s 发送呢? 原因是对听者来说,讲话的间隙如果太安静则会十分困惑,使听者以为连接已中断。为避免这种情况,GSM 在讲话停顿时发送(称之为舒适的噪声),对讲话者的背景噪声进行编码。背景噪声往往是不同的,当讲话者在汽车内时,可对汽车噪声进行编码;当讲话者在办公室时,可以对背景办公室噪声进行编码。由于在停顿时,是对讲话者实际环境的背景噪声进行编码,因而用户在通话时有连续感。

为了实现 DTX,不得不使用话音激活检测(VAD),其目的是一旦讲话出现停顿,它就能给出指示。使用 DTX 可以减小系统中的干扰等级,并提高系统有效性。同样,由于使用 DTX 发射机,因此发射总时间减少,功率损耗降低,MS 的电池寿命得以延长。

5.7.9　定时前置和功率控制

在任何小区,MS 可能在小区的边缘,可能远离 BTS,也可能离 BTS 很近,有些用户可能在小区的中部。如果在任何距离上所有移动台同时发送信息,则这些信息到达 BTS 的时间由于距离上的变化而有轻微的变化。假设两个 MS,一个接近 BTS,另一个远离 BTS,它们在同一个 TDMA 帧相邻的时隙上发送,它们的发送时隙由于传送时延不同会在 BTS

接收端重叠。对发射功率也同样，如果所有移动台均用同样的功率发射，则接近 BTS 的 MS 比在小区边缘的 MS 在 BTS 上的接收功率要强。定时前置和功率控制在 GSM 中的应用，就是通过对这些参数的控制，使所有的发送时隙都能在 BTS 的接收端保持在时间上的同步和在功率电平上的一致。

1. 定时前置(Timing Advance)

GSM 具有非常严格的时间同步系统，处理传输时延变化的方法是考虑可能的最大传输时延。在每个时隙片的结尾要留有足够的保护时间作补偿。MS 在保护期内不能发送用户数据，即使两个时间出现重叠，也只能在保护时间内重叠。由于在该时间内无用户信息发送，因此无数据丢失。这一方案虽然具有简单及信令要求最小的优点，但降低了系统的频谱利用率。GSM 选择了小的保护周期和对各时隙的定时进行动态控制的方案。定时前置允许对每个时隙的上行发送时间独立控制，要求远离 BTS 的 MS 比离 BTS 近的 MS 发射早。在 GSM 中，最大的定时前置限制小区尺寸在 35 km 左右。

2. 功率控制

为了补偿小区的不同距离造成的衰落，BTS 能够指导 MS 改变它的发射功率，以使到达 BTS 接收机的功率在每个时隙相同。这样可以减少整个系统的干扰电平，提高频谱效率。BTS 能够独立控制每一条上行和下行链路时隙的功率电平，即在 GSM 系统中，上行和下行链路的功率控制是彼此独立的。功率电平控制方案由 BSC 完成。BSC 计算功率电平的增长或下降，并通知 BTS。功率电平控制算法与过境切换算法十分相似。当 MS 离 BTS 渐远时 BSC 将试图增加 MS 的功率电平；当它得知通过提高 MS 的发射功率电平，通信链路的质量不再提高时，它就开始切换过程。

在 GSM 中，功率电平每 60 ms 变化台阶为 2 dB(步长)。上行功率控制范围是 20～30 dB，步长为 2 dB；下行功率控制范围一般可达 30 dB，步长也是 2 dB。BSS 是功率控制的管理者，通过指令规定 BTS 和 MS 的功率。BSS 通过评估 BTS 对 MS 测量的结果，调整 MS 的传输功率。同样，BSS 也通过评估 MS 报告的 BTS 下行传输功率，调整 BTS 的发射功率。

5.7.10　移动台接入

MS 从 GSM 网络中得到服务的第一步就是把它接入系统。接入的原因有以下几种：试图发起呼叫，对网络请求响应(如被呼)，MS 进行周期性的位置更新。不管是哪种原因，接入过程是相同的。由于各小区用户数及运动的随机性，要保持试图接入系统的用户数一致是不现实的。在 GSM 中，有一个单独信道用于 MS 在该小区的接入。GSM 的接入模型可用著名的 ALOHA 模型来代替。ALOHA 模型中，不相关用户同抢一个共享信道。

由于 GSM 是时隙信道，因此可采用时隙 ALOHA 模型。ALOHA 模型简述如下：用户有接入请求时通知它们发送，如果两个用户同时发送，则将造成碰撞，两个请求都失效。虽然两个请求同时发送，但有可能由于 FM 的捕捉效应，接收机可以解决一个接入请求。如果发射方未收到接收方的确认信号，则它将等一个随机时间重新发送。等待时间必须是随机数，否则将一直碰撞下去，进入死循环。由于 GSM 的时隙碰撞只在时隙期间发生，因此称为时隙 ALOHA。时隙 ALOHA 的有效性接近于信道利用率的 37%。虽然这看起来相对小了点，但该方案相对简单。另外，还可以通过提高信道容量来提高信道通过率。有两种方法可以提高信道的通过率。第一种方法也是最明显的方法，就是提高信道容量。GSM支持这一方法，可按照业务量来设计接入信道容量。第二种方法是缩短信息长度。在给定信道容量的情况下，长度越短，意味着可以发送的信息越多。GSM 把最初的接入请求长度缩短为 8 bit，这一方法也十分有效。

当碰撞出现之后，GSM 的补偿机制是在每个小区的基础上进行设计的。碰撞一旦出现，MS 就试图重新发送接入信息。GSM 支持频率和网络重试次数的控制。此外，GSM 在每个小区的基础上支持频率和网络重试次数的控制，每个小区在广播控制信道 BCCH 上发送参数。BCCH 在 MS 不得不停止任何进一步试呼前，指示在试呼前要等待的时隙数和允许的最大试呼次数。可见，接入信道的设计在系统性能中扮演着重要的角色。整个系统的性能反映在 MS 如何接入和得到服务上。接入信道容量越大，接入用户越多，但若系统由于缺少足够的业务信道而不能够支持对它们服务，则用户最终还是被拒绝。越早拒绝，效率越高，可以避免不必要的系统资源浪费。另一方面，接入信道太少，就会拒绝本可以得到服务的用户。因此，要提高信道通过率，还需要了解系统的资源情况（如业务信道情况）。

即使是设计良好的接入信道也不得不处理业务量高峰时的情况。GSM 为了在高峰业务量的条件下保持满意水平，系统明显地送一个信息给部分 MS 使其在某一特定的时间段不要接入系统工作。对于更严重的过荷情况，GSM 禁止整个群移动用户试图接入系统工作。这时可以通过 BCCH 送出一个信息，指示允许入网的有权 MS 接入群（Classes）。GSM操作者的整个移动用户随机地分成 10 个群。用户的接入群存储在 SIM 卡中。在正常情况下，所有接入群均允许接入系统。在过荷条件下，系统对被选的用户群拒绝其入网，这是一个解决业务过荷非常有效的方法，因为该法只需要最小的信令负荷。为了在过荷情况下保证紧急呼叫和其他一些政府机构的入网工作，增加了 65 个附加的优先移动用户群。其中，12 群用于保密人员，13 群用于公共部门，14 群用于紧急个人，15 群用于 GSM 维护管理人员，11 群用于网络运营者作特殊之用。

5.8　GSM 呼叫方案

5.8.1　移动台开机后的工作

当 MS 开机后，它将在 GSM 网中对自己进行初始化。由于 MS 对自身的位置、小区配置、网络情况、接入条件均不清楚，因此这些信息都要从网络中获得。为了获得这些必要的信息，MS 首先必须确定 BCCH 频率，以获得操作必需的系统参数。在 GSM900 中，有124 个无线频率；在 DCS1800 中，有接近 375 个无线频率。要确定 BCCH，需搜索并对所有频率进行解码，这将花费许多时间。为了帮助 MS 完成这一任务，GSM 允许在 SIM 卡中存储一张频率表，这些频率是前一次小区登录的 BCCH 频率，以及在该 BCCH 广播的邻近小区的频点，MS 上电后就开始搜索这些频率。GSM 所有的 BCCH 均满功率工作，即BCCH 不进行功率控制，BTS 在 BCCH 信道上所有的空闲时隙发空闲标志，这两点保证了BCCH 频率有比小区其他频率更大的功率密度。MS 可以很容易地通过搜索无线频率来查找一个比其他功率大的频率。在找到无线频点以后，MS 下一步要确定 FCCH。使用同样的原理，由于 FCCH 功率密度大于 BCCH 频率，因此在找到 FCCH 之后，MS 通过解码使自身与系统的主频同步。一旦 MS 确定了 FCCH 并同步后，它可以正确地确定时隙和帧的边界，至此，它便取得了时间同步。MS 知道在相同的频率上 FCCH 的第 8 个时隙后是同步信道 SCH，它只需简单等待 8 个时隙，便可对 SCH 解码来获得时间同步。至此，MS 就可对 BCCH 上的其他数据进行解码了。

5.8.2 小区选择

在选择 MS 所在的小区之前，MS 不得不确定它能否从网络中获得服务。BCCH 携带了 GSM 网络的有关该小区的识别号。MS 可以手工或自动(存储在用户识别模块 SIM 卡的 GSM 表中)确定有效的 GSM 网。如果当前小区不是有效的 GSM 网络部分，则 MS 只能寻找其他 BCCH。

一旦选择了有效的 GSM 网，MS 就可以选择登录的小区。MS 有一个小区选择算法，用于确定最好的有效小区。有几个因数如 MS 收到的信号强度、位置区域和 MS 的功率等级等都可用于选择小区。

MS 收到的信号的强度是 MS 从该小区的 BTS 收到信号好坏的指示。很明显，如果该指示器太低，则 MS 可以知道在以后建立的通信线路将不会很好。我们知道，BCCH 频率在小区内是以最大允许的功率发送的，由 MS 建立起来的任何专用信道，功率控制将在 BCCH 频率的功率级以下(最多一致)。实际上，由 BCCH 发射的参数之一是 MS 允许接入系统的最小接收信号电平。如果接收信号电平在该值之下，则 MS 将禁止在该小区登录。

用于小区选择过程的第二个标准是位置区域。每一次来自 MS 的新的位置区更新，都会使用大量的信令带宽。为了减少 MS 和网络间的信令流量，每一个网络运营者都试图在不影响性能的情况下使这些业务量最小。每一次 MS 关机后，服务登记区识别号存储在 SIM 卡中，一旦手机重新开机后进行小区选择，存储在 SIM 卡中的位置区识别号就会被用来与广播位置区识别号进行比较。如果它们不一致，则根据这个特别小区的特定环境，MS 使用某一因素将其标记下来。这样，如果在不同登记区有两个识别小区，则可由 MS 视无线信号优劣等因素来决定，它将尽量选用无需进行位置更新的小区。

用于小区选择过程的第三个标准是移动台功率等级，特别是 MS 的最大发射功率，即使 MS 可能相当好地接收 BTS 信号，BTS 能否接收 MS 信号也并无保证。例如，如果一个小区被设计成功率等级 1，则 GSM900 MS 的最大发射功率为 20 W，等级 5 的 GSM900 只能最大发射 0.8 W。如果这个 MS 在小区边缘，则不能保证它的发送能被 BTS 在可接收的功率电平上接收。这一点非常重要，小区范围不是固定的，而是随 MS 的功率等级不同而变化的。

使用小区选择标准和算法，MS 扫描附近小区的 BCCH 信道，给出一张所有通过选择标准的小区表，在表中最好的小区被 MS 选择为工作小区。如果所选小区是在一个新的位置区域，则必须进行位置更新。在 MS 进行小区选择时，所有 BTS 做的是以被动方式提供信息，网络为所有在 BCCH 接收的 MS 广播必需的系统参数。接下去网络将起更主动的作用——与 MS 交换信息。

5.8.3　位置登记和位置更新

一旦 MS 选择好了工作小区，下一步就是确定 MS 是位置登记（Location Registration）还是位置更新（Location Updating）。

如果是位置登记，则 MS 以它的 IMSI 等数据向 GSM 网络请求位置登记，网络经过验证后会分配一个 TMSI 给 MS。MS 得到 TMSI 后，会将 TMSI 存储在 SIM 卡中，以后不论是手机关机还是重新开启，TMSI 都存储在手机的 SIM 卡中。

如果是位置更新，则 MS 首先确定该工作小区是否就是以前登记过的位置区。它从 BCCH 获得位置区信息并将它与存储在 SIM 卡原先登记的位置区进行比较。如果位置区是同一个，则 MS 就进入空闲模式等待用户发起呼叫或接收来自网络的寻呼。如果位置区不一致，那么它将通知网络数据库存放的该 MS 的位置信息不再正确，需要更新。在这期间任何对该 MS 的呼叫都不会获得成功，因为网络会在该 MS 原先登记的小区中发寻呼，而该 MS 不在原先小区，呼叫自然不会成功。这样 MS 必须把它的新位置区尽可能快地通知网络，使网络能够更新它的数据库，在以后将呼叫成功地接到该 MS。一旦确认需更新位置，MS 就立即进行位置更新。

需要强调的是，在位置登记中，MS 是以 IMSI 向网络更新位置的；在位置更新中，MS 是以 TMSI 向网络回报信息的。

5.8.4　建立通信链路

在 MS 进行位置登记之前，首先必须建立与网络的通信链路（Communication Link）。有了通信链路才能进行位置更新信息的变换。通信链路的建立程序为：由 MS 调谐到随机接入信道 RACH 上发出信道请求信息，然后转到接入许可信道 AGCH，等待来自网络的响应。BTS 收到信道请求后，便增加有关传输时延的信息一起传输给 BSC。BSC 能够通过比较时延来进行定时前置参数的赋值。MS 送出信道请求信息有一个长的保护周期，因为这是 MS 第一次发送的信息，网络和 MS 对时延的大小都没有认识，长的保护周期可以保证即使该信息与下一个时隙的信息重叠，在 BTS 接收时信息内容也不会丢失。BSC 选择一个有效信道（典型的SDCCH），计算赋值的定时延迟，并通知 BTS 激活信道，然后它送一个信道分配信息给 BTS，该信息携带一个参数，使接收端 MS 能够相关地得到分配的信道。这样就使 MS 得知该信道的定时前置、MS 起初发射功率等参数。

5.8.5　起初信息过程

MS 在接收到信道分配信息后，调谐到分配信道上发送一个业务请求信息（在独立专用控制信道 SDCCH 上送出）。该信息指明 MS 从网络上请求什么业务。在位置更新情况下，请求是一个位置更新请求。这个信息是关于 MS 识别码的详细信息（这是第一次网络开始了解 MS 的识别码，直到现在网络还不知道该用户是否有权从网络中得到该服务），包括有关移动识别码（如 TMSI）的信息、功率等级、频率容量、MS 支持的保密算法（如 A5）等。这些信息由 BSC 送给 MSC 通过 A 接口作进一步处理，然后 MSC 通过 MAP－B 接口将信息传给 VLR。

5.8.6　鉴权

一旦当前的 VLR 成功地接收到适当原因（位置更新、呼叫建立等）的起始信息，它将启动鉴权（Authentication）和保密程序。鉴权程序的目的有两个：第一是容许网络检查 MS 提供的识别号是否可接收；第二是提供 RAND 让 MS 计算新加密钥 SRES。鉴权过程总是由网络发起。正像前面讨论过的，鉴权算法驻留在网络侧的鉴权中心 AuC 和 MS 侧的 SIM 用户识别卡中，AuC 对应各用户，选择一个随机数并连同用户的唯一码将它们输入 A3 算法，输出在 GSM 术语中就称为三体联合（Triplet），即 RAND、SRES 和 K_c。正像我们前面解释的，这一计算是很花 CPU 时间的，为了节省时间，AuC 一次计算几个 Triplets 并提供给归属位置寄存器 HLR。当 VLR 请求这些 Triplets 时，HLR 提供它们作为响应。

一旦 VLR 不得不完成鉴权，它就通过 SDCCH 送一个鉴权请求给 MS。这一信息包含随机询问（即 RAND）。RAND 的值可从存储在 VLR 的几个 Triplets 中获取一个。MS 在 SIM 卡的帮助下产生一个响应 SRES 并把它送给 VLR，MS 同时产生并存储一个新的保密密钥 K_c，VLR 收到 SRES 后与内部存储的值进行比较，如果匹配，则用户被认为是合法的。

5.8.7　加密

VLR 开始加密（Ciphering）过程时，先通知 MSC，接着 MSC 按所使用的密钥送一个信息给 BSC。BSC 通过 BTS 通知 MS 在以后的传输过程中开始加密。在这之前，BTS 同样被通知使用加密的信息并得到密钥，这样它能对信息进行解密。BTS 将信息进行解密后送给 BSC，并送一个指令通知 VLR 加密过程已经开始。

5.8.8　位置更新过程

图 5-17 给出了位置更新呼叫流程。在这个时候有几种可能性会出现。如果移动台当前所在的位置区域由收到这一信息的 VLR（当前 VLR）控制，那么意味着 VLR 已经得到了该用户的所有信息，它能够顺利完成位置更新的过程。

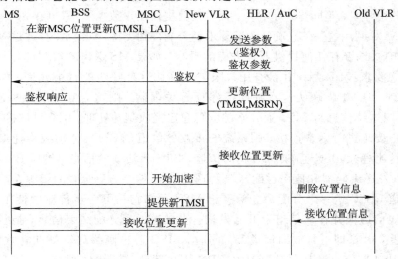

图 5-17　位置更新呼叫流程

当 VLR 没有该用户的以前记录时，当前 VLR 不得不求助于用户的归属位置寄存器 HLR，要求提供用户的信息。此时 VLR 送一个 MAP - D 位置更新信息给 HLR。该信息有移动识别号，在移动用户被叫时按 VLR 的地址使 HLR 可查询 VLR。之后 HLR 在它的内部数据库记录中查找用户的描述，确认该用户是否在当前的 VLR 中具有该业务。这一决定按照用户的描述做出。如果该用户在 VLR 区具有该业务权限，那么 HLR 就返回一个成功的信息给 VLR。如果用户在该 VLR 区无该业务权限，那么 HLR 就返回一个失败的结果给 VLR。HLR 如发现当前的 VLR 与前次登记的 VLR 不一致，则 HLR 送一个删除位置信息给前次登记的 VLR，以删除该 VLR 中的记录，然后 HLR 将用户数据送给当前的 VLR，即提供所有信息给为用户提供业务的 VLR。

如果 VLR 对于 MS 的位置更新请求送一个成功的结果，那么它还有一件事要关心——有关移动台的临时移动用户识别号 TMSI。TMSI 来自前一次的位置更新请求。由于位置区域已改变，因此不得不给移动台安排一个新的 TMSI。这个新的 TMSI 由 VLR 安排并反馈一个成功的位置更新指示给 MS，MS 在收到 TMSI 以后，改写以前的值并且将它存入 SIM 卡。该值将用于所有接着发生的位置更新。

5.8.9 通信链路的释放

一旦位置更新过程成功完成，移动台 BTS、BSC 和 MSC 的通信链路也就结束了，移动台将返回空闲模式，等待用户发生主叫及来自网络的寻呼。

5.8.10 移动台主叫

图 5 - 18 给出了移动台用户向固定电话发起的呼叫流程。移动台主叫(Mobile Origination)过程与位置更新过程极为相似，在移动台主叫呼叫建立过程前需有通信链路建立过程、原始信息过程、鉴权和加密过程。一旦这些过程成功完成，移动台就在建立的链路上(SDCCH)发送启动信息①，这一信息包括被叫部分的号码和其他一些网络在建立与公共交换电话网 PSTN 联系时所需的信息。承载要求表明呼叫是进行通话还是数据呼叫，是电路呼叫还是分组呼叫，是同步还是异步，而且还要提供用户数据速率(可在 300～9600 b/s 范围内变化)。MSC 利用这一信息确认承载要求是否能得到支持，同时 MSC 通过 MAP - B 信息查询 VLR，确认是否有任何提供业务方面的限制。如果 MS 送出的被叫部分是密切用户群(CUG)，则它要求 VLR 翻译并检查用户限制以确认这种呼叫能否被允许。如果对用户有呼叫发起限制，但 VLR 确认这次呼叫不违反有关限制，则这时呼叫有效并被允许进行，MSC 发出呼叫继续信息给 MS，通知它建立信息已经收到并处理，网络试图接入本次呼叫。

如果用户要求进行话音连接，则系统安排业务信道(TCH)(全速或半速取决于 MS 和网络是否支持半速)。BSC 通知 BTS 新的信道，BTS 激活新的信道。然后 BSC 为话音编码分配 TRAU(发送编码器和速率适配器单元)资源。在网络方，所有的资源全部被安排用于处理业务信道，BSC 送一个分配命令信息给 MS，通知它在下一步传输中使用新信道。MS 调谐到新无线信道上并在该信道上开始发送。它发送一个分配结束信号，指示它已成功调谐到新信道上，BSC 即可释放旧信道②。同时，MSC 通过网络启动呼叫建立过程。例如，如果连接到 PSTN 的交换是通过 ISUP(ISDN 用户部分)进行的，则送一个 IAM(原始地址信息)给 PSTN(公共交换电话网)③。接入交换机返回一个 ACM(地址完成信息)给 MSC，

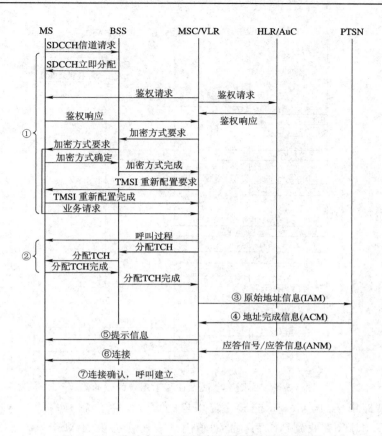

图 5-18　移动台用户向固定电话发起的呼叫流程

表明被叫正在振铃④。当 MSC 收到 ACM 时,它送一个振铃信息给 MS,MS 在收到这一信息后就产生一个提示音通知用户已经联络被叫,电话正在振铃⑤。当被叫应答(摘机)时,ANM(应答信息)通过网络送给 MSC,通知 MS 已连接⑥。至此,两部分呼叫已连接,可以交换信息了⑦。

5.8.11　移动台被呼

不管是用无线移动电话还是用有线电话系统拨号呼叫 GSM 手机,拨号时都只输入 GSM 手机用户的 MSISDN 号码。MSISDN 号码并不包含目前手机用户的位置信息,因此 GSM 网络必须询问 HLR 有关手机的 MSRN 代码,才能得知手机用户目前所在的位置区域与负责该区域的交换机 MSC。MSRN 代码是当手机进行位置更新时由当地的 VLR 负责产生的。

图 5-19 给出了有线电话拨号呼叫 GSM 手机时的整个信号交换过程。当拨号者输入手机的 MSISDN 号码时,有线电话 PSTN 的交换机从 MSISDN 号码中标识出呼叫移动电话的手机后,依照 MSISDN 上的 CC 及 NDC 将信号传递到负责该手机服务区域内的关口 MSC(GMSC)。

如果在 PSTN 中使用 ISUP,则必将是一个 IAM 信息。在 IAM 中的被叫部分号码是 MSISDN 码。这一话音呼叫在 GMSC 试图确定用户的位置,使用 MAP-C 信令过程从用

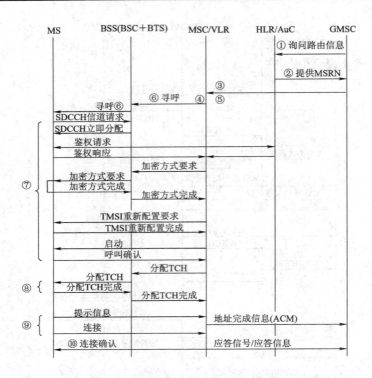

图 5-19　由固定电话发往移动用户的呼叫流程

户的 HLR 寻找路由信息。GMSC 能够确定用户的 HLR,因为它有一张与 MSISDN 相关的
HLR 翻译表①。HLR 在收到请求后,借助于内部表格将提供的 MSISDN 变换成一个 IMSI
(国际移动用户识别码),然后查询与 IMSI 相关的用户概貌,按照用户特性激活相干事件。

　　如果用户是 CFU(前向呼叫无条件转移),那么 HLR 返回前向码(the Forwarded-to
Number)到 GMSC,它将呼叫话音到目的交换机以重新进行路由选择,处理前向码。如果
用户是 BAIC(所有呼入禁止),则 HLR 拒绝服务。

　　在正常情况下,对用户被叫是无限制的,HLR 确定被呼移动台当前登记的 VLR 地址
(VLR 地址作为用户概况的一部分存储在 HLR 中)。使用 MAP-D 过程查询 VLR 有关路
由号码,即 MS 漫游号(MSRN),HLR 返回该 MSRN 给 GMSC②。GMSC 经过 MSRN 的
指示将信号传递到当地的交换机 MSC③,MSC 根据 MSRN 询问 VLR④,VLR 在 MSRN
的基础上查询用户记录并确定当前的登记区,返回 TMSI 等信息给 MSC⑤。MSC 通知该
位置登记区所在的所有 BSC,BSC 轮流送出寻呼命令给 BTS,命令它们通过寻呼信道送出
寻呼用户的指令⑥。

　　MS 在收到它的寻呼后,启动通信链路建立与初始化信息过程以及鉴权和加密过程。
无论是否必要,都进行 TMSI 重新配置,建立的原因将打上作为响应寻呼的标记。MSC 是
来话停留的网络实体,一旦它确定收到一个有效的寻呼响应,它就通过建立的通信链路送
一个启动信息。MS 收到这一信息,就送出一个呼叫确认信息给网络,通知网络启动信息
已经收到⑦。网络开始安排一个业务信道(TCH)给 MS⑧。在成功完成这一步之后,MS 开
始提供一个音频提示音给用户,它同时送一个提示信息给 MSC⑨。MSC 接着送一个 ACM
信息给 PSTN 用户,这个信息告诉 PSTN 用户移动用户已有效并得到通知。MS 在提供振

铃声时，作为可选功能，可显示主叫号码。当 MS 应答时，送出一个连接信息给 MSC，接着 MSC 送一个 ANS 给 PSTN 用户，双方通信开始⑩。

5.8.12　切换

切换(Handover)是当 MS 变换小区时保持呼叫的过程。"Handover"是在 GSM 中定义的，在北美蜂窝系统中相同的过程被称为 Handoff。在 MS 变换小区时，切换是避免呼叫损失所必不可少的步骤。如果一个 MS 打算变换小区，则它已处于小区的边缘，此时无线信号电平必然不是很好，这是要切换的另外一个原因。

为了了解 GSM 的切换过程。我们把一次切换进程分成三部分，即预切换过程(Prehandover Processing)、切换执行过程(Handover Execution Processing)和切换后处理(Posthandover Processing)。在预切换过程，网络为了做切换，决定收集所需的数据。如果切换被认为是需要的，则选择一个适合的小区作切换小区。在切换执行过程中，执行实际的切换，MS 被连接到新的 BTS 上。在切换以后，所有的不再需要的网络资源被释放，系统返回稳定阶段。

1. 预切换过程

在 GSM 中的切换过程是移动台辅助切换(MAHO)。在切换过程中，MS 扮演主要角色。切换算法有关输入信息的提供、执行切换的决定和新的最合适的基站收发信机 BTS 的选取均建立在由 MS 和 BTS 完成的几种不同的测量上。描述 MS 和 BTS 能力的参数同样形成切换算法输入的一部分。这些参数和测量项目有：为 MS 服务的 BTS 和邻近 BTS 的最大发射功率、小区容量和负荷，上行信道质量和接收电平，下行信道质量和接收电平，来自邻近小区的下行接收电平。

2. 移动测量

为了在切换过程中提供帮助，MS 对当前服务小区进行质量和接收信号强度的测量，对相邻小区进行接收信号强度测量，并将测量结果报告给服务 BTS。质量测量是将当前下行信道的误比特率转换成 0～7 中的一个值，将接收信号强度转换成 6 位。对邻近小区的接收信号强度的测量同样可以这样做。这种测量是在上行发送和下行接收时隙中完成的。在这一时隙中，MS 转到相邻的小区广播控制信道 BCCH 测量下行接收信号的强度，包括 BCCH 频率的详细内容的测量被送往服务 BTS。一个 MS 可以报告多达 6 个相邻小区(除服务小区测量外)的情况。一个 MS 必须报告的相邻小区 BCCH 载波频率包括在 BCCH 和慢相关控制信道(SACCH)的发射信息中。由 MS 完成的下行信道测量会报告给 BTS。SACCH 用来携带这一信息。一个 SACCH 帧每 120 ms 发送一次，但由于交织，BTS 收到一个完整的帧要有 480 ms 延时。另外，为了克服短期影响，瞬时无线链路使测量的降级在 MS、BTS 和 BSC 被平均化，由服务 BTS 完成上行信道测量，包括质量和接收信号强度测量，服务 BTS 把以上测量值和接收到的 MS 测量结果一起送给 BSC。

3. 切换执行过程

图 5-20 给出了 MSC 之间的切换呼叫流程。一旦决定启动切换，最适合的新的小区应该得到认定，MS 和网络进入切换执行阶段，与当前服务的 BTS 连接中断，在新的小区与新的 BTS 建立新的连接。切换执行过程和所包含的信令均依赖于新小区的选择。如果新的

小区由同一个 BSC 控制，那么切换被认为是 BSC 内部切换，信令限制在 BSC 内部而不用包含 MSC。如果新的 BTS 属同一 MSC 内不同的 BSC，我们称之为 MSC 内部切换。如果这两个 BSC 由不同的 MSC 控制，我们称之为 MSC 之间切换。

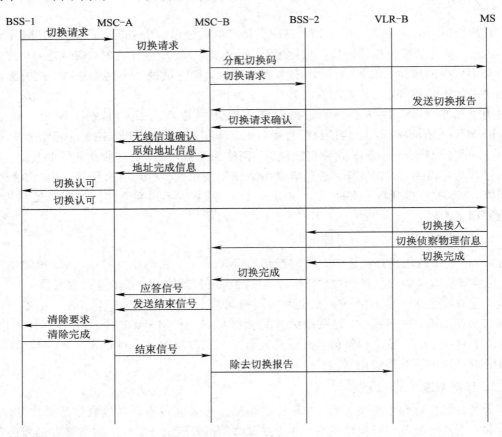

图 5 - 20   MSC 之间的切换呼叫流程

上述三种不同情况的切换对信令的要求有所不同。MSC 之间切换用 MAP - E 消息实现。切换阶段的第一步是由 BSC 将其切换请求通知新 BSC。除了新老 BTS 由同一个 BSC 控制之外，请求信息均通过 MSC 到达新的 BSC。在新的 MSC 相同的情况下，通信线路的建立要花费 A 接口的资源。如果新老 MSC 不同，通信线路将包含两个 MSC 之间的资源，一旦通知新的 BSC 切换，该 BSC 将在新的 BTS 中安排一个信道。一旦成功，送出有关新安排信道信息给老 BSC（如果新 BSC 与老 BSC 不相同），产生一个切换信息，通过旧 BTS 送给移动台。该信息包括新信道、切换码和时间同步信息等。MS 接收该信息后调整到新的 BTS 的频率上并开始发送与接收。

4. 切换后处理

MS 一旦与新网络同步，它就送出一个切换完成消息给新的 BTS。该消息通过网络送给老 BSC。该 BSC 释放原来占用的无线资源，以及所有在 A - bis 和 A 接口安排给该 MS 的资源。

5.9　GSM 的跳频技术

随着数字移动通信网络的飞速发展，移动用户的急剧增加，网络中单位面积的话务量也在不断地增加。在某些大城市的市中心等繁华地段，忙时甚至出现严重的话务拥塞情况，因此面对日益增长的话务需求，需要对网络进行扩容以满足容量和覆盖的要求。

在网络建设初期，由于用户数量不多，因此网络规划中首先考虑的是覆盖问题，但是随着网络的不断扩容，覆盖的不断完善，容量问题已成为制约网络进一步发展的瓶颈。我国现在采用的 GSM 网络由于受到频段的限制，在经过多年的快速扩容之后，容量上的限制表现得越来越明显。

对于网络扩容，通常可以采用小区分裂，增加新的频段，提高频率复用度来增加每个小区配置等方法。在网络建设初期通常采用小区分裂的方法，通过不断增加新的基站(宏蜂窝和微蜂窝基站)来达到扩容的目的，但是随着站距的不断接近，网络的干扰也在不断地增加，因此当宏蜂窝基站的站距达到一定程度之后就很难在网络中增加新的基站。在这种情况下，在 GSM900 网络的基础上引入了 GSM1800 网络，通过引入这一新的频段来解决网络瓶颈问题，这就是我们现在看到的中国移动和中国联通所采用的 GSM900/GSM1800 双频网络。但是由于 GSM900/GSM1800 频段有限而且各个运营商所分配到的频率资源不同，考虑到引入双频网络的成本很高，因此可以考虑通过在现有的 GSM900 单频网络或在引入 GSM1800 的双频网络中提高频率复用度，增加单位面积的容量配置来达到节省网络成本和提高容量的目的，通过引入跳频、功率控制、不连续发射等无线链路控制技术来达到扩容的目的。

5.9.1　跳频系统的工作原理

众所周知，跳频技术是一种扩频通信技术，由于它具有通信的保密性强和抗干扰性好的特点，因此它首先被应用于军事通信。随着移动通信的发展，跳频技术已在数字蜂窝系统中获得应用，我国的 GSM 移动通信系统就采用了这种技术。

跳频是指载波频率在很宽的频带范围内按某种图案(序列)进行跳变。信息数据 D 经信息调制成带宽为 B_d 的基带信号后，进入载波调制。载波频率受伪随机码发生器控制，在带宽为 $B_{ss}(B_{ss} \gg B_d)$ 的频带内随机跳变，实现基带信号带宽 B_d 到发射信号使用的带宽 B_{ss} 的频谱扩展。可变频率合成器受伪随机序列(跳频序列)控制，使载波频率随跳频序列的值的改变而改变，因此载波调制又被称为扩频调制。

5.9.2　跳频系统的特点

跳频系统具有以下特点：

(1) 跳频系统大大提高了通信系统抗干扰、抗衰落能力。

(2) 能多址工作而尽量不互相干扰。

(3) 不存在直接扩频通信系统的远近效应问题，即可以减少近端强信号干扰远端弱信号的问题。

(4) 跳频系统的抗干扰性严格说是"躲避式"的，外部干扰的频率改变跟不上跳频系统的频率改变。

（5）跳频序列的速率低，通常情况下，码元速率小于或等于信息速率。在 TDMA 系统中，跳频速率往往等于每秒传输的帧数。GSM 系统中每秒跳频为 217 次。

在 GSM 数字蜂窝系统中，跳频技术可以提高抗衰落、抗干扰能力。跳频技术对于静态或慢速移动的移动台具有很好的抗衰落效果，而对于快速移动的移动台，由于同一信道的两个连接的突发脉冲序列其位置差已足以使它们与瑞利变化不相关，因此跳频增益很小，这就是跳频所具有的频率分集。由于跳频时频率在不停地变化，频率的干扰是瞬时的，因此跳频具有干扰分集。

5.10　通用分组无线业务 GPRS

GSM 网络采用电路交换（Circuit Switch）的方式，主要用于话音通话，而因特网上的数据传递则采用分组交换（Packet Switch）的方式。由于这两种网络具有不同的交换体系，因此彼此间的网络几乎都独立运行。制定 GPRS（General Packet Radio Service，通用分组无线业务）标准的目的，就是要改变这两种网络互相独立的现状。通过采用 GPRS 技术，可使现有 GSM 网络轻易地实现与高速数据分组的简便接入，从而使运营商能够对移动市场需求作出快速反应并获得竞争优势。GPRS 是 GSM 通向 3G 的一个重要里程碑，被认为是 2.5 代（2.5G）产品。

GSM 网络升级到 GPRS 网络的方法是在现有的 GSM 网络上，增加 Serving GPRS Support Node（SGSN）以及 Gateway GPRS Support Node（GGSN）两种数据交换节点设备。对于 GSM 网络原有的 BTS、BSC 等通信设备，只需要更新软件或增加一些连接接口。因为 GGSN 与 SGSN 数据交换节点具有处理分组的功能，所以 GPRS 网络能够和因特网互相连接，如图 5 - 21 所示，数据传输时的数据与信号都以分组来传送。当手机用户进行话音通话时，由原有 GSM 网络的设备负责电路交换的传输；当手机用户传送分组时，由

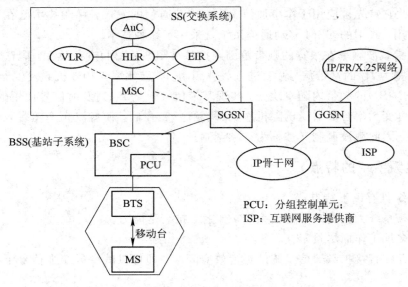

图 5 - 21　GPRS 网络

GGSN 与 SGSN 负责将分组传输到因特网，这样手机用户在拥有原有的通话功能的同时，还能随时随地以无线的方式连接因特网，浏览因特网上丰富的信息。2002 年 5 月 17 日，我国 GPRS 业务由中国移动正式投入商用。经过几年的发展，GPRS 技术的增强版本 EDGE 也已投入商用。虽然目前面临 3G/4G/5G 高数据速率的冲击，但 GPRS 由于价格便宜，在一些中低速数据传输或物联网中仍得到了广泛应用。

5.10.1　GPRS 标准制定的过程与阶段

当初欧洲电信标准协会 ETSI 在制定 GSM 标准规范时，将 GSM 标准规范分成许多实现阶段，并且在 ETSI 组织下分成许多委员会专门移动组（SMG，Special Mobile Group），负责相关部分的 GSM 标准制定。同样，目前 GPRS 标准也是由 ETSI 下的一个委员会负责制定的。ETSI 制定出的 GPRS 网络内各个部分的标准见表 5-12。ETSI 制定的标准文件规范可从其网站 www.Etsi.org 上下载。

表 5-12　GPRS 网络内各个部分的标准

ETSI GSM 参考文件	GPRS 相关内容
GSM 02.60	GPRS 业务描述阶段 1
GSM 03.60	GPRS 业务描述阶段 2
GSM 03.64	GPRS 无线接口描述
GSM 04.60	GPRS 移动台基站系统接口
GSM 04.64	GPRS 移动台逻辑链路控制层
GSM 04.65	GPRS 移动台子网（依靠覆盖协议）
GSM 07.60	GPRS 移动台
GSM 08.14, 16&18	GPRS Gb 接口，BSSGP L1、L2 和 L3
GSM 09.16&18	GPRS Gs 接口 L2 和 L3
GSM 09.60	GPRS 隧道协议（GTP）
GSM 02.61	GPRS PLMN 和数据包网络
GSM 12.15	GPRS 管理
GSM 01.61	GPRS 加密算法

ETSI 制定 GPRS 网络标准时，只有定义出网络互相连接的接口，以及各种设备的功能等，才可以使各个厂商生产的 GPRS 设备都互相连接，但是对于手机硬件的设计与外观、SGSN 与 GGSN 的构造等则不加以规范，为各个制造厂商保留设计产品的弹性空间，而各个厂商互相竞争发展的结果也可刺激厂商生产出更佳的产品。

如同 GSM 标准制定一样，ETSI 也将 GPRS 的标准制定分成两个阶段。

第一阶段：

（1）GPRS 网络和因特网进行点对点的数据传输。

（2）定义 GPRS 网络所需要的各种识别码（Identity）。这一工作同 GSM 网络内定义 IMEI、IMSI 等识别码是一样的。

（3）制定当 GPRS 网络传输数据时维护分组安全的特殊算法（Algorithm）。

（4）根据传输的分组数据量确定收费的方式。

（5）确定原有 GSM 网络上的短消息业务（SMS）如何通过 GPRS 网络来传送。

第二阶段：

（1）GPRS 网络与因特网联机，可以是点对点传输，也可以是点对多点传输，这样因特网上的电子邮件即可同时发送给很多不同的手机用户。

（2）定义出当 GPRS 网络传送声音、图像或多媒体等应用业务时，不同的应用业务所需要的不同的传输速率与延迟时间，即各个应用业务传输时所需要的服务品质。

（3）确定在许多架设 GPRS 网络的国家间如何实现国际漫游的功能。

GSM 网络升级到 GPRS 网络的发展过程属于渐进方式。GPRS 标准的制定，电信运营商对 GPRS 网络设备的更新与测试，GPRS 手机的生产与销售，系统运营商开发 GPRS 相关的应用业务等，相互之间必须共同配合，才能使 GPRS 网络普及起来。

5.10.2　GPRS 网络的逻辑结构

将 GSM 网络升级到 GPRS 网络，最主要的改变是在网络内加入 SGSN 以及 GGSN 两个新的网络设备节点，如图 5-21 所示。

GGSN 与 SGSN 如同因特网上的 IP 路由器（Router），具备路由器的交换、过滤与传输数据（Data）分组等功能，也支持静态路由（Static Routing）与动态路由（Dynamic Routing）。多个 SGSN 与一个 GGSN 构成电信网络内的一个 IP 网络，由 GGSN 与外部的因特网相连接。

1．网络设备节点 SGSN

SGSN 主要负责传输 GPRS 网络内的数据分组，它扮演的角色类似于通信网络内的路由器（Router），将 BSC 送出的数据分组路由（Route）到其他 SGSN，或是由 GGSN 将分组传递到外部的因特网。除此之外，SGSN 还具有与所有管理数据传输有关的功能。

GPRS 移动通信网络与因特网的最大区别就是 GPRS 网络增加了手机或终端的移动性管理（Mobility Management）。同 GSM 网一样，GPRS 网络同样有针对数据传输的鉴权、加密功能，上述这些功能都由 SGSN 负责。除此之外，SGSN 还负责与数据传输有关的会话（Session）管理、手机上的逻辑频道（Logical Channel）管理，以及统计传输数据量用于收费等。

2．网络设备节点 GGSN

GGSN 是 GPRS 网络连接外部因特网的一个网关，负责 GPRS 网络与外部因特网的数据交换。在 GPRS 标准的定义内，GGSN 可以与外部网络的路由器、ISP 的 RADIUS 服务器或是企业的 Intranet 等 IP 网络相连接，也可以与 X.25 网络相连接，不过全世界大部分电信运营商都倾向于只将 GPRS 网络与 IP 网络连接。

由外部因特网的观点来看，GGSN 是 GPRS 网络对因特网的一个窗口，所有的手机用户都限制在电信运营商的 GPRS 网络内，因此 GGSN 还负责分配各个手机的 IP 地址，并扮演网络上的防火墙（Firewall），除了防止因特网上非法的入侵外，基于安全的理由，还能从 GGSN 上设置限制手机连接到某些网站。在 GPRS 网络内，通常由单一的 SGSN 负责某个区域 GPRS 网络的业务。电信运营商的 PLMN 内包括许多 SGSN，但都只有很少数的 GGSN，SGSN 的数量远多于 GGSN。当手机用户登录上 GPRS 网络后，GGSN 负责分配给每个手机用户一个 IP 地址，管理手机传输数据信息的服务质量，统计传输资料量用于收费等。

对于原有 GSM 网的设备，例如 BTS、BSC、MSC/VLR 以及 HLR 等，大部分只要将设备的软件升级，增加数据信号处理与传输的能力即可，只有少许设备需要增加与 SGSN 相连接的硬件接口，因此大致上所有 GSM 网的设备都仍然能继续使用。

过去 GSM 网络内的 MS 几乎都设计成只具有话音通话与发送短消息功能的手机，将 GSM 网络升级到 GPRS 网络后，由于 GPRS 网络内的 MS 具备传输话音的电路交换（Circuit Switch）以及传输数据的分组交换（Packet Switch）两种方式，因而 MS 的功能与用途更加多样化。

5.10.3　GPRS 网络的分层结构

当 GSM 网络提升为 GPRS 网络而具有数据传输功能后，不仅网络内的各个设备必须加入处理数据的控制信号与数据信号，电信运营商的网络也必须针对数据传输进行重新规划，设计出适用于 GPRS 网络的分层（Hierarchy）结构。GPRS 网络分层结构内的最小区域单位为蜂窝小区（Cell），区域范围与 GSM 网络的蜂窝小区范围相同，多个蜂窝小区共同组成 SGSN 路径区域，多个 SGSN 路径区域共同组成一个 SGSN 服务区域。

在 GSM 网络内，进行话音通话的手机用户在同一个位置区域（LA）移动时，不需要进行位置更新。同样，在 GPRS 网络内，SGSN 负责记录追踪 MS 目前所在的 SGSN 路径区域标识码，以确保数据分组能发送到正确的 MS 上。多个蜂窝小区可共同组成一个 SGSN 路径区域（RA，Routing Area），进行数据传输的 MS（处于 Standby 状态）在同一个 RA 内移动时，也不必更新在 SGSN 路径区域内 MS 的位置记录。

GSM 网络内的 LA 范围与 GPRS 网络内的 RA 范围并不需要完全相同，通常一个 RA 范围包含许多 LA，与电信运营商对网络的规划有关。

在 GSM 网络内，多个 LA 共同组成一个 MSC/VLR 区域，MSC/VLR 区域内包含一个 MSC。同样，在 GPRS 网络内，多个 SGSN 路径区域（RA）共同组成一个 SGSN 服务区域（Service Area），SGSN 服务区域包含一个 SGSN。SGSN 服务区域的范围并不需要与 MSC/VLR 区域的涵盖范围相同。

1. 蜂窝小区更新

GPRS 网络内 MS 的操作模式分为三种状态。第一种是闲置状态（Idle State），此时的 MS 尚未向 GPRS 网络系统登录（Attach），不能使用 GPRS 网络的数据传输业务。GSM 网络内手机的闲置状态也是指手机刚开机后尚未以 IMSI 向 GSM 网络登录。第二种状态是等待状态（Standby State），此时的 MS 已经向 GPRS 网络系统登录，网络存储 MS 目前所在的 RA，这种状态的 MS 只能收到部分数据信息，无法接收与传送点对点（Point－to－Point）的数据信息。第三种状态是准备状态（Ready State），此时的 MS 已经向 GPRS 网络系统登录，网络不仅存储 MS 目前所在的路径区域（Routing Area），还存储 MS 目前所在的蜂窝小区，这种状态的 MS 能接收与传送点对点的数据信息。

GSM 网络内手机的蜂窝小区更新（Cell Update）与 GPRS 网络内 MS 的位置更新方式

不同。在 GSM 网络内，手机随时将测量到的信号强度传到网络上，由网络来决定手机何时进行不同的蜂窝小区间的切换。在 GPRS 网络内，MS 将测量所在蜂窝小区内各个频道的信号强度，由 MS 自行决定信号更佳的频道来传送数据信息。当 MS 移动接近蜂窝小区的边缘，导致周围蜂窝小区频道的信号强度高过目前频道的信号强度时，MS 将自动切换到新的频道上传输分组。

处于等待状态下的 MS 在同一个 RA 内移动时，不必进行任何位置更新，但是当网络希望传递数据信息到 MS 上时，由于 GPRS 网络不知道 MS 的确切位置，因此必须针对 MS 所在的路径区域 RA 发出寻呼(Paging)信号。处于准备状态下的 MS 在 RA 内移动时，由于网络存储 MS 目前所在的蜂窝小区，因此若 MS 移动到路径区域内的任何蜂窝小区，则都需要进行蜂窝小区更新，但也因为多了这个程序，当网络希望传递数据信息到 MS 上时，就不必发出寻呼信号了。

2. 用户鉴权与数据加密

GPRS 网络同样具有鉴权手机用户身份的权限，以及将数据信息加密的能力，避免数据信息在空间中传送时为其他人所窃取。GPRS 网络的鉴权程序与 GSM 网络中的验证程序是完全相同的，但是数据信息的加密稍有不同。在 GPRS 网络内，AuC 仍然维持原有的运作，预先计算出 K_c、RAND、SRES 这三个与鉴权和加密有关的数值，即鉴权三元组(Authentication Triplets)，存储在 HLR 内。

1) 鉴权

当 MS 向 GPRS 网络登录(Attach)，进行 SGSN 路由区域 RA 更新时，网络都必须对 MS 的身份进行鉴权。鉴权时用到的标识码为国际移动用户识别码 IMSI 及鉴权密钥 K_i，IMSI 及 K_i 同时存储在 MS 及系统内。GPRS 网络内的 SGSN 替代了 GSM 网络内的 VLR。当 SGSN 需要对 MS 进行鉴权时，会向 HLR 送出 MS 的 IMSI 并提出鉴权的请求，如图 5-22 所示，HLR 命令 AuC 提供验证需要的数据，AuC 接到 HLR 的命令后随机产生随机数变量 RAND，RAND 与 K_i 经 A3 算法计算出签名响应 SRES。RAND、SRES 这

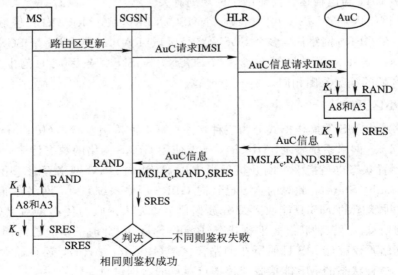

图 5-22　GPRS 网络在鉴权与加密时的信号交换程序

些与验证有关的数据会传回并存储在 HLR 数据库内，HLR 再将 RAND 送至 MS 上，之后 MS 也用 K_i 与 RAND 以同样的 A3 算法计算出 SRES。若 MS 产生的 SRES 和系统的 SRES 相同，则认为鉴权成功。

2）加密

GPRS 网络为了保证数据传输上的安全性，对数据信息进行加密，定义出另一种特殊的加密算法（GEA，GPRS Encryption Algorithm），SGSN 与 MS 都必须同时支持这种算法。在 GSM 网络内，介于 BSC 与手机间的话音信号都经过加密处理；在 GPRS 网络内，介于 SGSN 与 MS 间的数据信息也都经过加密处理。

GPRS 网络在鉴权与加密时的信号交换程序如图 5 - 22 所示。在 MS 与网络上皆用 K_i 与 RAND 以 A8 算法算出 K_c，MS 将 K_c 与逻辑链路帧（LLC Frame）内的参数相结合，经过 GEA 算法产生一连串加密位（Ciphering Block Stream），这些加密位对数据信息进行异或（XOR）运算后，如同对数据信息进行加密处理。SGSN 同样也以 K_c 与逻辑链路帧（LLC Frame）内的参数计算出一连串加密位，当 SGSN 收到 MS 送出的加密过的数据信息后，用加密位与数据信息进行 XOR 运算，将加密过的数据信息译码成原来的数据信息。

3. 登录 GPRS 网络

GPRS 网络内的 MS 一开机后处于闲置状态，为了告知 GPRS 网络有关 MS 的 IMSI 标识码、目前位置等数据，MS 必须向 GPRS 网络进行登录操作，这种程序称为 GPRS Attach。登录后 MS 从闲置状态转换到准备状态或等待状态。经过登录程序后，GPRS 网络建立了有关 MS 的移动性管理（MM，Mobility Management），SGSN 得知 MS 目前的位置，向手机发出寻呼信号，或传送短信息，但是在登录阶段，除了接收短信息业务 SMS 外，尚不能传送与接收分组数据。

GPRS MS 能以下三种运行模式中的一种进行操作，其操作模式的选定由 MS 所申请的服务决定：仅有 GPRS 服务，同时具有 GPRS 和其他 GSM 服务，依据 MS 的实际性能同时运行 GPRS 和其他 GSM 服务。因而，运行模式可相应地分成以下三类：

（1）A 类（Class - A）操作模式：MS 申请 GPRS 和其他 GSM 服务，而且 MS 能同时运行 GPRS 和其他 GSM 服务。

（2）B 类（Class - B）操作模式：一个 MS 可同时监测 GPRS 和其他 GSM 业务的控制信道，但同一时刻只能运行一种业务。

（3）C 类（Class - C）操作模式：MS 只能应用于 GPRS 服务。

欧洲 ETSI 协会制定的通信标准将登录程序分为三种，分别为 IMSI 登录、GPRS 登录和 GPRS/IMSI 联合登录。GSM 网络的手机开机后登录到 GSM 网络内就属于 IMSI 登录。GPRS 网络内的 MS 若为 C 类，则必须依赖用户自行设置 MS 支持 GSM 网络的电路交换方式，此时的 MS 为 IMSI 登录。当用户设置 MS 支持 GPRS 网络的分组交换方式时，MS 为 GPRS 登录。A 类与 C 类的 MS 都支持 GSM 网络的电路交换方式与 GPRS 网络的分组交换方式，此时的 MS 为 GPRS/IMSI 联合登录。

MS 进行 GPRS 网络登录的信令传输过程如图 5 - 23 所示。

① MS 传送登录请求指令到 BSS，这个指令包括 MS 的 IMSI、分组 TMSI 标识码及登录方式等。

② 进行 MS 的鉴权程序，并选择是否进行数据加密。

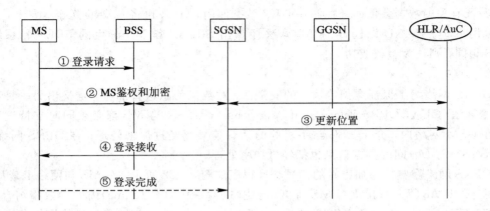

图 5-23　MS 登录 GPRS 网络时的信令传输过程

③ 若 MS 是第一次登录进 GPRS 网络，或是从另一个 SGSN 移动到新的 SGSN，则需进行位置更新，SGSN 记录 MS 目前的位置，并送出更新位置信号告知 HLR 有关 MS 目前的位置。

④ SGSN 通知 MS 有关 SGSN 已经接收登录的登录接收指令。若此时 SGSN 分配 MS 一个分组 TMSI 标识码，则在登录接收指令内也将包括该分组 TMSI 标识码。

⑤ MS 收到登录接收指令并接收到新的分组 TMSI 标识码后，将送一个登录完成的指令给 SGSN。

从这些信号传输过程可以看出，MS 进行 GPRS 网络登录后，并未向网关 GPRS 节点 GGSN 登记，因此 MS 尚无法接收到 GGSN 外部网络的数据分组数据。

4. 开启 PDP Context

1) PDP Context

当 MS 登录到 GPRS 网络后，在传输数据信息前，必须先建立一传输信道，这一过程称为会话管理（Session Management）。在该过程中，GPRS 网络将经历 MS 的 PDP Context（分组数据协议描述图）开启，MS 与 SGSN 协商出一个服务品质（QoS），MS 向 GGSN 登录，MS 从网络上得到一个 IP 地址等过程。经过这些过程后，MS 即可经过 GGSN 传送与接收外部网络的数据信息。PDP 是指分组数据协议（Packet Data Protocol）。

PDP Context 基本上可视为 MS 在 GPRS 网络上的地址，每个 MS 在 GPRS 网络上都维持一个专门的 PDP Context。PDP Context 最主要的内容包括 IP 地址与服务质量 QoS 参数。GPRS 网络依据 PDP Context 上的内容将 MS 的数据分组传送到正确的目的地。GPRS 网络将随时掌握 MS 的所在位置，这种网络管理机制称为 MM(Mobility Management)。有关 MM 的变化参数也记录在 PDP Context 内。当 PDP Context 开启后，GPRS 网络为 MS 保留固定的资源，当 MS 短时间没有动作时，在一般正常的情况下，PDP Context 仍然维持开启的状态，MS 希望传送数据信息时可直接利用 PDP Context 进行传送，这就是 GPRS 网络具备 Always Connected（随时连接）特性的原因。分配 MS 的 IP 地址有静态指定 IP 和动态分配 IP 两种方式，采用哪种方式取决于电信运营商的网络规划方式。

2) 服务质量 QoS

GPRS 网络是第一个提供服务质量 QoS 的无线网络。在 GPRS 网络或因特网上，有许多不同类型的网络用户与各种不同的应用业务,网络的服务质量 QoS 是指依据用户的需求与应用业务的种类,对网络资源进行最有效的分配。例如,设置每位用户的传输数据速率(Data Rate)、传输数据丢失率(Data Loss)、最小的延迟时间(Minimum Delay)、各个分组延迟时间的差异(Delay Variation,也称为 Jitter)等参数,以满足每位用户的需求。

　　服务质量 QoS 在 GPRS 网络内尤其重要,因为无线频道资源有限,在蜂窝小区(Cell)内的所有用户彼此都经过相同的无线频道传输数据,每位手机用户所分配到的传输速率变化相当大,有时可能因为蜂窝小区内用户人数的突然增加,而使传输速率急速降低,造成应用上的困扰。若能根据不同的传输速率与不同类型的手机用户签订不同传输服务的合约,则不仅能为电信运营商带来可观的收益,还能避免因某些用户对 GPRS 网络过度使用(如下载大量的电子文件)而造成的网络拥塞。

　　不同的应用业务要求的 QoS 不同。对于视频会议(Video Conferencing)、Voice over IP[①] 等实时性的应用业务,要求维持一致的延迟时间与高速的传输速率,差错控制反而不是那么重要,因为当错误发生后再重传分组往往已经超时了。但是有些应用业务(如股票交易等业务)则必须完全、正确地收到所有的分组。

3) 信号传输过程

MS 开启 PDP Context 时的信号传输过程如图 5 - 24 所示。

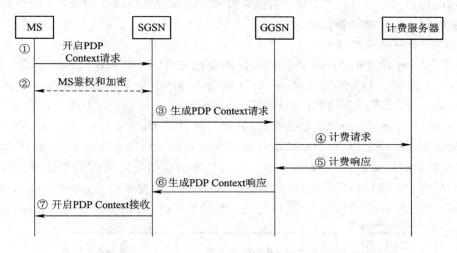

图 5 - 24　MS 开启 PDP Context 时的信号传输程序

　　① MS 传送开启 PDP Context 请求指令到 SGSN,这个指令包括请求 IP 地址的分配及所要求的服务质量 QoS 等。

　　② 执行 MS 的鉴权程序,并选择是否进行数据加密。

　　③ SGSN 收到该指令后,向 GGSN 发出生成 PDP Context 的请求,GGSN 内部的接入控制功能将检验该 MS 所要求的服务质量 QoS 以及连接因特网的权限。

　　④ 当这些设置与请求都经过 GGSN 处理后,GGSN 向计费服务器发出计费请求通知。

―――――――――

① 　Voice over IP(VoIP)技术是因特网与公共交换电话网(PSTN)相结合的产物。这两个网络中的常用终端设备和电话机也是 IP 网络电话所使用的设备。VoIP 技术推动数据/话音的融合,IP 网络将话音、数字、图像技术合而为一,为未来的电话网、广播电视网、数据网三网合一提供了技术手段。

计费服务器位于电信运营商的 Intranet 内,负责动态分配 MS 的 IP 地址与计费功能。计费服务器完成对 MS 的鉴权后,提供 MS 一个 IP 地址。

⑤ 计费服务器传回计费响应指令给 GGSN,同时告知 GGSN 有关 MS 应该分配的 IP 地址。

⑥ GGSN 传回生成的 PDP Context 响应指令给 SGSN。这个指令中包含 MS 分配到的 IP 地址。

⑦ SGSN 发出接收开启 PDP Context 的指令,并告知 MS 关于 PDP Context 已经开启。这个指令中包含 MS 分配到的 IP 地址。

5. 无线通信协议 WAP

由于因特网上的通信协议不适用于无线通信的传输环境,因此全世界各通信厂商皆有开发适合于无线传输通信协议的计划,但是每个厂商都各自独立开发专门的通信协议,没有整合成一个统一的标准。诺基亚(Nokia)、爱立信(Ericsson)、摩托罗拉(Motorola)和 Unwired Planet 四家公司率先在 1997 年成立了 WAP 论坛(WAP Forum),将各自开发的无线通信协议加以整合后,共同推出了统一标准的无线通信协议,随后将这种无线通信协议正式称为无线通信(应用)协议(WAP,Wireless Application Protocol)。WAP 协议针对无线传输的信道带宽窄、易受干扰的特点,加入了许多特殊的改良与设计,使得移动电话与基站系统间适合传输数据信息。

1) WAP 协议的分层结构

WAP Forum 设计的 WAP 协议也如同因特网的 TCP/IP 协议,具有分层式的结构,如图 5 - 25 所示。WAP 协议由上而下区分的分层为 WAE(Wireless Application Environment,无线应用环境)、WSP(Wireless Session Protocol,无线会话协议)、WTP (Wireless Transaction Protocol,无线交易协议)、WTLS(Wireless Transport Layer Security,无线传输层安全)、WDP(Wireless Datagram Protocol,无线数据报协议)。WAE 是结合了万维网 WWW 与移动电话(Mobile Telephony)技术的应用层协议;WSP 是专门设计为低带宽与高延迟的会话层协议;WTP 是架设在 WDP 之上的交易层(Transaction Layer)通信协议,WTP 支持 TCP 与 UDP 的传输方式;WTLS 是由 TLS(Transport Layer Security)

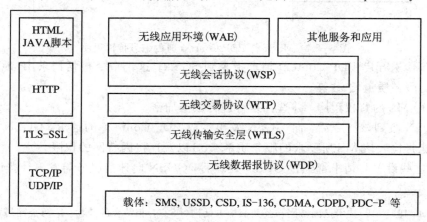

图 5 - 25　WAP 协议的分层结构

协议修改而成的 WAP 安全层协议；WDP 是非可靠性的传输层（Transport Layer）通信协议，WDP 的下层以各种不同的通信系统为载体。

2）WAP 协议的底层载体

WAP 协议的运作不限定于某种特定的网络，任何网络都能成为 WAP 协议的传输平台，包括从传统的 GSM、IS-95 等 2G 网络，进一步到 GPRS、CDMA2000-1X 等 2.5G 网络，甚至到 WCDMA 网络、CDMA2000 等 3G 网络，都能采用 WAP 协议。

在 WAP 协议的制定初期，为了加速 WAP 业务的发展，最早应用的是 GSM 网络内的短信息业务（SMS）。在 2000 年以前，全世界的 GPRS 网络几乎都尚未架设完成，MS 用户使用 WAP 服务时，大部分是以拨接的方式在手机与 WAP 网关间建立一条专门链路，这种载体的类型为电路交换数据（CSD，Circuit Switched Data），也就是如同电路交换的传输模式。但正是因为 CSD 存在许多缺点，导致 WAP 协议的应用服务在 GSM 网络内的使用一直无法普及。这些缺点包括：CSD 缺少立即性（Immediacy），即使在网络环境最佳的情况下，WAP 用户拨接上 WAP 网关至少需要 10 s；除了建立联机的时间过长外，由于 CSD 是以联机的时间来计算费用的，因此费用也不便宜。所以推广 WAP 应用服务面临的最大障碍就是 CSD 这种拨接方式不适合作为 WAP 协议的载体。

传输 WAP 协议的理想载体应该具有传输密集性（Intensive）、突发性（Burst-Oriented）等特性。GPRS 网络内的数据传输类型为分组方式。正是由于具有上述特性，GPRS 网络成为 WAP 协议的最佳传输载体，因此 GPRS 网络的普及将是 WAP 协议应用服务发展的一大推动力。

3）WAP 协议的网络结构

WAP 协议在无线网络上的运作方式与因特网基本相同，采用 Client-Server（客户机-服务器）的数据连接方式，最重要的改变是在网络内安装一部 WAP 网关，WAP 网关一边连接因特网（Internet）或企业内部网络（Intranet），另一边连接电信运营商的 PLMN 无线网络，无线终端设备通过 WAP 网关存取位于因特网的资源。所有支持 WAP 协议的无线终端设备内都有一个微浏览器（Microbrowser）。该浏览器具备 WML 与 WML 脚本（Script）编译器。WAP 协议的设计使浏览器的操作只占用无线设备少量的 ROM、RAM、CPU 等资源。

在无线网络内，WAP 网关负责将各个 WAP 网站的无线标记语言（WML）以 WAP 协议传递到手机上，WAP 网站不需要另加专门的 WAP 服务器。现在因特网上以超文本标识语言 HTML 编写的各个 Web 服务器也能存储以 WML 编写的 WML 网页，同时作为 Web 网站和 WAP 网站。因此原有 Web 服务器上的技术都能提供 WAP 服务，例如，以附加支持处理机（ASP，Attached Support Processor）动态产生 WML 网页。Web 服务器上的以 HTML 编写的各种信息，传到手机前都先转换成 WML 语言。WAP 网关接收到 WML 语言后，为了适应无线通信环境，通过 WML 编码器和 WML 脚本编译器将 WML 语言转换成二进制的 WML 语言，再通过 WTP/WSP 通信协议传递到手机上。有些 Web 服务器与 WAP 网关都具备 HTML Filter，可将 HTML 转换成 WML。WAP 网关除了扮演转换语言的角色外，同时也具有网络服务器的许多功能，例如网址 URL 的翻译、域名服务（DNS）等。

经过 WAP 网关的语言转换，可以将因特网的各个网站内的以 HTML 编写的网页内容转换成以 WML 语言编写的内容，然后传输到手机上。Web 服务器除了存放既有的 HTML 格式的内容之外，还存放了 WML、WML 脚本编写的内容。图 5-26 表示了手机从 Web 服务器下载 WML 网页的信号传递过程。

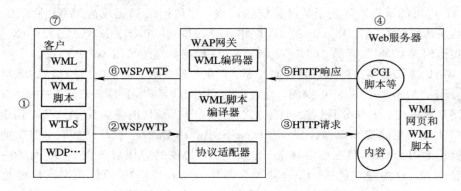

图 5-26　手机从 Web 服务器下载 WML 网页的信号传递过程

其步骤如下：

① 用户从手机上输入 WAP 网站的 URL 地址。

② 当用户按下手机的发送按键时，手机以 WAP 协议内的 WSP/WTP 将 WAP 网站的 URL 地址传送到 WAP 网关。

③ WAP 网关收到来自手机的信号，将 URL 地址转换成目的地 Web 服务器的 IP 地址后，WAP 网关以 HTTP 协议向 Web 服务器发出一个连接的请求。

④ 当 Web 服务器收到连接的请求后，将标识 URL 地址指向一个静态的文件、公共网关接口(CGI)或其他脚本应用。若 URL 地址指的是一个静态的文件，则 Web 服务器将寻找出该文件，在该文件前面附加 HTTP 协议的标头并传回给 WAP 网关；若 URL 地址指的是脚本应用，则 Web 服务器直接执行该应用程序。

⑤ Web 服务器将 WML 的网页或其他 CGI 输出结果以 HTTP 协议传回给 WAP 网关。

⑥ WAP 网关收到 HTTP 协议后，将解读出 HTTP 协议分组内的 WML 内容，并编码成为二进制的 WML 内容，传递到手机上。

⑦ 手机收到二进制的 WML 内容后，将显示出 WML 的网页或其他 CGI 输出结果。

6. 将 MS 连接上 WAP 网站

当 MS 登录到 GPRS 网络并开启 PDP Context 后，代表 MS 完成了 GPRS 网络在底层通信协议必要的程序，此时 MS 必须选择 WAP 协议或 WAP 网站的网页内容。一般的 MS 若具有 WAP 浏览器，则当用户操作 WAP 浏览器时，MS 将自动选择 WAP 协议。简单的手机通常只有 WAP 浏览器。同理，若 MS 具备 Web 浏览器，则当用户操作 WAP 浏览器时，MS 将自动选择 TCP/IP 协议；若 MS 为功能较强的 PDA，则 PDA 内的 Explorer 浏览器采用的就是 TCP/IP 协议。

在 GPRS 网络内以 WAP 协议传输 WML 网页时，首先 MS 登录到 GPRS 网络并开启 PDP Context，随后 MS 建立一个 WAP 会话联机。WAP 会话联机的建立过程如图 5-27 所示。其步骤如下：

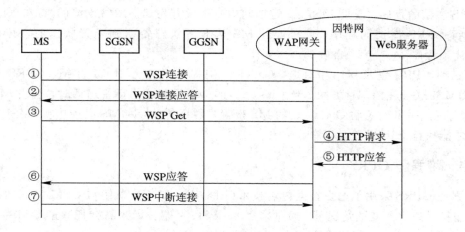

图 5 - 27 WAP 会话联机的建立过程

① MS 传送 WSP 连接指令到 WAP 网关，WAP 网关依据这个指令上的内容建立会话 (Session)，并由指令内的参数进行验证工作。

② 返回 WSP 连接应答指令，告知 MS 已经建立一个会话。

③ MS 向 WAP 网关发出 WSP Get，希望连接上某个 WML 网页。

④ 经过 WAP 网关的 DNS 功能得知存储该 WML 网页的 Web 服务器在因特网上的 IP 地址，WAP 网关以 HTTP 协议向该 Web 服务器发出连接的请求。

⑤ Web 服务器以 HTTP 协议将 WML 网页的内容返回给 WAP 网关。

⑥ WAP 网关以 WSP 应答指令将 WML、WML 脚本的内容返回给 MS。至此，MS 就接收到 WAP 网站内 WML 网页的内容。

⑦ 当 MS 希望中断会话时，向 WAP 网关发出 WSP 中断连接指令。

7. 修改与关闭 PDP Context

GPRS 网络内每个 MS 的 PDP Context 并非随时都维持在开启（Activation）状态。由于 PDP Context 记录着 MS 的移动位置，因此 GPRS 网络随着 MS 的移动不断地变更 PDP Context 的记录，为 MS 保留了特定的网络资源。如果 GPRS 网络同时维护所有 MS 的 PDP Context，则随着申请 GPRS 网络服务的用户不断增加，对 SGSN 处理运算来说是一项沉重的负担。

因此 GPRS 网络允许在某些情况（如 GPRS 网络经过一段长时间的寻呼（Paging），呼叫后都无法连接上 MS，或用户将 MS 关机等）下将 MS 的 PDP Context 关闭（Deactivation），等到 MS 需要时再重新开启，以节省网络资源。MS 与 GPRS 网络上的 SGSN、GGSN 皆可以主动地发出关闭 PDP Context 的指令。当网络某些状况改变时，PDP Context 的内容也能够加以修改，例如由 SGSN 发出指令改变 PDP Context 内 QoS 的设置。GPRS 网络关闭 MS 的 PDP Context 后，将收回分配给 MS 的 IP 地址，用于重新分配。

8. 注销 GPRS 网络

相对于 MS 登录到 GPRS 网络，MS 注销 GPRS 网络时也将执行 GPRS 注销（GPRS Detach）的程序。GPRS 网络在某些状况下，允许一些设备发出 GPRS 注销的指令。例如，电信运营商的网络管理者若限制某个 MS 连接上 GPRS 网络，则可由 HLR 命令 SGSN 进行 GPRS 注销的程序，或是 MS 在一定期间内一直没有收到 GPRS 网络的响应，则 MS 将主动执行 GPRS 注销的程序。此外，当 MS 从准备状态转换到闲置状态时，必须执行 GPRS 注销程序。

与三种 GPRS 登录程序相对应，GPRS 注销程序也分为 IMSI 注销、GPRS 注销与 GPRS/IMSI 联合注销三种方式。当 Class－C 的 MS 设置成为话音通话时，代表 MS 进行 IMSI 登录程序，此时若将 Class－C 的 MS 设置成数据传输，则 MS 必须执行 IMSI 注销程序后，才能执行 GPRS 登录程序。

5.10.4　增强型 GPRS

增强型 GPRS 采用了增强数据传输技术（EDGE）。EDGE 采用与 GSM 相同的突发结构，能在符号速率不变的情况下，通过采用 8－PSK 调制技术来替代原来的 GMSK 调制，从而将 GPRS 的传输速率提高到原来的 3 倍。

除了速率提高外，在增强型 GPRS 中还引进了链路质量控制（LQC，Link Quality Control）的概念，即通过对信道质量的估计，选择最合适的调制和编码方式，同时，通过逐步增加冗余度的方法来兼顾传输效率和可靠性。在传输开始时，先使用冗余度小的信道编码（相对信息速率高）来传输信息。如果传输成功，则用该码率传输，以保证传输的有效性；如果传输失败，则增加冗余度（降低信息速率），直到接收端成功接收。

思 考 题 与 习 题

1. GSM900 系统中移动台的功率等级共分为几级？最大为多少瓦？最小为多少瓦？

2. GSM 的公共控制信道（CCCH）支持 MS 和 BS 之间专用通信路径的建立，它有哪三种类型信道？

3. GSM 的专用控制信道有哪三种类型？

4. 什么是 GSM 的不连续发送（DTX）？其作用是什么？

5. GSM 系统的不连续发送（DTX）在通话期间和停顿期间对话音各采用什么编码？

6. 试画出 GSM 系统的位置更新工作流程。

7. 块交织的主要作用是什么？GSM 采用怎样的交织技术？

8. 模拟蜂窝系统在通话期间靠什么连续监视无线传输质量？如何完成？在数字蜂窝 GSM 系统中又是如何监视的？

9. 影响 GSM 手机的小区选择算法的因素有哪三个？

10. 解释移动通信造成近端对远端的干扰的原因，并说明有哪两种解决措施。

11. IMSI 由哪三部分代码组成？

12. 试说明 MSISDN、MSRN、IMSI、TMSI 的不同含义及各自的作用。

13. 试画出 GPRS 网络结构图，并解释各模块功能。

14. SGSN 和 GGSN 网络设备的功能是什么？

15. GPRS 中，网络是如何完成对 MS 鉴权的？

16. 试画出 WAP 协议的分层结构图。

17. 增强型 GPRS 采用了什么新技术？

第 6 章　CDMA 数字蜂窝移动通信系统

6.1 引　言

　　CDMA 是码分多址(Code Division Multiple Access)的英文缩写，它是在扩频通信技术的基础上发展起来的一种崭新而成熟的无线通信技术。CDMA 技术的原理基于扩频技术，即将需传送的具有一定信号带宽的信息数据，用一个带宽远大于信号带宽的高速伪随机码进行调制，使原信息数据的带宽被扩展，再经载波调制并发送出去，接收端使用完全相同的伪随机码，与接收的带宽信号作相关处理，把宽带信号转换成原信息数据的窄带信号，即解扩，以实现信息通信。

　　我们知道，采用 TDMA 技术的 GSM 与模拟移动电话相比有很大的优势，但是，其频谱效率仅是模拟系统的 2～3 倍，容量有限，在话音质量上也很难达到有线电话的水平，终端接入速率最高也只能达到 9.6 kb/s，且系统无软切换功能，因而容易掉话，影响服务质量。因此，TDMA 并不是现代蜂窝移动通信系统的最佳无线接入，而 CDMA 多址技术完全适合现代移动通信网所需的大容量、高质量、综合业务和软切换等。正因为优势明显，第三代移动通信的三大标准全部选择了 CDMA 技术。

　　CDMA 技术的出现源于人们对更高质量无线通信的需求。第二次世界大战期间，因战争的需要而研究开发出 CDMA 技术，其初衷是防止敌方对己方通信的干扰，该技术广泛应用于军事抗干扰通信。后来 CDMA 技术由美国高通(Qualcomm)公司更新为商用蜂窝电信技术。1995 年，第一个 CDMA 商用系统运行之后，CDMA 技术理论上的诸多优势在实践中得到了检验，从而在北美洲、南美洲和亚洲等地得到了迅速推广和应用。目前全球许多国家和地区，包括中国、中国香港、韩国、日本、美国都已建有 CDMA 商用网络。据 CDG(CDMA 发展集团)统计，1996 年年底 CDMA 用户仅为 100 万，到 1998 年 3 月已迅速增长到 1000 万，截至 1999 年 9 月，用户数量已超过 4000 万。2000 年初全球 CDMA 移动电话用户的总数已突破 5000 万，在一年内用户数量增长率达到 118%。最新的数据显示，全球使用 CDMA 技术的用户数已超过 8 亿。

　　为了适应我国移动通信市场的迅猛发展，1999 年 4 月，国务院批准中国联通统一负责中国 CDMA 网络的建设、经营和管理。2000 年 9 月，国家发展计划委员会、信息产业部下发了《关于启动 CDMA 移动通信网络建设有关事项的通知》，中国联通 CDMA 网络建设计划正式启动。

　　CDMA 网络作为第二代数字移动通信系统的典型代表之一，有利于为移动与互联网的融合提供更好的技术条件，增强提供移动数据业务的能力，有利于提供移动网高速发展所需要的频率资源，满足日益增长的业务需求，有利于进一步打破垄断，在移动通信领域形成竞争者旗鼓相当、各具特色的局面,适应中国加入 WTO 后中国电信业对外开放的全新竞争格局,有利于带动我国移动通信制造业的升级发展。

中国联通 CDMA 网络建设的基本思路是:以增强型 IS-95A 系统为基础,用一年时间迅速建成覆盖全国 300 个以上重要城市和地区、规模达 1500 万户的 CDMA 网络。该网络支持国际漫游、UIM 卡方式(机卡分离),具备基本的智能网业务(如预付费业务),支持移动互联网和数据服务的接入方法,并可在升级软件和仅更换信道板的方式下向 CDMA2000-1X(亦可简称 CDMA-1X)系统演进。在以增强型 IS-95A 系统实现网络规模覆盖的同时,选择部分重要城市建设 CDMA2000-1X 系统商用试验网,及时开展最高速率达 153.6 kb/s 的各种新业务,配合各种 CDMA 新型手机,使 CDMA 网络一推出就成为覆盖广阔、网络质量良好、业务新颖的精品网络。

中国联通于 2001 年年底前完成的一期工程容量为 1515 万用户,覆盖包括西藏在内的全国 32 个省、自治区、直辖市的 300 个以上地级市。在经济发达地区,对地、市、县、发达乡镇及重要铁路、公路干线、旅游景点实行全面覆盖;在经济中等水平地区,主要覆盖地区、市、县及重要乡镇,兼顾重要铁路、公路干线、旅游景点等;在经济欠发达地区,则主要覆盖重点地市。一期工程不仅包括建设中国联通 CDMA 核心网、智能网、信令网、无线网、传输网、同步网及计费和网管系统,还包括建设中国联通专用移动汇接网。2002 年年初联通 CDMA 网(简称 C 网)正式对外放号。二期工程的总体目标是继续完善网络,加强覆盖,增加容量,总的规模再增加 2000 万户左右,达到 3500 万至 4000 万户。为与中国移动 GPRS 相抗衡,2003 年年初,中国联通已经将网络从 IS-95A 标准平滑地过渡到 CDMA-1X,上网速率达 153.6 kb/s,为宽带移动数据业务的开展铺平了道路,并基于 CDMA-1X 网络,推出针对不同用户的增值业务,例如移动多媒体邮件(简称彩 e)、CDMA-1X 无线上网卡实现无线高速上网、掌中宽带(即移动终端上的 Web 浏览)等业务。

CDMA 及 cdma-1X 的市场价值是显而易见的。中国联通对 C 网的几次扩容,使 C 网有了承担 7000 万以上用户的承载能力,成为当前全球最大的 CDMA 网络。但是近几年受资金不足的困扰,联通在 C 网上的投资已明显不足,网络的融合量因用户的增加开始不足。为了更加有利于 CDMA 的发展及中国电信移动业务的开展,2008 年 9 月 28 日,中国联通与中国电信联合发布公告,CDMA 业务的经营主体由中国联通变更为中国电信。

2008 年中国电信接手 C 网时,CDMA 用户数才 2800 多万。至 2011 年 6 月,中国电信 CDMA 用户数突破 1 亿。这为中国电信带来了巨额新增收入。随着 3G 的开展,特别是在无线宽带和数据业务领域,大幅提高了中国电信的市场竞争实力。

6.1.1　CDMA 技术的标准化

CDMA 技术的标准化经历了几个阶段。IS-95 是 CDMAOne 系列标准中最先发布的标准,而真正在全球得到广泛应用的第一个 CDMA 标准是 IS-95A,这一标准支持 8K 编码话音服务。其后又分别推出了 13 kb/s 话音编码器的 TSB74 标准和支持 1.9 GHz 的 CDMA PCS 系统的 STD-008 标准。其中,13 kb/s 话音编码器的话音质量已非常接近有线电话的话音质量。随着移动通信对数据业务需求的增长,1998 年 2 月,美国高通公司宣布将 IS-95B 标准用于 CDMA 基础平台上。IS-95B 可提高 CDMA 系统性能,并增加用户移动通信设备的数据流量,提供对 64 kb/s 数据业务的支持。其后,CDMA2000 成为窄带

CDMA 系统向第三代系统过渡的标准。CDMA2000 在标准研究的前期，提出了 1X 和 3X 的发展策略，但随后的研究表明，1X 和 1X 增强型技术代表了未来发展方向。

　　CDMA 是移动通信技术的发展方向，第三代(3G)移动通信的三大标准全部采用了 CDMA 技术。在 2G 阶段，CDMA 增强型 IS-95A 与 GSM 在技术体制上处于同一代产品，提供大致相同的业务。但 CDMA 技术有其独到之处，在通话质量、掉话、辐射、健康环保等方面具有显著特色。在 2.5G 阶段，CDMA2000-1X RTT 与 GPRS 在技术上已有明显不同，在传输速率上 CDMA2000-1X RTT 高于 GPRS，在新业务承载上 CDMA2000-1X RTT 比 GPRS 成熟，可提供更多中高速率的新业务。在 2.5G 向 3G 技术体制过渡过程中，CDMA2000-1X 向 CDMA2000-3X 过渡比 GPRS 向 WCDMA 过渡更为平滑。

6.1.2　CDMA 系统的特点

　　与 FDMA 和 TDMA 相比，CDMA 具有许多独特的优点，其中一部分是扩频通信系统所固有的，另一部分则是由软切换和功率控制等技术带来的。CDMA 移动通信网是由扩频、多址接入、蜂窝组网和频率复用等几种技术结合而成，含有频域、时域和码域三维信号处理的一种协作，因此它具有抗干扰性好、抗多径衰落、保密安全性高、同频率可在多个小区内重复使用、容量和质量之间可做权衡取舍(软容量)等属性。与其他系统相比，这些属性使 CDMA 具有更加明显的优势。

1. 系统容量大

　　系统容量大即频谱利用率高，指的是 CDMA 在与 GSM 同样的频段下允许更多的用户使用。理论上使用相同频率资源的情况下，CDMA 移动网的容量比模拟网大 20 倍，实际使用中比模拟网大 10 倍，比 GSM 大 4～5 倍。在 CDMA 系统中，由于不同的扇区也可以使用相同的频率，因此当小区使用定向天线(即 120°扇形天线)时，干扰减为原来的 1/3，因为每副天线只收到 1/3 移动台的发射信号。这样，整个系统所提供的容量又可提高为原来的 3 倍，并且小区容量将随着扇区数的增大而增大。但对其他系统来说，由于不同扇区不能使用同一频率，所以即使分成三扇区也只是频率复用的要求，并没有增加小区容量。

2. 软容量

　　在 CDMA 系统中，用户数和服务质量之间有着更灵活的关系，用户数的增加相当于背景噪声的增加，会造成话音质量的下降。例如，系统运营商可在话务量高峰期将误帧率稍微提高，从而增加可用信道数。由于 CDMA 是一个自干扰系统，因此我们可将带宽想象成一个大房子，所有的人将进入唯一的大房子，如果他们使用完全不同的语言，他们就可以清楚地听到同伴的声音而只受到别人谈话的干扰。在这里，屋里的空气可以被想象成宽带的载波，而不同的语言即被当作不同的编码，我们可以不断地增加用户直到整个背景噪声增大至用户间交谈无法进行下去为止。如果能控制住用户的信号强度，则在保持高质量通话的同时，我们就可以容纳更多的用户。

　　体现软容量的另一种形式是小区呼吸功能。所谓小区呼吸功能，是指各个小区的覆盖大小是动态的。当相邻两小区的负荷一轻一重时，负荷重的小区通过减少导频发射功率，使本小区的边缘用户由于导频强度不足切换到相邻小区，从而分担负荷，即相当于增加了容量。

　　这种功能用于切换时，在防止由于缺少信道导致通话中断方面特别重要。在模拟系统和数字 TDMA 系统中,如一时缺少信道,则通话必须等待信道出现空闲,否则就会造成切换时的通话中断。然而,在 CDMA 系统中,通过稍微降低用户的通话质量,可以保证通话继续进行,等到目标小区的负荷减轻时,通话质量再恢复正常。

此外,CDMA 系统还提供多级别服务。例如,现在已经有了两种话音编码——13 kb/s 和 8 kb/s。如果用户支付较高费用,则可获得较高级别的服务。高级用户的切换也可较其他用户优先。

3. 通话质量更佳

CDMA 系统的声码器可以动态地调整数据传输速率,并根据适当的门限值选择不同的电平级发射。同时门限值根据背景噪声的改变而变化,这样即使在背景噪声较大的情况下,也可以得到较好的通话质量。

CDMA 系统采用 8 kb/s 或 13 kb/s 的可变速率声码器,声码器使用的是码激励线性预测编码(CELP)和 CDMA 特有的算法,称为 QCELP[①]。QCELP 算法被认为是到目前为止效率最高的算法之一。

可变速率声码器的一个重要特点是使用适当的门限值来决定所需速率。门限值随背景噪声电平的变化而变化,这样就抑制了背景噪声,使得即使在喧闹的环境下,也能得到良好的话音质量。

4. 移动台辅助软切换

软切换(Soft Handoff)就是当移动台需要同一个新的基站通信时,CDMA 系统采用软切换技术和先进的数字话音编码技术,并使用多个接收机同时接收不同方向的信号。"先连接再断开",并不先中断与原基站的联系。移动台在切换过程中与原小区和新小区同时保持通话,以保证电话的畅通。软切换只能在具有相同频率的 CDMA 信道间进行。软切换在两个基站覆盖区的交界处起到了话务信道的分集作用,这样完全克服了硬切换容易掉话的缺点。软切换的主要优点是:

(1) 无缝切换,可保持通话的连续性。

(2) 减少掉话的可能性。由于在软切换过程中,在任何时候移动台至少可与一个基站保持联系,因而减少了掉话的可能性。

(3) 处于切换区域的移动台发射功率降低。降低发射功率是通过分集接收来实现的,降低发射功率有利于增加反向容量。

但同时,软切换也相应带来了一些缺点,主要有:

(1) 导致硬件设备(即信道卡)增加。

(2) 减小了前向容量。但由于 CDMA 系统前向容量大于反向容量,因此适量减小前向容量不会导致整个系统容量减小。

5. 频率规划简单

用户按不同的序列码区分,所以相同的 CDMA 载波可在相邻的小区内使用,网络规划灵活,扩展简单。

6. 建网成本低

CDMA 网络覆盖范围大,系统容量高,所需基站少,降低了建网成本。

---

① QCELP:Qualcomm Code Excited Linear Predictive,Qualcomm 码激励线性预测编码器。

7. "绿色手机"

普通手机(GSM 和模拟手机)的功率一般能控制在 600 mW 以下，CDMA 系统的发射功率最高只有 200 mW，普通通话功率可控制在零点几毫瓦，其辐射作用可以忽略不计，对人体健康没有不良影响。手机发射功率的降低将延长手机的通话时间，意味着电池、话机的寿命长了，对环境起到了保护作用，故称之为"绿色手机"。

8. 保密性强，通话不会被窃听

CDMA 信号的扰频方式提供了高度的保密性，要窃听通话，必须找到码址。但CDMA 码址是个伪随机码，而且共有 4.4 万亿种可能的排列，因此，要破解密码或窃听通话内容非常困难。

9. 多种形式的分集

分集是对付多径衰落很好的办法。分集方式主要有三种：时间分集、频率分集和空间分集。CDMA 系统综合采用了上述几种分集方式，使性能大为改善。各种分集方式归纳如下：

（1）时间分集：采用符号交织、检错和纠错编码等方法。

（2）频率分集：本身是 1.25 MHz 宽带的信号，起到了频率分集的作用。

（3）空间分集：基站使用两副接收天线，基站和移动台都采用 Rake 接收机技术，这样软切换就起到了空间分集的作用。

FDMA 和 TDMA 系统很容易提供空间分集，各种数字系统也都可以通过纠错提供时间分集，然而其他分集只有 CDMA 系统才有。CDMA 的直接序列扩频能提供多种分集方法。系统中的分集方法越多，在恶劣传输环境中的性能就越好。

CDMA 系统采用并联相关器的方法解决了多径问题。移动台和基站分别配备三个和四个相关器。基站和移动台所用的 Rake 接收机能独立跟踪各个不同路径，将收到的信号强度矢量相加，然后进行解调。这样，虽然每条路径都有衰落，但彼此各自独立，互不相关，此消彼长，因而基于各信号之和的解调方式能更可靠地抗衡多径衰落的影响。

10. CDMA 的功率控制

CDMA 系统的容量主要受限于系统内移动台的相互干扰，所以，如果每个移动台的信号到达基站时都达到所需的最小信噪比，则系统容量将会达到最大值。CDMA 功率控制的目的就是既维持高质量通信，又不对占用同一信道的其他用户产生不应有的干扰。

CDMA 系统的功率控制除可直接提高容量之外，同时也降低了为克服噪声和干扰所需的发射功率。这就意味着同样功率的 CDMA 移动台与第一代模拟移动通信系统或 TDMA 移动台相比可在更大范围内工作。

CDMA 系统引入了功率控制，一个很大的好处就是降低了平均发射功率，而不是峰值功率。这就是说，在一般情况下 CDMA 传输状况良好，因此发射功率较低；但在遇到衰落时 CDMA 会通过功率控制自动提高发射功率，以抵抗衰落。

11. 话音激活

典型的全双工双向通话中，每次通话的占空比小于 35%。在 FDMA 和 TDMA 系统中，由于通话停顿时重新分配信道存在一定时延，因此难以利用话音激活技术。CDMA 在不讲话时传输速率降低，减轻了对其他用户的干扰，这就是 CDMA 系统中的话音激活技术。CDMA 的容量又直接与所受总干扰功率有关，这样就可以使容量增加一倍左右。

6.2　CDMA 空中接口协议层

图 6-1 给出了 CDMA 空中接口层结构。CDMA 信道包含反向 CDMA 信道（CDMA 上行信道）和正向 CDMA 信道（CDMA 下行信道或 CDMA 前向信道）。反向 CDMA 信道由接入信道和反向业务信道组成。正向 CDMA 信道由寻呼信道和正向业务信道组成。所有信道的信令都使用基于比特同步的协议。所有信道上的消息都有一个相同的层格式。最高层的协议是由一则消息和填充物（Padding）组成的封装信息。填充物的作用是在某些信道上让消息适合帧的装配。一个典型的例子是业务信道中空缺突发（Blank-and-Burst）信令模式。如果消息小于一帧，则封装的是整一个帧，填充比特从消息比特的结束至帧的结束。下一层的格式可能为将消息分装成长度区域、信息和 CRC 校验。

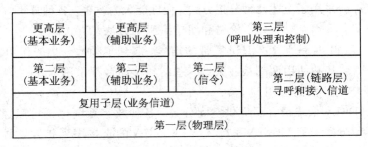

图 6-1　CDMA 空中接口层结构

第一层是数据无线信道中的物理层，具有传递比特位的功能，如调制、编码、成帧、信道匹配等。在第一层和第二层之间包括一个复用子层。这个复用子层允许用户数据和信令处理通过无线通道实现共享。对于用户数据来说，高于复用子层的协议层与业务选择无关。在典型的情况下，CDMA 空中接口层有更高两层（即第二层、第三层的）协议内容。信令协议第二层是和可靠的信令发送相联系的协议。第三层包括处于基站和移动台之间的消息重传、双重检测、呼叫流程、无线信道控制和移动台控制（包括呼叫的建立、切换，功率的控制，移动台的注销）。

移动台中，所有这些层次都安装在一块物理硬件中。在网络这一侧，这些层次可能分散在不同位置的硬件上。在连接层发送确认信息，响应信息是在控制处理层发送的。为了避免更多的信令，链路确认和控制处理信令可以合并成单个信令，这可以由移动台来完成，这样对于控制过程的时延来说是很小的。在网络侧，MSC 对于控制过程的响应产生反应。

系统之间的信令业务（如自动漫游、呼叫传递、切换等）都由 IS-41.C 提供支持。通过使用 IS-41.C 可使不同的 IS-95 系统互相连接在一起。

6.3　CDMA 前向信道

CDMA 前向信道（也称 CDMA 下行信道）由用于控制的广播信道和用于携带用户信息的业务信道组成。广播信道由导频信道、同步信道和寻呼信道组成。所有这些信道都在同一个 1.23 MHz 的 CDMA 载波上。移动台能够根据分配给每个信道唯一的码分来区分逻辑信道。这个码分是经过正交扩频的 Walsh 码。每个码分信道都要经一个 Walsh 函数进行正交扩频，然后又由速率为 1.228 MC/s 的伪噪声系列扩频。在基站可按频分多路方式使用多个 CDMA 前向信道（1.23 MHz）。图 6-2 给出了 CDMA 支持的不同前向信道。如图 6-2 所示，CDMA 前向信道可使用的码分信道最多为 64 个。一种典型的配置是：1 个导频信道，1 个同步信道，7 个寻呼信道（允许的最多值）和 55 个业务信道。但前向信道的码分信道配置并不是固定的，其中导频信道一定要有，其余的码分信道可根据情况配置。例如，可用业务信道取代寻呼信道和同步信道，成为 1 个导频信道，0 个同步信道，0 个寻呼信道和 63 个业务信道。这种情况下，基站拥有两个以上 CDMA 信道（即带宽大于 2.5 MHz），其中一个为 CDMA 基本信道（1.23 MHz），所有移动台都先集中在该基本信道上工作。此时，若基本 CDMA 业务信道忙，则可由基站在基本 CDMA 信道的寻呼信道上发射信道指配消息将某移动台分配到另一个 CDMA 信道进行业务通信，该 CDMA 信道只需一个导频信道，而不再需要同步信道和寻呼信道。

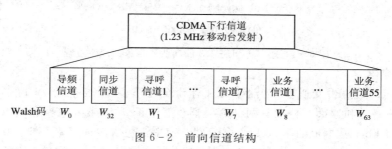

图 6-2　前向信道结构

6.3.1　前向业务信道

前向业务信道同时支持速率 1（9.6 kb/s）和速率 2（14.4 kb/s）的声码器业务。图 6-3 描述了前向业务信道各功能模块的作用。图 6-4 给出了速率 1 和速率 2 前向业务信道的产生过程。

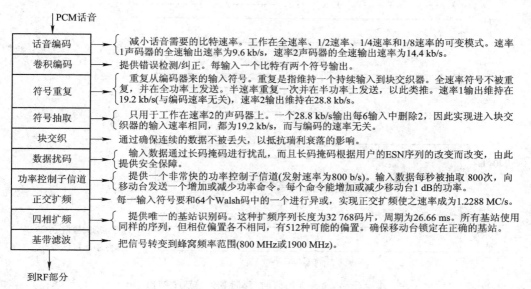

图 6-3　CDMA 前向业务信道各功能模块的作用

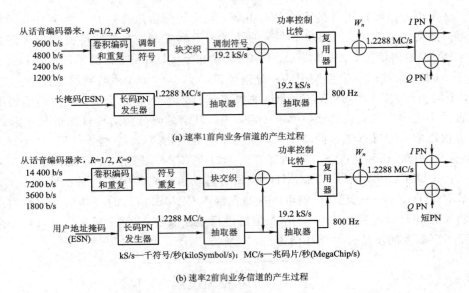

(a) 速率1前向业务信道的产生过程

(b) 速率2前向业务信道的产生过程

kS/s—千符号/秒(kiloSymbol/s)；MC/s—兆码片/秒(MegaChip/s)

图 6-4　速率 1 和速率 2 前向业务信道的产生过程

1. 话音编码

CDMA 声码器是可变速率声码器，可工作于全速率、1/2 速率、1/4 速率和 1/8 速率。通常对应于速率 1 和速率 2 分别有两种声码器：工作于 9.6 kb/s 数据流的 8 kb/s 声码器和工作于 14.4 kb/s 数据流的 13.3 kb/s 声码器。速率 1 包含四种速率：9600 b/s，4800 b/s，2400 b/s 和 1200 b/s。速率 2 包含四种速率：14 400 b/s，7200 b/s，3600 b/s 和 1800 b/s。当速率 2 是可选的时，移动台不得不支持速率 1。信道结构对于速率 1 和速率 2 是不同的。两种声码器都能进行话音性能检测，并能减少在系统中受到的干扰。

图 6-5 和图 6-6 分别给出了速率 1 和速率 2 的前向/反向业务信道帧结构。

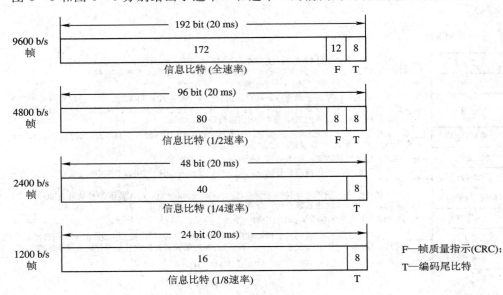

F—帧质量指示(CRC)；
T—编码尾比特

图 6-5　速率 1 的前向/反向业务信道帧结构

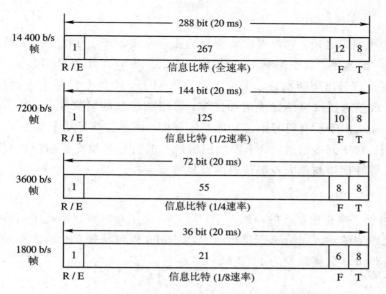

图 6-6　速率 2 的前向/反向业务信道帧结构

从声码器得到的信息为每帧 20 ms。速率 1 声码器的全速(9600 b/s)输出速率为 8.6 kb/s,每 20 ms 编码为 172 bit。帧质量指示 F(循环冗余码校验,CRC)与编码尾比特 T (8 bit)加在声码器输出的信息比特之后。帧质量指示的作用有两个:一是允许接收机在所有 172 bit 上计算了 CRC 后,确定是否有帧发生错误;二是帮助确定接收帧的数据速率。9600 b/s 帧是每 20 ms 有 192 bit(即 172+12+8 bit)被传输而产生的。其中,12 bit 为帧质量指示, 8 bit 为编码尾比特。同样的过程产生在 4800 b/s 帧上。2400 b/s 和 1200 b/s 帧没有帧质 量指示的比特字段,这是因为这些帧的相对抗误码性能较强,且发送的大多数信息是背景 噪声。

速率 2 与速率 1 使用相似的过程,区别是所有的速率 2 都有帧质量指示,这是由于更 高的传输速率易造成误码。速率 2 也有 1 bit 的预留字段。

2. 卷积编码

卷积编码通过提供纠错/检错能力为信息比特提供保护。同步信道、寻呼信道和前向 业务信道在发送前应进行卷积编码。采用 1/2 比率,约束长度 K 为 9 的卷积编码器见图 6-7,图中 T 为移位寄存器。速率 1 和速率 2 的帧被送入 1/2 比率卷积编码器。一个 1/2 比率卷积编码器用两个符号代替每一个输入比特。对于约束长度为 9 的卷积编码器,其延 迟长度为 8。

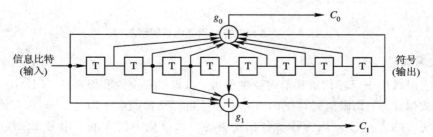

图 6-7　采用 1/2 比率,约束长度 K 为 9 的卷积编码器

3. 符号重复

符号重复器跟随在卷积编码之后，它根据需要重复数据，速率 1 产生 19.2 kb/s 的速率，速率 2 产生 28.8 kb/s 的速率。对于速率 1，如果输入是 19.2 kb/s，则符号不重复；如果输入是 9.6 kb/s，则每个符号出现两次；如果输入是 4.8 kb/s，则每个符号出现四次；以此类推。符号重复为无线信道抵抗衰落提供附加措施，可增加接收的可靠性。重复符号比全速率符号的功率电平低。由于所有符号的总功率是一样的，因此各符号功率减小了。

导频信道没有该过程。对于同步信道，每个经卷积编码后的符号在块交织前应重复一次（每个符号连续重发）。寻呼信道与前向业务信道的符号重复一样。

4. 符号抽取

符号抽取过程只作用于工作在速率 2 的声码器上。IS-95 决定对两种速率使用同样的块交织器，这意味着块交织器的输入符号速率是相同的。CDMA 通过从每 6 个输入符号中删除 2 个符号实现把 28.8 kb/s 数据流变为 19.2 kb/s。

5. 块交织

交织是用来抵抗瑞利衰落影响的。瑞利衰落是频率选择性衰落，它会引起大块数据连续出错，使接收机上很难正确接收。交织扰乱信息的顺序使交织后的突发错误在接收端还原后成为随机错误。随机错误比较容易通过使用纠错编码技术进行纠正。

前向业务信道的块交织器每 20 ms 接收 384 调制比特。这些比特被输入到 24×16 的矩阵。交织扰乱信息，然后输出送到下一步骤（数据扰码）。

同步信道、寻呼信道和前向业务信道在重复后进行块交织。

同步信道交织宽度为 26.666 ms，在符号速率为 4800 b/s 时，等于 128 个调制符号的宽度，交织器阵列为 16 行×8 列。前向业务信道和寻呼信道交织宽度为 20 ms，在调制符号速率为 19 200 b/s 时，等于 384 个调制符号（也就是一帧所含调制符号的个数）的宽度，交织器阵列为 24 行×16 列，如图 6-8 所示。三种信道的符号都按列写入阵列，交织后按行读出。

图 6-8 前向业务信道交织过程示意图

6. 数据扰码

数据扰码只用于寻呼信道和前向业务信道，以提供安全性和保密性。CDMA 反向信道没有采用数据扰码。长码掩码与使用前向业务信道移动台的电子串号 ESN 联合使用。长码掩码的周期大约为 40 天。因为移动台在发送的接入信息中包含电子串号 ESN，所以基站能决定移动台的长码掩码。如果加密程序被用在前向业务信道上，那么移动台使用专用的长码掩码。长码掩码提供安全保障并每 40 天重复一次，从而使偷听者很难确定用户空中发射的具体信息。长码掩码根据具体移动台的电子串号 ESN 而改变，可提供额外的安全保障。

在发送端，具体地说，数据扰码是对从块交织器输出的 19.2 kS/s 调制符号与一个随机序列进行模 2 加(见图 6-4)。数据扰码使用的随机序列由长码(长度为 $2^{42}-1$)的每 64 个比特片取出的第一个比特片组成。由于长码的速率是 1.2288 MC/s，因此进行数据扰码的随机序列速率为 19.2 kS/s($1.2288 \times 10^3/64 = 19.2$)。

7. 功率控制子信道

在前向业务信道上功率控制子信道是连续发送的，控制移动台的发射功率。子信道每 1.25 ms 发射 1 bit(0 或 1)，也就是发射速率为 800 b/s。0 bit 表示移动台提高发射功率，而 1 bit 则表示移动台降低发射功率。每个功率控制比特提高或降低的功率大小为 1 dB。在 CDMA 中，由于"远近效应"问题，要求采用快速功率控制。当离基站近的移动台发射的功率大于在小区边缘的移动台发射的功率时，离基站近的移动台就会覆盖离基站远的移动台发射的信号，这就是"远近效应"。在 CDMA 中通过使用快速功率控制子信道技术能避免发生"远近效应"。

基站前向业务信道接收机在 1.25 ms 时间内评估移动台接收到的信号强度。然后，基站用评估值来决定发射的功率控制比特的值是 0 还是 1，并用抽取技术(Puncturing Technique)在相应的前向业务信道上发射功率控制比特。使用抽取技术，两符号长的功率控制比特取代了两连续前向业务信道调制符号(不考虑其重要性)。移动台要完成从前向业务信道中分离功率控制子信道的工作，然后修复被损坏的剩下的编码数据流。这种技术虽然会影响链路的质量，但仍被使用。移动台在不需要对帧头和帧信息解码的情况下能够快速对功率控制比特解码。一旦恢复功率控制子信道，移动台就能根据数据对 RF 输出功率进行调整。

与 CDMA 反向信道调制不同，在 CDMA 前向信道调制中，所有的重复比特全部发送，但对于不同速率其发射功率不同，速率越低，功率越低。

8. 正交扩频

CDMA 前向信道上传送的每个码分信道要用 1.2288 MC/s 固定码片率的 Walsh 函数进行扩频，CDMA 前向信道的各码分信道分别使用相互正交的 Walsh 函数。用 Walsh 函数 W_n 进行扩频的码分信道定义为第 n 个码分信道($n=0 \sim 63$)。Walsh 函数每 52.083 μs (即 64/1.2288 MC/s)进行重复，因为一个调制符号用 64 个 Walsh 比特片进行调制，所以它等于一个前向业务信道调制符号的时间间隔。

第 0 号码分信道(W_0)总是作为导频信道。如果有同步信道，则使用第 32 号码分信道 (W_{32})。如果有寻呼信道，则顺序采用第 1 至 7 号信道，其余的码分信道 W_8 到 W_{63} 作为前向业务信道，CDMA 的前向码分信道彼此正交。因为每个业务信道都有各自唯一的 Walsh 码，所以移动台能区分各自的前向业务信道。图 6-9 给出了正交扩频/解扩的过程，19.2 kb/s 输入的每比特与相应信道唯一的一个 64 bit Walsh 码异或，被扩频 (19.2 kb/s × 64 bit = 1.2288 Mb/s)输出。移动台考虑 64 比特/符号块输入，将其与已知

Walsh 码异或，结果产生大量的 1 或 0，这就是原数据比特。即使在 RF 传输路径上发生错误，移动台也可以通过大数判决确定输入数据是 0 还是 1。图 6-10 给出了使用错误 Walsh 码正交解扩后的输出结果。由于 Walsh 码正交的本质特性，两个不同 Walsh 码异或后的输出结果应该是 1 和 0 的个数相等。

在基站正交扩频

输入数据	1	0
Walsh20 序列	00001111000011111110000111100000000…	00001111000011111110000111100000000…
与 Walsh20 异或后的输出	11110000111100000000111100001111111…	00001111000011111110000111100000000…

移动台解扩

移动台接收	11110000111100000000111100001111111…	00001111000011111110000111100000000…
与 Walsh20 异或后的输出	111111111111111111111111111111111…	000000000000000000000000000000000…
输出数据	1	0

图 6-9 正交扩频/解扩的过程

移动台解扩(用错误Walsh码)

移动台接收	11110000111100000000111100001111111…	00001111000011111110000111100000000…
Walsh40序列	00000000111111110000000001111111111111…	00000000111111110000000001111111111111…
与Walsh40 异或后的输出	111100000000111100001111111100000000…	00001111111100001110000000011111111…

图 6-10 使用错误 Walsh 码正交解扩后的输出结果

9. 四相扩频

一旦完成 Walsh 扩频，数据会与基站特定的 PN 序列（被称为短码）进行四相扩频。这会给基站一个特定的识别码，并且产生 QPSK 输出。实际上，所有移动台使用同样的 PN 序列，但每个基站从 512 个可能的偏置中选择一个作为它的身份扩频码，然后发送到移动台。

由于每个基站提供唯一的四相，因此移动台能够区别不同基站发射的信号。一旦移动台被锁定到明确的基站发射，根据提供给逻辑信道的不同 Walsh 码，移动台就能区别基站发射的不同逻辑信道，接着能根据基站使用的移动特定长码掩码选取目标信息。

对于基站，频带利用率比功率有效性更重要。因此，CDMA 前向信道调制采用 QPSK 调制。

10. 基带滤波

经过扩频调制的信号进入基带发送滤波器，将信号上变频到蜂窝系统频率范围（800 MHz、1800 MHz 或 1900 MHz），然后通过天线射频发射出去。

6.3.2　前向广播信道

CDMA 前向广播信道由下列码分信道组成：一个导频信道，一个同步信道和七个寻呼信道。每个码分信道通过适当的 Walsh 函数进行正交扩频。规定导频信道使用 Walsh 码 W_0，同步信道使用 W_{32}，而寻呼信道使用 $W_1 \sim W_7$。Walsh 码正交扩频每个信道，从而使移动台能区分不同的信道。

1. 导频信道

导频信道在 CDMA 前向信道上是不停地发射的。移动台利用导频信道来获得初始系统同步，完成对来自基站的信号的时间、频率和相位跟踪。

基站利用导频 PN 序列（即短 PN 码）的时间偏置来标识每个 CDMA 前向信道。由于 CDMA 系统的频率复用系数为 1，即相邻小区可以使用相同的频率，因此，频率规划较为简单，在某种程度上相当于相邻小区导频 PN 序列的时间偏置的规划。在一个系统中可能被复用的码分数量为 512，所以导频信道可用偏置指数 0～511 来区别。在 CDMA 蜂窝系统中，可以重复使用相同的时间偏置。然而必须注意，尽管两个邻近小区使用同样的 PN 码，但不能让它们使用同样的时间偏置。偏置指数是指相对于零偏置导频 PN 序列的偏置值。不论是对 I 序列还是 Q 序列，在每个偶数秒（参照系统时间）时开始的序列都是它们的零偏置导频 PN 序列，它们的开始位置被定义为连续输出 15 个"0"的时刻。

虽然导频 PN 序列的偏置值有 2^{15} 个，但实际取值只能是 512 个值中的一个（$2^{15}/64 = 512$）。一个导频 PN 序列的偏置（用比特片表示）等于其偏置指数乘以 64。当在一个地区分配给相邻两个基站的导频 PN 序列的偏置指数相差仅为 1 时，其导频序列的相位间隔仅为 64 个比特片。在这种情况下，若其中一个基站发射的时间误差较大，就会与另一基站的延迟信号混淆。所以相邻基站的导频 PN 序列的偏置指数间隔应设置得大一些。

由于导频信道所有比特都为 0，因此在发送前，它只需用 Walsh 函数 W_0 进行正交扩频、四相扩频和滤波。

2. 同步信道

同步信道是为移动台提供时间和帧同步的。同步信道使用 Walsh 码 W_{32}。一旦移动台"捕获"到导频信道，就与导频 PN 序列同步，就可认为移动台与这个前向信道的同步信道也达到同步。这是因为同步信道和其他所有信道是用相同的导频 PN 序列进行扩频的，并且同一前向信道上的帧和交织器定时也是用导频 PN 序列进行校准的。同步信道在发射前要经过卷积编码、符号重复、交织、扩频和调制等步骤。利用这些信息，移动台获得初始时间同步并得到相应的发射功率指示，调整好功率，为发起呼叫作好准备。同步信道工作在固定速率 1200 b/s，若数据是半速率卷积编码，则符号重复一次（也就是同样的编码符号出现两次）。此数据经过块交织器被发送，输出用 Walsh 码 W_{32} 扩频，然后进行四相扩频。四相扩频能给信道提供小区特定识别码。

同步信道包含的信息有：基站协议版本，基站支持的最小的协议版本（移动台使用的版本只有高于或等于此值时，方能接入系统），系统和网络识别号（SID、NID），导频 PN 序列偏置指数，详细的时间信息，寻呼信道数据速率和 CDMA 信道数量。

3. 寻呼信道

寻呼信道是可选的，在一个小区内它们的数量范围是从 1 到 7（Walsh 码 $W_1 \sim W_7$）。寻呼信道能够工作在数据速率 9600 b/s 或 4800 b/s。数据经过一个半速率卷积编码器和一个符号重复器，接着是块交织器。交织器的输出是持续的 19.2 kb/s，且输出是用长码修改过的，对应于特定寻呼信道的掩码又对长码进行修改。移动台通过识别掩码和长码来对信息解码。在对所有信道的小区进行特定扩频之后，数据被赋予 Walsh 掩码。

寻呼消息包括对一个或多个移动台的寻呼。当基站接收到对移动台的呼叫时，通常发送寻呼信号，并且由几个不同的基站发送寻呼信号。寻呼信道有一个特殊模式称为时隙模式，这种模式的运行方式类似于 GSM 的不连续接收（DRX），但仍有差别。在这种模式中，移动台的消息只有在某一预先确定的时隙上被传输，此时隙发生在某一预先确定的时间。通过接入处理，移动台能够指定哪些时隙来监控进入的寻呼信息。这些监听时隙的周期最小为 1.28 s，最大为 163.84 s，是 1.28 s 的 2^i（$i=0 \sim 7$）倍。这种性能可使移动台侦听部分时隙，而不是全部时隙，从而有效减小电池功耗，延长一次充电后的手机使用时间。

一旦移动台从同步信道处获得信息，它就会把时间调整到相应的正常系统时间。然后，移动台确定并开始监听寻呼信道。正常情况下，一个 9600 b/s 的寻呼信道能够支持每秒大约 180 个寻呼。在一个单独的 CDMA 频率上使用所有 7 个寻呼信道，能支持每秒 1260 个寻呼。寻呼信道把信息从基站发送到移动台。每个移动台的消息地址可通过 ESN、IMSI 或 TMSI 进行寻址。寻呼信道支持以下消息：

（1）系统参数消息。系统参数消息包括导频 PN 序列偏置信息、系统识别码和网络识别码。

（2）接入参数消息。接入参数消息主要包括接入信道个数、初始接入功率要求、接入尝试次数、接入消息的最大长度、不同过载等级值、接入尝试退出值、鉴权模式和全球随机问题值。系统使用这些消息来保证移动台接入程序的正常进行。

（3）CDMA 信道列表消息。这个消息指示了 CDMA 信道的个数。

（4）信道分配消息。此消息是发送到移动台用来分配信道的。这个被分配的信道能成为一个 CDMA 业务信道、寻呼信道或模拟话音信道。在 CDMA 中，万一有多个寻呼信道，则基站分配一个用作监控的寻呼信道给移动台。基站使用这种机制，通过寻呼信道分散工作量。基站也能指引移动台获得一个模拟系统。如果分配一个模拟话音信道，那么就需提供模拟系统的系统识别信息、模拟话音信道数和色码等。移动台使用这些信息来获得模拟话音信道。如果分配一个 CDMA 业务信道，那么需提供频率、帧偏置和加密模式等信息。基站可以与移动台协商其申请的业务或直接同意移动台的业务请求。

图 6-11 给出了导频信道、同步信道和寻呼信道的产生框图。

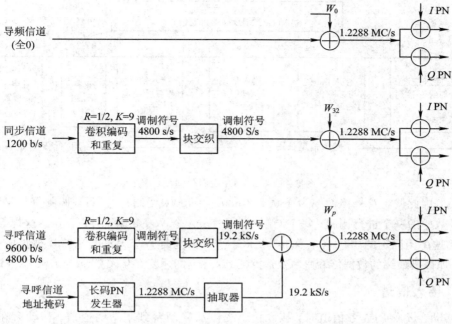

S/s—符号/秒(Symbol/s)；kS/s—千符号/秒(kiloSymbol/s)；MC/s—兆码片/秒(MegaChip/s)

图 6-11　导频信道、同步信道和寻呼信道的产生框图

6.4　CDMA 反向信道

CDMA 反向信道(也称 CDMA 上行信道)由接入信道和反向业务信道组成。这些信道采用直接序列扩频的 CDMA 技术分享同一 CDMA 频率分配。

在这一 CDMA 反向信道上,基站和用户使用不同的长码掩码区分每个接入信道和反向业务信道。当长码掩码输入长码发生器时,会产生唯一的用户长码序列,其长度为 $2^{42}-1$ 比特。对于接入信道,不同基站或同一基站的不同接入信道用户使用不同的长码掩码,而同一基站的同一接入信道用户所用的长码掩码则是一致的。

每个接入信道有一个明确的接入信道长码序列标志,每个业务信道有一个明确的用户特有的长码序列标志,不同的用户使用不同的长码掩码,也就是不同的用户具有不同的相位偏置。反向业务信道总计支持 62 个不同业务信道和 32 个不同接入信道。一个(或多个)接入信道与一个寻呼信道相对应。一个寻呼信道至少应有一个,最多可对应 32 个反向 CDMA 接入信道,标号为 0～31。

CDMA 反向信道的结构如图 6-12 所示。CDMA 反向信道的数据传送以 20 ms 为一帧。所有数据在发送之前均要经过卷积编码、块交织、64 阶正交调制、直接序列扩频以及基带滤波。接入信道与反向业务信道的区别在于:接入信道中没有加 CRC 校验比特,反向业务信道只对数据速率较高的 9600 b/s 和 4800 b/s 两种速率使用 CRC 校验;接入信道的发送速率是固定的(4800 b/s),而不像反向业务信道那样选择不同的速率发送。

CDMA 反向信道实际的符号传输速率为 28.8 kS/s,每 6 个符号被调制成一个调制符号

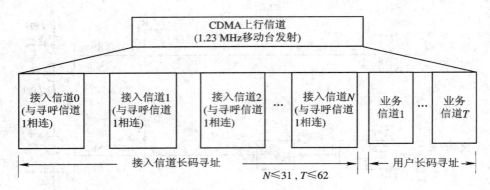

图 6-12 CDMA 反向信道的结构

用于传输，因此调制符号传输率为 4800(28 800/6＝4800)调制符号/秒。调制符号又由 64 阶 Walsh 函数中的一个进行调制，每个调制符号具有 64 个 Walsh 比特片(Chip)。这样 Walsh 比特片传输速率为固定的 4800×64＝307.2 kC/s。又因为每一个 Walsh 比特片被扩成四个 PN 比特片，所以其最终的数据传输速率就是扩频 PN 序列的速率，为 307.2×4 ＝ 1.2288 MC/s。

6.4.1 接入信道

当移动台不使用业务信道时，接入信道提供从移动台到基站的通信。移动台在接入信道上发送信息的速率固定为 4800 b/s。接入信道帧长度为 20 ms。仅当系统时间为 20 ms 的整数倍时，接入信道帧才可能开始传输。

每个接入信道由一个不同的长 PN 码区分。一个(或多个)接入信道与一个寻呼信道相对应。一个寻呼信道最多可对应 32 个 CDMA 反向接入信道，标号为 0～31。对于每个寻呼信道，至少应有一个反向接入信道与之对应。基站根据寻呼信道上的消息，在相应的接入信道上等待移动台的接入。同样，移动台通过在一个相应的接入信道上传输，响应相应的寻呼信道信息。接入信道是一个随机接入的 CDMA 信道。与一个特定寻呼信道相连的多数移动台可以同时试着使用一个接入信道。移动台从在小区内活动的一组接入信道中选择一个接入信道，并从一组可利用的 PN 时间队列中选择一个 PN 时间队列。如果没有两个或多个移动台选择同样的接入信道和同样的 PN 时间队列，则基站就能接收它们的同步传输。接入信道采用 ALOHA 协议，以防止两个以上移动台同抢(即同步发射)。

1. 接入信道信息结构

CDMA 反向接入信道帧由 88 个信息比特和 8 个编码尾比特构成，没有 CRC 校验比特，数据速率固定为 4800 b/s，见图 6-13。为了增加接入信道的可靠性，每个经卷积编码出来的符号被重复一次再进行发射。

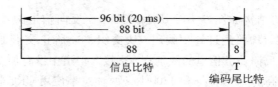

图 6-13 接入信道帧结构

一个接入信道传输发生在一个接入信道时隙上。基站和移动台的接入信道时隙长度有所不同，移动台先决定相关时隙的长度，然后开始它的接入信道传输。接入信道传输的信息由接入信道前缀和接入信道消息封装组成。在移动台刚进入接入信道时，首先发送一个接入信道前缀，它的帧由 96 个全零组成，也是以 4800 b/s 的速率发射。发射接入信道前缀是为了使基站捕获移动台的接入信道消息。

接入信道消息由登记、命令、数据突发、源、寻呼响应、鉴权响应、状态响应和临时移动用户识别号 TMSI 分配完成消息组成。所有接入信道消息分享一些共同的参数，这些参数可分成以下几类：

（1）应答和序列数。这里包括的参数有：大多数最近接收到的寻呼信道消息的应答，当前消息的消息序列数，是否要求应答当前消息的指示以及其他一些参数。

（2）移动识别参数。可以根据移动识别号 MIN、国际移动用户识别码 IMSI、电子串号 ESN 来识别一个 CDMA 移动台。

（3）鉴权参数。如果基站已经在接入时要求发送鉴权参数，则移动台将发送的参数包括鉴权数据、随机数值和呼叫历史（Call-History）等。

除了这些共同参数外，接入信道也有消息特别字段，如登记消息包含登记的类型（即开机登记、关机登记和基于距离登记等）。如果在时隙模式上运行，则有移动台时隙周期指数、移动台协议版本、基站等级号、移动台能否接收呼叫等。以上这些在漫游时常常要使用到。源消息中大部分字段和登记消息相同，但它还有一些附加字段，如移动台的模式（模拟和 CDMA 双重模式、CDMA 模式等）、被呼号和业务选项字段等。

2. 接入信道产生

接入信道在每 20 ms 帧上支持的固定工作速率为 4800 b/s。4.8 kb/s 速率的信息被输入到 1/3 卷积编码器，此编码器用来进行信道编码。从卷积编码器输出的信号输入到一个符号重复器中。符号重复器的目的是使数据以恒定比特速率输入到块交织器中。恒定比特速率输入能使块交织器高效运行。数据以 9600 b/s 的速率输入到 1/3 卷积编码器，则输出的经过信道编码的数据速率为 28 800 b/s。因为卷积编码器对 4800 b/s 接入信道数据速率的输出是 14.4 kb/s，所以输出被送入一个符号重复器，这个重复器对每个编码数据重复一次，从而产生 28.8 kb/s 速率的信道编码数据送入块交织器。CDMA 交织器是一个 32 行×18 列的矩阵（即 576 个单元）。数据按列写入交织器，按行输出。因为块交织器只是扰乱数据，并没有增加数据，所以交织器的输出与输入是相同的（也就是 28.8 kb/s 速率的信道编码数据）。在交织器的后面是一个 64 阶正交调制器。它将每 6 个码比特作为一个调制符号，使用 64 阶 Walsh 函数中的一个进行调制。由于调制符号为 6 个比特，共有 64 种取值，每种取值对应一个 Walsh 码，因此 64 个 Walsh 码都有可能被发送。正交调制器的输出是 307.2 kb/s 编码数据，此输出被一个长掩码序列取代，这个长掩码序列能从所有基站可能接收到发射的信道中区分出特定的接入信道。掩码改变长码的一些信息，如与下行的寻呼信道相应的接入信道号（n）、基站识别号和当前 PN 码偏置。最后每个接入信道用小区特定 PN 码进行四相扩频。这一步骤用来帮助基站区分发射是从它本身的小区而来还是来自其他小区/扇区。

图 6-14 所示为一个接入信道的产生示意图。

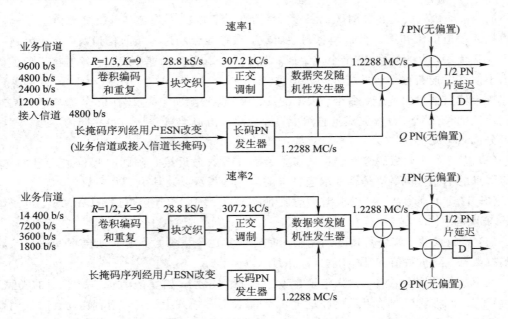

图 6-14　接入信道及速率 1 和速率 2 反向业务信道的产生示意图

6.4.2　反向业务信道

反向业务信道用于在呼叫建立期间传输用户信息和信令信息。

反向和前向业务信道帧的长度为 20 ms。业务和信令都能使用这些帧。当一个业务信道被分配时，CDMA 支持两种模式传送信令信息：空白突发序列（Blank-and-Burst）模式和半空白突发序列（Dim-and-Burst）模式。这两种模式在上行和下行链路上都能使用。空白突发序列模式能够发送信令信息。这种模式的运行与 AMPS 的运行相似。一旦信令信息要发送，初始业务数据的一个或多个帧（如被编码的语音）就被信令数据代替。CDMA 也支持另一种模式——半空白突发序列模式来发送信令信息。因为在 CDMA 中使用了变速率声码器，所以这种模式是可行的。在此模式中，声码器运行在 1/2、1/4 或 1/8 模式中的一个模式，但速率 1 的数据速率为全速率 9600 b/s，速率 2 的数据速率为 14 400 b/s。由于没有使用全速声码器，因此节省的比特可为信令使用。只有在全速率发送时，在此模式上的声码器速率会受到限制。在所有其他运行模式下，因为剩余比特被信令使用，所以声码器速率不会受到限制。由于半空白突发序列模式下话音质量下降基本上不易被察觉，因此它比空白突发序列模式有更大的优势。

CDMA 也为半空白突发序列模式的使用提供主要和次要业务。例如，主要数据能成为编码话音，次要数据能成为传真消息。通过使用这种模式，CDMA 经由相同业务信道支持同步话音和数据。

根据所使用声码器的种类不同，反向业务信道支持两种速率。速率 1 包括四种速率：9600 b/s、4800 b/s、2400 b/s、1200 b/s。速率 2 也包括四种速率：14 400 b/s、7200 b/s、3600 b/s、1800 b/s。当速率 2 是可选的时，移动台不得不支持速率 1。移动台在反向业务信道上以可变速率的数据发送信息。速率的选择以一帧（即 20 ms）为单位，如上一帧是 9600 b/s，下一帧就可能是 4800 b/s。

　　移动台业务信道初始帧的时间偏置由寻呼信道的信道指配消息中的帧偏置参数定义。反向业务信道的时间偏置与前向业务信道的时间偏置相同。仅当系统时间是 20 ms 的整数倍时，零偏置的反向业务信道帧才开始传输。

　　在业务信道上，有五种类型的控制消息：呼叫控制消息，切换控制消息，前向功率控制消息，安全和鉴权控制消息，为移动台引出或提供特定信息的控制消息。

　　图 6-15 描述了反向业务信道的产生过程。反向业务信道的信道结构类似于接入信道的结构。信道结构对于速率 1 和速率 2 是不同的。

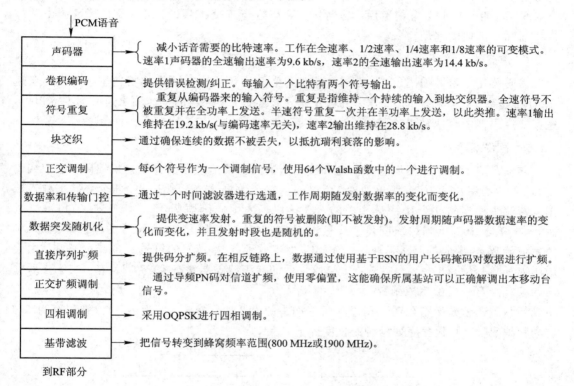

图 6-15　反向业务信道的产生过程

　　在业务信道帧上，帧质量指示基本上是 CRC 校验。然后，速率 1 数据送入 1/3 速率卷积编码器，速率 2 数据送入半速率卷积编码器。与对速率 1 使用 1/3 速率卷积编码器比较，对速率 2 使用半速率卷积编码器，在保护速率 2 业务信道方面的能力较弱。然而，速率 2 声码器比速率 1 声码器有更好的质量和更强的话音编码算法，因此弥补了低保护性能的缺点。符号重复器重复需要重复的数据，以产生速率为 28.8 kb/s 的编码数据输出。业务信道的正交调制过程与接入信道的正交调制过程类似，正交调制器的输出被一个长码掩码序列代替，此序列能从基站接收到的所有其他移动台的发射中区分出任一个特定移动台的发射。对于反向业务信道，掩码可选用下面二者之一：源于移动台的 ESN 的公用长码掩码与源于加密和鉴权过程的专用长码掩码。公用长码掩码如下：M_{41} 至 M_{32} 置为"1100011000"，M_{31} 至 M_0 置为移动台电子串号（ESN）比特的重新排列（扰乱）。具体排列方式如下：

$$ESN=(E_{31}, E_{30}, E_{29}, E_{28}, E_{27}, E_{26}, E_{25}, \cdots, E_2, E_1, E_0)$$

　　排列后的移动台电子串号 ESN 是：

$$ESN = (E_0, E_{31}, E_{22}, E_{13}, E_4, E_{26}, E_{17}, E_8, E_{30}, E_{21}, E_{12}, E_3, E_{25}, E_{16},$$
$$E_7, E_{29}, E_{20}, E_{11}, E_2, E_{24}, E_{15}, E_6, E_{28}, E_{19}, E_{10}, E_1, E_{23}, E_{14}, E_5,$$
$$E_{27}, E_{18}, E_9)$$

由于同一地区移动台的 ESN 是连续排列的，因此这样重新排列后可防止由顺序 ESN 长码导致的高度相关性。公共长码掩码可用来区分网络中的移动台，它是唯一码。举一个例子，CDMA 网络就好像是一个大教室，在此教室的同学说不同国家的语言，长码掩码就是各位同学用的语言。

最后，每个反向业务信道用小区特定 PN 码进行正交扩频，小区特定的 PN 码由基站广播通知小区内的移动台。

1. 声码器

声码器用于信源编码，减小话音冗余度，降低话音传输需要的比特速率，工作在全速率、1/2 速率、1/4 速率和 1/8 速率的可变模式。速率 1 声码器的全速输出速率为 9.6 kb/s，速率 2 声码器的全速输出速率为 14.4 kb/s。

2. 卷积编码

移动台对不同速率反向业务信道和接入信道的初始信息数据进行卷积编码。卷积编码率为 1/3，约束长度为 9。简单地说，就是输入一个数据比特，输出三个符号，且在输入数据比特流中相连的 9 个比特是相关的。该卷积码的生成函数为：g_0 等于 01101111（二进制），g_1 等于 10110011（二进制），g_2 等于 11001001（二进制）。这些符号的输出顺序为：L 由生成函数 g_0 编码的符号 c_0 第一个输出，由生成函数 g_1 编码的符号 c_1 第二个输出，由生成函数 g_2 编码的符号 c_2 最后输出。初始化后的卷积编码器状态为全"0"状态。初始化后输出的第一个符号是由生成函数 g_0 编码的符号。

卷积编码就是串行延时数据序列所选抽头的模 2 加。图 6-16 为 $K=9$、卷积率为 1/3 的卷积编码器。其数据序列延时的长度等于 8。

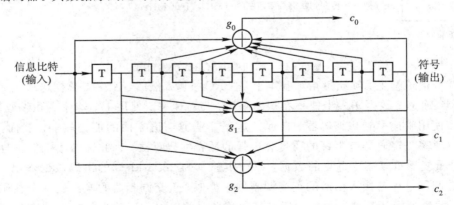

图 6-16　$K=9$、卷积率为 1/3 的卷积编码器

对于反向业务信道和接入信道，其数据在传输之前都将经过卷积编码。在生成反向业务信道数据时，在每帧（20 ms）结束时构成卷积编码器的移位寄存器将初始化为全 0 状态。这是因为对于反向信道来说，是以帧为单位来确定该帧的好坏的。如果通过 CRC 判断此帧是错误的话，则舍弃此帧，移位寄存器初始化为全 0 状态就使得前一帧的符号不会影响后

一帧的符号。

3. 符号重复

符号重复是指重复从卷积编码器来的输入符号。重复是指维持一个恒定速率的输入到块交织器。反向业务信道的符号重复率随数据率的不同而不同。全速符号不被重复并在全功率上发送。半速符号重复一次并在半功率上发送，以此类推。对于速率 1，9600 b/s 的数据率，符号不必重复；4800 b/s 的数据率，每个符号将重复一次（每个符号连续出现两次）；2400 b/s 的数据率，每个符号将重复 3 次（每个符号连续出现 4 次）；1200 b/s 的数据率，每个符号将重复 7 次（每个符号连续出现 8 次）。速率 1 输出维持在 19.2 kb/s（与编码速率无关）的速率上，速率 2 输出维持在 28.8 kb/s 的速率上。在反向业务信道上这些重复的符号不会都被传输，对于重复的符号，除其中一个符号外其他重复的符号在传输之前均被滤除。

在接入信道上，数据速率为 4800 b/s，每个符号都被重复一次（每个符号连续出现两次）。所有重复的符号均被传输，这可增加接收的可靠性。

4. 块交织

块交织的主要作用是抵抗瑞利快衰落造成的突发错误。瑞利衰落是一种频率选择衰落，这种衰落会引起大片相邻数据产生错误。如果不采用交织，那么瑞利衰落会使信息很难在接收端上被重新正确接收到。交织打乱了信息原来的顺序，将突发错误变成随机错误，随机错误能很容易地通过纠错技术来纠正。

在调制和发射以前，移动台对所有反向业务信道和接入信道上的符号（符号重复结束后）进行交织。块交织长度为 20 ms。交织器是一个 32 行、18 列的阵列（即 576 个单元）。符号（数据率低于 9600 b/s 时包括重复的符号）按列写入交织器，填满整个 32×18（行×列）矩阵，而后按行从交织器中读出。通过这种块交织可将突发错误变成随机错误。

以上只是 CDMA 实现交织的一种方法，也可用其他方法实现，如周期式的、卷积式的和伪随机式的交织方法。

5. 正交调制

CDMA 反向信道的调制为 64 阶正交调制。每 6 个符号作为一个调制符号，使用 64 个 Walsh 函数中的一个进行调制。Walsh 函数由 64 个相互正交的序列组成，标号为 0～63。根据以下公式选择第 i 个调制符号（即 Walsh 函数序列）来替代某 6 个符号：

$$i = C_0 + 2C_1 + 4C_2 + 8C_3 + 16C_4 + 32C_5$$

其中，C_5 表示形成调制符号索引的某 6 个符号的最高位（二进制数），C_0 表示最低位（二进制数）。例如，一组符号为 010011，即 $C_5 = 0$，$C_4 = 1$，$C_3 = 0$，$C_2 = 0$，$C_1 = 1$，$C_0 = 1$，调制符号索引 i 为 $C_0 + 2C_1 + 4C_2 + 8C_3 + 16C_4 + 32C_5 = 1 + 2 + 0 + 0 + 16 + 0 = 19$，即此组符号使用第 19 号 Walsh 函数序列调制。

6. 数据率和传输门控

在发射之前，反向业务信道交织器输出还要经过一个时间滤波器进行选通，通过这种选通允许输出某些符号而滤掉另一些符号。传输门控的工作周期随发射数据率的变化而变化。工作周期是指在一个 CDMA 帧（20 ms）中传输数据的功率控制组与全部功率控制组的比值。在 CDMA 系统中，一帧被分为 16 个时隙，每一个时隙叫作一个功率控制组。如果是一个 9600 b/s 或 14 400 b/s 的帧，那么在这 16 个功率控制组中的每一个时隙内都发送数据，所以 9600 b/s 或 14 400 b/s 帧的传输工作周期为 100％。对于 4800 b/s 或 7200 b/s 的帧，将只在其中的 8 个功率控制组里发送，所以 4800 b/s 或 7200 b/s 帧的传输工作周期为 50％。2400 b/s 或 3600 b/s 的帧将只在其中的 4 个功率控制组里发送，所以 2400 b/s 或 3600 b/s 的传输工作周期为 25％。1200 b/s 或 1800 b/s 的帧只有其中的 2 个功率控制组发射数据，所以 1200 b/s 或 1800 b/s 帧的传输工作周期为 12.5％。另外，不传输数据的功率控制组发射的功率比相邻的传输数据的功率控制组的发射功率低 20 dB 甚至低于噪声电平（两个值中哪个更低就取哪个值），这有助于减少反向链路的干扰，增大系统的容量，增强其性能。

在接入信道，符号都被重复一次（每个符号出现两次），重复的符号也均被发射，这样可以增加接入信道的可靠性。

7. 数据突发随机化

为了均匀地在整个 20 ms 帧上扩频数据，要使用一个数据突发随机化算法。数据突发随机数发生器产生一个"0"和"1"的屏蔽模式，它可以随机地屏蔽掉由码重复产生的冗余数据。屏蔽模式与帧数据率有关。具体屏蔽与否是由从长码中取出的 14 位比特决定的。对于接入信道，没有这个问题，因为其在所有的功率控制组上都发送。这 14 个比特为前一帧的倒数第二个功率控制组用于扩频的长码的最后 14 个比特。该 14 个比特表示为

$$b_0 b_1 b_2 b_3 b_4 b_5 b_6 b_7 b_8 b_9 b_{10} b_{11} b_{12} b_{13}$$

其中，b_0 表示最高位比特，b_{13} 表示最低位比特。为使数据突发的位置随机化，严格来说只需要 8 个比特。这里使用 14 个比特的算法是为保证 1/4 全速率数据传输所用的时隙是 1/2 全速率所用时隙的一个子集，以及 1/8 全速率所用的时隙是 1/4 全速率所用时隙的一个子集。

每 20 ms 的反向业务信道帧将被划分为 16 个等长（即 1.25 ms）的功率控制组，编号从 0 至 15。数据突发随机数算法如下：

如果所选数据率是 9600 b/s 或 14 400 b/s，则在以下标号的功率控制组上发射：

0，1，2，3，4，5，6，7，8，9，10，11，12，13，14，15

如果所选数据是 4800 b/s 或 7200 b/s，则在以下标号的功率控制组上发射：

b_0，$2+b_1$，$4+b_2$，$6+b_3$，$8+b_4$，$10+b_5$，$12+b_6$，$14+b_7$

如果所选数据率是 2400 b/s 或 3600 b/s，则在以下标号的 4 个功率控制组上发射：

b_0 （若 $b_8=0$），$2+b_1$（若 $b_8=1$）

$4+b_2$ （若 $b_9=0$），$6+b_3$（若 $b_9=1$）

$8+b_4$ （若 $b_{10}=0$），$10+b_5$（若 $b_{10}=1$）

$12+b_6$ （若 $b_{11}=0$），$14+b_7$（若 $b_{11}=1$）

如果所选数据率是 1200 b/s 或 1800 b/s，则在以下标号的 2 个功率控制组上发射：

b_0（若 $b_8=0$ 且 $b_{12}=0$），$2+b_1$（若 $b_8=1$ 且 $b_{12}=0$）

$4+b_2$（若 $b_9=0$ 且 $b_{12}=1$），$6+b_3$（若 $b_9=1$ 且 $b_{12}=1$）

$8+b_4$（若 $b_{10}=0$ 且 $b_{13}=0$），$10+b_5$（若 $b_{10}=1$ 且 $b_{13}=0$）

$12+b_6$（若 $b_{11}=0$ 且 $b_{13}=1$），$14+b_7$（若 $b_{11}=1$ 且 $b_{13}=1$）

8. 直接序列扩频

反向业务信道在数据随机化之后被长码直接序列扩频；而接入信道在经过正交调制后

就被长码直接序列扩频。对于反向业务信道，该扩频操作就是数据突发随机数发生器输出的数据流与长码的模 2 加；对于接入信道，该扩频操作就是 64 阶正交调制器输出的数据流与长码的模 2 加。

该长码的周期为 $2^{42}-1$ 比特片，且满足以下特征多项式定义的线性递推公式：

$$P(x)=x^{42}+x^{35}+x^{33}+x^{31}+x^{27}+x^{26}+x^{25}+x^{22}+x^{21}+x^{19}+x^{18}+x^{17}+x^{16}$$
$$+x^{10}+x^{7}+x^{6}+x^{5}+x^{3}+x^{2}+x+1$$

长码序列是由 42 个移位寄存器组成的序列发生器产生的。整个 CDMA 系统中所用到的长码序列只有一个，只是初相不同。CDMA 系统通过不同的掩码给每个信道分配一个不同的初相。

长码序列所用的掩码与信道类型有关。具体来讲，对于接入信道，掩码为：M_{41} 至 M_{33} 置为"110001111"；M_{32} 至 M_{28} 置为所选的接入信道号；M_{27} 至 M_{25} 置为该移动台目前所属寻呼信道的信道号（范围是 $1\sim7$）；M_{24} 至 M_9 置为目前基站的 BASE – ID（基站识别码）；M_8 至 M_0 置为 CDMA 前向信道的 PILOT – PN 值。

对于反向业务信道，掩码可选用下面二者之一：公用长码掩码或专用长码掩码。公用长码掩码如下：M_{41} 至 M_{32} 置为"1100011000"，M_{31} 至 M_0 置为移动台电子串号（ESN）比特的重新排列（扰乱）。具体排列方式如下：

$$ESN=(E_{31}, E_{30}, E_{29}, E_{28}, E_{27}, E_{26}, E_{25}, \cdots, E_2, E_1, E_0)$$

排列后，有

$$ESN=(E_0, E_{31}, E_{22}, E_{13}, E_4, E_{26}, E_{17}, E_8, E_{30}, E_{21}, E_{12}, E_3, E_{25}, E_{16}, E_7,$$
$$E_{29}, E_{20}, E_{11}, E_2, E_{24}, E_{15}, E_6, E_{28}, E_{19}, E_{10}, E_1, E_{23}, E_{14}, E_5, E_{27},$$
$$E_{18}, E_9)$$

由于同一地区移动台的 ESN 是连续排列的，因此这样重新排列后可防止由顺序 ESN 长码导致的高度相关性。

9. 正交扩频调制

在直接序列扩频以后，反向业务信道和接入信道将进行正交扩频。用于该扩频的序列是 CDMA 前向信道上使用的零偏置 I 和 Q 正交导频 PN 序列。该序列的周期为 2^{15} 比特片，分别基于下列特征多项式：

$$P_I(x)=x^{15}+x^{13}+x^9+x^7+x^5+1 \qquad （对同相 I 序列）$$
$$P_Q(x)=x^{15}+x^{12}+x^{11}+x^{10}+x^6+x^5+x^4+x^3+1 \quad （对正交相位 Q 序列）$$

基于 $P_I(x)$ 和 $P_Q(x)$ 特征多项式的最大长度线性反馈移位寄存器序列 $\{i(n)\}$ 和 $\{g(n)\}$ 的周期为 $2^{15}-1$。可以分别从以下线性递推公式导出 $i(n)$ 和 $g(n)$：

$$i(n)=i(n-15)\oplus i(n-10)\oplus i(n-8)\oplus i(n-7)\oplus i(n-6)\oplus i(n-2)$$
$$g(n)=g(n-15)\oplus g(n-12)\oplus g(n-11)\oplus g(n-10)\oplus g(n-9)\oplus$$
$$g(n-5)\oplus g(n-4)\oplus g(n-3)$$

其中，$i(n)$ 和 $g(n)$ 是二进制值（"0"或"1"）。为了获得 I 和 Q 导频 PN 序列（周期为 2^{15}），在 14 个连"0"输出之后（这在每个周期仅出现一次），在 $\{i(n)\}$ 和 $\{g(n)\}$ 中要插入一个"0"。因此，导频序列中将存在连接 15 个"0"的输出，而不是 14 个"0"。

导频 PN 序列每 26.667 ms 重复一次，即每 2 s 重复 75 次。

10. 四相调制

CDMA 反向信道采用了 OQPSK 调制。Q 导频 PN 序列扩频的数据相对于由 I 导频 PN 序列扩频的数据将延时半个 PN 比特片的时间（406～901 ns）。OQPSK 调制使用了功率效率高、非线性、完全饱和的 C 类放大器，节省了移动台的功耗，延长了通话时间。

11. 基带滤波

经过调制的信号进入基带发送滤波器，将信号上变频到蜂窝系统频率范围（800 MHz 或 1900 MHz），然后通过天线射频发送出去。

6.5 功 率 控 制

在 CDMA 系统中，功率控制被认为是所有关键技术的核心。如果小区中的所有用户均以相同的功率发射，则靠近基站的移动台到达基站的信号强，远离基站的移动台到达基站的信号弱，导致强信号掩盖弱信号，这就是移动通信中的远近效应问题。因为 CDMA 是一个自干扰系统，所有用户共同使用同一频率，所以远近效应问题更加突出。CDMA 功率控制的目的就是克服远近效应，使系统既能维持高质量通信，又不对占用同一信道的其他用户产生不应有的干扰。

功率控制分为前向功率控制和反向功率控制，而反向功率控制又分为仅由移动台参与的开环功率控制和由移动台、基站同时参与的闭环功率控制。下面分别对这些技术进行详细论述。

1. 反向开环功率控制

CDMA 系统的每一个移动台都一直在计算从基站到移动台的路径衰耗，当移动台接收到的信号很强时，表明要么离基站很近，要么有一个特别好的传播路径。这时移动台可降低它的发射功率，而基站依然可以正常接收。相反，当移动台接收到的来自基站的信号很弱时，它就增加发射功率，以抵消衰耗。这就是开环功率控制。

开环功率控制只是对发送电平的粗略估计，因此它的反应时间既不应太快，也不应太慢。如反应太慢，则在开机或产生阴影、拐弯效应时，开环起不到应有的作用；而如果反应太快，则将会由于前向链路中的快衰落而浪费功率，因为前向、反向衰落是两个相对独立的过程，移动台接收的尖峰式功率很有可能是由于干扰形成的。

2. 反向闭环功率控制

CDMA 系统的前向、反向信道分别占用不同的频段，收发间隔为 45 MHz，这使得这两个频道衰减的相关性很弱。在整个测试过程中，两个信道衰减的平均值应该相等，但在具体某一时刻，则很可能不等，这就需要基站根据目前所需信噪比与实际接收的信噪比之差随时命令移动台调整发射功率（即闭环调整）。基站目前所需的信噪比是根据初始设定的误帧率随时调整的（即外环调整）。图 6 - 17 所示是外环和闭环调整的具体过程。在图 6 - 17 中，从 BTS 来的话音帧以每秒 50 帧的速率送到选择器 V/S（该选择器放在 MSC 还是 BSC，各公司有不同的做法），选择器每过一定的时间就统计所收到的坏帧与总帧数之比是否超过 1%。如果超过 1%，说明目前所设的目标 E_b/N_0 还不够，就命令 BTS 将目标

E_b/N_0 上升几个步阶；如果小于 1‰，说明目前所设的目标 E_b/N_0 还有余量，就命令 BTS 将目标 E_b/N_0 下降一个步阶。这就是所说的外环调整。闭环高速是这样一个过程：BTS 对从 MS 收到的信号进行 E_b/N_0 测量，每帧分阶段测量 6 次（即以一个功率控制组为单位）。具体的测量过程如下：

（1）对于收到的每一个 Walsh 符号进行解调，取 64 个解调值中的最大值。

（2）把 6 个最大值加在一起（6 个 Walsh 符号＝1 个功率控制组）。

（3）将总和与一个门限相比。

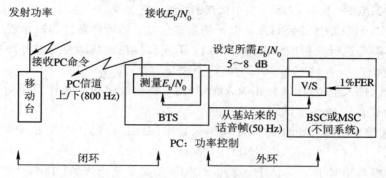

图 6-17　外环和闭环调整的具体过程

如果测量结果大于门限，则发送"下降"命令（1 dB）；如果测量结果小于门限，则发送"上升"命令（1 dB）。移动台根据收到的命令调整它的发射功率，直到最佳。

3. 软切换时的闭环功率控制

在软切换时，移动台同时接收两个或两个以上基站对它的功率控制命令。如果有上升和下降的功率控制命令，则只执行让它功率下降的命令。

4. 前向功率控制

前向信道总功率是按一定比例分配给导频信道、同步信道、寻呼信道以及所有的前向业务信道的。图 6-18 就是当一个基站有 12 个用户时每个信道分配功率百分比的例子。

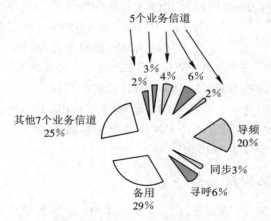

图 6-18　有 12 个用户时不同信道分配功率百分比的例子

由于不同移动台可能处在不同的距离和不同的环境，基站到每一个移动台的传输衰耗都不一样，因此基站必须控制发射功率，给每个用户的前向业务信道都分配以适当的功率。这种基站视具体情况对不同业务信道分配不同功率的方法称为前向功率控制。

6.5.1　反向开环功率控制

反向开环功率控制是指移动台根据在小区中所接收功率的变化，迅速调节移动台发射功率。开环功率控制的目的是试图使所有移动台发出的信号在到达基站时都有相同的标称功率。它完全是一种移动台自己进行的功率控制。

由于开环功率控制用于补偿平均路径衰落的变化和阴影、拐弯等效应，因此它必须有一个很大的动态范围。根据 CDMA 空中接口的标准，它至少应该达到±32 dB 的动态范围。

开环功率控制只是移动台对发送电平的粗略估计，移动台通过测量接收功率来估计发射功率，而不需要进行任何前向链路的解调。下面具体描述移动台通过开环功率控制计算发射功率的方法。

（1）刚进入接入信道（闭环校正尚未激活）时，移动台将按下式计算平均输出功率，以发射其第一个试探序列。

$$平均输出功率(dBm) = - 平均输入功率(dBm) - 73 + NOM - PWR(dB) +$$
$$INIT - PWR(dB) \tag{6-1}$$

其中，平均功率是相对于 1.23 MHz 标称 CDMA 信道带宽而言的，INIT - PWR 是对第一个接入信道序列所需要作的调整，NOM - PWR 用于补偿由于前向 CDMA 信道和反向 CDMA 信道之间不相关造成的路径衰耗。INIT - PWR 和 NOM - PWR 这两个参数都需要根据具体传播环境中通信当地的噪声电平通过计算得出。

（2）其后的试探序列不断增加发射功率（增加的步长为 PRW - STEP），直到收到一个响应或序列结束。这时移动台开始在反向业务信道上发送信号，其平均输出功率为

$$平均输出功率(dBm) = - 平均输入功率(dBm) - 73 + NOM - PWR(dB) +$$
$$INIT - PWR(dB) + PWR - STEP 之和(dB) \tag{6-2}$$

（3）在反向业务信道开始发送之后一旦收到一个功率控制比特，移动台的平均输出功率将变为

$$平均输出功率(dBm) = - 平均输入功率(dBm) - 73 + NOM - PWR(dB) +$$
$$INIT - PWR(dB) + PWR - STEP 之和(dB) +$$
$$所有闭环功率控制校正之和(dB) \tag{6-3}$$

NOM - PWR、INIT - PWR 和 PWR - STEP 均为在接入参数消息中定义的参数，在移动台发射之前便可得到这些参数。NOM - PWR 参数的范围为 -8～7 dB，标称值为 0 dB。INIT - PWR 参数的范围为 -16～15 dB，标称值为 0 dB。PWR - STEP 参数的范围为 0～7 dB。这些校正参数对平均输出功率所做调整的精确度为 0.5 dB。移动台平均输出功率可调整的动态范围至少应为±32 dB。

6.5.2　反向闭环功率控制

在反向闭环功率控制中，基站起着很重要的作用。闭环控制的设计目标是使基站对移动台的开环功率估计迅速作出纠正，以使移动台保持最理想的发射功率。这种对开环的迅速纠正，解决了前向链路和反向链路间增益容许度和传输衰耗不一样的问题。

在对反向业务信道进行闭环功率控制时，移动台将根据在前向业务信道上收到的有效

功率控制比特来调整其平均输出功率。功率控制比特（"0"或"1"）是连续发送的，其速率为每比特 1.25 ms（即 800 b/s）。"0"比特表示移动台增加平均输出功率，"1"比特表示移动台减少平均输出功率。每个功率控制比特使移动台增加或减少的功率大小为 1 dB。

　　基站接收机应测量所有移动台的信号强度，测量周期为 1.25 ms。基站接收机利用测量结果，分别确定对各个移动台的功率控制比特值（"0"或"1"），然后基站在相应的前向业务信道上将功率控制比特发送出去。基站发送的功率控制比特较反向业务信道延时 2×1.25 ms。例如，基站收到反向业务信道中第 7 个功率控制组的信号（功率控制组是指将一个 20 ms 的帧分为 16 个时隙，一个时隙就叫作一个功率控制组），其对应的功率控制比特在前向业务信道第 7 个功率控制组中发送。

　　一个功率控制比特的长度正好等于前向业务信道两个调制符号的长度（即 $106 \sim 166~\mu s$）。每个功率控制比特将替代两个连续的前向业务信道调制符号，这个技术就是通常所说的符号抽取技术。在这种情况下，功率控制比特将按 E_b 的能量发送。E_b 为 9600 b/s 速率时前向信道每个信息比特的能量。功率控制子信道的结构和取代如图 6-19 所示。功率控制比特在前向业务信道进行数据扰码后插到数据流中传送。

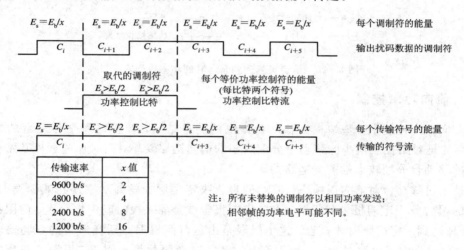

图 6-19　功率控制子信道的结构和取代

　　只有在紧随移动台发射时隙后的第二个 1.25 ms 时隙内收到的功率控制比特才被认为是有效的。每个功率控制比特导致移动台的输出功率按 1 dB 步进增加或减小。移动台将忽略当发射机关掉时（非连续发射过程中）收到的功率控制比特。在开环估计的基础上，移动台将提供 24 dB 的闭环调整范围。在软切换时，移动台同时接收两个或两个以上基站对它的功率控制命令，如果同时有上升和下降的功率控制命令，则执行让基站功率下降的命令。

　　下面举一例子，具体说明在反向功率控制中开环和闭环是如何密切合作的。在图 6-20 中，当时间 $t=0$ 时，传输衰耗突然增加 10 dB，移动台接收到的功率也就随之突然减少 10 dB（这种情况一般发生在移动台迅速进入阴影区的时候）。假定开环功率控制具有 20 ms 的时间常数，而闭环功率控制的步长是 0.5 dB。从图 6-20 中可以看出，在开环功率控制和闭环功率控制的密切配合下，移动台的输出功率在 20 ms 后达到稳定状态，基站接收到的该移动台的功率也在 20 ms 后恢复正常。

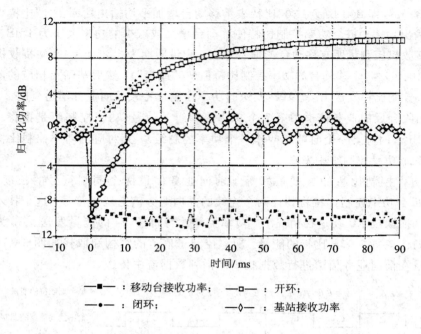

图 6 - 20　信道突然遇到衰落时的功率控制响应

6.5.3　前向功率控制

　　在前向功率控制中，基站根据移动台提供的测量结果，调整对每个移动台的发射功率。其目的是对路径衰落小的移动台分配较小的前向链路功率，而对那些远离基站和路径衰落大的移动台分配较大的前向链路功率。

　　基站通过移动台对前向误帧率(FER)的报告决定是增加发射功率还是减少发射功率。移动台的报告分为定期报告和门限报告。定期报告就是隔一段时间汇报一次，门限报告就是当 FER 达到一定门限时才报告。这个门限是由运营商根据对话音质量的不同要求设置的。这两种报告方式可同时存在，也可只用一种，或者两种都不用，应根据运营商的具体要求进行设定。

6.6　Rake 接收机

　　在 CDMA 扩频系统中，信道带宽远远大于信道的平坦衰落带宽。由于传统的调制技术需要用均衡算法消除相连符号间的码间干扰，因而 CDMA 扩频码在选择时要求其自相关特性很好。这样，在无线信道传输中出现的时延扩展，可以被看作只是被传信号的再次传送。如果这些多径信号相互的延时超过了一个码片的长度，那么它们将被 CDMA 接收机看作非相关的噪声，而不再需要均衡了。

　　由于在多径信号中含有可以利用的信息，所以 CDMA 接收机可以通过合并多径信号来改善接收信号的信噪比。图 6 - 21 所示为一个 Rake 接收机，其作用是：通过多个相关检测器接收多径信号中的各路信号，并把它们合并在一起。它是专为 CDMA 系统设计的分集接收器，其理论基础是：当传播时延超过一个码片周期时，多径信号实际上可被看作是互不相关的。

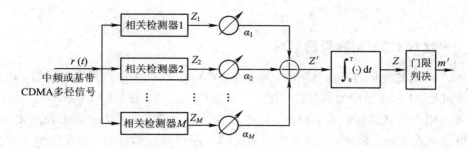

图 6 - 21　M 支路 Rake 接收机

Rake 接收机利用多个相关检测器分别检测多径信号中最强的 M 个支路信号，然后对每个相关检测器的输出进行加权，以提供优于单路相关检测器的信号检测，然后在此基础上进行解调和判决。

Rake 接收机的基本概念是由 Price 和 Green 提出的。在室外环境中，多径信号间的延迟通常较大，如果码片速率选择得当，则 CDMA 扩频码的良好自相关特性可以确保多径信号相互间表现出较好的非相关性。

假定 CDMA 接收机有 M 个相关检测器，这些检测器的输出经过线性叠加（即加权）后，用来进行信号判决。假设相关检测器 1 与信号中的最强支路 m_1 相互同步，而另一相关检测器 2 与另一支路 m_2 相互同步，且 m_2 比 m_1 落后 τ_1。这里，相关检测器 2 与支路 m_2 的相关性很强，而与 m_1 的相关性很弱。注意，如果接收机中只有一个相关检测器，那么当其输出被衰落扰乱时，接收机无法作出纠正，从而使判决器作出大量误判。在 Rake 接收机中，如果一个相关检测器的输出被扰乱了，还可以用其他支路作出补救，并且通过改变被扰乱支路的权重来消除此路信号的负面影响。由于 Rake 接收机提供了对 M 路信号的良好统计判决，因而它是一种克服衰落、改进 CDMA 接收的分集形式。

M 路信号的统计判决参见图 6 - 21。M 个相关检测器的输出分别为 Z_1，Z_2，…，Z_M，其权重分别为 α_1，α_2，…，α_M。权重大小是由各支路的输出功率或 SNR 决定的。如果支路的输出功率或 SNR 小，那么相应的权重就小。正如最大比率合并分集方案一样，总的输出信号 Z' 为

$$Z' = \sum_{m=1}^{M} \alpha_M Z_M \tag{6-4}$$

权重 α_M 可用相关检测器的输出信号总功率归一化，其总和为 1，即

$$\alpha_M = \frac{Z_M^2}{\sum\limits_{m=1}^{M} Z_M^2} \tag{6-5}$$

在研究自适应均衡和分集合并时，曾有多种权重的生成方法。但是，因为多址接入中存在多址干扰，使得多径信号中的某一支路即使收到了强信号，也不一定会在相关检测后得到相应的强输出，所以如果权重能由相关检测器实际输出信号的强弱来决定，则会给 Rake 接收机带来更好的性能。

6.7　CDMA 系统的容量

6.7.1　干扰对 CDMA 容量的影响

　　CDMA 系统的容量是干扰受限的，而在 FDMA 和 TDMA 中是带宽受限的。因此，干扰的减少可使 CDMA 系统的容量线性增加。从另一方面看，在 CDMA 系统中，当用户数减少时每一用户的链路性能就会增加。减少干扰的一个最直接的方法就是使用定向天线，这样使得用户在空间上隔离，定向天线只从一部分用户接收到信号，因此减少了干扰。增加 CDMA 容量的另一个方法是采用不连续发送（DTX）模式，此模式利用了话音断断续续这一特点。在 DTX 模式下，在没有话音时可以关掉发射机。已观察到有线网络中的话音信号大约有 3/8 的激活因子，而移动通信系统中只有 1/2。在无线系统中，背景噪声和振动能触发话音激活检测电路。因此，CDMA 系统的平均容量与激活因子成反比增加。在陆地无线传播中，TDMA 和 FDMA 的频率复用取决于由路径衰耗所产生的小区间的隔离，而 CDMA 小区可以复用所有频率，因而容量有了较大增加。

　　为了评估 CDMA 系统的容量，首先应考虑单一小区系统。蜂窝网络由多个与基站保持通信的移动用户组成（在一个多小区系统中，所有的基站被移动交换中心相互连接起来）。小区发射机包含一个线性合路机，这个合路机把所有用户的扩频信号加起来，并且对每一信号使用一个加权因子来实现前向链路功率控制。当只考虑一个单小区系统时，假设这些加权因子都相等。一个导频信号也包括在小区发射机中，并被每个移动台用来为反向链路设置功率控制。在一个具有功率控制的单小区系统中，反向信道上的所有信号在基站以相同功率水平被接收。

　　设用户数为 N，那么当前小区中每一解调器接收到一个复合波形，此复合波形含有所需信号功率 S 和 $N-1$ 个干扰用户的功率，其中每一干扰用户的功率为 S。因此，信噪比为

$$\mathrm{SNR} = \frac{S}{(N-1)S} = \frac{1}{N-1} \tag{6-6}$$

　　除了 SNR，在通信系统中比特能量-噪声比也是一个重要的参数。它可通过用信号功率 S 除以基带数据 R 和用干扰功率除以整个 RF 频段 W 得到，即基站接收机处的 SNR 可用 E_b/N_0 表示如下：

$$\frac{E_b}{N_0} = \frac{S/R}{(N-1)(S/W)} = \frac{W/R}{N-1} \tag{6-7}$$

其中，W/R 称为处理增益 G_p。

　　式（6-7）可表示为

$$\frac{E_b}{N_0} = \frac{G_p}{N-1} \tag{6-8}$$

　　能够接入此系统的用户数可表示为

$$N = 1 + \frac{G_p}{E_b/N_0} \tag{6-9}$$

　　为了使容量增加，其他用户产生的干扰应该减少。这可通过减小式(6-9)中的分母做到。可见，CDMA 系统是干扰受限的。

　　首先，可通过减少干扰来增加系统容量。例如，通过采用定向天线代替全向天线的方法可以减少其他用户的干扰。具有 3 个波束宽 120°的定向天线的小区受到的干扰 N_0' 是全向天线所接收到的干扰的 1/3。这就使容量增大为原来的 3 倍。

　　其次，采用话音激活检测技术，利用人们的对话存在间隙的特点，在没有话音激活的阶段关掉发射机，以减小对其他用户的干扰，使整个系统的容量得到增加。话音激活由一个因子 β 来表示，对于式(6-6)来说，干扰项为 $(N_s - 1)\beta$，其中 N_s 是每一扇区的用户数。

　　因此，实际容量可表达为

$$N_s = 1 + \left(\frac{G_p}{E_b/N_0}\right)\left(\frac{1}{(1+\alpha)\beta}\right) \tag{6-10}$$

其中，α 为干扰减小因子，β 是话音激活因子。

　　现举一例子，设 $\alpha = 0.85$(采用 3 个波束宽 120°的定向天线构成的 3 扇区小区的典型值)，$\beta = 0.4$，8 kb/s 的声码器的数据率为 9.6 kb/s，且码片速率为 1.2288 MC/s，要求 E_b/N_0 为 7 dB，则 $E_b/N_0 = 10^{0.7} = 5.01$，$G_p = 1.2288 \times 10^6 / 9600 = 128$。因此，根据式(6-10)计算该扇区实际容量：

$$N_s = 1 + \frac{128}{5.01} \times \frac{1}{1.85} \times \frac{1}{0.4} = 36$$

该容量也称为扇区极性容量。

　　由以上分析可以看出，通过简单地减小 E_b/N_0，虽然可以增大该容量，但是会使得所有用户的误比特率增加。另一方面，在不增加误比特率的前提下减小 E_b/N_0 是有可能的。一种实现方法是选择适当的调制技术。例如，若需要的误比特率为 10^{-5}，则对二进制频移键控(BFSK)，需要的 E_b/N_0 为 12.6 dB，而对采用相干检测的二进制相移键控(BPSK)或QPSK，需要的 E_b/N_0 就只有 9.6 dB。

　　因为误比特率随着信噪比的减小而增加，所以有必要使用纠错编码技术。CDMA 和WCDMA 系统中使用的编码通常是卷积编码，采用的硬判决序列和 Viterbi 软判决解码可能达到 4~6 dB 的编码增益。因此，可以使用信道编码增加 CDMA 系统的容量。

　　如果控制每一个移动台的发射功率水平，使得它的信号以所需最小的信干比到达基站，使每个用户对系统的干扰最小，那么就可得到最大的系统容量。因此，CDMA 中的功率控制非常重要，被认为是 CDMA 所有关键技术的核心。

6.7.2　提高 CDMA 通信系统容量的有效技术——智能天线技术

　　智能天线(Smart Antenna)系统是由天线阵列、幅相加权、合成器和控制器所组成的，如图 6-22 所示。每个阵元所接收的信号先进行幅相加权，其权值是由控制器通过不同的自适应算法来调整的。之后，被加权的信号进行合成，形成阵列输出，也就是形成若干个自适应波束，同时自动跟踪若干个用户。智能天线所形成的波束能实现空间滤波，它使期望信号的方向具有高增益，而使干扰方向实现近似零陷，以达到抑制和减少干扰的目的。天线阵元的数目 N 与天线配置的方式对智能天线的性能有着直接的影响。

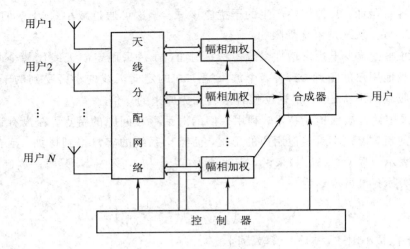

图 6-22　智能天线组成原理框图

在 CDMA 通信系统中，我们能按 CDMA 编码形式形成相应的天线波束，使不同的用户编码形成不同用户的天线窄带波束，从而大大提高 CDMA 通信系统的容量。这是 CDMA 通信使用智能天线技术的最大优点。

目前，已经提出将智能天线用于移动通信系统以提高系统容量，满足日益增多的移动用户的需求。此外，智能天线还能通过提高频谱利用率，扩大覆盖范围，使用多波束跟踪移动用户，补偿孔径失真，减小延迟扩展、多径衰落、共道干扰、系统复杂性、误码率和中断概率等来改善系统的性能。

智能天线能根据信号环境的变化，依据采用的优化准则（MMSE、SNR、LH 等）自适应地调整加权矢量，相应地调整天线的方向图，以跟踪信号的变化。不过，由于各种准则的最优权值均收敛于最优维纳解，因此准则的选择并不重要，主要是智能算法的选择，因为算法决定了天线阵列暂态响应的速率和实现电路的复杂度，它是智能天线系统的核心部分。

经典的自适应算法按照有无反馈环路，可分为闭环算法和开环算法两大类。相对来说，闭环算法比较简单，且实现的代价小，但是由于它的收敛速度比较慢，因此限制了它在许多场合的应用；而开环法虽然收敛速度快，但是受到求解的数值精度和阵列协方差矩阵求逆运算量的限制，且算法比较复杂。开环自适应算法主要有 LMS、SMI、RLS 等。

1. 最小均方(LMS)算法

LMS 算法是将最陡下降法应用于 MSE(均方误差)性能度量的一种估计，可采用数字闭环法来实现。其阵列加权矢量更新的递推公式为

$$W(n+1) = W(n) + \mu(e^*(n))X(n) \tag{6-11}$$

式中：$e^*(n)$ 表示 $e(n)$ 的共轭，$e(n)=y(n)-d(n)=W^H(n)X(n)-d(n)$ 为天线暂态误差，其中，$y(n)$ 为天线阵列输出，W^H 表示矩阵 W 的共轭转置，$d(n)$ 为与期望信号有很大相关性的参考信号；μ 为步长，是控制收敛速度和稳定性的标量常数因子，当选择 $0<\mu<2/\mathrm{Tr}(R)$ 时算法收敛，其中 $\mathrm{Tr}(R)$ 为数据自相关矩阵 R 的迹，$R=E[X(n)X^T(n)]$；$X(n)$ 是在第 n 个时刻对阵列信号的取样，它含有期望信号、干扰和白噪声。

根据维纳解，基于 LMS 算法的最优权矢量可表示为

$$W_{\mathrm{opt}} = R^{-1} r_{\mathrm{xd}} \tag{6-12}$$

式中：r_{xd} 为参考信号 $d(n)$ 和阵列取样数据 $X(n)$ 的互相关矢量。

LMS 算法结构简单，但是其收敛速度很慢，且算法的性能对 R 的特征值的散布度很敏感。当特征值的散布度很大时，算法收敛相当慢，有时甚至很难收敛，这就限制了它在一些信号环境变化快的场合的应用。

2. 取样矩阵求逆(SMI)算法

SMI 算法是一种开环计算方法。它通过直接求解阵列协方差矩阵 R 来估计权矢量，能实现与特征值的散布度无关的最快的收敛速度。

假设天线为 N 阵元的线阵结构，接收信号 $X(n)$($X(n)$ 为 $1 \times N$ 的复向量)可表示为

$$X(n) = \sum_{i=1}^{M} S_i(n) a_i(\theta_i) + N(n) \tag{6-13}$$

式中：$S_i(n)$ 表示第 i 个辐射源的发送信号；$a_i(\theta_i)$ 是第 i 个辐射源的空间响应函数，$a_i(\theta_i) = \mathrm{e}^{\mathrm{j}2\pi\frac{d}{\lambda}(i-1)\sin\theta_i}$。

在实际应用中，可这样进行求解：假设 $X(n)$ 的 K 次取样组成一个 $N \times K$ 的矩阵，表示为

$$X_K(n) = \begin{bmatrix} x_1(n) & x_1(n+1) & \cdots & x_1(n+K-1) \\ x_2(n) & x_2(n+1) & \cdots & x_2(n+K-1) \\ \vdots & & \vdots & \\ x_N(n) & x_N(n+1) & \cdots & x_N(n+K-1) \end{bmatrix}$$

则 $R(n) = X_K(n) \times X_K^{\mathrm{T}}(n)$，$N \times 1$ 的互相关矢量为

$$Q(n) = X(n) \times d(n)$$

式中：$d(n) = [d(n)\ d(n+1)\ \cdots\ d(n+K-1)]^{\mathrm{T}}$ 是一个 $K \times 1$ 的列矢量。SMI 算法得到的最优解为

$$W(n) = [R(n)]^{-1} \times Q(n) = [X_K^{\mathrm{T}}(n) \times X_K(n)]^{-1}[X_K^{\mathrm{T}}(n) \times d(n)] \tag{6-14}$$

分析表明，当取样数 $K \geqslant 2N$ 时，它就能收敛到最优值的 3 dB 之内。但是当干扰分布广泛时，收敛所需的取样数大。由于该算法的计算复杂性与 N^3 成正比，因此对于小型阵列，其计算效率很高，而对于大尺寸阵列，它所要求的信号处理能力很强。此外，对于给定的 K 值，由时间平均得到的估计质量依赖于输入 SNR，当输入 SNR 下降时，估计质量下降，则需要更多的取样值来消除噪声的干扰，才能得到更精确的估计。

3. 递归最小二乘(RLS)算法

RLS 算法基于使每一快拍的阵列输出误差平方和最小的准则，即最小二乘(LS)准则，采用数据域递推方法来完成矩阵的求逆运算。它利用了从算法初始化后得到的所有阵列数据信息，其加权矢量更新的递推公式为

$$W(k+1) = W(k) - \frac{P(k)e_k^*(k+1)X(k+1)}{\mu + X^{\mathrm{T}}(k+1)P(k)X(k+1)} \tag{6-15}$$

$$e_k(k+1) = W^{\mathrm{T}}(k)X(k+1) - d(k+1) \tag{6-16}$$

$$P(k+1) = \frac{1}{\mu}\left[P(k) - \frac{P(k)X(k+1)X^{\mathrm{T}}(k+1)P(x)}{\mu + X^{\mathrm{T}}(k+1)P(x)X(k+1)} \right] \qquad (6-17)$$

式中：$\mu(0<\mu<1)$称为遗忘因子，其作用是削弱旧的数据取样值对后面计算的影响。μ越大，表示旧的数据对后面计算结果的影响越大。

RLS 算法的收敛速度比较快，其收敛速度对特征值的散布度不敏感。与 SMI 算法相比，虽然 RLS 算法的收敛速度不如 SMI 算法快，但其计算复杂性明显减小，因此在实际应用中用得比较多。

4. 计算机仿真

在计算机仿真算法中，为简单起见，期望信号的干扰均用互不相关的高斯噪声来表示。算法中期望信号的入射方向为 0°，信噪比为 4 dB，干扰的入射方向为 20°，信干噪比为 20 dB。

假设期望信号不变，仅干扰的入射方向变为 10°，天线阵元分别是阵元间距为 $\lambda/2$ 的四阵元和八阵元，采用 RLS 算法进行仿真，观察阵元数目对天线性能的影响。

在相同的信号环境下，分别对八阵元的线阵和圆阵进行仿真，观察不同阵列结构对天线性能的影响。

图 6-23 所示为分别采用三种算法的天线方向图。进行 1000 次取样之后，我们发现三种算法均能在干扰的入射方向上产生明显的零陷，而使期望信号入射方向的响应最大，但是从图 6-23 中可看出，SMI 和 RLS 算法的零陷效果优于 LMS 算法，且旁瓣小。

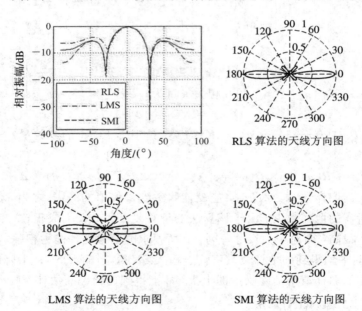

图 6-23　三种算法的天线方向图比较

图 6-24 是从输出信干噪比及收敛速度的角度来比较三种算法的性能的。横坐标采用对数坐标是为了使收敛过程更直观。从图 6-24 中可以看出，SMI 算法的收敛速度最快，RLS 算法次之，而 LMS 算法的收敛速度最慢。此外，SMI 和 RLS 算法在稳态性能上较 LMS 算法也有相当的优势。

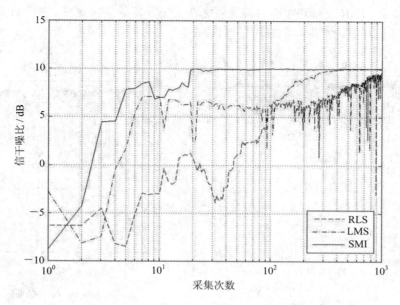

图 6 - 24　三种算法的性能比较

　　图 6 - 25 示出了当干扰信号的入射方向为 10°时，对四阵元和八阵元天线的仿真结果。虽然在干扰入射方向均实现了零陷，但是四阵元天线的主束明显偏离了期望信号的入射方向，而八阵元天线的主束对准期望信号的方向，且其对干扰的零陷效果更明显。

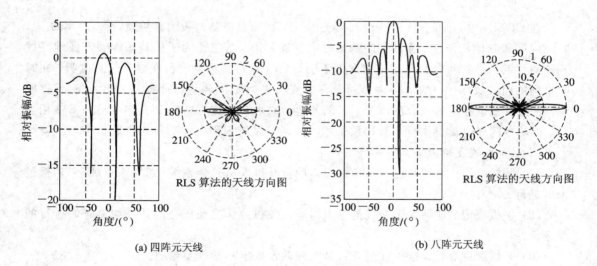

图 6 - 25　四阵元天线和八阵元天线的仿真结果比较

　　图 6 - 26 所示为当期望信号和干扰的能量未变，期望信号的入射方向仍为 0°，而干扰的入射方向从 −90°变到 90°时，分别采用八阵元的线阵和圆阵，其输出信干噪比（SINR）与两信号（期望信号和干扰）的角度差之间的关系的比较。在阵元数相同的情况下，由于不同的阵列结构所对应的天线的有效口径不同，即主束宽度不同，因此对干扰归零的性能亦不同。从图6 - 26 中可以看出，对于八阵元线阵，当两信号的角度差在 ±10°之内时，会使天线的主束偏离期望信号的方向，表现为输出 SINR 下降；对于圆阵，当角度差在 ±30°之内

时，就会使输出 SINR 下降，这说明其主束宽度大于线阵的主束宽度。在实际应用中，圆阵常用于室内通信环境，而线阵一般用于市区环境。

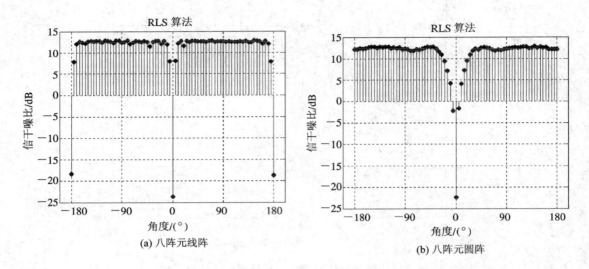

(a) 八阵元线阵　　　　　　　　　　　　(b) 八阵元圆阵

图 6-26　八阵元线阵和圆阵的归零分辨率的比较

6.8　CDMA 登记

在 CDMA 中，登记是一种进程。通过登记，移动台向基站表明其位置、状态、识别码、时隙周期和其他特征值。移动台向基站提供位置和状态信息是为了让基站能够方便地寻找到被叫移动台。移动台给基站提供时隙索引以便让基站知道移动台在哪个时隙监听。在时隙排列的模式操作中，基站同意移动台在所安排的时隙间隔内减小功率输出以便节省电源。这种方案也称为移动台睡眠模式或者不连续接收(DRX)，这和 IS-54 以及 GSM 相类似。移动台同样也提供类标记和协议版本号以便基站能识别出移动台的容量和能力。

CDMA 系统支持以下 9 种不同的登记方式：

(1) 开机登记。这种登记方式是指当移动台开机或从其他系统(如模拟系统)中切换过来时进行的登记。

(2) 关机登记。这种登记方式是指当移动台关机或从当前服务的系统中离开时进行的登记。

(3) 时间周期登记。这种登记方式是指移动台按定时器触发登记。

(4) 基于距离的登记。当移动台接收到一个新的基站的纬度、经度和其他值时，移动台把接收到的新的基站的经纬度和最近一次成功登记的基站的经纬度相比较。如果计算结果离原先登记的基站的距离大于门限值，则移动点进行基于距离的登记。

(5) 基于区域的登记。这种登记方式是指当移动台进入一个新的区域时进行的登记。

(6) 基于参数改变的登记。这种登记方式是指当移动台存储部分参数变化时或进入一个新系统时的登记。

(7) 受命登记。这种登记方式是指在基站要求移动台登记的情况下进行的登记。

(8) 隐含登记。当移动台成功地发出一个初始化信息或一个呼叫响应信息时，基站就能明白移动台的位置，这就叫隐含登记。

(9) 业务信道登记。一旦基站获得一个已安排至业务信道上的移动台的登记信息，基站就能够识别出已经注册的移动台。

以上(1)~(5)的登记方式作为一组，统称为自动登记方式，因为在移动台响应一个事件时都自动进行登记(不是应基站要求而进行登记)。基站能够建立或废除这些自动登记方式中的一种或某几种。也就是说，运营商可以为网络有效运行进行自动登记方式的组合。

6.8.1　漫游的决定因素

为了达到漫游的目的，在 CDMA 中定义了系统及网络的识别程序。基站是整个系统和网络中的一员。网络系统是整个系统的子集。系统通过系统识别号(SID)来标记，系统中的网络用网络识别号(NID)来标记。一个网络系统由 SID/NID 来标识。

移动台有一个或多个(不能漫游)SID/NID 表。如果所存储的 SID/NID 不能和基站所广播发出的 SID/NID 相匹配，则说明此移动台正在漫游。当 SID 相同，而 NID 不同时，认为移动台是 NID 漫游者；当 SID 不同时，认为移动台是外来的 SID 漫游者。

6.8.2　开机登记

当移动台开机、从另一系统切换过来或从模拟系统中切换过来时，进行开机登记。为了防止多重登记，对于移动台，只有在时钟允许范围内的开机登记有效。这种登记方式可以通过设置系统参数消息而变为无效。

6.8.3　关机登记

关机登记并不像期望的那样特别可靠，因为移动台有可能已经跨出了蜂窝系统的接收范围。尽管关机登记不可靠，但一个成功的关机登记可使 MSC 避免呼叫处于关机状态的移动台。

6.8.4　时钟周期登记

时钟周期登记使移动台按时间周期进行登记，它同样也允许系统对那些不能进行正常时间周期登记的关机登记用户进行注销。基站给移动台提供参数以便设置时钟。时钟同样在隐含登记或成功登记中复位。为了避免所有的移动用户在传递时钟登记消息时处于同一时间而造成基站的拥塞，CDMA 提供了登记消息的排队技术。移动台如果处于时隙模式，则它可以有时隙索引的呼叫信道功能。如果移动台不处于时隙模式，则它可以选择伪随机数通过基站决定它们之间的参数。用这种方法，不同的移动台就可以设置不同的时钟以及相应的登记。

6.8.5　基于距离的登记

在基于距离的登记中，基站发送出它的纬度和经度以及距离参数。当移动台开始接收到一个新的基站时，移动台同时收到它的纬度、经度和其他值。移动台把接收到的新的基站的经纬度和原先登记的基站的经纬度相比较。如果测量计算结果离原先登记的基站距离大于某门限值，则移动台就会登记。在登记中，基站成为好几个典型值为圆形的蜂窝小区的中心。移动台在移出这一圈的范围时才会登记。

6.8.6　基于区域的登记

基于区域的登记中，蜂窝系统合成位置范围和区域，移动台和 MSC 同样保留了移动台最近登记的移动区域。CDMA 和 GSM 不一样，在 CDMA 系统中，移动台可以同时成为不同位置范围的移动台。当移动台进入一个没有在表上的区域时，它就登记。在成功的登记过程中，移动台和 MSC 给它们的列表上加上新的区域，并给其他的列表上的区域设置所期望的时钟。通过多区域的列表，系统避免了在边界区域上的多次登记。通过在旧区域上设置时钟，MSC 就可以避免对那些在老的区域中已过时的移动台进行呼叫。基于区域的登记在蜂窝系统中或在不同的系统之间定义边界时特别有效。

6.8.7　基于参数改变的登记

基于参数改变的登记在移动台内存储的参数(比如基站类标志或寻呼时隙索引)改变时发生。

6.9　CDMA 切换过程

在 CDMA 中有两种切换类型：软切换(Soft Hand Off)和硬切换。硬切换为传统模式。在那些采用传统硬切换模式的系统中，移动者通过得到邻近信道的报告和向基站发送信息报告来辅助参与切换过程。在 CDMA 中，硬切换发生在具有不同发射频率的两个 CDMA 基站之间。CDMA 的硬切换过程和 GSM 的硬切换过程大体相似。

CDMA 还支持另外一种称为软切换的切换过程。软切换发生在具有相同载频的 CDMA 基站之间。软切换允许原工作蜂窝小区和切换到达的新小区同时在软切换过程中为这次呼叫服务。软切换的呼叫过程可分为三步：

(1)移动台和原小区仍在通信。

(2)移动台同时和原小区、新小区进行通信。

(3)移动台只和新小区通信。这个交换过程可以减小呼叫中断的可能性，并减少切换过程中切换信令的乒乓效应。乒乓效应是由于移动台在同样的几个小区之间频繁切换造成的。硬切换是"通前断"(Break Before Make)，而软切换是"断前通"(Work Before Break)。

在呼叫建立过程中，移动台被提供了一套切换的门限值集，并且会有一系列候选的小区加入到切换过程中。在跟踪从原小区来的信号的同时，用户搜索所有的导频信道，并且保留了那些高于门限值的信道列表，一旦 MSC 要求，就把列表传送给 MSC。同样，当一个现存的导频信道低于支持业务的门限值时也会向 MSC 报告。这些列表转换成导频信道测量消息后转送给基站。基站会安排和导频信道相对应的一个下行业务信道，并发出一个切换指导信息以指导移动台完成切换。对于软切换，切换指导信息通过多个载频相同的下行业务信道传送给移动台。MSC 在切换过程中会给新的基站安排一个切换信道。基站搜索并获得从 MS 来的信号。这时基站给移动台安排一个相应的下行业务信号。所有的安排使移动台的下行业务信道除了功率控制子信道外都具有同样的模块特征值。移动台从两个小区中同时得到功率控制信息。从移动台来的数据由两个小区共同收到后，都发往 MSC。数据是以一帧一帧(20 ms)方式传输的。通过对切换指导信息的执行，移动台在新的上行业务信道中发出一个完成切换过程信息。

　　同样的过程也会发生在当一个移动台在同一小区中从一个扇区移到另一个扇区时。这一过程被称为更软切换。在更软切换中，移动台完全按照软切换的进程进行，MSC 清楚更软切换活动，但并不参与更软切换过程，没有必要另增 MSC/小区通道来为更软切换服务。

　　软切换中的一个关键部分是集中的话音编码/选择功能。它需要集中化以便能够收到来自不同基站的业务信息。可以设想，这项功能驻留在基站中，这样的一个配置不是最佳的，因为这样会增加 MSC 到基站的业务流量。重要的话音编码/选择功能如下：

　　(1) 在软切换过程中选择所有小区的话音/数据上行链路传送给 MSC。这需要知道从所有小区来的话音/数据的质量特征，以便从采用一帧一帧方式的以帧为基础的数据流中选择最佳的 20 ms 帧。

　　(2) 在下行链路方向上有分配功能，它给所有涉及软切换的小区分配数据/话音下行链路。

　　(3) 将上行话音 8/13 kb/s 信号格式转换成 64 kb/s 的 PCM 信号，并且将下行话音的PCM 64 kb/s 信号转换成 8/13 kb/s 信号。

　　(4) 它的速率可以适配或者其子速可复用成话音帧，以充分利用全部有线传输网络的电路传输带宽。

思 考 题 与 习 题

1. CDMA 系统具有哪几个特点？它比 GSM 系统有哪几个突出的优点？

2. 在 CDMA 系统中，为什么功率控制被认为是所有关键技术的核心？

3. CDMA 软容量是怎么回事？

4. CDMA 软切换有哪三个优点？

5. 在 CDMA 系统中，接入信道与寻呼信道有什么样的对应关系？

6. CDMA 系统支持哪几种位置登记方式？

7. 分集是对付多径衰落很好的办法，主要有哪三种分集方法？在 CDMA 系统中这三种方法是如何完成的？

8. CDMA 系统采用什么方法解决多径问题？

9. 简述 Rake 接收机的工作原理。

10. 简述 IS - 95 CDMA 系统中长 PN 码分别在前向信道和反向信道中的作用。

第 7 章　第三代移动通信系统(3G)

7.1　引　　言

　　早在 1985 年，国际电信联盟(ITU)就提出了第三代移动通信系统的概念，当时称为未来公用陆地移动通信系统(FPLMTS)，后考虑到该系统预计在 2000 年左右商用，且工作于 2000 MHz 频段，1996 年更名为国际移动电信系统 IMT - 2000(International Mobile Telecomunication - 2000)。其主要特性有：

　　(1) 全球化。IMT - 2000 是一个全球性的系统，它包括多种系统，在设计上具有高度的通用性，该系统中的业务以及它与固定网之间的业务可以兼容，能提供全球漫游业务。

　　(2) 多媒体化。IMT - 2000 提供高质量的多媒体业务，如话音、可变速率数据、视频和高清晰图像等多种业务。

　　(3) 综合化。IMT - 2000 能把现存的各类移动通信系统综合在统一的系统中，以提供多种服务。

　　(4) 智能化。IMT - 2000 主要表现在引入智能网，移动终端和基站采用软件无线电技术。

　　(5) 个人化。用户可用唯一个人电话号码(PTN)在终端上获取所需要的电信业务，这就超越了传统的终端移动性，真正实现了个人移动性。

　　图 7 - 1 描述了第三代移动通信系统的运行环境。从图中可以看出，各种不同的操作

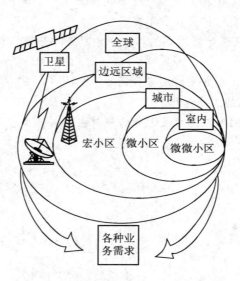

图 7 - 1　IMT - 2000 系统的运行环境

环境，从具有极高容量的室内微蜂窝结构到室外的蜂窝结构以及卫星覆盖都包括在IMT - 2000 系统中，同时该系统还具有提供各种业务(从话音、数据到多媒体)的能力。总而言之，IMT - 2000 系统具有很强的灵活性。

7.1.1　IMT - 2000 和我国 3G 的三大标准

ITU 从 1986 年开始进行个人通信系统的研究，其主要目标是制定一个全球统一的标准，使全世界不同地区、不同进展程度的 IMT - 2000 网络最终可支持全部的 IMT - 2000 业务和功能，并实现相互间的无缝协作。

1. 各种规定的基本原则

为了方便迅速地接入各种通信业务，保证公开竞争，促进各国通信市场的发展，可以方便地增加新的通信业务。WARC - 92 的 ITU - RM.1036 建议给出了 IMT - 2000 频带使用原则，如表 7 - 1 所示。

表 7 - 1　ITU - RM. 1036 建议的 IMT - 2000 频带使用原则

目标	在 2000 年左右引入 IMT - 2000，IMT - 2000 按国家要求发展，终端全球漫游，全球设备标准化； 与现有用户分享频率资源，有效支持多个网络运营商或业务提供商，支持固定设备技术的应用； 优化 IMT - 2000 带宽内的频带利用率，有效综合 IMT - 2000 陆地和卫星； 部分兼容各种形式的业务和混合业务，降低终端成本、体积和功耗
原则	为保持灵活性，理想情况下 IMT - 2000 频段不应分割给不同形式的无线接口和业务； IMT - 2000 卫星与陆地部分频率划分要灵活，以满足不同国家的需要； 频率提供应符合全球漫游的需要； 在 2000 年前能够提供实验和测试所需的 IMT - 2000 频段

2. 频率划分

1987 年，ITU 世界无线电行政大会针对移动业务(WMOB - 81)通过了 265 号决议，此决议为 FPLMTS 国际化选择了 1～3 GHz 的工作频段，最小带宽为 230 MHz。在WARC - 92 会议上，ITU 会员一致同意 IMT - 2000 的频段为 2 GHz，即 1885～2025 MHz和 2110～2200 MHz，其中 1980～2010 MHz 和 2170～2200 MHz 用于移动卫星业务(MSS)。随后在 WRC - 95 会议上对 WARC - 92 的决议进行了修改，主要是移动卫星业务(MSS)的 2 GHz 频段，具体修改为：此频段在 2000 年投入使用，届时不能使用的区域改用 1990～2025 MHz 和 2160～2200 MHz。表 7 - 2 是 IMT - 2000 卫星的频段划分。WRC - 95 会议第 46 号决议给出了 IMT - 2000 卫星的主要标准，整个标准将分两步实施：确定整个网络的频率分配，协调可能受到影响的系统。

表 7 - 2　IMT - 2000 卫星的频段划分

系统	频　　段	注　　释
非地球同步轨道	1610～1626.5 MHz(上行)	一些国家与固定业务分享 限制移动地球站发射功率 保护天文无线电
	1613.8～1626.5 MHz(下行)	第二分配
	2483.5～2500 MHz(下行)	全球范围与固定/移动业务分享，包括 ISM 频段
	1980～2010 MHz(上行) 2170～2200 MHz(下行)	全球范围与固定/移动业务分享(2000 年 1 月 1 日) IMT - 2000/FPLMTS 频段 716 号决议(WRC - 95)
	2500～2520 MHz(下行) 2670～2690 MHz(上行)	2005 年 1 月 1 日投入使用
同步轨道	1525～1559 MHz(下行) 1626.5～1660.5 MHz(上行)	部分频段受地区限制
宽带	18.8～19.4 GHz(下行) 28.7～29.1 GHz(上行)	分配给固定卫星业务 118 号决议(WRC - 95)

3. 卫星技术

容量与覆盖是无线系统的两个关键的技术指标。对于人口较密集的地区，移动系统的容量(每单位面积的负荷)是最重要的；而对于一些边远地区，覆盖问题占了主要地位。卫星移动系统是实现全球覆盖的有效方法。作为陆地系统的补充，卫星移动通信系统具有覆盖面积大、信号稳定、不受地形地貌影响、不受距离限制等特点。IMT - 2000 将是综合陆地与卫星系统的一个有机整体。

卫星轨道的选择是卫星系统要考虑的首要问题之一。卫星轨道可以分为地球同步轨道(GEO)和非地球同步轨道(NGEO)两类。IMT - 2000 趋向于使用非地球同步轨道，因为 NGEO 可以较好地实现全球覆盖，时延较小。同时，可以使用小口径的天线减小波束的投射范围，从而获得更好的全球频率重用系数。但 NGEO 的一个缺点是所需使用的卫星数目要比 GEO 的多，并且卫星相对于地区不是静止的。

与陆地移动系统相比较，卫星系统还有许多不同之处。例如，卫星系统由于其卫星发射费用的昂贵限制了其大小和重量，因此一般是功率受限的，而陆地系统一般是干扰受限的；卫星系统的数据率一般较低，其蜂窝的直径要比陆地系统的大许多。另外，卫星移动系统在无线链路、多址方式和切换等方面也有着与陆地系统不同的考虑。

从上面可以看出，卫星移动系统和陆地移动系统各有优缺点，只有将二者相互补充，综合考虑，有机地结合成一个系统，才能发挥各自的优势，实现广覆盖、大容量两方面的目标。

至今，ITU 一共确定了全球四大 3G 标准，它们分别是 WCDMA、CDMA2000、TD - SCDMA 和 WiMAX。但被我国采纳的只有 WCDMA、CDMA2000 和 TD - SCDMA。2006 年 1 月 20 日 TD - SCDMA 被颁布为中国通信行业标准，同年 5 月 16 日，WCDMA 和 CDMA2000 被颁布为中国通信行业标准。2009 年 1 月 7 日，工业和信息化部对中国移动发放了 TD - SCDMA 牌照，对中国联通发放了 WCDMA 牌照，对中国电信发放了

CDMA2000 牌照。WiMAX 未被我国列入中国通信行业标准。

3G 的三大标准 WCDMA、CDMA2000、TD‐SCDMA 的主要技术参数比较见表 7‐3。

表 7‐3　三种 3G 标准比较

参数	标　准		
	WCDMA	CDMA2000	TD‐SCDMA
信道带宽	5/10/20 MHz	1.25/5/10/15/20 MHz	1.6 MHz
码片速率	3.84 MC/s	$N×1.2288$ MC/s	1.28 MC/s
多址方式	单载波 DS‐CDMA	单载波 DS‐CDMA	单载波 DS‐CDMA＋TD‐SCDMA
双工方式	FDD	FDD	TDD
帧长	10 ms	20 ms	10 ms
多速概念	可变扩频因子和多码 RI 检测：高速率业务 盲检测：低速率业务	可变扩频因子和多码 盲检测：低速率业务	可变扩频因子和多时多码 RI 检测
FEC 编码	卷积码 $R=1/2,1/3,K=9$ RS 码(数据)	卷积码 $R=1/2,1/3,3/4,$ $K=9$ Turbo 码	卷积码 $R=1\sim1/3,K=9$ Turbo RS 码(数据)
交织	卷积码：帧内交织 RS 码：帧间交织	块交织(20 ms)	卷积码：帧内交织 Turbo RS 码：帧间交织
扩频	前向：Walsh(信道化)＋ Gold 序列 2^{18}(区分小区) 反向：Walsh(信道化)＋ Gold 序列 2^{41}(区分用户)	前向：Walsh(信道化)＋M 序列 2^{15}(区分小区) 反向：Walsh(信道化)＋M 序列 $2^{41}-1$(区分用户)	前向：Walsh(信道化)＋ PN 序列(区分小区) 反向：Walsh(信道化)＋ PN 序列(区分用户)
调制	数据调制：QPSK/BPSK 扩频调制：QPSK	数据调制：QPSK/BPSK 扩频调制：QPSK/OQPSK	数据调制：DQPSK 扩频调制：DQPSK/16QAM
相干解调	前向：专用导频信道(TDM) 反向：专用导频信道(TDM)	前向：公共导频信道 反向：专用导频信道(TDM)	前向：专用导频信道(TDM) 反向：专用导频信道(TDM)
话音编码	AMR	CELP	EFR(增强全速率话音编码)
最大数据率	达 384 kb/s 室内高达 2.048 Mb/s	1X‐EV‐DO：2.4 Mb/s 1X‐EV‐DV：$\geqslant5$ Mb/s	最高为 2.048 Mb/s
功率控制	FDD：开环＋快速闭环 (1.6 kHz) TDD：开环＋慢速闭环	开环＋快速闭环(800 Hz)	开环＋快速闭环(200 Hz)
基站同步	异步(不需 GPS) 可选同步(需 GPS)	同步(需 GPS)	同步(主从同步，需 GPS)
切换	移动台控制软切换	移动台控制软切换	移动台辅助硬切换

7.1.2　3G 的三大标准的演进路径

1. WCDMA 和 TD‐SCDMA

WCDMA 和 TD‐SCDMA 网络在原先 GSM 的基础上演进，其核心网基于 GSM MAP。GSM 自 1992 年投入商用以来，其标准得到不断验证，而且稳步发展，在截至 2001

年的第一个十年中，用户数量已经达到 5 亿。2006 年全球 GSM 用户数超 20 亿。2011 年 GSM 进入第二个十年，全球的 234 个国家与地区已经拥有 838 个 GSM 网络，用户数量超过 44 亿。GSM 网络采用电路交换(CS)的方式，主要用于话音通话，而因特网上的数据传递则采用分组交换(PS)的方式。由于这两种网络具有不同的交换体系，导致彼此间的网络几乎都是独立运行的。制定 GPRS 标准的目的就是要改变这两种网络互相独立的现状。通过采用 GPRS 技术，可使现有 GSM 网络方便地实现与高速数据分组的简便接入。WCDMA 和 TD-SCDMA 网络保留了 GSM 的 PS 和 CS 的主要结构，兼容 GSM 原有的手机终端设备，使 GSM 网络平稳演进至 3G。

2. CDMA2000

CDMA2000 主要由 IS-95 和 IS-41 标准发展而来。它与 AMPS、D-AMPS 和 IS-95 都有较好的兼容性。它在反向信道也使用了导频，同时又采用了一些新技术，因此满足 IMT-2000 的要求。CDMA2000 可分为 CDMA2000-1X(单载波，带宽是 IS-95A 的 1 倍)和 CDMA2000-3X(多载波，带宽是 IS-95A 的 3 倍)两个系统。

IS-95A 是 CDMA 网络的第一个标准，支持 8 kb/s 编码话音服务。其后又分别出版了 13 kb/s 话音编码器的 TSB74 标准，支持 1.9 GHz 的 CDMA PCS 系统的 STD-008 标准，其中 13 kb/s 话音编码器的服务质量已非常接近有线电话的话音质量。

随着移动通信对数据业务需求的增长，1998 年 2 月，美国高通公司宣布将 IS-95B 标准用于 CDMA 基础平台。IS-95B 提供了对 64 kb/s 数据业务的支持。

CDMA2000-1X 是 CDMA2000 第三代无线通信系统的第一个阶段，是 1999 年 6 月由 ITU 确立的标准，有人称之为 2.75G 移动通信系统。其主要特点是：与 IS-95A/B 完全兼容，并可与 IS-95B 系统的频段共享或重叠。CDMA2000-1X 与 IS-95A/B 是通过不同的无线配置(RC)来区别的，通过设置 RC，可以同时支持 CDMA2000-1X 终端和 IS-95A/B 终端。因此，IS-95A/B 和 CDMA2000-1X 可以同时存在于同一载波中。

CDMA2000-1X 网络部分则引入了分组交换方式，支持移动 IP 业务，可以提供 144 kb/s 的数据业务，容量比 CDMAOne(IS-95A/B 网络的简称)高一倍，而且增加了辅助码分信道等，可以对一个用户同时承载多个数据流和多种业务。因此，CDMA2000-1X 提供的业务比 IS-95A/B 有很大的提高，为支持各种多媒体分组业务打下了基础。

北美有关运营商在 2000 年 6 月开始 CDMA2000-1X 的现场试验，2001 年年底已提供商用。韩国已在 2000 年 10 月开通了 CDMA2000-1X 网络。目前，美洲、亚洲和大洋洲的众多运营商采用了 CDMA2000-1X 进行商用运行。中国联通的 CDMA2000-1X 网络已于 2003 年下半年开始商用。

第三代合作伙伴计划 2(3GPP2)从 2000 年初开始在 CDMA2000-1X 的基础上制定了 1X 的演进技术，即 1X-EV 的标准。

1X-EV 的空中接口标准是对现有 CDMA2000-1X 的一个扩展，以支持至少 2 Mb/s 的高速数据和 1.25 MHz 的宽信道的更高话音容量。1X-EV 分为两个发展阶段。两个阶段都使用一个标准的 1.25 MHz 载波，因此 1X-EV 被认为是与 IS-95 CDMA 网络后向兼容的。演进的第一阶段(1X-EV-DO)要求在标准的 1.25 MHz 专用信道中，下行分组数据业务达到 2.4 Mb/s 的峰值速率。演进的第二阶段(1X-EV-DV)要求在提供 2.4 Mb/s 峰值速率的分组数据业务的同时，与电路交换型话音和数据用户共享频谱。

第一阶段：1X - EV - DO(Data Only)。

1X - EV - DO 基于 Qualcomm 公司提出的 HDR(High Data Rate)技术，采用与话音分离的信道传输数据，支持平均速率为 650 kb/s、峰值速率为 2.4 Mb/s 的高速数据业务，不支持话音业务。1X - EV - DO 的空中接口标准已经由 3GPP2 完成，并由 TIA 发布 IS - 856，目前已经商用。1X - EV - DO 需要一个单独的载波用于承载数据，但如果系统需要同时提供话音和数据服务，则这个载波将能切换到 1X 载波上。运营商通过分配一个用于数据的单独载波，能为用户提供超过 2 Mb/s 的传输速率。

第二阶段：1X - EV - DV(Data and Voice)。

1X - EV - DV 是在 1X - EV - DO 的基础上提出的技术方案，目标是在一个载波的宽度(1.25 MHz)内，不仅实现高速的话音和非实时的分组数据业务，而且能够提供实时的多媒体业务，最高数据速率大于 5 Mb/s。

因此，CDMA2000 演进发展过程如图 7 - 2 所示。

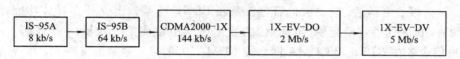

图 7 - 2　CDMA2000 演进发展过程

7.1.3　3G 业务

3G 业务可分为以下四类：

(1) 交互式业务：包括电话、移动银行、可视电话和可视会议等。

(2) 点对点业务：包括短信、电子邮件、话音邮件、Web、视频邮件、远程医院等。

(3) 单向信息业务：包括数字报纸/出版、远程教育/视频购物、移动音频播放器、移动视频播放器、视频点播和卡拉 OK 等。

(4) 多点广播业务：包括文本数字信息传送、话音信息传送、先进汽车导航、视频信息传送、移动收音机和移动电视等。

具体有以下业务：

(1) 无线一键通(PoC 或 PTT)业务。PoC 是一种半双工的通信方式，通过 PoC 技术，用户只需按一下按钮，就能以类似对讲机的方式使用手机进行通信。

PoC 业务规范主要由开放移动联盟(OMA)指定。OMA 于 2003 年 4 月正式成立了 OMAPOC 工作组，并于 2005 年年初正式发布 PoC1.0 版本规范，目前已经推出了 PoC2.0。

使用 PoC 技术进行通信同使用对讲机非常相似，通过这项技术，用户可以轻松地实现"一对一"或者组群之间的通信。同传统的手机技术不同，用户将不再需要输入复杂的手机号码，而是按下一个按钮进入好友列表，选定要联系的好友后再按一下按钮，双方就可以通话了。

诺基亚将其无线一键通(Push to talk Over Cellular)技术简称为 PoC，高通公司则译为即按即说，并缩写成 PTT(Push-To-Talk)。PoC 技术将极大地增强现有的电话服务，将成为未来移动运营商新的增值点。

(2) 彩 E 业务。互联网信息接入协议(IMAP)是一种收/发电子邮件的协议。Mobile IMAP(M - IMAP)业务允许一个移动台存取和操作 M - IMAP 服务器上的电子邮件消息。

该协议确定了移动台和服务器之间的通信方法。其业务通过一个 M - IMAP 客户端和一个 M - IMAP 服务器实现。M - IMAP 客户端是一个安装在移动台上的软件组件。当移动台离线时，它让用户编辑和阅读邮件；当移动台上线后，它提供用户收/发邮件的功能。IMAP 服务器分析处理 M - IMAP 命令。它提供一个消息存储和传输代理功能。消息存储功能用于管理邮箱；消息传输代理功能则用于 Internet 上传输和发送电子邮件。

IMAP 任务包含两部分：Mailer 和 Low Level APIs。其中，Mailer 实现邮件收/发等和网络交互的核心功能；Low Level APIs 则实现 Mailer 的手机本地移植功能，包括文件访问、图形处理、事件处理、定时器/日历、电话、通信处理、状态处理、字符输入、地址簿访问、调试信息输出、附件处理、Web、邮件发送历史访问、粘贴板、短消息启动、用户目录、邮件过滤、LOCK NO 输入、双语言、按键限制等功能。

（3）MMS 业务。MMS 为多媒体短信业务，是按照 3GPP 标准和 WAP 论坛标准有关多媒体信息标准开发的最新业务。MMS 传输的内容包括文本、图片、声音和视频，其应用更广泛、更方便、更新潮。它最大的特色就是在 EDGE 的基础上支持多媒体功能，也被称为 GSM384，因为这种技术能使"全球通"的数据速率由目前的 9.6 kb/s 提高到 384 kb/s。多媒体短信业务在 GPRS/WCDMA 网络或 CDMA2000 - 1X 网络的支持下，以 WAP 无线应用协议为载体传送视频片段、图片、声音和文字，支持话音、因特网浏览、电子邮件、会议电视等多种高速数据业务，可实现即时的手机端到端、手机终端到互联网或互联网到手机终端的多媒体信息传送。

（4）DRM 业务。移动数字版权管理技术要求在一种受控方式下提供数字内容的传送和使用方法。内容只能在提供商授权的移动终端上传播和使用。移动数字版权管理技术要求涉及移动数字版权管理系统的各个技术方面，由内容格式、协议和版权表达语言规范构成。

开放移动联盟制定的 DRM 规范允许内容提供商定义媒体对象的版权，版权将规定如何使用媒体对象。DRM 系统具有媒体内容格式，并给定了操作系统或运行环境。受 DRM 控制的媒体对象可以是各种各样的东西，如游戏、铃声、照片、音乐片段、视频片段以及流媒体等。内容提供商可以授予用户对这些媒体对象适当的使用权，否则移动终端无法使用，所以用户在使用媒体对象前需要购买版权。

受保护的内容能够通过各种方式（无线信道、本地连接和移动媒体等）传送到移动终端。但是，在一种受控方式下，版权中心严格控制和传送版权对象。受保护的内容和版权对象可以被一起下载，或者被分别发送到移动终端。

基本的 DRM 系统功能体系包括以下几个实体：移动终端 DRM Agent、内容中心、版权中心、用户和移动存储设备。根据业务规划和网络体系结构，这些逻辑实体可以有多种不同的配置。

具体实现是：媒体对象在一种保护和受控方式下被打包和发送到用户，内容中心从一个门户网站将受保护的内容发送到移动终端，然后版权中心在对移动终端认证之后提供必要的版权对象，以便移动终端能够使用内容。为了遵循版权对象对媒体内容的使用描述，移动终端 DRM Agent 必须执行认证协议，并且具备必要的安全和信任要素。

版权对象被加密保护，通过特定的许可和限制来控制内容的使用。因此，只有授权移动终端才能使用受保护的内容。DRM Agent 的一个基本功能是在使用内容时强制执行版权对象的许可，并要求密钥得到应有的保护和处理，从而避免未经授权的使用。

(5) 空中下载(OTA, Over - The - Air)业务。OTA 是通过移动通信的空中接口对 SIM 卡数据及应用进行远程管理的技术。OTA 定义了一种有确认的下载技术, 用于发送数据内容。下载的另外一个重要的应用就是终端个性化, 用户可以根据个人的选择和生活方式设置终端。一些具体的目标包括:

① 实现不同的支付模式来支持电子商务体系的建立。

② 满足具有不同能力的移动终端的内容, 能够使用统一的模式发布。

③ 在所有媒体类型(如游戏、铃声和图片)的下载处理过程中创建公共性部分。

④ 实现自动能力协商和手动能力协商。

⑤ 允许初始下载方案在属性和功能方面有扩展的能力。

⑥ 创建一种简单、快速的实现和应用方案, 便于缩短市场化时间。

基本体系结构逻辑上分为三个部分: 索引(内容)服务器、下载服务器和内容存储库。该结构允许索引服务器非常简单, 可以不包括实现电子商务的特殊功能。电子商务和下载管理功能可以集中配置, 也可以分开配置。该结构在功能上实现了确认功能、可靠性功能、可计费功能以及服务器与客户设备之间的事务处理功能, 允许任何类型的内容下载。

(6) IMPS(Instant Messaging and Presence Services, 即时消息业务)。移动通信的即时消息业务基于 Web 的概念, 把手机的短信和手机移动互联网完美地结合起来, 使用户通过手机即可方便地与他人以短信、移动互联网来进行即时的信息交流。腾讯 QQ、ICQ 和 MSN Messenger 等广泛使用的即时通信(IM, Instant Messenger)工具已经成为上网人群必不可少的上网工具。另一方面, 随着移动增值业务的发展, 特别是 SMS、MMS 分别在我国和韩国的成功商业化以及 Imode 业务在日本的成功, 大大拓展了即时消息业务的使用领域。目前, 无线村论坛已经并入 OMA 联盟, IMPS 规范的制定工作由无线村工作组来完成。该规范已经进入了应用测试阶段(Phase 2)。OMA 中的 IMPS 规范主要定位在移动设备、移动业务和基于 Internet 的即时消息业务之间交换信息和图像等内容方面。

即时消息业务的即时性和便捷性使它以惊人的速度在网络上流行起来, 成为互联网上与电子邮件并列的信息服务形式。国际 IT 巨头 AOL、MSN、Yahoo! 也投巨资开展了类似服务。在中国比较流行的是腾讯 QQ。另外, 新浪、网易等网站也提供即时消息业务。

2011 年年初, 腾讯公司推出"微信"业务。这是一款通过网络快速发送话音、短信、视频、图片和文字, 支持多人群聊的手机聊天软件。用户可以通过微信与好友进行形式上更加丰富的类似于短信、彩信等方式的联系。微信软件本身完全免费, 其任何功能都不收取费用, 只是在使用微信时产生的上网流量费由网络运营商收取。因为是通过网络传送, 所以微信不存在距离的限制, 即使是在国外的好友, 也可以使用微信对讲。

微信是一种更快速的即时通信工具, 具有零资费、跨平台沟通、显示实时输入状态等功能, 与传统的短信沟通方式相比, 更灵活、智能, 且节省资费。

7.2　WCDMA

7.2.1　WCDMA 系统的网络结构

3GPP(第三代合作伙伴项目)的第一个标准是 W - CDMA 系统的 R99 版本。R99 版采用全新的 W-CDMA 无线空中接口标准，支持 2Mb/s 的传输速率；核心网（CN）包括 PS 域和 CS 域两部分。3GPP 制订了多个 CN 网络结构的版本：R99、R4、R5、R6、R7 等。从 R99 到 R7 版本，均采用相同的无线接入网——UTRAN，主要对核心网进行演进。R99 核心网仍然采用 GSM /GPRS 的网络体系结构，CS 域与 GSM 的相同，PS 域采用 GPRS 的网络结构。R4 版是移动网络向下一代网络演进的第一步。R4 核心网仍分为电路交换域和分组交换域，但电路域引入基于软交换的承载与控制相分离的架构，原来的 MSC 被 MSC 服务器（Server）和电路交换-媒体网关（CS-MGW）代替。MSC 服务器（Server）用于处理信令，电路交换-媒体网关（CS-MGW）用于处理用户数据。R4 分组交换域与 R99 的相同。R4 支持 TDM、ATM 及 IP 方式的核心网络承载技术。R5 版在 R4 版的基础上增加了 IP 多媒体域（IMS）来支持 VoIP，IMS 域的引入实际上是在分组交换域引入了承载和控制相分离的架构，实现了语音、数据、多媒体业务的融合，实现了端到端的 IP 多媒体业务。同时在无线传输中引入了高速下行链路分组接入（HSDPA）。HSDPA 是 WCDMA 下行链路针对分组业务的优化和演进，支持高达 10Mb/s 的下行分组数据传输。与 HSDPA 类似，高速上行链路分组接入（HSUPA）是上行链路针对分组业务的优化和演进。HSUPA 是继 HSDPA 后，WCDMA 标准的又一次重要演进，具体体现在 R6 的规范中。利用 HSUPA 技术，上行用户的峰值传输速率可以提高 2～5 倍。HSUPA 还可以使小区上行的吞吐量比 R99 的 WCDMA 多出 20％～50％。此外，R6 中引入了多媒体广播和组播业务，无线资源得到了优化，实现了 3G 与 WLAN 的互联。R7 版本加强了对固定、移动融合的标准化制定，要求 IMS 支持 xDSL、cable 等固定接入方式。

R99 网络结构如图 7-3 所示。

R99 网络结构的设计中充分考虑了第二代（2G）与第三代（3G）移动通信系统的兼容，以支持 GSM/GPRS/3G 的平滑过渡。因此，在核心网络中，CS 域和 PS 域是并列的。R99 中 CS 域的功能实体包括 MSC、VLR、GMSC 等。PS 域特有的功能实体包括 SGSN 和 GGSN，为用户提供分组数据业务。HLR、AuC、EIR 为 CS 域和 PS 域共用设备，在无线接入网中可支持 GSM 的 BSS 以及 UTRAN 的 RNS。

图 7-3 中的所有功能实体都可作为独立的物理设备。

1. CS 域的接口

A 接口和 A-Bis 接口定义在 GSM08-series 技术规范中；Iu-CS 接口定义在 UMTS25.4xx 技术规范中；B、C、D、E、F 和 G 接口则以 7 号信令方式实现相应的移动应用部分（MAP），用于完成数据交换。H 接口未提供标准协议。

2. PS 域的接口

PS 域的网络结构基于 GPRS 的网络结构（见图 5-21）。Gb 接口定义在 GSM08.14、GSM08.16 和 GSM08.18 技术规范中；Iu-PS 接口定义在 UMTS25.4xx-series 技术规范中；Gc、Gr、Gf、Gd 接口则是基于 7 号信令的 MAP 协议；Gs 实现 SGSN 与 MSC 之间的联合操作，基于 SCCP/BSSAP＋协议；Ge 基于 CAP 协议；Gn/Gp 协议由 GTP V0 升级到 GTP V1 版本；Ga/Gi 协议没有太大改动。

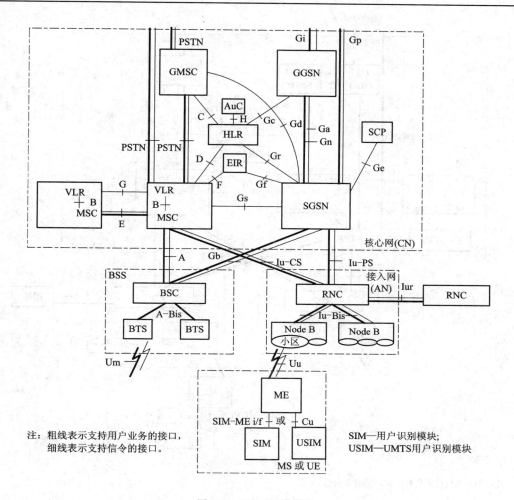

图 7 - 3　R99 网络结构

图 7 - 4 所示为支持 CS 和 PS 业务的 PLMN 的基本网络结构（R4 版本）。R4 版本中 PS 域的功能实体 SGSN 和 GGSN 没有改变，与外界的接口也没有改变。但为了支持全 IP 网发展，R4 版本中 CS 域实体有所变化，如 MSC 根据需要可分成两个不同的实体：MSC 服务器（MSC Server，仅用于处理信令）和电路交换-媒体网关（CS - MGW，用于处理用户数据）。MSC 服务器和 CS - MGW 共同完成 MSC 功能。对应地，GMSC 也分成 GMSC 服务器和 CS - MGW。

图 7 - 4 中各实体的功能如下：

（1）MSC 服务器（MSC Server）主要由 MSC 的呼叫控制和移动控制组成，负责完成 CS 域的呼叫处理等功能。MSC 服务器将用户-网络信令转换成网络-网络信令。MSC 服务器也可包含 VLR 以处理移动用户的业务数据和 CAMEL（Customized Applications for Mobile network Enhanced Logic）的相关数据。

（2）电路交换-媒体网关（CS - MGW）是 PSTN/PLMN 的传输终点，并且通过 Iu 接口连接核心网和 UTRAN。CS - MGW 可以是从电路交换网络来的承载通道的终点，也可以

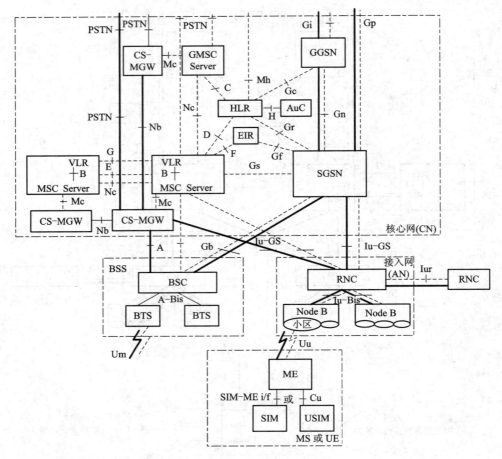

注：图中实线代表用户数据，虚线表示信令。

图 7 - 4　支持 CS 和 PS 业务的 PLMN 的基本网络结构（R4 版本）

是从分组网来的媒体流（例如 IP 网中的 RTP 流）的终点。在 Iu 上，CS - MGW 可支持媒体转换、承载控制和有效载荷处理（例如多媒体数字信号编解码器、回音消除器、会议桥等），可支持 CS 业务的不同 Iu 选项（基于 AAL2/ATM 或基于 RTP/UDP/IP）。

（3）GMSC 服务器（GMSC Server）主要由 GMSC 的呼叫控制和移动控制组成。

图 7 - 5 是 R5 版本的 PLMN 基本网络结构（没有包括 IP 多媒体（IM）子系统部分）。R5 版本的网络结构和接口形式同 R4 版本基本一致，主要差别是：当 PLMN 包括 IM 子系统时，HLR 和 AuC 被归属用户服务器（HSS）所替代。

归属用户服务器（HSS）是指定用户的主数据库，包含支持网络实体处理呼叫/会话的相关签约信息。HSS 包括 HLR 和鉴权中心（AuC）。

R5 新增了漫游信令网关（R - SGW）和传输信令网关（T - SGW），并新增了 IP 多媒体核心网子系统（IMS）。

IP 多媒体核心网子系统（IMS）的实体配置如图 7 - 6 所示。该子系统的各实体功能简述如下：

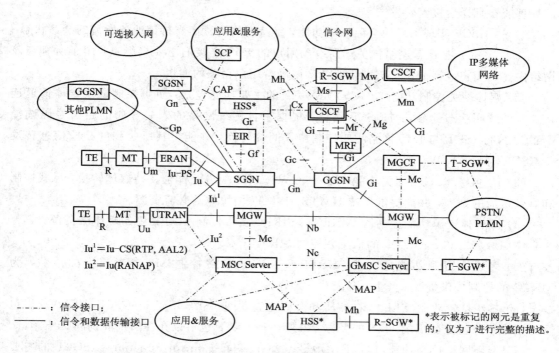

SCP—服务控制点；MGW—媒体网关；MRF—多媒体资源功能；ERAN—增强型无线入网

图 7 - 5　R5 版本的 PLMN 基本网络结构

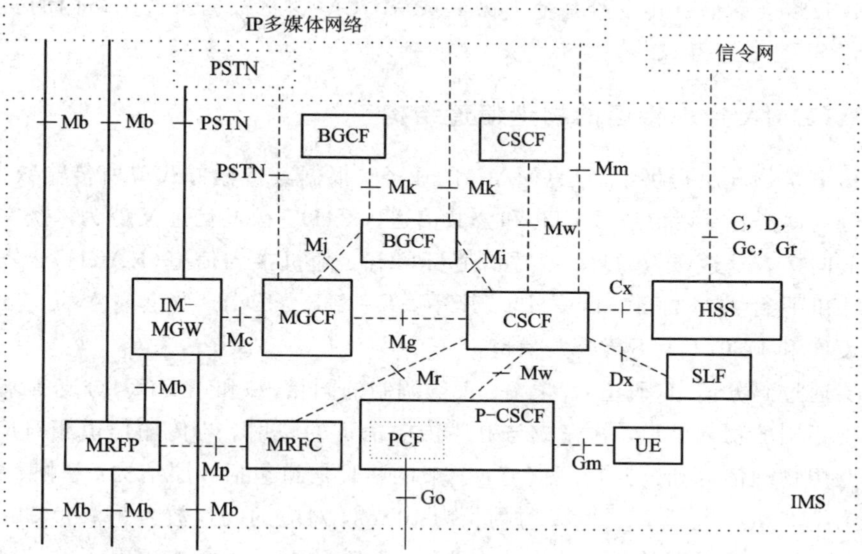

图 7 - 6　IP 多媒体核心网子系统的实体配置

（1）呼叫服务器控制功能（CSCF）。CSCF 可起到代理 CSCF（P - CSCF）、服务 CSCF（S - CSCF）和询问 CSCF（I - CSCF）的作用。

① P - CSCF 是 IP 多媒体核心网子系统（IMS）内的第一个接触点，接收请求并进行内

部处理或在翻译后接着转发。

②S-CSCF 实现 UE 的会话控制功能，维持网络运营商支持该业务所需的会话状态。

③I-CSCF 是运营网络内关于所有到用户的 IMS 连接的主要接触点，用于所有与该网络内签约用户或当前位于该网络业务区内漫游用户相关的连接。

（2）媒体网关控制功能（MGCF）。MGCF 的主要功能包括：负责控制适于媒体信道连接控制的呼叫状态部分，与 CSCF 通信，根据来自传统网络的入局呼叫的路由号码选择 CSCF，执行 ISUP 与 IMS 网络呼叫控制协议间的转换，并能将其所收到的频段信息转发给 CSCF/IM-MGW。

（3）IP 多媒体-媒体网关功能（IM-MGW）。IM-MGW 能够支持媒体转换，承载控制和有效负荷的处理，并能提供支持 UMTS/GSM 传输媒体的必需资源。

（4）多媒体资源功能控制器（MRFC）。MRFC 负责控制 MRFP 中的媒体流资源，解释来自应用服务器和 S-CSCF 的信息并控制 MRFP。

（5）多媒体资源功能处理器（MRFP）。MRFP 负责控制 Mb 参考点上的承载，为 MRFC 的控制提供资源，产生、合成并处理媒体流。

（6）签约位置功能（SLF）。在注册和会话建立期间，SLF 用于 I-CSCF 询问并获得包含所请求用户特定数据的 HSS 的名称。另外，S-CSCF 也可以在注册期间询问 SLF。

（7）突破网关控制功能（BGCF，Breakout Gateway Control Function）。BGCF 的主要功能是选择在哪个网络中将发生 PSTN 突破。如果将发生突破的网络与 BGCF 所在的网络相同，则 BGCF 会选择一个 MGCF，负责与 PSTN 进行互操作。如果突破发生在其他网络内，则 BGCF 将会话信令转发给其他 BGCF 或 MGCF（这将根据所选网络内的实体配置来确定），与 PSTN 进行互操作。

7.2.2　WCDMA 空中接口的物理信道结构

传输信道是物理层提供给高层（MAC）的业务。根据其传输方式或所传输数据的特性，传输信道分为两类：专用信道（DCH）和公共信道（CCH）。公共信道又分为六类：广播信道（BCH）、前向接入信道（FACH）、寻呼信道（PCH）、随机接入信道（RACH）、公共分组信道（CPCH）和下行共享信道（DSCH）。其中，RACH、CPCH 为上行公共信道，BCH、FACH、PCH 和 DSCH 为下行公共信道。

物理层通过码分信道（码道）、频率、正交调制的同相（I）和正交（Q）分支等基本的物理资源来实现不同的物理信道，并完成与上述传输信道的映射。与传输信道相对应，物理信道也分为专用物理信道和公共物理信道。一般的物理信道包括 3 层结构：超帧、帧和时隙。超帧长度为 720 ms，包括 72 个帧；每帧长为 10 ms，对应的码片数为 38 400 Chip；每帧由 15 个时隙组成，一个时隙的长度为 2560 Chip。由于采用了可变扩频因子的扩频方式，因此每时隙中传输的比特数取决于扩频因子的大小。

1. 下行物理信道

下行物理信道分为下行专用物理信道（DPCH）和下行公共物理信道（包括公共导频信道（CPICH）、基本公共控制物理信道（PCCPCH）、辅助公共控制物理信道（SCCPCH）、同步信道(SCH)、捕获指示信道(AICH)和寻呼指示信道(PICH))。

1) 下行专用物理信道(DPCH)

DPCH 由数据传输部分(DPDCH)和控制信息(导频比特、FBI 比特、TPC 命令和可选的 TFCI)传输部分(DPCCH)组成,这两部分以时分复用的方式发送,如图 7-7 所示。下行信道也采用可变扩频因子的传输方式,每个 DPCH 时隙中可传输的总比特数由扩频因子 SF$=512/2^k$ 决定,扩频因子的范围是 4~512。

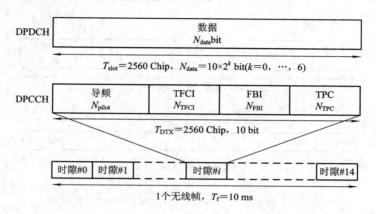

图 7-7　DPCH 的帧结构

在不同的下行时隙格式中,下行链路 DPCH 中 N_{pilot} 的比特数为 2~16 bit, N_{TPC} 为 2~8 bit, N_{TFCI} 为 0~8 bit, N_{data1} 和 N_{data2} 的确切比特数取决于传输速率和所用的时隙格式。下行链路使用哪种时隙格式是在连接建立时由高层设定的。

下行链路可采用多码并行传输。一个或几个传输信道的信息经编码复接后,组成的编码组合传输信道(CCTrCH)可使用几个并行的扩频因子相同的 DPCH 进行传输。此时,为了降低干扰,物理层的控制信息仅在第一个 DPCH 上发送,其他 DPCH 上不传输控制信息,即在 DPCCH 的传输时间内不发送任何信息,也就是采用不连续发射(DTX)。

2) 公共导频信道(CPICH)

CPICH 是固定速率(30 kb/s, SF$=256$)的下行物理信道,携带预知的 20 bit(10 个符号)导频序列(且没有任何物理控制信息)。公共导频信道有两类,即基本 CPICH 和辅助 CPICH,它们的用途不同,物理特征也有所不同。每小区只有一个基本公共导频信道(PCPICH),使用该小区的基本扰码进行加扰。所有小区的 PCPICH 均使用同样的信道化码进行扩频。基本 CPICH 是 SCH、PCCPCH、AICH、PICH 等下行信道的相位参考,也是其他下行物理信道的缺省相位参考。

至于辅助公共导频信道(SCPICH),每个小区可以没有,也可以有一个或数个,可以在整个小区或仅在小区的一部分发送,由基本或辅助扰码加扰,使用 SF$=256$ 的任一信道化码进行扩频。辅助 CPICH 可以作为 SCCPCH 和下行 DPCH 的参考。

3) 基本公共控制物理信道(PCCPCH 或基本 CCPCH)

基本 CCPCH 为固定速率(SF$=256$)的下行物理信道,用于携带 BCH。在每个时隙的前 256 个码片不发送任何信息(Tx off),因而可携带 18 bit 的数据。基本 CCPCH 与 DPCH

的不同之处是：没有 TPC 命令、TFCI 和导频比特。在每一时隙的前 256 个码片，即基本 CCPCH 不发送期间，发送基本 SCH 和辅助 SCH。

4）辅助公共控制物理信道（SCCPCH 或辅助 CCPCH）

辅助 CCPCH 用于携带 FACH 和 PCH。有两类辅助 CCPCH：包括 TFCI 的辅助 CCPCH 和不包括 TFCI 的辅助 CCPCH。是否发送 TFCI 由 UTRAN 决定。辅助 CCPCH 可能的速率集和下行 DPCH 相同。辅助 CCPCH 的帧结构如图 7-8 所示，扩频因子的范围为 4～256。

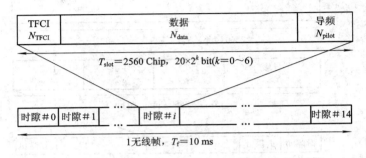

图 7-8　辅助公共控制物理信道（SCCPCH）的帧结构

5）同步信道（SCH）

同步信道是用于小区搜索的下行信道。SCH 由两个子信道组成：基本 SCH 和辅助 SCH。SCH 无线帧的结构如图 7-9 所示。

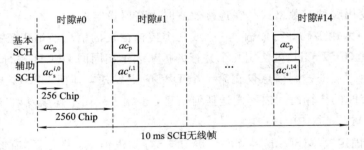

图 7-9　同步信道（SCH）无线帧的结构

基本同步码字（PSC）记作 c_p，其长度为 256 个码片，每时隙发送一次。系统中每个小区的 PSC 相同。辅助同步码字（SSC）记作 $c_s^{i,k}$，它由 15 个长度为 256 个码片的码组成，与基本 SCH 并行发送。$c_s^{i,k}(i=1,2,\cdots,64)$ 中的 i 为本小区基本扰码所属的扰码组号，$k=0,1,\cdots,14$ 为时隙号。图 7-9 中的符号 a 表示对基本和辅助同步码字进行调制，即表示 PCCPCH 是否使用发射分集。$a=+1$ 表示使用发射分集，$a=-1$ 表示不使用发射分集。

6）捕获指示信道（AICH）

捕获指示信道（AICH）为用于携带捕获指示（AI）的物理信道，它给出移动终端是否已得到一条 PRACH 的指示。AICH 的帧结构如图 7-10 所示，包括由 15 个连续接入时隙（AS）组成的重复序列，每一个 AS 的长度为 40 个比特间隔，每个 AS 包括 32 个比特和 1024 个码片长度的空部分，采用固定的扩频因子 128。

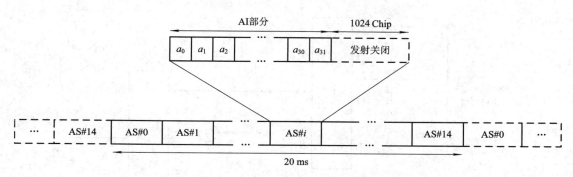

图 7 - 10　捕获指示信道(AICH)的帧结构

7) 寻呼指示信道(PICH)

寻呼指示信道(PICH)是固定速率的物理信道(SF＝256)，用于携带寻呼指示(PI)。PICH 总是与 SCCPCH 相关联的。PICH 的帧结构如图 7 - 11 所示。一个长度为 10 ms 的 PICH 由 300 bit 组成，其中 288 bit 用于携带寻呼指示，剩下的 12 bit 未用。在每一个 PICH 帧中发送 N 个寻呼指示，$N＝18$、36、72 或 144。如果在某一帧中寻呼指示置为"1"，则表示与该寻呼指示有关的移动台应读取 SCCPCH 的对应帧。

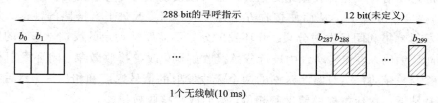

图 7 - 11　寻呼指示信道(PICH)的帧结构

8) 下行链路的扩频和调制

除了 SCH 外，所有下行物理信道的扩频和调制过程如图 7 - 12 所示。数字调制方式是 QPSK。每一组两个比特经过串/并变换之后分别映像到 I 和 Q 支路。I 和 Q 支路随后用相同的信道码扩频至码片速率(实数扩频)，然后用复数的扰码 $S_{\text{dl},n}$ 对其进行扰码。不同的物理信道使用不同的信道码，而同一个小区的物理信道则使用相同的扰码。信道化扩频码与上行链路中所用的信道化扩频码相同，为正交可变扩频因子(OVSF)码。

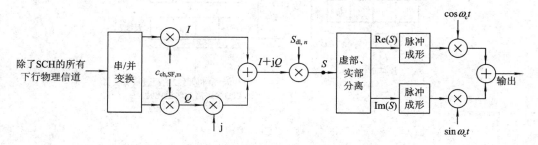

图 7 - 12　下行 DPCH 的扩频和调制过程

SCH 和其他下行物理信道的时分多路复用如图 7 - 13 所示。基本 SCH 和辅助 SCH 是码分多路的，并且在每个时隙的第 1 个 256 码片中同时传输。SCH 的传输功率可以通过增益因子 G_P 和 G_S 来分别加以调节，与 PCCPCH 的传输功率是不相关的。

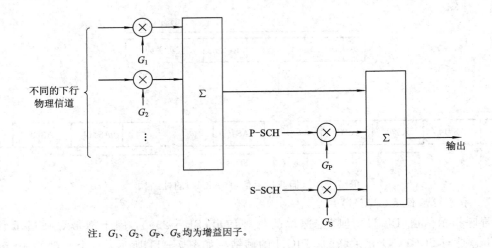

注：G_1、G_2、G_P、G_S 均为增益因子。

图 7-13 SCH 和下行物理信道的时分多路复用

9）下行链路发射分集

下行链路发射分集是指在基站方通过两根天线发射信号，每根天线被赋予不同的加权系数（包括幅度、相位等），从而使接收方增强接收效果，改进下行链路的性能。发射分集包括开环发射分集和闭环发射分集。开环发射分集不需要移动台的反馈，基站的发射先经过空间时间块编码，再在移动台中进行分集接收解码，改善接收效果。闭环发射分集需要移动台的参与，移动台实时监测基站的两个天线发射的信号幅度和相位等，然后在上行信道里通知基站下一次应发射的幅度和相位，从而改善接收效果。

开环发射分集主要包括 TSTD(Time Switched Transmit Diversity，时间切换发射分集)和 STTD(Space Time Transmit Diversity，空时发射分集)。

STTD 的编码过程如图 7-14 所示，输入的信道比特分为 4 bit 一组(b_0, b_1, b_2, b_3)，经过 STTD 编码后实际发往天线 1 的比特与原比特同为(b_0, b_1, b_2, b_3)，实际发往天线 2 的比特为($-b_2$, b_3, b_0, $-b_1$)。

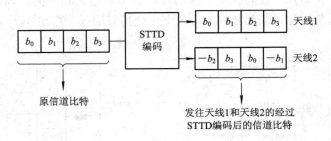

图 7-14 STTD 编码过程

下面以 DPCH 为例说明 STTD 编码的应用。DPCH 的 STTD 编码过程如图 7-15 所示，其中信道编码、速率匹配和交织与在非分集模式下相同。为了使接收端能够确切地估计每个信道的特性，需要在每个天线上插入导频。

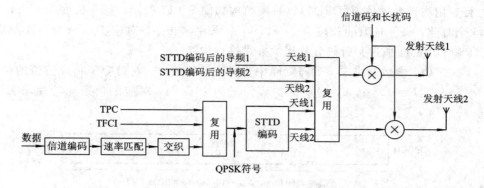

图 7 - 15　DPCH 的 STTD 编码过程

闭环发射分集实质上是一种需要移动台参与的反馈模式发射分集。只有 DPCH 采用闭环发射分集方式，需要使用上行信道的 FBI 域。DPCH 采用反馈模式发射分集的发射机结构如图 7 - 16 所示，其与通常的发射机结构的主要不同在于有两个天线的加权因子 w_1 和 w_2（复数）。加权因子由移动台决定，并用上行 DPCCH 的 FBI 域中的 D 域来传送。

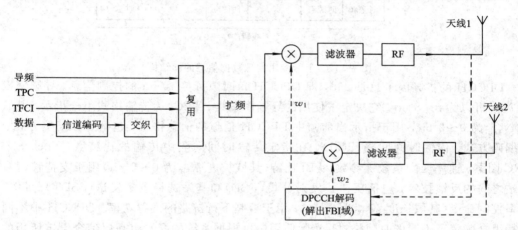

图 7 - 16　DPCH 采用反馈模式发射分集的发射机结构

2. 上行物理信道

上行物理信道分为上行专用物理信道和上行公共物理信道。

1）上行专用物理信道

上行专用物理信道有两类，即上行专用物理数据信道（DPDCH）和上行专用物理控制信道（DPCCH）。DPDCH 用于为 MAC 层提供专用信道（DCH）。在每个无线链路中，可能有 0、1 或若干个 DPDCH。DPCCH 用于传输物理层产生的控制信息。

在 WCDMA 无线接口中，传输的数据速率、信道数、发送功率等参数都是可变的。为了使接收机能够正确解调，必须将这些参数通过 DPCCH 在物理层控制信息中通知接收机。物理层控制信息由为相干检测提供信道估计的导频比特、发送功率控制（TPC）命令、反馈信息（FBI）、可选的传输格式组合指示（TFCI）等组成。TFCI 通知接收机在 DPDCH 的一个无线帧内同时传输的传输信道的瞬时传输格式的组合参数（如扩频因子、选用的扩频码、DPDCH 信道数等）。在每一个无线链路中，只有一个 DPCCH。

上行专用物理数据信道(DPDCH)的帧结构如图 7 - 17 所示。每一长度为 10 ms 的帧分为 15 个时隙,每一时隙的长度 $T_{\text{slot}}=2560$ 个码片(Chip),对应于一个功率控制周期。DPDCH 和 DPCCH 通过并行码分复用的方式进行传输。

图 7 - 17 中,参数 k 决定了 DPDCH 中每时隙的比特数,它对应于物理信道的扩频系数 $SF=256/2^k$,$k=0$,$\cdots$,6,对应的扩频因子为 $256\sim4$,对应的信道比特速率为 $15\sim960$ kb/s。

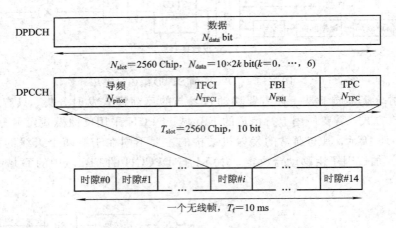

图 7 - 17 上行专用物理数据信道的帧结构

DPCCH 的扩频因子总是 256,即 DPCCH 每时隙可传 10 bit 的控制信息。导频字段长度 N_{pilot} 可以为 $5\sim8$ bit,它决定了使用的导频图案集。TFCI 为传输格式组合指示,其域长度 N_{TFCI} 为 $0\sim2$ bit,用于指示当前帧中 DPCCH 信道的信息格式,包括业务复接方式、信道编码方式、传输时间间隔(TTI)、在指定传输时间间隔中传输的比特数(Block Size)、CRC 图案、速率匹配系数等参数。FBI 比特(其域长度 N_{FBI} 为 $0\sim2$ bit)用于支持移动台和基站之间的反馈技术,包括反馈式发射分集(FBD)和基站选择分集发送(SSDT)。TPC 为功率控制命令(其域长度 N_{TPC} 为 2 bit),用于控制下行链路的发射功率。DPCCH 中不同的比特组合确定了不同的时隙格式,实际使用中可根据系统的配置由高层信令设定所用的时隙格式。这里的导频为确知的特殊图案,用于上行链路相干解调所需信道参数的估计。

2)上行公共物理信道

与上行专用物理信道相对应,上行公共物理信道也分为两类。用于承载随机接入信道(RACH)的物理信道称为物理随机接入信道(PRACH),用于承载公共分组信道(CPCH)的物理信道称为物理公共分组信道(PCPCH)。物理随机接入信道(PRACH)用于移动台在发起呼叫等情况下发送接入请求信息。PRACH 的传输基于时隙 ALOHA 的随机多址协议,接入请求信息可在一帧中的任一个时隙开始传输。

随机接入请求消息的发送格式如图 7 - 18 所示。它由一个或几个长度为 4096 Chip 的前置序列和 10 ms 或 20 ms 的消息部分组成。随机接入突发前置部分中,长为 4096 Chip 的序列由长度为 16 的扩频(特征)序列的 256 次重复组成,进行传输时占两个物理时隙。随机接入消息部分的物理传输结构与上行专用物理信道的结构完全相同,但扩频比仅有 256、128、64 和 32 几种形式,占用 15 或 30 个时隙,每个时隙内可以传送 10、20、40、80 bit。其控制部分的扩频比与专用信道的相同,但其导频比特仅有 8 bit 一种形式,导频比特图案

与专用信道中 $N_{pilot}=8$ 的情况完全相同。在 10 ms 的消息部分中，随机接入消息中的 TFCI 的总比特数为 $15×2=30$ bit。无线帧中 TFCI 的值对应于当前随机接入信道消息部分的传输格式。在使用 20 ms 消息部分的情况下，TFCI 在第二个无线帧重复。

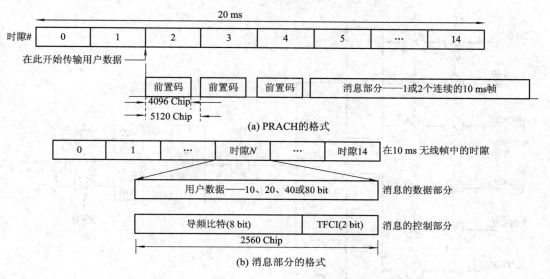

图 7 - 18　随机接入请求消息的发送格式

物理公共分组信道(PCPCH)是一条多用户接入信道，用于传送 CPCH 上的信息。在该信道上采用的多址接入协议是基于带冲突检测的载波检测多址/冲突检测(CSMA/CD)，用户可以将无线帧中的任何一个时隙作为开头开始传输，其传输结构如图 7 - 19 所示。PCPCH 的格式与 PRACH 类似，但增加了一个冲突检测前置码和一个可选的功率控制前置码，消息部分可能包括一个或多个 10 ms 长的帧。与 PRACH 类似，消息有两个部分——高层用户数据部分和物理层控制部分。数据部分采用和 DPDCH 一样的扩频因子，即 4、8、16、32、64、128 和 256；控制部分的扩频因子为 256。

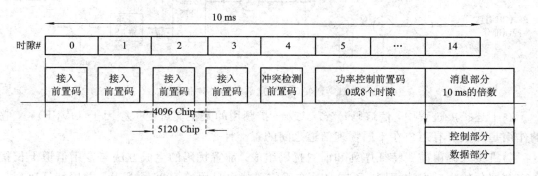

图 7 - 19　物理公共分组信道(PCPCH)上的传输结构

3) 上行信道的扩频与调制

上行专用物理数据信道和上行专用物理控制信道的扩频和调制如图 7 - 20 所示。在 DPDCH/DPCCH 的扩频与调制中，1 个 DPCCH 最多可以和 6 个并行的 DPDCH 同时发送。所有的物理信道数据先被信道码 $c_{d,n}$ 或 c_c 扩频，再乘以不同的增益 β_d 或 β_c(β_d 代表数据信道增益，β_c 代表控制信道增益），合并后分别调制到两个正交支路 I 和 Q 上，最后还要经过复数扰码。PRACH 消息部分的扩频和调制与 DPDCH/DPCCH 的扩频和调制相似，如图 7 - 21 所示。

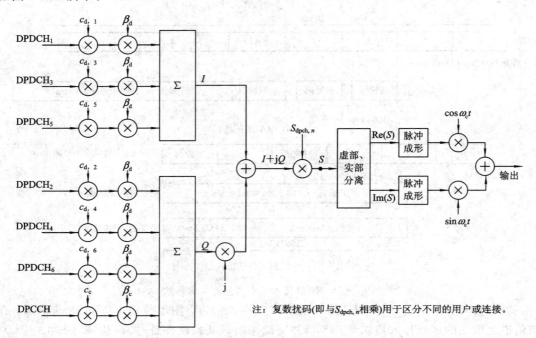

注：复数扰码(即与$S_{dpch, n}$相乘)用于区分不同的用户或连接。

图 7 - 20　DPDCH/DPCCH 的扩频与调制

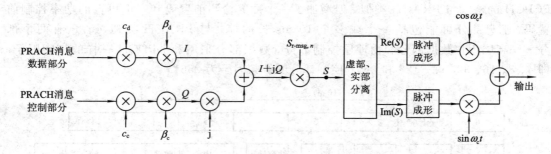

图 7 - 21　PRACH 消息部分的扩频和调制

　　在上述扩展过程中，信道码 c_d($c_{d, n}$)或 c_c 扩频用的是正交可变扩频因子(OVSF)码，它的作用是保证所有用户在不同物理信道之间的正交性。

　　随机接入码由前置特征序列和前置扰码组成。前置扰码的生成方法与专用信道上长扰码实数部分的生成方法相同，不同之处在于前置扰码只用前 4096 个码片。前置特征序列是长度为 16 的汉明码。

3. 业务信道的复接

　　传输信道(TrCH)到物理信道的映射关系如图 7 - 22 所示。图中，DCH 经编码和复用后，形成的数据流串行地映射(先入先映射)到专用物理信道中；FACH 和 PCH 的数据流经编码、交织后分别直接映射到基本 CCPCH 和辅助 CCPCH 上；对于 RACH，其数据是经过编码和交织后映射到 PRACH 的随机接入突发的消息部分。

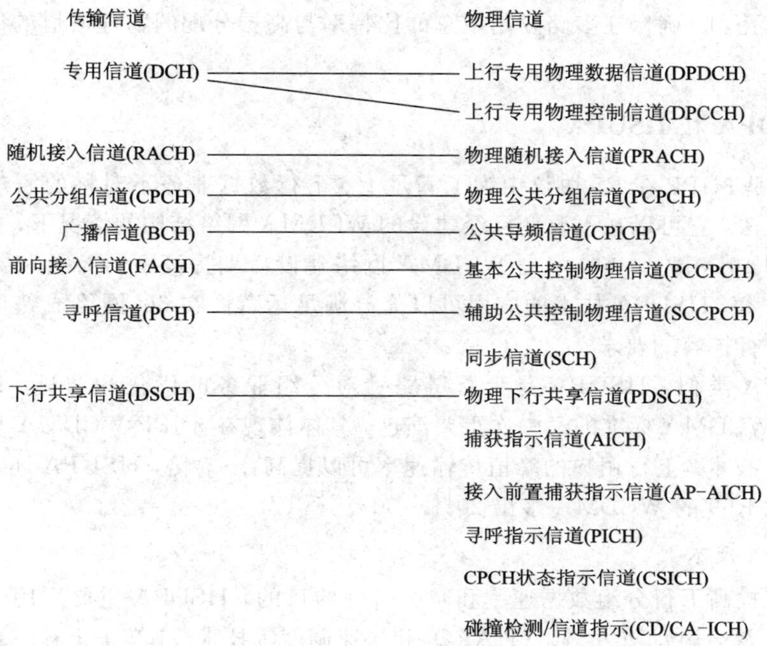

图 7-22　传输信道到物理信道的映射

传输信道

专用信道(DCH)

随机接入信道(RACH)

公共分组信道(CPCH)

广播信道(BCH)

前向接入信道(FACH)

寻呼信道(PCH)

下行共享信道(DSCH)

物理信道

上行专用物理数据信道(DPDCH)

上行专用物理控制信道(DPCCH)

物理随机接入信道(PRACH)

物理公共分组信道(PCPCH)

公共导频信道(CPICH)

基本公共控制物理信道(PCCPCH)

辅助公共控制物理信道(SCCPCH)

同步信道(SCH)

物理下行共享信道(PDSCH)

捕获指示信道(AICH)

接入前置捕获指示信道(AP-AICH)

寻呼指示信道(PICH)

CPCH状态指示信道(CSICH)

碰撞检测/信道指示(CD/CA-ICH)

图 7-22　传输信道到物理信道的映射

TrCH 可用的信道编码方案为卷积编码、Turbo 编码、不编码。不同类型的 TrCH 上使用的编码方案和编码速率如表 7-4 所示。

表 7-4　编码方案和编码速率

TrCH 类型	编码方案	编码速率
BCH	卷积编码	1/2
PCH		
RACH		1/3, 1/2
CPCH, DCH, DSCH, FACH	Turbo 编码	1/3
	不编码	

在复接过程中，上行无线帧需对输入比特序列进行填充，以保证输出可以分割成相同的大小为 T_i 的数据段，从而使输出比特将整个无线帧填满。但在下行信道中不进行比特填充，当无线帧要发送的数据无法把整个无线帧填满时，需要采用不连续发送(DTX)技术。

如果无线帧的传输时间长于 10 ms，那么要将无线帧分段，并映射到连续的物理信道帧上。

为适应固定分配的信道速率，需要进行速率匹配。速率匹配将信道编解码后的符号(或分段后的无线帧)进行打孔(或者重发)，从而使得要传输的符号速率与信道速率相匹配。在不同的传输时间间隔（TTI）内，每一个传输信道中的比特数可能随时被改变。在下行链路和上行链路中，当要传送的比特数在不同的传输时间间隔内被改变时，数据比特将被重发或者打孔，以确保在多路复用中总的比特率与高层分配的物理信道的比特率是相匹配的。

7.2.3　HSDPA 和 HSUPA

HSDPA 是 3GPP 在 R5 协议中为了满足上、下行数据业务不对称的需求而提出的一种调制解调算法，它可以在不改变已经建设的 WCDMA 网络结构的情况下，把下行数据业务速率提高到 10 Mb/s。该技术是 WCDMA 网络建设后期提高下行容量和数据业务速率的一种重要技术。HSDPA 技术的应用可以充分满足运营商在 3G 网络成熟期面临容量需求特别大时进行扩容的要求。

与 HSDPA 类似，HSUPA 是上行链路针对分组业务的优化和演进。HSUPA 是继 HSDPA 后，WCDMA 标准的又一次重要演进，具体体现在 3GPP WCDMA R6 的规范中。利用 HSUPA 技术，上行用户的峰值传输速率可以提高 2～5 倍，HSUPA 还可以使小区上行的吞吐量比 R99 的 WCDMA 多出 20%～50%。

1. HSDPA 技术

为了达到提高下行分组数据速率和减少时延的目的，HSDPA 主要采用了自适应调制编码（AMC）、混合自动重发请求（HARQ）和快速调度等技术。其实，上述三种技术都属于链路自适应技术，也可以看成是 WCDMA 技术中可变扩频技术和功率控制技术的进一步提升。

1）自适应调制编码（AMC）

AMC 根据无线信道变化选择合适的调制和编码方式，即根据用户瞬时信道质量状况和目前资源选择最合适的下行链路调制和编码方式，使用户达到尽量高的数据吞吐率。当用户处于有利的通信地点（如靠近 Node B 或存在视距链路）时，用户数据发送可以采用高阶调制和高速率的信道编码方式，例如 16QAM 和 3/4 编码速率，从而得到高的峰值速率；而当用户处于不利的通信地点（如位于小区边缘或者信道深衰落）时，网络侧则选取低阶调制方式和低速率的信道编码方案，例如 QPSK 和 1/4 编码速率，以保证通信质量。

2）HARQ

HARQ 可以提高系统性能，并可灵活地调整有效编码速率，还可以补偿由于采用链路适配所带来的误码。HSDPA 将 AMC 和 HARQ 技术结合起来可以达到更好的链路自适应效果。HSDPA 先通过 AMC 提供粗略的数据速率选择方案，然后使用 HARQ 技术来提供精确的速率调解，从而提高自适应调节的精度并提高资源利用率。HARQ 机制本身的定义是将 FEC 和 ARQ 结合起来的一种差错控制方案。HARQ 机制的形式很多，而 HSDPA 技术中主要采用三种递增冗余的 HARQ 机制：TYPE - Ⅰ HARQ、TYPE - Ⅱ HARQ 和 TYPE - Ⅲ HARQ。可以根据系统性能和设备复杂度来选择相应的 HARQ 机制。

3）快速调度

调度算法控制着共享资源的分配，在很大程度上决定了整个系统的行为。调度时应主要基于信道条件，同时考虑等待发射的数据量以及业务的优先等级等情况，并充分发挥 AMC 和 HARQ 的能力。调度算法应向瞬间具有最好信道条件的用户发射数据，这样在每个瞬间都可以达到最高的用户数据速率和最大的数据吞吐量，但同时还要兼顾每个用户的等级和公平性。HSDPA 技术为了能更好地适应信道的快速变化，将调度功能单元放在 Node B 上而不是 RNC 上，同时也将 TTI 缩短到 2 ms。

在 R99 系统中引入了 HSDPA 技术，在 MAC 层新增了 MAC‑hs 实体。MAC‑hs 位于 Node B 上，而不是 RNC 上，其作用主要是负责处理 HARQ 操作以及进行快速调度算法。HSDPA 使 R99 的 UTRAN 增加了三个新的物理信道：

(1) HS‑DSCH 信道：下行链路，负责传输用户数据，信道共享方式主要是时分复用和码分复用。

(2) HS‑SCCH 信道：下行链路，负责传输 HS‑DSCH 信道解码所必需的控制信息。

(3) HS‑DPCCH 信道：上行链路，负责传输必要的控制信息，主要是对 ARQ 的响应以及下行链路质量的反馈信息。

HSDPA 技术对 Node B 的修改比较大，对 RNC 主要修改了算法协议软件，硬件改动较小。如果在原有设备中考虑了 HSDPA 功能升级要求(如 16QAM、缓冲器及处理器的性能等)，则包括硬件和软件升级，而一般来讲硬件升级不必要，因此只需软件升级即可，所以现在很多厂家都宣称可通过软件升级支持 HSDPA 功能。实现这个功能难度不是太大，关键是实现的性能如何，所以 HSDPA 技术实现后的真正性能需要验证。

HSDPA 技术作为 WCDMA 的增强型无线技术，将提高系统的频谱效率和码资源效率，是一种提升网络性能和容量的有效方式。HSDPA 不仅能有效地支持非实时业务，还可以用于支持某些实时业务，如流媒体业务等。

2. HSUPA 技术

HSUPA 采用了三种主要的技术：物理层混合重传、基于 Node B 的快速调度和传输时间间隔(TTI)短帧传输。

1) 物理层混合重传

在 WCDMA R99 中，数据包重传是由 RNC 控制下的 RLC 重传完成的。在确认模式(AM)下，RLC 的重传由于涉及 RLC 信令和 Iub 接口传输，重传延时超过 100 ms。在 HSUPA 中定义了一种物理层的数据包重传机制，数据包的重传在移动终端和基站间直接进行，基站收到移动终端发送的数据包后会通过空中接口向移动终端发送 ACK/NACK 信令。如果接收到的数据包正确，则发送 ACK 信号；如果接收到的数据包错误，就发送 NACK 信号。移动终端通过 ACK/NACK 的指示，可以迅速重新发送传输错误的数据包。由于绕开了 Iub 接口传输，因此在 10 ms TTI 下，重传延时缩短为 40 ms。在 HSUPA 的物理层混合重传机制中，还使用到了软合并(Soft Combing)和增量冗余技术(Incremental Redundancy)，提高了重传数据包的传输正确率。

2) 基于 Node B 的快速调度(Node B Scheduling)

在 WCDMA R99 中，移动终端传输速率的调度由 RNC 控制，移动终端可用的最高传输速率在 DCH 建立时由 RNC 确定，RNC 不能根据小区负载和移动终端的信道状况变化灵活控制移动终端的传输速率。基于 Node B 的快速调度的核心思想是由基站来控制移动终端的传输数据速率和传输时间。基站根据小区的负载情况、用户的信道质量和所需传输的数据状况来决定移动终端当前可用的最高传输速率。当移动终端希望用更高的数据速率发送时，移动终端向基站发送请求信号，基站根据小区的负载情况和调度策略决定是否同意移动终端请求。如果基站同意移动终端的请求，基站将发送信令以提高移动终端的最高可用传输速率。当移动终端一段时间内没有数据发送时，基站将自动降低移动终端的最高可用传输速率。由于这些调度信令是在基站和移动终端间直接传输的，因此基于 Node B 的快速调度机制可以使基站灵活快速地控制小区内各移动终端的传输速率，使无线网络资源更有效地服务于访问突发性数据的用户，从而达到增加小区吞吐量的效果。

3）2 ms TTI 和 10 ms TTI 短帧传输

WCDMA R99 上行 DCH 的 TTI 为 10 ms、20 ms、40 ms、80 ms。在 HSUPA 中，采用了 10 ms TTI 以降低传输延迟。虽然 HSUPA 也引入了 2 ms TTI 的传输方式，进一步降低了传输延迟，但是基于 2 ms TTI 的短帧传输不适合工作于小区的边缘。

HSUPA 和 HSDPA 都是 WCDMA 系统针对分组业务的优化，HSUPA 采用了一些与 HSDPA 类似的技术，但是 HSUPA 并不是 HSDPA 的简单的上行翻版，HSUPA 中使用的技术考虑到了上行链路自身的特点，如上行软切换、功率控制和用户设备（UE）的 PAR（峰均比）问题，而 HSDPA 中采用的 AMC 技术和高阶调制并没有被 HSUPA 采用。

采用 HSUPA 技术，用户的峰值速率可达到 1.4～5.8 Mb/s。与 WCDMA R99 相比，HSUPA 的网络上行容量增加 20%～50%，Iub 传输容量增加 25%，重传延时小于 50 ms，覆盖范围增加 0.5～1.0 dB。

HSUPA 增加了一个新的专用传输信道 E-DCH 来传输 HSUPA 业务。R99 DCH 和 E-DCH 可以共存，因此用户可以享受在 DCH 上的传统 R99 话音服务的同时，利用 HSUPA 在 E-DCH 上进行突发的数据传输。

理论上，HSUPA 的用户峰值速率可达到 5.8 Mb/s。这一目标将分阶段完成，在第一阶段 HSUPA 网络将首先支持 1.4 Mb/s 的上行峰值速率，在接下来的阶段逐步支持 2 Mb/s 以及更高的上行峰值速率。

HSUPA 向后充分兼容 3GPP 的 WCDMA R99。这使得 HSUPA 可以逐步引入到网络中。R99 和 HSUPA 的终端可以共享同一无线载体，并且 HSUPA 不依赖 HSDPA，也就是说没有升级到 HSDPA 的网络也可以引入 HSUPA。

7.3 CDMA2000

7.3.1 CDMA2000 的特点

CDMA2000 系统提供了与 IS-95B 的后向兼容，又能满足 ITU 关于第三代移动通信基本性能的要求。后向兼容意味着 CDMA2000 系统可以支持 IS-95B 移动台，CDMA2000 移动台可以工作于 IS-95B 系统。

CDMA2000 系统是在 IS-95B 系统的基础上发展而来的，因而在系统的许多方面（如同步方式、帧结构、扩频方式和码片速率等）都与 IS-95B 系统有类似之处。但为了灵活支持多种业务，提供可靠的服务质量和更高的系统容量，CDMA2000 系统也采用了许多新技术和性能更优异的信号处理方式，概括如下：

（1）多载波工作。CDMA2000 系统的前向链路支持 $N \times 1.2288$ MC/s（这里 $N=1$, 3, 6, 9, 12）的码片速率。$N=1$ 时的扩频速率与 IS-95B 的扩频速率完全相同，称为扩频速率 1。多载波方式将要发送的调制符号分接到 N 个相隔 1.25 MHz 的载波上，每个载波的扩频速率为 1.2288 MC/s。反向链路的扩频方式在 $N=1$ 时与前向链路类似，但在 $N=3$ 时采用码片速率为 3.6864 MC/s 的直接序列扩频，而不使用多载波方式。多载波和 IS - 95 在频谱使用上的关系如图 7 - 23 所示。

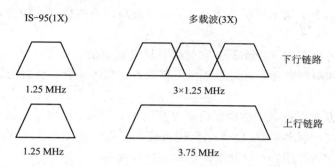

图 7 - 23 多载波和 IS - 95 在频谱使用上的关系

(2) 反向链路连续发送。CDMA2000 系统的反向链路对所有的数据速率提供连续波形，包括连续导频和连续数据信道波形。连续波形可以使干扰最小化，可以在低传输速率时扩大覆盖范围，同时连续波形也允许整帧交织，而不像突发情况那样只能在发送的一段时间内进行交织，这样可以充分发挥交织的时间分集作用。

(3) 反向链路独立的导频和数据信道。CDMA2000 系统反向链路使用独立的正交信道区分导频和数据信道，因此导频和物理数据信道的相对功率电平可以灵活调节，而不会影响其帧结构或在一帧中符号的功率电平。同时，在反向链路中还包括独立的低速率、低功率、连续发送的正交专用控制信道，使得专用控制信息的传输不会影响导频和数据信道的帧结构。

(4) 独立的数据信道。CDMA2000 系统在反向链路和前向链路中均提供称为基本信道和补充信道的两种物理数据信道，每种信道均可以独立地编码、交织，设置不同的发射功率电平和误帧率要求以适应特殊的业务需求。基本信道和补充信道的使用使得多业务并发时系统性能的优化成为可能。

(5) 前向链路的辅助导频。在前向链路中采用波束成型天线和自适应天线可以改善链路质量，扩大系统覆盖范围，增加支持的数据速率以增强系统性能。CDMA2000 系统规定了码分复用辅助导频的产生和使用方法，为自适应天线的使用(每个天线波束产生一个独立的辅助导频)提供了可能。码分辅助导频可以使用准正交函数的产生方法。

(6) 前向链路的发射分集。发射分集可以改进系统性能，降低对每信道发射功率的要求，因而可以增加容量。在 CDMA2000 系统中采用正交发射分集(OTD)。其实现方法为：编码后的比特分成两个数据流，通过相互正交的扩频码扩频后，由独立的天线发射出去。每个天线使用不同的正交码进行扩频，这样保证了两个输出流之间的正交性，在平坦衰落时可以消除自干扰。导频信道中采用 OTD 时，在一个天线上发射公共导频信号，在另一个天线上发射正交的分集导频信号，从而保证了在两个天线上所发送信号的相干解调的实现。

CDMA2000 系统支持通用多媒体业务模型，允许话音、分组数据、高速电路数据等并发业务的任意组合。CDMA2000 也具有服务质量(QoS)控制功能，可以平衡多个并发业务的情况下变化的 QoS 需求。

与 IS-95 相比，CDMA2000 的主要特点在于：

- 反向链路采用 BPSK 调制并连续传输，因此，发射功率峰值与平均值之比明显降低。
- 在反向链路上增加了导频，通过反向的相干解调可使信噪比增加 2～3 dB。
- 采用快速前向功率控制，改善了前向容量。
- 在前向链路上采用了发射分集技术，可以提高信道的抗衰落能力，改善前向信道的信号质量。
- 业务信道可以采用 Turbo 码，它的增益比卷积码的高 2 dB。
- 引入了快速寻呼信道，有效地减少了移动台的电源消耗，从而延长了移动台的待机时间。
- 在软切换方面也将原来的固定门限改变为相对门限，增加了灵活性。
- 为满足不同的服务质量（QoS），支持可变帧长度的帧结构、可选的交织长度、先进的媒体接入控制（MAC）层，支持分组操作和多媒体业务。

7.3.2　CDMA2000 系统的网络结构

　　CDMA2000 系统的网络结构是在现有 CDMAOne 网络结构的基础上的扩展，两者的主要区别在于 CDMA2000 系统中引入了分组数据业务。要实现一个 CDMA2000 系统，必须对 BTS 和 BSC 进行升级，这是为了使系统能处理分组数据业务。

　　图 7-24 所示为 CDMA2000 系统的网络结构。这个平台的升级包括 BTS 和 BSC，可以通过增加模块或者更换模块来实现，这取决于基础设施的运营商。无论系统是全新的或者是由 CDMAOne 系统升级得到的，CDMA 网络的主要数据业务是利用分组数据服务节点（PDSN）来处理分组数据业务的。

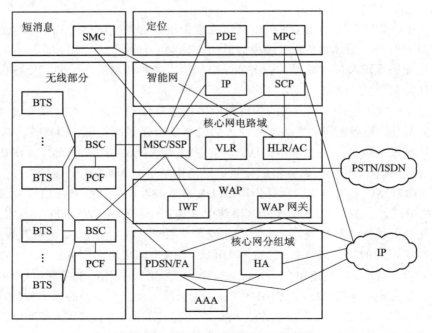

图 7-24　CDMA2000 系统的网络结构

1. 分组数据服务节点(PDSN)

相对于 CDMAOne 网络,与 CDMA2000 系统相关联的 PDSN 是一个新网元。在处理所提供的分组数据业务时,PDSN 是一个基本单元,它在 CDMA2000 网络中的位置如图 7-24 所示。PDSN 的作用是支持分组数据业务,在分组数据的会话过程中,执行下列功能:

(1) 建立、维持和结束用户的点对点协议(PPP)会话。

(2) 支持简单和移动 IP 分组业务。

(3) 通过无线分组接口建立、维持和结束与无线网络(RN)的逻辑链接。

(4) 进行移动台用户到 AAA 服务器的认证、授权与计费(AAA)。

(5) 接收来自 AAA 服务器的对于移动用户的服务参数。

(6) 路由去往和来自外部分组数据网的数据包。

(7) 收集转接到 AAA 服务器的使用数据等。

2. 认证、授权与计费(AAA)

AAA 服务器是 CDMA2000 配置的另外一个新的组成部分。如其名字一样,AAA 对与 CDMA2000 相关联的分组数据网络提供认证、授权和计费功能,并且利用远端拨入用户服务(RADIUS)协议。

如图 7-24 所示,AAA 服务器通过 IP 与 PSDN 通信,并在 CDMA2000 网络中完成如下主要功能:

(1) 进行关于 PPP 和移动台连接的认证。

(2) 授权(业务文档、密钥的分配和管理)。

(3) 计费。

3. 归属代理(HA)

归属代理(HA)是 CDMA2000 分组数据业务网的第三个主要组成部分,并且它服从于 IS-835。IS-835 在无线网络中与 HA 功能有关。HA 完成很多任务,其中一个是当移动 IP 用户从一个分组区移动到另外一个分组区时对其进行位置跟踪。在跟踪移动用户时,HA 要保证数据包能到达移动用户。

4. 电路交换与分组路由

图 7-24 所示的 MSC/SSP(电路域)和 PDSN/FA(分组域)分别充当电路交换和分组路由,具有在 CDMA2000 系统中对发往和来自不同网络组成单元的数据包进行交换或路由的功能,同时也负责对网内和网外平台的来、去数据包进行发送和接收。当连接网外数据应用时,需要一个防火墙来保证安全。

5. 归属位置寄存器(HLR)

用于现在的 IS-95 网络的 HLR 需要存储更多的与分组数据业务有关的用户信息。HLR 对分组业务完成的任务与现在对话音业务所作的一样,它存储用户分组数据业务选项等。在成功登记的过程中,HLR 的服务信息从与网络转换有关的访问位置寄存器(VLR)上下载。这个过程与现在的 IS-95 系统和其他的 1G、2G 等系统一样。

6. 基站收发信机(BTS)

BTS 是小区站点的正式名称。它负责分配资源和用于用户的功率及 Walsh 码。BTS 也有物理无线设备,用于发送和接收 CDMA2000 信号。

BTS 控制处在 CDMA2000 网络和用户单元的接口。BTS 也控制直接与网络性能有关的系统的许多方面。BTS 控制的项目包括多载波的控制、前向功率分配等。

CDMA2000 与 IS-95 系统一样可以在每个扇区内使用多个载波。由于 BTS 用的资源要受到物理和逻辑限制,因此,当发起一个新的话音或者包会话时,BTS 必须决定如何最好地分配用户单元,以满足正被发送的业务。BTS 在决定的过程中,不仅要检测要求的业务,而且必须考虑无线配置、用户类型,当然也要检测要求的业务是话音还是数据包等。

在下列情况下,BTS 可以从高的无线配置 RC 或者扩频速率降为低的无线配置 RC 或者扩频速率。

(1) 资源要求不进行切换。

(2) 资源要求是不可用的。

(3) 可以应用可选资源。

下面是 BTS 在给用户配置资源时必须分配的物理和逻辑资源:

(1) 基本信道(FCH)(可用的物理资源数目)。

(2) FCH 前向功率(已经分配的功率和可用的功率)。

(3) 需要的 Walsh 码(和可用的 Walsh 码)。

BTS 利用的物理资源也包括对那些话音和分组数据业务需要的信道单元的管理。更细致一些,切换的接受和拒绝只与可用的功率有关。

对资源的整体分配方案是对 Walsh 码的管理。然而,对于 CDMA2000,在第 1 阶段,无论应用的是 1X、1X-EV-DO,还是 1X-EV-DV,全部的 128 位 Walsh 码都可用。对于 3X,Walsh 码扩展到 256 位码的全体。对于 CDMA2000-1X,话音和数据的分配由操作者的参数集进行处理,具体如下:

(1) 数据资源(可用资源的一部分,包括 FCH 和附加信道(SCH))。

(2) FCH 资源(数据资源的一部分)。

(3) 话音资源(整个可用资源的一部分)。

很明显,对数据/FCH 资源的分配直接控制着在一个特定的扇区或者小区能够同时工作的数据用户数量。

7. 基站控制器(BSC)

BSC 负责控制它的区域内的所有 BTS,BSC 对 BTS 和 PDSN 之间的来、去数据包进行路由。此外,BSC 将时分多路复用(TDM)业务路由到电路交换平台,并且将分组数据路由到 PDSN。图 7-24 中的 PCF(Packet Control Function)一般与 BSC 在一起。PCF 的功能主要是在 BSC 和 PDSN 之间提供 PPP 帧的传输。

7.3.3　CDMA2000 空中接口

1. CDMA2000 空中接口的分层结构

CDMA2000 空中接口的重点是物理层、媒体接入控制(MAC)子层和链路接入控制(LAC)子层。链路接入控制(LAC)子层和媒体接入控制(MAC)子层的设计目的是满足在 1.2 kb/s 到 2 Mb/s 工作的高效、低延时的各种数据业务的需要,满足支持多个可变 QoS

要求的并发话音、分组数据、电路数据的多媒体业务的需要。

LAC 子层用于提供点到点无线链路的可靠的、顺序输出的发送控制功能。在必要时，LAC 子层也可使用适当的 ARQ 协议实现差错控制。如果低层可以提供适当的 QoS，则 LAC 子层可以省略(即为空)。

MAC 子层除了控制数据业务的接入外，还提供以下功能：

(1) 尽力而为的传送(Best-Effort Delivery)。在无线链路中使用可以提供"尽力而为"可靠性的无线链路协议(RLP)进行可靠传输。

(2) 复接和 QoS 控制。通过仲裁竞争业务和接入请求优先级间的矛盾，保证已经协商好的 QoS 级别。

MAC 子层进一步可分为与物理层无关的汇聚功能(PLICF)和与物理层相关的汇聚功能(PLDCF)。PLICF 屏蔽物理层的细节，为 LAC 子层提供与物理层无关的 MAC 运行的步骤和功能。PLICF 利用 PLDCF 提供的服务来实现真正的通信过程。PLICF 使用的服务就是 PLDCF 提供的一组逻辑信道。PLDCF 完成从提供给 PLICF 的逻辑信道到物理层提供的逻辑信道之间的映射(Mapping)、复接和解复接、来自不同信道的控制信息的合并等，并提供实现 QoS 的能力。

CDMA2000 定义了如下四种特定的 PLDCF ARQ 方式：

(1) 无线链路协议(RLP, Radio Link Protocol)。该协议利用"尽力而为"服务的方式为两个对等的 PLICF 实体提供高效的数据流服务。RLP 提供透明和不透明两种工作模式。在不透明工作模式中，采用 ARQ 协议来重传物理层未正确传输的数据分段。在该方式中，可能会引入时延。在透明工作模式中，RLP 不重传丢失的数据分段，但维持收发之间的字节同步并通知接收节点数据流中丢失的部分。RLP 的透明方式不会引入任何传输时延，这对通过 RLP 来传输话音业务是非常有用的。

(2) 无线突发协议(RBP, Radio Burst Protocol)。该协议利用"尽力而为"服务的方式通过一个共享的接入公共业务信道(CTCH)为相对较短的数据段提供传输服务。它用于传输少量的数据，而不会引入建立专用业务信道(DTCH)的开销。

(3) 信令无线链路协议(SRLP, Signaling Radio Link Protocol)。该协议所提供的服务类似于 RLP 为信令信息提供的"尽力而为"的数据流服务，但对专用信令信道是最佳的。

(4) 信令无线突发协议(SRBP, Signaling Radio Burst Protocol)。该协议类似于 RBP 利用"尽力而为"服务方式为信令消息提供传输服务，但对信令信息和公用信令信道是最佳的。

2. CDMA2000 空中接口的物理信道结构

1) 物理信道结构

CDMA2000 空中接口中的物理信道分为前向/反向专用物理信道(F/R - DPHCH)和前向/反向公共物理信道(F/R - CPHCH)。前向/反向专用物理信道是以专用和点对点的方式在基站和单个移动台之间运载信息的，具体的信道如图 7 - 25 所示。前向/反向公共物理信道是以共享和点对多点的方式在基站和多个移动台之间运载信息的，具体的信道如图 7 - 26 所示。除图示信道以外，前向公共物理信道还包括前向快速寻呼信道(F - QPCH)和前向广播控制信道(F - BCCH)。CDMA2000 前向物理信道和反向物理信道与 IS - 95 的差别如图7 - 27 和图 7 - 28 所示。

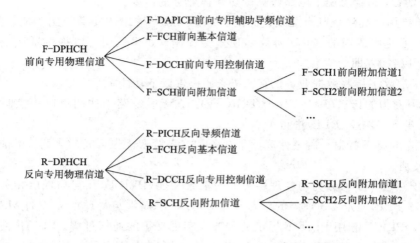

图 7 - 25　CDMA2000 前向/反向专用物理信道

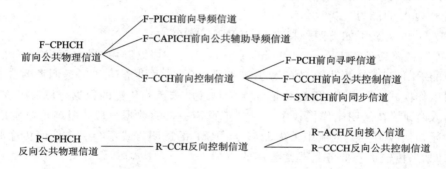

图 7 - 26　CDMA2000 前向/反向公共物理信道

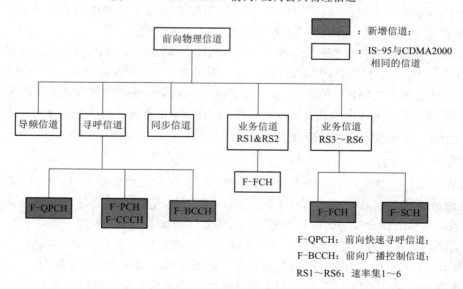

图 7 - 27　IS - 95 和 CDMA2000 前向物理信道的比较

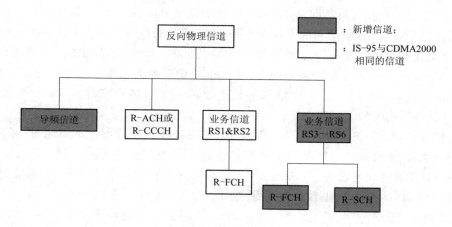

图 7 - 28　IS - 95 和 CDMA2000 反向物理信道的比较

2) 前向物理信道

前向物理信道的结构中,公共物理信道结构如图 7 - 27 上半部分所示,包括导频信道、同步信道和寻呼信道。$N=1$ 和 $N \geqslant 3$(N 是载波数)系统的差别是:在 $N=1$ 系统中使用了 1/2 卷积编码,在 $N \geqslant 3$ 系统中使用了 1/3 卷积编码。在寻呼信道中,码元重复的次数为 1 次或 2 次。

在前向基本信道(F - FCH)中,使用两种帧长度:20 ms 和 5 ms。20 ms 帧结构支持两种速率集:RS1 和 RS2。RS1 包括的速率为 9.6、4.8、2.7 和 1.5 kb/s,RS2 包括的速率为 14.4、7.2、3.6 和 1.8 kb/s。$N=1$ 且速率集为 RS1 的系统使用 1/2 的卷积编码,如图 7 - 29 所示。$N \geqslant 3$ 且速率集为 RS1 的系统使用 1/3 的卷积编码,其结构图类似于图 7 - 29,只要将该图中的 1/2 的卷积编码用 1/3 的卷积编码来替换,输出的比特数进行相应

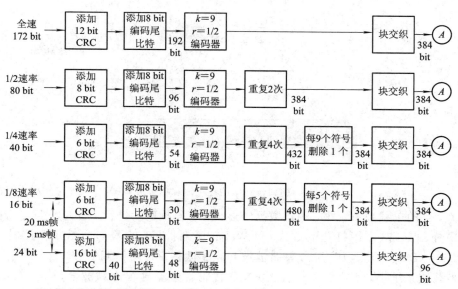

注:图中信号点 A 将连到图 7-31 及图 7-33 中的 A 点。

图 7 - 29　$N=1$ 且速率集为 RS1 的系统的 F - FCH

的改动，并送入多载波调制器即可。$N=1$ 且速率集为 RS2 的系统其结构类似于图 7-29 所示的信道结构，20 ms 帧结构的全速及 $1/8\sim1/2$ 速率的信道使用 $1/3$ 的卷积编码加打孔操作（每 9 个比特取掉 1 个比特），形成 3/8 的编码速率，5 ms 帧结构的信道使用 1/2 的卷积编码。$N\geqslant3$ 且速率集为 RS2 的系统中，20 ms 帧结构的全速及 $1/8\sim1/2$ 速率的信道使用 1/4 或 1/2 的卷积编码，5 ms 帧结构的信道使用 1/3 的卷积编码，其结构图类似于图 7-29，只要替换相应的编码器即可。

前向附加信道（F-SCH）有两种工作模式：第一种模式的数据速率不超过 14.4 kb/s，采用盲速率检测技术；第二种模式提供严格的速率信息，支持高速传输。F-SCH 支持 20 ms 的帧结构，在高速模式下，支持 $9.6\sim921.6$ kb/s 的数据速率。$N=1$ 系统的前向附加信道（F-SCH）结构的 RS1 和 RS2 分别类似于图 7-29 中的全速率和 1/4 速率信道。在 $N\geqslant3$ 的系统中，RS1 使用了 1/3 卷积码，RS2 使用了 1/4 卷积码。在 $N=1$ 的系统中，RS2 使用了打孔操作（每 9 个比特取掉 1 个比特）。系统可以使用约束长度 $k=9$ 的卷积编码器，此时有 8 个尾比特，也可以采用 $k=4$ 的分量码构成的 Turbo 码。

$N=1$ 系统的前向专用控制信道（F-DCCH）的结构类似于图 7-29 中全速信道的结构和 5 ms 的帧结构。在 $N\geqslant3$ 的系统中使用了 1/3 的卷积编码。

前向链路支持的码片速率为 $N\times1.2288$ MC/s，$N=1,3,6,9,12$。对于 $N=1$ 系统，扩频的方式类似于 IS-95B，采用了 QPSK 调制和快速闭环功率控制。对于 $N\geqslant3$ 系统，有两种选择：多载波或直接扩频。在多载波方法中，将调制符号分接到 N 个间隔为 1.25 MHz 的载波上，每个载波的扩频码速率为 1.2288 MC/s；在 $N>1$ 的直扩方法中采用单载波，码片速率为 $N\times1.2288$ MC/s，如图 7-30 所示。$N=1$ 的单载波系统其扩展和调制过程如图 7-31 所示；多载波系统的扩展和调制过程如图 7-32 所示；$N=1,3,6,9$ 和 12 的单载波系统的扩展和调制过程如图 7-33 所示。

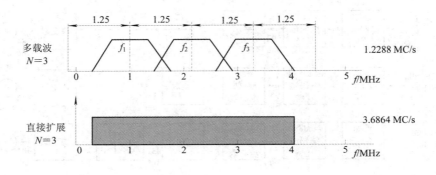

图 7-30 前向链路中的多载波和单载波调制

在 $N=1$ 的单载波系统中，用户数据经过长 PN 码扰码后进行 I 和 Q 映射、增益控制、插入功率控制比特（采用打孔的方式）和 Walsh 序列扩展，再经过复数 PN 扩展（即完成 $(Y_I+jY_Q)\cdot(PN_I+jPN_Q)$ 运算）、基带滤波和频率搬移后产生已调信号。

在多载波系统中，用户数据经过长 PN 码扰码后分接到 N 个载波上，各路数据在每个载波上进行 I 和 Q 映射及 Walsh 序列扩展，再经过复数 PN 扩展、基带滤波和频率搬移后产生每路载波的已调信号。如果需要，也可插入 800 Hz 的功率控制比特。

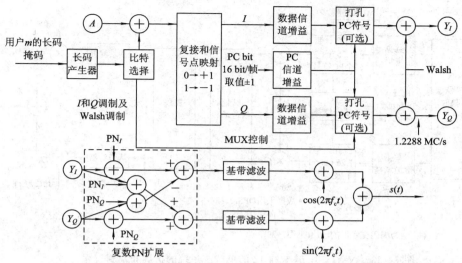

注：PN_I 表示 I 信道 PN 序列(1.2288 MC/s)，PN_Q 表示 Q 信道 PN 序列(1.2288 MC/s)，PC 表示功率控制，A 来自图 7-29 的一路，为 F-CPHCH、F-FCH、F-SCH、F-PCCH 等信道编码交织后的输出。

图 7 - 31　$N=1$ 的单载波系统的扩展和调制过程

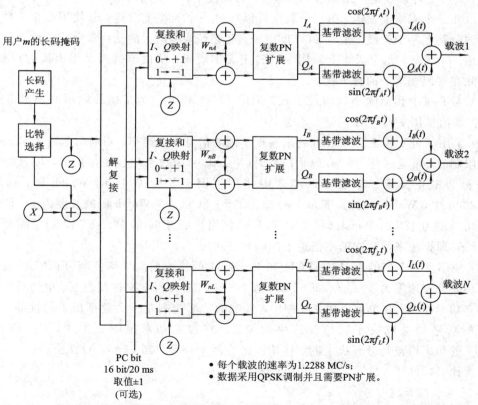

- 每个载波的速率为1.2288 MC/s；
- 数据采用QPSK调制并且需要PN扩展。

注：X 为多载波F-CPHCH和F-SCH等信道编码交织后的输出；Z 为比特选择器的输出，它控制各路复接器。

图 7 - 32　多载波系统的扩展和调制过程

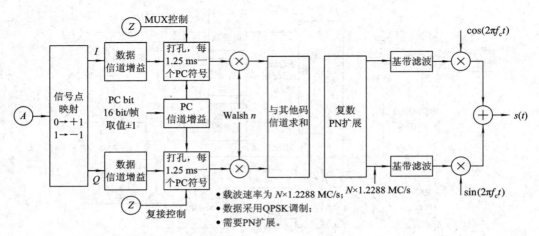

注：A为编码交织后的输出(见图7-29)。

图 7-33　N＝1，3，6，9 和 12 的单载波系统的扩展和调制过程

CDMA2000 前向信道还具有如下特征：

（1）采用了多载波发射分集（MCTD）和正交发射分集（OTD）。MCTD 用于多载波系统，每个天线上可以发送一组载波。在 N＝3 的系统中，若使用两个天线，则第一和第二个载波可以在一个天线上发送，第三个载波可以在另一个天线上发送；若使用三个天线，则每个载波分别在一个天线上发送。OTD 用于直扩系统，编码后的比特流分成两路，每一路分别采用一个天线，每个天线上采用不同的正交扩展码，从而维持两个输出流的正交性，并可消除在平坦衰落下的自干扰。

（2）为了减少和消除小区内的干扰，采用了 Walsh 码。为了增加可用的 Walsh 码数量，在扩展前采用了 QPSK 调制。

（3）采用了可变长度的 Walsh 码来实现不同的信息比特速率。当前向信道受 Walsh 码的数量限制时，可通过将 Walsh 码乘以掩码（Masking）函数来生成更多的码，以该方式产生的码称为准正交码。在 IS－95A/B 中使用了固定长度为 64 的 Walsh 码；通常在 CDMA2000 中，Walsh 码的长度为 4～128。在 F－FCH 中，Walsh 码的长度固定，RS3 和 RS5 使用长度为 128 的 Walsh 码，RS4 和 RS6 使用长度为 64 的 Walsh 码。通常需要使用 Walsh 码管理算法来使不同速率信道上的码相互正交。

（4）使用了一个新的用于 F－FCH 和 F－SCH 的快速前向功率控制（FFPC）算法，快速闭环功率调整速率为 800 b/s。F－FCH 和 F－SCH 有两种功率控制方案：单信道功率控制和独立功率控制。在单信道功率控制中，系统的功率控制基于高速率信道的性能，低速率信道的功率增益取决于它与高速率的关系。在独立功率控制方案中，F－FCH 和 F－SCH 的功率增益是分开决定的。移动台运行两个外环（Outer Loop）算法（具有不同的信号干扰比目标）。

3）反向物理信道

反向物理信道结构包括反向公共物理信道（R－ACH、R－CCCH）和反向专用物理信道（R－PICH、R－DCCH、R－FCH、R－SCH）。

反向接入信道（R－ACH）和反向公共控制信道（R－CCCH）的结构如图 7-34 所示。它

们都是基于时隙 ALOHA 的多址接入信道,但 R - CCCH 扩展了 R - ACH 的能力,如可以提供低时延的接入步骤,在每个载频上可以有多个接入信道。在 20 ms 帧 9.6 kb/s 的速率上,R - CCCH 和 R - ACH 是相同的,但 R - CCCH 还在 5 ms 和 10 ms 帧结构上支持 19.2 kb/s 和 38.4 kb/s 的速率。

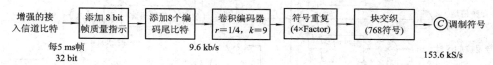

• 扩展速率1时增强接入信道的信道结构。

(a) R-ACH

反向公共控制信道比特 → 添加帧质量指示 → 添加8个编码尾比特 → 卷积编码器 $r=1/4$, $k=9$ → 符号重复 → 块交织 → C 调制符号

bit / 帧	bit	速率/(kb/s)	Factor	符号	速率/(kS/s)
172(5 ms)	12	38.4	1×	768	153.6
360(10 ms)	16	38.4	1×	1536	153.6
172(10 ms)	12	19.2	2×	1536	153.6
744(20 ms)	16	38.4	1×	3072	153.6
360(20 ms)	16	19.2	2×	3072	153.6
172(20 ms)	12	9.6	4×	3072	153.6

• 扩展速率1时反向公共控制信道的信道结构。

(b) R-CCCH

注:图中 C 连接到图 7-36 的对应位置。

图 7 - 34　反向接入信道(R - ACH)和反向公共控制信道(R - CCCH)的结构

反向导频信道(R - PICH)用于初始捕获、时间跟踪、Rake 接收机相干参考载波的恢复和功率控制测量,其结构如图 7 - 35 所示。图中,在信道中每个 1.25 ms 的功率组(PCG)中插入 1 个功率控制比特,用于前向功率控制。该功率控制信息采用时分复接的方式来传输。

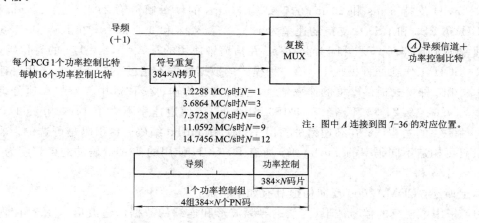

图 7 - 35　反向导频信道(R - PICH)结构

反向专用控制信道(R - DCCH)、反向基本信道(R - FCH)和反向附加信道(R - SCH)的结构类似于图 7 - 34(b)所示的信道结构。R - DCCH 信道使用 1/4 的卷积码,R - FCH 中使用了卷积码或 Turbo 码,R - SCH 中也使用了卷积码或 Turbo 码。R - PICH 和 R - DCCH 在同

相 I 支路上传输，R - FCH 和 R - SCH 在正交 Q 支路上传输，如图 7 - 36 所示。

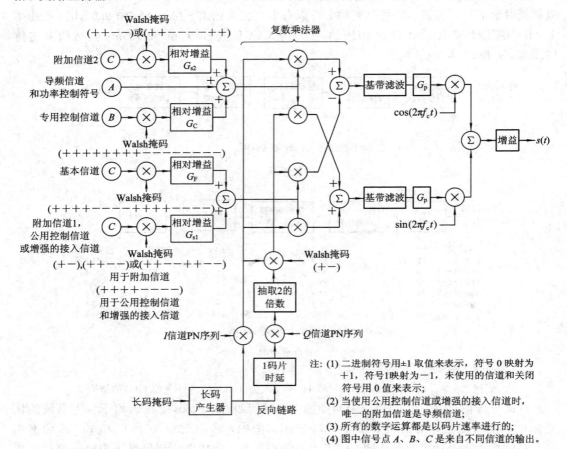

图 7 - 36　$N=1$ 和 $N=3$ 系统中反向链路调制过程中的 I 和 Q 支路的信道映射

R - FCH 支持 5 ms 和 20 ms 的帧结构。5 ms 的帧每帧传输 24 bit。在 20 ms 帧中，R - FCH 在 RS3 和 RS5 中支持的速率为 1.5、2.7、4.8 和 9.6 kb/s，在 RS4 和 RS6 中支持的速率为 1.8、3.6、7.2 和 14.4 kb/s。在信道中使用的是 $k=9$，$r=1/4$ 的卷积码。

R - SCH 工作在两种模式下：第一种模式的数据速率不超过 14.4 kb/s，采用盲速率检测技术；第二种模式提供严格的速率信息，支持高速传输。在 RS3 中支持的高速分组传输的速率为 9.6、19.2、38.4、76.8 和 153.6 kb/s。当信道速率不大于 14.4 kb/s 时，使用 $k=9$，$r=1/4$ 的卷积码；在高速率的情况下，使用 Turbo 编码。卷积码是可选的。采用相同分量码可构造不同码率的 Turbo 码，所有 R - SCH 使用的 Turbo 码的约束长度为 4，码率为1/4、1/3 和 1/2。

综上所述，CDMA2000 反向信道具有如下特征：

（1）采用了连续的信号波形（连续的导频波形和连续的数据信道波形），从而使得传输信号对生物医学设备（如助听器等）的干扰最小，并且可以用较低的速率来增加距离。连续的信号有利于使用帧间的时间分集和接收端的信号解调。

（2）采用了可变长度的 Walsh 序列来实现正交信道。

（3）通过调整信道编码速率、符号重复次数、序列重复次数等来实现速率匹配。

(4) 通过将物理信道分配到 I 和 Q 支路，使用复数扩展使得输出信号具有较低的频谱旁瓣。

(5) 采用了两种类型的独立数据信道 R - FCH 和 R - SCH，它们分别采用编码、交织、不同的发送功率电平，从而实现对多种同时传输业务的最佳化。

(6) 通过采用开环、闭环和外环(Outer Loop)等方式实现反向功率控制。开环功率控制用于补偿路径衰耗和慢衰落；闭环功率控制用于补偿中等到快速的衰落变化，功率调整速率为 800 b/s；外环功率控制用于在基站调整闭环功率控制的门限。

(7) 采用了一个分离的、低速的、低功率的、连续正交的专用控制信道，从而不会对其他导频信道和物理帧结构产生干扰。

在基本信道和专用控制信道上，控制信息的传输使用了 5 ms 和 20 ms 的帧结构；在其他类型的数据(包括话音)传输中，使用了 20 ms 的帧结构。交织和序列重复在一帧内进行。

7.4　TD - SCDMA

7.4.1　TD - SCDMA 发展历程

TD - SCDMA 作为中国首次提出的具有自主知识产权的国际 3G 标准，已经得到了中国政府、运营商以及制造商等各界同仁的极大关注和支持。它具有技术领先，频谱效率高并能实现全球漫游，适合各种对称和非对称业务，建网和终端的性价比高等优势。

2006 年 1 月 20 日，我国信息产业部颁布 3G 的三大国际标准之一的 TD - SCDMA 为我国通信行业标准，标志着这一技术已经成熟，商用进程被迅速推进。

TD - SCDMA 发展历程如下：

1997 年，ITU 制订建议，对 IMT - 2000 无线传输技术提出了最低要求，并面向世界范围征求方案。

1998 年 1 月，在北京西山会议上决定大唐电信代表中国向 ITU 提交一个 3G 标准建议。

1998 年 6 月 29 日下午，在 ITU 规定接受各国 3G 提案的最后一天，由原信息产业部部长吴基传、副部长杨贤足和周德强签署的名为 TD - SCDMA 的 3G 移动通信标准建议，通过传真发到日内瓦 ITU 总部。

1998 年 9 月，TD - SCDMA 标准完成评估和修改。

1998 年 11 月，TD - SCDMA 标准被 ITU 接受为候选建议。

1999 年 11 月，芬兰赫尔辛基 ITU 会议上，TD - SCDMA 标准进入 ITU TG8/1 文件 IMT - RSPC 最终稿，成为 ITU/3G 候选方案。

2000 年 5 月 5 日，土耳其伊斯坦布尔无线电大会上，TD - SCDMA 正式被 ITU 接纳成为 IMT - 2000 标准之一，这是百年来中国电信发展史上的重大突破。

2000 年 12 月 12 日，TD - SCDMA 技术论坛成立。

2001 年 3 月 16 日，TD - SCDMA 被写入 3GPP 第 R4 版本(3GPP Release 4)，TD - SCDMA 标准被 3GPP(第三代合作伙伴项目)接纳。

2001 年 4 月 11 日，TD - SCDMA 基站与模拟终端之间打通电话。

2001 年 4 月 27 日，现场试验 TD - SCDMA 终端样机之间打通电话，完成了其全球的首次呼叫。

2001 年 7 月 4 日，TD - SCDMA 基站与模拟终端间实现了图像传输。

2001 年 9 月，飞利浦同大唐举行 LOI 签字仪式，成立联合研发机构进行 TD - SCDMA 终端核心芯片的开发。

2001 年 10 月 3 日，TD - SCDMA 内部试验网系统联调成功。

2002 年 1 月，由 Nokia、TI、LG、普天、大霸（DBTeL）和 CATT 六家核心成员联合发起的凯明（Commit）公司在上海成立。

2002 年 1 月 22 日，FTMS 打通第一个 MOC 双向话音电话。

2002 年 2 月，内部试验网演示成功（车速 120 km/h，基站覆盖半径 16 km），证明 TD - SCDMA 完全符合国际电联对第三代移动通信系统的要求，不存在任何技术障碍，能够独立组网并实现全国覆盖。

2002 年 2 月，通过 863 C3G 总体组验收，评价为最优 AA。

2002 年 3 月，大唐移动通信设备有限公司挂牌成立，拉开了中国 TD - SCDMA 技术全面产业化的序幕。

2002 年 5 月，通过 MTnet 第一阶段测试。

2002 年 10 月，中国信息产业部无线电管理局在《关于第三代公众移动通信系统频率规划问题的通知（信部无[2002]479 号）》中划定了 3G 频段，表现出对 TD - SCDMA 的偏爱，为 TD - SCDMA 预留了 155 MHz 的 TDD 非对称频段（1880～1920 MHz，2010～2025 MHz，2300～2400 MHz），而给 WCDMA 和 CDMA2000 的频率与对 ITU 的规划相同，即采用通用的 3G 核心频率，共计留出了 60 MHz（1920～1980 MHz）×2 的 FDD 对称频段。这进一步表明，中国政府将全力支持 TD - SCDMA 的发展。

2002 年 10 月 30 日，TD - SCDMA 产业联盟成立大会在北京人民大会堂举行，大唐电信、南方高科、华立、华为、联想、中兴、中国电子、中国普天等 8 家知名通信企业作为首批成员，签署了致力于 TD - SCDMA 产业发展的《发起人协议》。我国第一个具有自主知识产权的国际标准 TD - SCDMA 终于获得了产业界的整体响应。

2003 年 6 月 23 日，TD - SCDMA 技术论坛加入 3GPP。

2006 年 1 月 20 日，我国信息产业部颁布 3G 的三大国际标准之一的 TD - SCDMA 为我国通信行业标准。

从 2007 年 3 月开始，TD - SCDMA 开始了大规模测试，在原来青岛、保定、厦门 3 个城市的基础上，新增了北京、上海、天津、沈阳和秦皇岛 5 个测试城市，此外，还有广州和深圳两个移动通信发展较快的城市。TD - SCDMA 的试商用在这十大城市全面铺开，即在真实运营环境下，检验 TD - SCDMA 商用能力，检验网络互联互通，特别是运营 3G 数据业务。

2009 年 1 月 7 日，中国政府正式向中国移动颁发了 TD - SCDMA 业务的经营许可证，中国移动开始在中国的 28 个直辖市、省会城市和计划单列市进行 TD - SCDMA 的二期网络建设，并计划到 2011 年，TD - SCDMA 网络能够覆盖中国大陆 100％的地市。

在 TD - SCDMA 通过测试、投入商用的同时，它的 LTE 演进版本也在不断发展。2005 年 6 月在法国召开的 3GPP 会议上，以大唐移动为龙头，联合国内厂家，提出了基于 OFDM 的 TDD 演进模式的方案。同年 11 月，在韩国首尔举行的 3GPP 工作组会议通过了大唐移动主导的针对 TD - SCDMA 后续演进的 LTE TDD 技术提案。

7.4.2　TD‑SCDMA 关键技术和技术优势

1. TD‑SCDMA 关键技术

TD‑SCDMA 标准由中国电信科学技术研究院(CATT)和德国西门子公司合作开发。它采用时分双工(TDD)、TDMA/CDMA 多址方式工作，基于同步 CDMA、智能天线、软件无线电、联合检测、正向可变扩频系数、Turbo 编码技术、CDMA 等新技术，其目标是建立具有高频谱效率、高经济效益的先进的移动通信系统。

同步 CDMA(S‑CDMA)系统采用上行同步的直扩 CDMA 技术，另外结合了智能天线、软件无线电及高质量话音压缩编码技术。S‑CDMA 是降低多址干扰、简化基站接收机的一项重要技术。由于 IS‑95 未能很好地解决诸如上行通道准确同步的问题，因此它不得不依靠复杂的功率控制、Viterbi 编译码器、Rake 接收机等一系列现代化数字信号处理技术来保证通信的质量。

1) 时分双工

在 TDD 模式下，TD‑SCDMA 采用在周期性重复的时间帧里传输基本 TDMA 突发脉冲的工作模式(与 GSM 相同)，通过周期性转换传输方向，在同一载波上交替进行上、下行链路传输。该方案的优势是：

(1) 根据不同业务，上、下行链路间转换点的位置可灵活调整。在传输对称业务(如话音、交互式实时数据业务等)时，可选用对称的转换点位置；在传输非对称业务(如互联网方式业务)时，可在非对称的转换点位置范围内选择。对于上述两种业务，TDD 模式都可提供最佳频谱利用率和最佳业务容量。

(2) TD‑SCDMA 采用不对称频段，无需成对频段，系统采用 1.28 MC/s 的低码片速率，扩频因子有 1、2、4、8、16 五种选择，这样可降低多用户检测器的复杂度，灵活满足 3G 要求的不同数据传输速率。

(3) 单个载频带宽为 1.6 MHz，帧长为 5 ms，每帧包含的 7 个不同码型的突发脉冲同时传输，由于它占用带宽窄，因而在频谱安排上有很大的灵活性。

(4) TDD 上、下行链路工作于同一频率，对称的电波传播特性使之便于利用智能天线等新技术，可达到提高性能、降低成本的目的。

(5) TDD 系统设备成本低，不需要双工器，可使用单片 IC 实现 RF 收发信机，其成本比 FDD 系统低 20%～50%。

TDD 系统的主要缺陷在于终端的移动速度和覆盖距离。

(1) 采用多时隙不连续传输方式，抗快衰落和多普勒效应的能力比连续传输的 FDD 方式差，因此 ITU 要求 TDD 系统的用户终端移动速度为 120 km/h，FDD 系统的为 500 km/h。

(2) TDD 系统的平均功率与峰值功率之比随码道数的增加而增加，考虑到耗电和成本因素，用户终端的发射功率不可能很大，故通信距离(小区半径)较小，一般不超过 10 km，而 FDD 系统的小区半径可达几十千米。

2) 智能天线

TD‑SCDMA 系统利用 TDD 使上、下射频信道完全对称，以便基站使用智能天线。智能天线系统由一组天线及相连的收发信机和先进的数字信号处理算法构成，能有效产生多波束赋形，每个波束指向一个特定终端，并能自动跟踪移动终端。在接收端，通过空间选择性分集,可大大提高接收灵敏度,减少不同位置同信道用户的干扰,有效合并多径分量,抵消多径衰落,提高上行容量。在发送端,智能空间选择性波束成形传送,可降低输出功率要求,减少同信道干扰,提高下行容量。智能天线改进了小区覆盖。智能天线阵的辐射图形完全可用软件控制,在网络覆盖需要调整而使原覆盖改变时,均可通过软件非常简单地进行网络优化。此外,智能天线降低了无线基站的成本,智能天线使等效发射功率增加,用多只低功率放大器代替单只高功率放大器,可大大降低成本,并降低对电源的要求,增加可靠性。

智能天线无法解决的问题是时延超过码片宽度的多径干扰和高速移动多普勒效应造成的信道恶化。因此,在多径干扰严重的高速移动环境下,智能天线必须和其他抗干扰的数字信号处理技术同时使用,才可能达到最佳效果。这些数字信号处理技术包括联合检测、干扰抵消及 Rake 接收等。

3）联合检测

CDMA 系统是干扰受限系统,干扰包括多径干扰、小区内多用户干扰和小区间干扰。这些干扰会破坏各个信道的正交性,降低 CDMA 系统的频谱利用率。过去传统的 Rake 接收机技术把小区内的多用户干扰当作噪声处理,而没有利用该干扰不同于噪声干扰的独有特性。联合检测技术即多用户干扰抑制技术,是消除和减轻多用户干扰的主要技术,它把所有用户的信号都当作有用信号处理,这样可充分利用用户信号的拥护码、幅度、定时、延时等信息,从而大幅度减少多径多址干扰,但存在多码道处理复杂和无法完全解决多址干扰的问题。结合使用智能天线和联合检测,可获得理想效果。

4）同步 CDMA(S - CDMA)

同步 CDMA(S - CDMA)中所谓的同步是指来自每个用户终端的上行 CDMA 信号到达基带处理器时是完全同步的。这样使用正交扩频的各个码道在解扩时就可以完全正交,相互之间不产生多址干扰,从而保证了 CDMA 系统容量大的特点。为实现同步,必须完成同步的检测、建立和保持。在 S - CDMA 中,同步的检测是用软件通过相应的相关运算得到的。基站对接收到的、来自用户终端的信号进行 8 倍的过采样,即在解调出的基带信号中,对每个码片等时间取 8 个样值,然后对此取得的样值求相关,当峰值未达到最高点时,再向前或向后搜索,直到获得信号的同步起点为止。这样一来可获得此接收帧的同步起点以及它与期望的同步起点的距离。因为在任何时候,基站在上行链路同步时隙时刻,只有一个终端在发信号,其余终端在此时刻为空时隙,故不会有来自本小区的其他终端的干扰。

用户终端开机后,先接收同步检测,即找到来自基站的主同步训练信号,确定接收参考定时。然后在下一帧根据此定时和接收到的主同步时隙的强度,预计出发射起点时间和功率电平,并发出接入请求。基站获得其同步偏差后,在下一个下行帧向此终端发出此同步偏差值,终端接收后将自动调整发射时间,建立同步。

在通信过程中,同步的保持是依靠上行链路同步时隙来完成的。每个终端使用一个分配的 Walsh 码来扩频,只有在帧号和该终端所使用的扩频信道号相同的那一帧,该终端才发射同步信号时隙,而其他终端都处于空时隙,即在该系统中,此时只有一个用户终端发射同步时隙,基站可以在干扰很小的情况下检查此信号,根据检测上行链路时隙的同步偏差,在下一帧发偏差值,使该终端纠正其同步偏差,从而使同步得到保持。

同步 CDMA 的缺点是系统对同步的要求非常严格,上行的同步要求为 1/8 码片宽度,网络同步要求为 5 μs。由于移动终端的小区位置不断变化,因此即使在通信过程中也可能高速移动，电波从基站到移动终端的传播时间也不断变化，会引起同步变化，若再考虑多径传播影响，同步将更加困难，一旦同步破坏，将导致通信阻塞和严重干扰。系统同步要求在基站有 GPS 接收机或公共的分布式时钟，增加了系统成本。

5）功率控制

在 TD－SCDMA 中由于几个用户的信号同时收到且相互干扰，因此其远近效应是一个非常突出的问题，它主要发生在上行链路。因为移动台在小区内的位置是随机分布的，而且是经常变化的，所以同一部移动台可能有时处于小区边缘，有时靠近基站。如果移动台的发射功率按照最大通信距离设计，则当移动台驶近基站时，必然有过量而有害的功率辐射。解决这个问题的办法是根据通信距离不同，适时地调整发射机所需的功率。

实际通信所需接收信号的强度只要能保证信号电平与干扰电平的比值达到规定的门限值就可以了，不加限制地增大信号功率不但没有必要，而且会增大移动台之间的相互干扰。尤其像 TD－SCDMA 系统这种存在多址干扰的通信网络，多余的功率辐射必然会降低系统的通信容量。为此，TD－SCDMA 系统不但在反向链路上要进行功率控制，而且在下行链路上也要进行功率控制。

（1）反向功率控制。反向功率控制也称上行链路功率控制。其主要要求是使任一移动台无论处于什么位置上，信号在到达基站的接收机时，都具有相同的电平，而且刚刚达到信干比要求的门限。显然，能做到这一点，既可以有效地防止远近效应，又可以最大限度地减少多址干扰。

进行反向功率控制时，可以在移动台接收并测量基站发来的信号强度，估计正向传输衰耗，然后根据这种估计来调节移动台的反向发射功率。接收信号增强，就降低其发射功率；接收信号减弱，就增加其发射功率。

（2）开环功率控制。当信道的传播条件突然改善时，功率控制应做出快速反应（例如在几微秒内），以防止信号突然增强而对其他用户产生附加干扰；相反，当传播条件突然变坏时，功率调整的速度也可以相对慢一些。这种方法简单、直接，不需要在移动台和基站之间交换控制信息，因而控制速度快并节约开销，但在某些情况下，正向和反向信道的衰落特性不同，用该方法会引起较大的误差。

（3）闭环功率控制。由基站检测来自移动台的信号强度，并根据测得的结果，形成功率调整指令，通知移动台，使移动台根据此调整指令来调整其发射功率。这种方法要求传输、处理、执行指令的速度要快。

（4）正向功率控制。正向功率控制也称下行链路功率控制。其要求是调整基站向移动台发射的功率，使任一移动台无论处于小区的任何位置，收到的基站的信号电平都刚刚达到信干比所要求的门限值。

TD－SCDMA 功率控制的基本目的是：① 改善接收到的信号的衰落特性；② 减少小区间的干扰；③ 减少功率消耗，延长电池寿命；④ 减少来自同一小区内其他用户的干扰，提高系统容量。

6）软件无线电

软件无线电是利用数字信号处理软件实现无线功能的技术。该技术在同一硬件平台上利用软件处理基带信号，通过加载不同的软件，实现不同的业务性能。其优点是：

（1）通过软件方式，灵活完成硬件功能。

（2）具有良好的灵活性及可编程性。

（3）可代替昂贵的硬件电路，实现复杂的功能。

（4）对环境的适应性好，不会老化。

（5）便于系统升级，降低用户设备费用。

对 TD-SCDMA 系统来说，软件无线电可用来实现智能天线、同步检测和载波恢复等。

采用先进的软件无线电技术，更易实现多制式基站和多模终端，系统更易于升级换代。该技术可在有 GSM 网的大城市热点地区首先采用，以满足局部用户群对 384 kb/s 多媒体业务的需求，这样通过 GSM/TD-SCDMA 双模终端就可以适应两网并存期的用户漫游需求，用户通过双频双模或多模终端可方便地实现全球漫游。

7）接力切换

移动通信系统采用蜂窝结构，在跨越空间划分的小区时，必须进行越区切换，即完成移动台到基站的空中接口转换及基站到网入口和网入口到交换中心的相应转移。由于采用智能天线可大致定位用户的方位和距离，因此 TD-SCDMA 系统的基站和基站控制器可采用接力切换方式，根据用户的测量上报信息，判断终端用户是否需要切换。如果进入切换区，便可通过基站控制器通知另一基站做好切换准备，达到接力切换的目的。接力切换可提高切换成功率，降低切换时对邻近基站信道资源的占用。基站控制器（BSC）实时获得移动终端的位置信息，并告知移动终端周围同频基站信息，移动终端同时与两个基站建立联系，切换由 BSC 判定发起，使移动终端由一个小区切换至另一小区。TD-SCDMA 系统既支持频率内切换，也支持频率间切换，具有较高的准确度和较短的切换时间，它可动态分配整个网络的容量，也可以实现不同系统间的切换。

2. TD-SCDMA 的技术优势

TD-SCDMA 在 TDMA（可以是 FDMA 和 TDMA 的结合）的框架下对时隙进行码分，而上、下行链路采用同一段频率，在不同的时间分别用于上、下行链路数据传输（是不连续的）。它采用同步 CDMA、智能天线、联合检测、软件无线电、接力切换和动态信道分配等一系列具有前瞻性的新技术，具有不需要成对频带、灵活性强、适于非对称数据业务、理论最大频谱效率高、软件升级容易及系统设备成本低等优点。

TD-SCDMA 是 TDD、CDMA、TDMA、FDMA 技术的完美结合，具有下列技术优势：

（1）采用 TDD 技术，只需一个 1.6 MHz 带宽，而以 FDD 为代表的 CDMA2000 需要 1.25×2 MHz 带宽，WCDMA 需要 5×2 MHz 带宽才能进行双工通信，同时 TDD 便于利用不对称的频谱资源，从而使频谱利用率大大提高，并适合多运营商环境。

（2）采用多项新技术，频谱效率高。TD-SCDMA 采用智能天线、联合检测、上行同步技术，可降低发射功率，减少多址干扰，提高系统容量；采用接力切换技术，克服了软切换大量占用资源的缺点；采用软件无线电技术，更容易实现多制式基站和多模终端，系统更易于升级换代。TD-SCDMA 的话音频谱利用率比 WCDMA 高 2.5 倍，数据频谱利用率甚至高达 3.1 倍。

（3）采用 TDD，不需要双工器，简化了硬件，降低了系统设备与终端的成本和价格。

（4）上、下行时隙分配灵活，提供数据业务的优势明显。数据业务将在未来 3G 及 3G 以后的移动业务中扮演重要角色。以无线上网为代表的 3G 业务的特点是上、下行链路吞吐量不对称，导致上、下行链路所承载的业务量不平衡。TD-SCDMA 基于 TDD 双工模式下的 TDMA 传输，每个无线信道时域里的一个定期重复的 TDMA 子帧被分为多个时隙，通过改变上、下行链路间时隙的分配，能够适应从低比特率话音业务到高比特率因特网业务以及对称和非对称的所有 3G 业务。目前，每个子帧有 6 个业务时隙，3 个时隙用于上行链路，3 个时隙用于下行链路（3∶3），是对称分配。此外，还可以选择 2∶4、1∶5 配置。

（5）可与 GSM 系统兼容，通过 GSM/TD-SCDMA 双模终端可以适应两网并存期的用户漫游要求。

（6）采用 TDD 与 TDMA 更易支持 PTT 业务和实现新一代数字集群。

TD-SCDMA 系统基于 GSM 网络，采用 GPRS 技术，使用现有的 MSC，只对 BSC 进行软件修改。它可以通过 A 接口直接连接到现有的 GSM 移动交换机，支持基本业务，通过 Gb 接口支持数据包交换业务。

7.4.3　TD-SCDMA 网络结构

TD-SCDMA 通信系统的网络结构由三个主要部分组成：用户终端（UE）、无线网络子系统（RNS，即 UTRAN）以及核心网（CN）子系统。整个通信系统从物理上分成两个（Domain）域：用户设备（UE）域和基础设备域。基础设备域分成无线网络子系统域和核心网（CN）域。核心网域又分为电路交换（CS）域和分组交换（PS）域，分别对应于 2G/2.5G 网络中的 GSM 交换子系统和 GPRS 交换子系统。网络体系以 3GPP R4 的标准为基础，相对于原来 2G/2.5G 的网络结构，新增的设备和新增的接口以及它们在网络中的位置如图 7-37 所示。

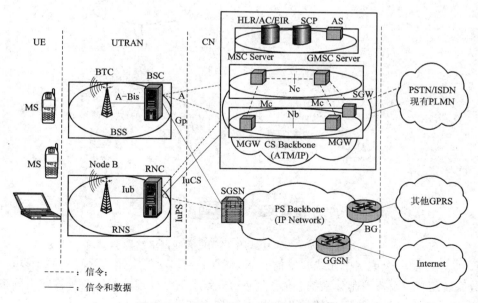

图 7-37　TD-SCDMA 系统网络结构

1. 无线网络子系统

无线网络子系统（RNS）负责移动用户终端（UE）和核心网（CN）子系统之间传输通道的建立与管理，由无线网络控制器（RNC）和无线收发信机 Node B 组成。基本的无线网络结构如图 7-38 所示。根据不同网络环境的要求，一个 RNC 可以接一个或多个 Node B 设备。一个 RNC 所连接的 Node B 的数目根据网络建设的实际要求决定，理论上没有限制。Node B 和 RNC 之间通过 Iub 接口进行通信。无线网络子系统通过 Iu 接口连接到核心网上。

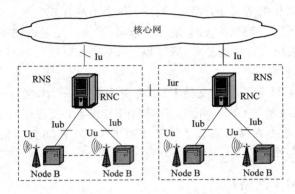

图 7 - 38　基本的无线网络结构

　　实际的网络规划中，基于降低组网成本和有效利用资源的原则，经常采用射频拉远的方法，将 UTRAN 分成 DRNS(Drift RNS)和 SRNS(Serving RNS)两个部分，如图 7 - 39 所示。利用光纤传输的方式，将 DRNS 延伸到远方，接入远端的用户业务。从专用数据处理角度区分，DRNS 与核心网(CN)无连接，可以没有 DRNS，也可以有多个 DRNS，主要为 UE 提供无线资源；SRNS 与 CN 直接相连，有且只有一个，主要为 UE 提供 Iu 接口服务。SRNS 起业务汇聚作用，将本地和远端的业务集中处理，通过 Iu 接口同核心网通信。

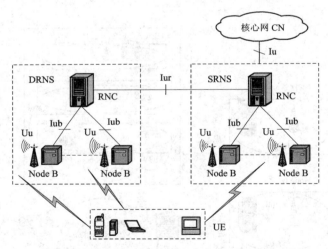

图 7 - 39　实际规划中出现的无线网络结构

　　RNC 是控制一个或多个无线收发信机 Node B 的网络功能实体。RNC 的系统模块由以下几个分系统组成：设备控制分系统、业务处理分系统、信令处理分系统及传输网络分系统。

　　无线网络控制器系统所支持的业务如下：

　　(1) 支持对称和不对称的话音业务，包括 4.75 kb/s、5.16 kb/s、5.9 kb/s、6.7 kb/s、7.4 kb/s、7.95 kb/s、10.2 kb/s、12.2 kb/s 共 8 种速率。

　　(2) 支持对称和不对称的最高速率为 384 kb/s 的电路型数据业务。

　　(3) 支持最高 2 Mb/s 的分组业务。

（4）支持多业务复用，即支持话音业务＋分组业务＋电路型数据业务＋信令业务的组合。

RNC 在网络中完成无线资源管理，包括接纳控制、功率控制、负载控制、切换和分组调度等，它适应于 TD－SCDMA 的特性如下：

（1）具有接力切换控制技术。

（2）可以提供上、下行不对称业务。

（3）具有适用于非对称业务的资源分配技术。

（4）具有物理信道的上行同步控制技术。

（5）具有频率、时隙、码资源的动态分配技术。

Node B 主要由以下几个部分构成：基带处理模块、接入与控制模块、射频模块、天线模块和 GPS 模块。

Node B 提供标准开放的 Uu 接口，支持 3G 各类终端和各种业务入网。

Node B 提供标准开放的 Iub 接口，实现和无线网络控制器的通信联络，便于灵活进行组网和控制。

Node B 兼容 2G、2.5G 系统的传统业务和技术，组网时可以和 2G、2.5G 系统的基站共址运行。

RNC 与 Node B 之间的接口为 Iub 接口，接口协议遵循 3GPP R4 协议中 25.43x 规范的规定。

接入网和核心网之间的接口为 Iu 接口，遵循 3GPP R4 协议中 25.41x 规范的规定。

接入网和 UE 之间的空中接口 EI 为 Uu 接口，遵循 3GPP R4 协议中 25.1xx、25.2xx、25.3xx 的规定。

接入网 RNC 和 RNC 之间的接口为 Iur 接口，遵循 3GPP R4 协议中 25.42x 规范的规定。

Uu 接口和 Iu 接口的协议结构分成用户平面和控制平面两个部分，分别如图 7－40 和图 7－41 所示。

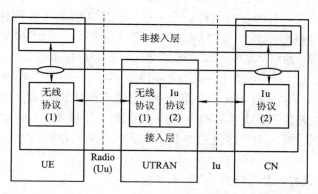

图 7－40　Uu 和 Iu 接口用户平面

用户平面协议完成实际无线承载业务的接入，例如将用户数据根据用户平面相关协议的标准纳入到无线网络子系统中，传输通过接入网的用户数据。

控制平面协议控制无线业务的接入及其移动用户终端和无线网络系统间的各种连接情况，如业务请求、传输资源控制、切换等。此外，控制平面也提供非接入层消息透明传输的机制。

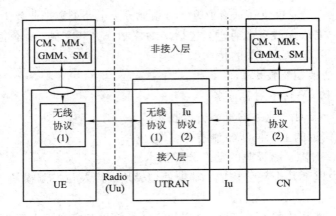

图 7 - 41　Uu 和 Iu 接口控制平面

　　UE 和无线网络子系统之间的 Uu 接口的无线协议可参阅 TS 25.2xx 和 TS 25.3xx 系列文档中的相关内容。

　　无线网络子系统和核心网 CN 之间的 Iu 接口协议可参阅 TS 25.41x 系列文档中的相关内容。

　　注意,Uu 接口协议和 Iu 接口协议都包含了一套可以透明地传送非接入层信息的机制。

　　无线网络子系统控制平面的协议结构在 Uu 接口和 Iu 接口处与用户平面的协议结构相同,而 UE 和 CN 之间增加了一套非接入层的控制协议,如 CM、MM、GMM 以及 SM 等。CM、MM、GMM 及 SM 这些范例是 UE 和 CN 之间的一套非接入层的控制协议。这些协议从功能上应该称为管理层面的协议,它们的结构的演变不在 3GPP R4 规范的范畴之内。

　　2. 核心网子系统

　　核心网介于传统的有线通信网络和无线通信网络之间,在两个系统间起桥梁作用。核心网和接入网是独立的,对核心网而言,它并不关心接入网采用哪种具体的 RTT 接入方式。TD - SCDMA 的核心网兼容 WCDMA 的核心网,并且同 WCDMA 的核心网一样,基于演进的 GSM/GPRS 网络,其发展和演进遵循 3GPP 相应规范的要求,具体请参阅 3GPP R4 协议中 23.002、25.4xx 和 29.4xx 规范的相关内容。

　　核心网子系统的框架结构分成两个部分,即电路交换(CS)域和分组交换(PS)域,分别对应于原来的 GSM 交换子系统和 GPRS 交换子系统。CS 域和 PS 域是依据系统对用户业务的支持方式区分的。根据网络的规划方案,实际核心网可以同时包含这两个域,也可以只包括其中之一。

　　核心网提供 Iu 接口,以支持 RNC 接入到核心网。

　　通过 IuCS 接口,UTRAN 利用核心网 CS 域的资源与 PSTN 网络建立通信,接入 PSTN 传统的话音业务。

　　通过 IuPS 接口,LITRAN 利用核心网 PS 域的资源与 IP 网络建立通信,接入 IP 等传统数据通信网络的数据业务。

　　核心网提供 A 接口,支持 GSM 的基站设备通过电路交换域接入传统的 PSTN 的话音业务。

核心网提供 Gb 接口,支持 GSM 的基站设备通过分组交换域接入 IP 等传统数据通信网络的数据业务。

3GPP R4 的核心网在电路域引入了软交换(Soft Switch)的概念,提出了分层的网络结构,即将网络分成四个层次,包括业务层、控制层、承载层和接入层,将呼叫控制和承载层相分离,非常有利于与固话 NGN 的融合,向全 IP 的网络结构迈出了重要的一步。3GPP R4 提出了核心网对分组技术(ATM/IP)的支持,其目的是使电路交换域和分组交换域承载在一个公共的分组骨干网上。TD - SCDMA 通信系统核心网内部各设备间的协议是基于 7 号信令的,因此网络的信令网是 7 号信令网。

1) 核心网电路交换域

3GPP R4 核心网的电路交换域将 MSC、GMSC 的呼叫控制和业务承载进行分离,(G)MSC 分为(G)MSC 服务器和(G)MGW,如图 7 - 42 所示。

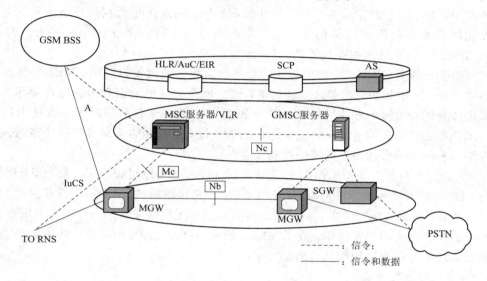

图 7 - 42　电路交换域网络结构

核心网电路交换域有以下功能实体:

MSC 服务器(MSC Server):是 TD - SCDMA 移动通信系统中电路交换网向分组网演进的核心设备,主要实现呼叫控制、移动性管理等功能,并可以向用户提供现有电路交换机所能提供的业务以及通过智能 SCP 提供多样化的第三方业务。MSC 服务器中包含 VLR,以存储移动用户的业务数据和 CAMEL 的相关数据。

GMSC 服务器(GMSC Server):与 MSC 服务器的功能基本相似,是移动网络与外部网络的关口,实现呼叫控制、移动性管理等功能,完成应用层信令转换的功能。

媒体网关(MGW):主要功能是提供承载控制和传输的资源。MGW 还具有媒体处理设备(如码型变换器、回声消除器、会议桥等),用于执行媒体转换和帧协议转换。

信令网关(SGW):连接 7 号信令网与 IP 网的设备,主要完成传统的 PSTN/ISDN/PIMN 侧的 7 号信令与 3GPP R4 网络侧 IP 信令的传输层信令转换。

Mc:它是 MSC 服务器与 MGW 之间的接口,应用层协议为 H. 248,可以基于 ATM 或 IP。Mc 接口支持移动特定功能,如 SRNS 的重定位/切换和锚定,通过 H. 248/IETF-

Megaco 机制实现。

Nb：它是 MGW 之间的接口，实现承载的控制与传输。在 R4 网络中，用户数据的传输与承载控制可以使用 AAL2/Q. AAL2、STM/none 及 RTP/H. 245。

Nc：它是 MSC 服务器与 GMSC 服务器之间的接口，这一接口实现局间的呼叫控制，其应用层协议为 ISUP 或 BICC(Bearer Independent Call Control)，可以基于 ATM 或 IP。

访问位置寄存器(VLR)：为其控制区域内的移动用户服务，存储着进入其控制区域内已登记的移动用户的有关信息，为已登记的移动用户提供建立呼叫接续服务。

归属位置寄存器(HLR)：它是 TD - SCDMA 通信系统中的中央数据库，存储着该 HLR 控制的所有存在的移动用户的相关数据，包括位置信息、业务数据、账户管理等。依据本地网用户规模的不同，每个移动业务本地网中可设置一个或多个 HLR。HLR 在建设中必须考虑到其数据安全性。

鉴权中心(AuC)：它存储着鉴权信息和加密密钥，用来防止无权用户接入系统，保证通过无线接口的移动用户通信的安全。AuC 属于 HLR 的一个功能单元部分，专用于 TD - SCDMA 通信系统的安全性管理。

设备识别寄存器(EIR)：它存储着移动设备的国际移动设备识别码(IMEI)，通过核查白色清单、黑色清单和灰色清单这三种表格，区分出在表格中分别列出的准许使用的、出现故障需监视的和失窃不准使用的移动设备的 IMEI，使得运营部门对于不管是失窃还是由于技术故障或误操作而危及网络正常运行的 MS 设备，都能够采取及时的防范措施，以确保网络内所使用的移动设备的唯一性和安全性。

SCP：它用于存储有关 CAMEL 的业务逻辑，接入呼叫控制应用服务器，即 SIP 应用服务器、OSA 应用服务器、CAMEL IM - SSF。它们提供增值的 IM 服务，或者存在于用户的归属网络，或者处在第三方的位置，第三方可以是一个网络或者是一个独立的服务器。

在上面所介绍的功能实体中，除了 VLR、MSC Server、MGW 之外，其他功能实体都是电路交换域和分组交换域所共有的。

2) 核心网分组交换域

核心网分组交换域使 TD - SCDMA 通信系统具备了对宽带多媒体业务以及其他数据业务的支持能力。分组交换(PS)域主要包括的节点有 SGSN、GGSN、CG 以及 BG，其网络结构如图 7 - 43 所示。

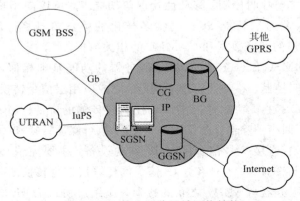

图 7 - 43　核心网分组域网络结构

核心网分组交换域有如下功能实体：

SGSN：相当于电路交换(CS)域中的 MSC，为 UE 提供分组数据服务，此外还有移动性管理、鉴权、加密和计费功能。

GGSN：是核心网分组域与外部分组数据网络的接口，负责分配 IP 地址，并实现与外部网络协议的转换。

BG：是辅助功能实体，实现与其他分组域网络的互通。BG 为一个内置安全性协议和路由协议的路由器。

CG：是计费网关。

7.5　3G 三种主流标准的方案性能比较

3G 的三大标准 WCDMA、CDMA2000、TD－SCDMA 的主要技术参数比较见表 7－3。

三种主流标准的方案性能比较如下：

（1）在 CDMA 技术的利用程度方面。WCDMA 与 CDMA2000 系统都采用了直接序列扩频、码分多址和 Rake 接收等技术，在技术体制上是同源的，而这些技术特性对网络规划的影响是主要的。WCDMA 和 CDMA2000－1X 系统之间的差异是由于数字移动通信演进格局不同形成的。TD－SCDMA 在充分利用 CDMA 方面较差，原因是：一方面，TD－SCDMA 要和 GSM 兼容；另一方面，不能充分利用多径特点，降低了系统的效率，而且软切换和软容量能力实现起来相对较困难，但联合检测容易。

（2）在同步方式、功率控制和支持高速能力方面。目前的 IS－95 采用 64 位的 Walsh 正交扩频码序列，反向链路采用非相关接收方式，成为限制容量的主要问题，所以在 3G 系统中反向链路普遍采用相关接收方式。WCDMA 采用内插导频符号辅助相关接收技术。CDMAOne 需要 GPS 精确定时同步；而 WCDMA 和 TD－SCDMA 则不需要小区之间的同步。另外，TD－SCDMA 继承了 GSM900/DCS1800 正反向信道同步的特点，从而克服了反向信道容量的瓶颈效应，而同步意味着帧反向信道均可使用正交码，从而克服了远近效应，降低了对功率控制的要求。TD－SCDMA 采用了消除对数正态衰落的功率控制，抗衰落的能力较强，能支持高速移动的通信，这在现代通信中是至关重要的。

在多速率复用传输时，WCDMA 的实现较为容易。TD－SCDMA 采用的是每个时隙内的多路传输和时分复用，为达到 2 Mb/s 的峰值速率需采用 16 维 QAM 调制方式，当动态的传输速率要求较高时需要较高的发射功率，又因为和 GSM 兼容，所以无法充分利用资源。

（3）在频谱利用率方面，TD－SCDMA 具有明显的优势，被认为是目前频谱利用率最高的技术。其原因是：一方面 TDD 方式能够更好地利用频率资源，另一方面 TD－SCDMA 的设计目标是要做到设计的所有码道都能同时工作，而在这方面，目前WCDMA 系统 256 个扩频信道中只有 60 个可以同时工作。此外，不对称的移动因特网将是 IMT－2000 的主要业务。TD－SCDMA 因为能很好地支持不对称业务，成为最适合移动因特网业务的技术，也被认为是 TD－SCDMA 的一个重要优势，而 FDD 系统在支持不对称业务时，频谱利用率会降低，并且目前尚未找到更为理想的解决方案。

（4）在技术先进性方面，TD－SCDMA 技术在许多方面非常符合移动通信未来的发展方向。智能天线技术、软件无线电技术、下行高速包交换数据传输技术等将是未来移动通信系统中普遍采用的技术。这些技术都已经不同程度地在 TD - SCDMA 系统中得到了应用，而且 TD - SCDMA 也是目前唯一明确将智能天线和高速数字调制技术设计在标准中的 3G 系统。

(5) 在业务速率方面，联通的 WCDMA 速率最快，下行达到 14.4 Mb/s，上行达到 5.75 Mb/s；其次是电信的 CDMA2000，下行为 3.1 Mb/s，上行为 1.8 Mb/s；TD - SCDMA 的速率相对较低，下行为 2.8 Mb/s，上行为 384 kb/s。

(6) 市场前景：在已公布的 3G 合同中，WCDMA 占有绝大多数市场份额。在三个主要 3G 标准中，参与 WCDMA 标准的企业最多，包括了大多数世界著名的移动通信设备厂商，如 Ericsson、Nokia、Semens、Alcatel、Motorola、Nortel、Samsung、NTT DoCoMo、Fujitsu 等。因此，终端的种类多，供用户的选择余地大。CDMA2000 次之。TD - SCDMA 在技术成熟度、产业化进程等方面存在着许多问题，导致中国移动在 3G 时代的表现并不给力，只好抓紧机遇在 4G 上狠下工夫。

思 考 题 与 习 题

1. IMT - 2000 的主要特征有哪些？
2. 3G 目前有哪三大标准？具有我国自主知识产权的标准是哪个？
3. 在 CDMA 技术的利用程度方面，3G 的三大标准中哪个较弱？
4. 为什么说 TD - SCDMA 在频谱利用率方面具有明显优势？
5. WCDMA 中 R4、R5 做了哪些改进？
6. 试说明 CDMA2000 前向信道和反向信道与 IS - 95 的差别。
7. TD - SCDMA 采用了哪些先进技术？
8. 比较 3G 的三大标准的网络构架，讨论其异同。
9. 上网了解智能天线技术的最新发展。

第 **8** 章　第四代移动通信系统(LTE/4G)

8.1　提出 LTE/4G 的历史背景

　　3G 是以 CDMA 技术为核心的系统，在世界范围内形成了 WCDMA、CDMA2000 和 TD‐SCDMA 三大标准。3G 系统能够提供比 2G 更高的数据速率、更好的话音质量，但仍然不能满足公众对多媒体业务的需求，而且由于 CDMA 通信系统形成的特定历史背景，3G 所涉及的核心专利被少数公司持有，在知识产权保护上形成了一家独大的局面，专利授权费用已成为厂家的承重负担。3G 厂商和运营商在专利问题上处处受到限制，业界迫切需要改变这种不利局面。

　　长期演进(LTE, Long Term Evolution)原本是 3G 向 4G 过渡升级中的演进标准，包含 LTE‐FDD 和 LTE‐TDD 两种模式，其中 LTE‐TDD 简称为 TD‐LTE。LTE 的持续演进构成了第四代移动通信的主要标准内容，在 2012 年 1 月召开的国际电信联盟无线电通信全会全体会议上被列为 4G 国际标准。3G 技术的演进过程中，主要有三个国际组织负责标准的制定：3GPP 负责将 WCDMA 和 TD‐SCDMA 分别演进为 LTE‐FDD 和 LTE‐TDD(TD‐LTE)，最终演进为 LTE＋；3GPP2 负责将 CDMA2000 演进为 UMB，但最终放弃了 UMB 技术，明确了向 LTE＋长期发展路线；还有一个是 IEEE 负责的 IEEE802.16，即已经商用的 WiMAX。图 8‐1 所示为移动通信标准演进。

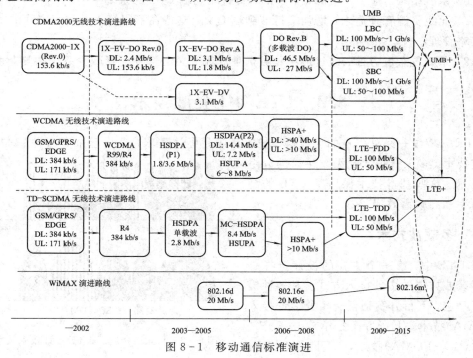

图 8‐1　移动通信标准演进

8.2　LTE/4G 的需求

LTE/4G 首先从定义需求开始。在 2005 年 6 月 TSGRAN＃28 的魁北克全会上，通过了 LTE 的需求报告，关键需求概括描述如下：

（1）峰值速率：上、下行各 20 MHz 带宽条件下，下行峰值速率为 100 Mb/s，上行峰值速率为 50 Mb/s。

（2）控制面延迟：空闲状态到激活状态的转换时间小于 100 ms。

（3）控制面容量：5 MHz 带宽下，每小区应至少支持 200 个激活用户。

（4）用户面延迟：系统在单用户、单业务流以及小 IP 包条件下，用户面延迟小于 5 ms。

（5）用户吞吐量：下行用户平均吞吐量为 Release 6 HSDPA 的 2～3 倍。

（6）频谱效率：在有负荷的网络中，下行频谱效率（bit/sec/Hz/site）为 Release 6 HSDPA 的 3～4 倍；上行频谱效率为 Release 6 HSDPA 的 2～3 倍。

（7）移动性：演进系统需优化在低速（0～15 km/h）情况下；较高的性能下仍支持高移动速度（15～120 km/h）；系统在 120～350 km/h 的移动速度下可用。

（8）系统覆盖：小区半径为 5 km 情况下，系统吞吐量、频谱效率和移动性等指标符合需求定义要求；小区半径为 30 km 情况下，上述指标略有降低；系统能够支持半径为 100 km 的小区。演进系统支持在 1.4 MHz、3 MHz、5 MHz、10 MHz 和 20 MHz 带宽部署，支持成对和非成对频谱。

（9）系统共存以及与其他 3GPP 接入技术的互联互通：支持 UTRAN 和 GERAN 的演进系统多模终端，应支持与 UTRAN 和 GERAN 之间的测量和切换。

（10）系统结构：基于分组的、单一的、支持端到端 QoS 的系统结构。

（11）无线资源管理需求：增强支持端到端 QoS，支持在不同接入网技术之间的负荷分担和策略管理。

（12）系统复杂度方面：通过最小化可选项和无冗余必选项配置减少系统的复杂度。

8.3　LTE/4G 关键技术

LTE 采取了一系列先进的无线接口技术来满足上述需求，概括起来有三种基本技术：多载波技术、多天线技术及无线接口的分组交换技术。这些基本技术保证了 LTE 的高数据速率和高频谱效率。

8.3.1　多载波技术

在 LTE 中，第一个主要的设计选择是采用多载波方式的多址接入方式。对多种提案进行筛选，下行方案是正交频分多址接入（OFDMA）技术，上行方案是单载波频分多址接入（SC‐FDMA）技术，如图 8‐2 所示。

下行路径：OFDMA

上行路径：SC-FDMA

图 8‐2　从频域角度看 LTE 多址接入技术

OFDMA 是对多载波技术 OFDM 的扩展，从而提供了一个非常灵活的多址接入方案。OFDM 把有效的信号传输带宽细分为多个窄带子载波，并使其相互正交，任一个子载波都可以单独或成组地传输独立的信息流；OFDMA 技术则利用有效带宽的细分在多用户间共享子载波。

由于 OFDM 信号的峰值平均功率比(PAPR)较高，需要一个线性度较高的射频功率放大器，因此并不适合用于上行链路传输。对于上行链路，采用一项与 OFDM 技术很相似的 SC‐FDMA 技术，但是 PAPR 要降低很多。

SC‐FDMA 是单载波频域均衡(SC‐FDE)的多用户扩展。SC‐FDE 与 OFDM 技术大部分相似，不同之处在于 IFFT 的位置和作用，OFDM 中的 IFFT 在发射机，用于将不同用户数据调制到不同载波，而 SC‐FDE 中 IFFT 在接收机，用于将频域信号转换到时域。两者在性能上相当，但是 SC‐FDE 可以显著降低 PAPR。

8.3.2　多天线技术

LTE 系统规定了三类天线技术：MIMO、波束成形和分集技术。对提升信号鲁棒性、实现 LTE 系统能力来说，这三种技术都非常关键。

多天线技术可以用各种方式实现，主要基于三个基本原则：

(1) 分集增益：利用多天线提供的空间分集来改善多径衰落情况下传输的健壮性。

(2) 阵列增益：通过预编码或波束成形使能量集中在一个或多个特定方向。同时也可以为在不同方向的多个用户同时提供业务(即多用户 MIMO)。

(3) 空间复用增益：在可用天线组合所建立的多重空间层上，将多个信号流传输给单个用户。

8.3.3　无线接口的分组交换技术

LTE 是完全面向分组交换的多业务系统，为了改善系统的时延，数据包传输时间由 HSDPA 中的 2 ms 进一步缩短为 1 ms。这么短的传输时间间隔，加上新的频率和空间维度，进一步扩展了 MAC 层和物理层之间跨层领域的技术，包含：

(1) 频域和空间资源的自适应调度。

(2) MIMO 配置的自适应，包括同时传输空间层数的选择。

(3) 调制和编码速率的链路自适应，其中包括传输码字数量的自适应。

(4) 快速信道状态报告的若干模式。

8.4　LTE/4G 协议综述

8.4.1　LTE 系统架构

LTE 以 OFDM 技术为基础，构成新一代无线网络。该系统无线侧以 MIMO 和 64QAM 等技术为基础，可实现 100 Mb/s 以上速率。LTE 系统只存在分组交换(PS)域，在系统架构上，LTE 在 3GPP 原有系统架构上进行演进，但对原 3G 系统的 NodeB、RNC、

CN 进行功能整合，系统设备简化为 eNodeB 和 EPC 两种网元。整个 LTE 系统由核心网
(EPC)、基站(eNodeB 或 eNB)和用户设备(UE)三部分组成。其中 eNodeB 负责接入网部
分，也称 E-UTRAN；EPC 负责核心网部分，EPC 处理部分称为 MME，数据处理部分称
为 SAE Gateway(S-GW)。eNodeB 与 EPC 通过 S1 接口连接，eNodeB 之间通过 X2 接口
连接，UE 与 eNodeB 通过 Uu 接口连接。LTE 4G 系统网络架构如图 8-3 所示。

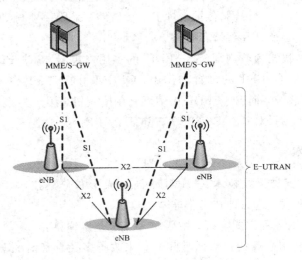

图 8-3　LTE/4G 系统网络架构

8.4.2　LTE 协议栈

　　LTE 协议分为 3 层，分别为物理层(PHY 层)、媒体接入控制层(MAC 层)及无线资源
控制层(RRC 层)，如图 8-4 所示。

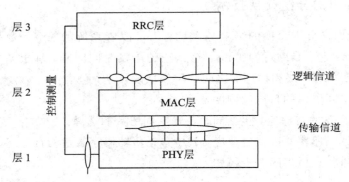

图 8-4　LTE 协议栈

　　LTE 空中接口是 E-UTRAN 与 UE 之间的接口，分为用户面和控制面。用户面包括
PDCP 子层、RLC 子层、MAC 子层和 PHY 层。在网络侧，PDCP 子层位于 aGW(接入网
关)，RLC 子层、MAC 子层和物理层位于 eNB。PDCP 子层完成 IP 头压缩、完整性保护和
加密，RLC 子层、MAC 子层完成调度、ARQ 和 HARQ 功能，物理层完成信道编/解码、
调制解调、MIMO 处理、测量和指示、HARQ 合并、功率控制、频率和时间同步、切换、链
路适配、物理资源映射、射频信号传输等。控制面部分包括 NAS 子层、PDCP 子层、RRC

子层、RLC 子层、MAC 子层和 PHY 层。用户面协议栈和控制面协议栈分别如图 8-5 和图 8-6 所示。

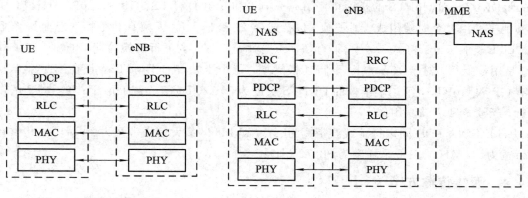

图 8-5　用户面协议栈

图 8-6　控制面协议栈

8.4.3　LTE/4G 帧结构

LTE 系统同时定义了频分双工(FDD)和时分双工(TDD)两种方式,这种方式分别是在 WCDMA 和 TD-SCDMA 系统上演进的结果,这些帧结构保证了 3G 到 LTE 的平滑演进。

图 8-7 和图 8-8 分别给出了 LTE FDD 和 LTE TDD 两种无线帧结构。它们都统一定义为 10 ms,每个无线帧包含 10 个子帧,每个子帧 1 ms。每个子帧又定义成两个时隙,每个时隙 0.5 ms。每个无线帧包括两个长度为 $T_f = 153\ 600 \times T_s = 5$ ms 的半帧。

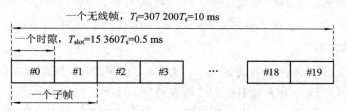

图 8-7　LTE FDD 帧结构

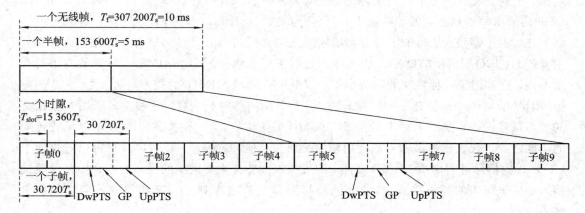

图 8-8　LTE TDD 帧结构

对于 LTE TDD 而言，每个半帧由 8 个长度为 $T_{slot}=15\,360T_s=0.5$ ms 的时隙和 3 个特殊区域 DwPTS、GP 和 UpPTS 组成。DwPTS、GP 和 UpPTS 的总长度等于 $30\,720T_s=1$ ms，DwPTS 和 UpPTS 的长度可配置。子帧 1 和 6 由 DwPTS、GP 和 UpPTS 组成，所有其他子帧由 2 个时隙组成，即子帧 i 包括时隙 $2i$ 和 $2i+1$。子帧 0 和子帧 5 总是用作下行。LTE 支持 5 ms 和 10 ms 上/下行切换点。对于 5 ms 上/下行切换周期，子帧 2 和子帧 7 总是用作上行。对于 10 ms 上/下行切换周期，每个半帧都有 DwPTS，只在第一个半帧内有 GP 和 UpPTS，第二个半帧的 DwPTS 长度为 $30\,720T_s=1$ ms。UpPTS 和子帧 2 用作上行，子帧 7 和子帧 9 用作下行。

LTE FDD/TDD 固定每子载波带宽为 $\Delta f=15$ kHz，最大信号带宽为 20 MHz，其中有效带宽为 18 MHz，最低采样率为 30.72 MHz。

8.4.4　无线传输方案

1. 下行传输方案

LTE 下行传输方案采用传统的带循环前缀（CP）的 OFDMA，每一个子载波占用 15 kHz。数据调制采用 QPSK、16QAM 和 64QAM 这三种方式。信道编码以 Turbo 码为基础，同时也在考虑采用低密度奇偶校验码（LDPC），后者可获得比前者高的编码增益，在解码复杂度上也略有减小。下行 MIMO 技术的基本配置是 2×2，即基站和 UE 各有两个天线，更高的下行配置也可支持 4×4 的 MIMO。小区搜索的设计主要集中在同步信道的设计和小区序列的设计上，主同步信道进行小区同步，辅同步信道进行小区标识（ID）的检测，在主同步信道采用公共的导频序列，而在辅同步信道上各小区采用不同的导频序列。目前可供参考的码有 PN、ZC(Zadoff-Chu) 和 Frank 序列。

2. 上行传输方案

上行传输方案采用带循环前缀的 SC-FDMA，使用 DFT 获得频域信号，然后插入零符号进行扩频，扩频信号再通过 IDFT 转换到时域，这个过程称为 DFT-S-OFDM。使用 DFT-S-OFDM 保证了上行用户间在频域相互正交，以及在接收机一侧得到有效的频域均衡。子载波映射决定了频谱资源的分配，有两种方式：一是局部式（Localized）传输，即 DFT 的输出映射到连续的子载波上；二是分布式（Distributed）传输，即 DFT 的输出映射到不连续的子载波上。目前上行方案确定采用局部式传输。上行调制与下行相同，主要采用 QPSK、16QAM 和 64QAM。上行编码也与下行相同。上行的 MIMO 技术配置与下行有所不同，它采用了一种特殊的称为虚拟 MIMO(Virtual MIMO) 的技术，通常是 2×2 的虚拟 MIMO，两个 UE 各有一个发射天线，并共享相同的时频资源。这些 UE 采用相互正交的参考信号图谱，以简化 eNB 的处理。从 UE 的角度看，2×2 虚拟 MIMO 与单天线传输的不同之处仅仅在于参考信号图谱的使用必须与其他 UE 配对，基站接收机可以对这两个 UE 发送的信号进行虚拟 MIMO 检测。随机接入主要分为非同步的随机接入和同步的随机接入，在非同步的随机接入中，使用 ZC 序列作为签名序列。LTE 建议取消同步的随机接入。

8.5　LTE/4G 应用情况

8.5.1　TD‑LTE 应用情况

2013 年 12 月 4 日,工业和信息化部向中国移动通信集团公司、中国电信集团公司和中国联合网络通信集团有限公司颁发"LTE/第四代数字蜂窝移动通信业务(TD‑LTE)"经营许可。具体频谱方面,工信部在此前就宣布给三大运营商分配了 TD‑LTE 频段资源。其中,中国移动获得 130 MHz,分别为 1880～1900 MHz、2320～2370 MHz、2575～2635 MHz;中国电信获得 40 MHz,分别为 2370～2390 MHz、2635～2655 MHz;中国联通也获得 40 MHz,分别为 2300～2320 MHz、2555～2575 MHz。从 TD‑LTE 频谱资源的划分来看,中国移动、中国联通和中国电信的比例是 13∶4∶4,中国移动在 TD‑LTE 频谱方面一家独大。

截至 2019 年年底,中国移动 4G 用户已达 7.58 亿,当年净增 4536.4 万;中国电信 4G 用户达到 2.81 亿,当年净增 3881 万;中国联通 4G 用户达 2.54 亿,当年净增 3384.1 万。全国 4G 用户数总量为 12.93 亿。

借助 TD‑LTE,中国国产芯片、终端、仪表正在快速走向世界,华为已成为全球最大的电信设备商,中兴进入全球前五;中国手机品牌占全球的市场份额已达 40%。

8.5.2　LTE‑FDD 应用情况

2015 年 2 月 27 日,工业和信息化部向中国电信和中国联通发放"LTE/第四代数字蜂窝移动通信业务(FDD‑LTE)"经营许可。中国联通获得 10 MHz,上行为 1755～1765 MHz,下行为 1850～1860 MHz;实际使用 20 MHz,上行为 1745～1765 MHz,下行为 1840～1860 MHz。中国电信获得 15 MHz,上行为 1765～1780 MHz ,下行为 1860～1875 MHz。

2015 年 9 月中国联通宣布停止 3G 扩容,全面转向 4G 建设。同年 12 月中国联通启动"沃 4G"计划,启动全面建设 4G 网络、全面升级 4G 网络、全面改善服务质量、全面创新业务产品,加速用户向 4G 网络迁移,更好地满足广大用户个性化、多层次的通信服务新需求,共同促进产业的繁荣与发展。

2016 年春节前夕,中国联通宣布启动 LTE FDD 三期工程无线主设备集中采购项目,采购规模为 46.9 万基站,涉及全国 334 个城市。其中,106 个招标城市的采购规模为 16.7 万基站,228 个扩容城市的采购规模为 30.2 万基站。值得一提的是,在实施或交货时间方面,中国联通要求投标方自采购订单签订之日起 4 周内交货,要求实施或交货地点在工程现场。从这一点也可以看出联通建设 4G 网络迎头赶上的迫切心情。

中国电信 4G 也称为天翼 4G,是中国电信根据 4G 网络推出的一款通讯资费套餐。2013 年,中国电信天翼 4G 服务开通仪式暨新闻发布会隆重召开,中国电信天翼 4G 试验网在南京开通,在卓越 3G 的基础上再添 4G 网络助力。2014 年 2 月 3 日,中国电信 4G 正式在全国开放运行。2015 年 2 月 27 日,工信部正式向中国电信下发 FDD‑LTE 牌照,自此中国电信将进入 4G 高速发展时代。

　　但是，4G 牌照的发放最"纠结"的莫过于中国电信。由于中国电信采用的 CDMA EV - DO 3G 制式并不支持向 FDD 和 TDD 进行平滑过渡，因此中国电信如果选择建网，就必须新建。这也是中国移动称不希望 TDD 由一家运营商来运营，对中国电信"明拉暗拽"的原因。虽然从理论上讲，中国电信 4G 手机用户在全球范围都可以进行移动通信，但是由于没有统一的国际通信标准，中国电信的几种制式之间彼此互不兼容，给手机用户带来了诸多不便。中国电信即便在国内开展 4G 营销也同样存在这样的问题，即 3G 与 4G 不兼容，3G 与 4G 的转换存在必然的问题。工信部先发 TD - LTE 的牌照，后发 FDD - LTE 的牌照的过程正说明未来中国电信必须运营两张 4G 牌照，而两个 4G 牌照从技术上与 3G 技术并不兼容，这更加加大了中国电信发展 4G 的困难。中国电信必须要解决其 2G、3G 与 4G 之间自由转换和兼容共享的问题，同时也要解决 TDD 与 FDD 之间自由切换的问题。

　　由于中国电信 CDMA2000 制式 3G 网络不具备直接向 LTE FDD 及 TD - LTE 升级的可能，因此中国电信一方面需要重新建设基站，另一方面需要研发适应多频多模的手机终端，终端方面将面临重要的挑战。目前国际上的手机生产商和国内手机生产商更多的是基于一种制式来进行生产，国际上的 4G 手机适合 FDD 模式，国内生产的 4G 手机更多地适应 TDD 模式，而在未来中国电信需要手机生产商生产适应 CDMA 和 TDD 及 FDD 多种制式的多模手机，这无论是从研发的角度还是从生产的角度都需要一定的时间，这对大力发展 4G 的中国电信来说是一个不利的因素。

　　中国电信因为制式的问题必须采取混合组网的方式来进行 4G 网络的部署，但混合组网的方式必然增加投资成本、管理成本和维护成本。本来在单一制式下 4G 网络的复杂度会比较低，成本控制是最佳的，但因为一方面政策因素导致中国电信必须开展 TDD 基站的建设，另一方面由于中国电信希望获得最佳的 4G 制式，因而又要大力开展 FDD 基站的建设，故而两个 4G 网络的组网，再加上需要维护原来的 2G 网络和 3G 网络，这样建网成本、运营成本和管理成本就变得十分巨大，必然影响中国电信的移动业务发展。因为 4G 网络的部署和 4G 业务推广需要巨额的资金投入，这将对中国电信产生巨大的成本压力，从而使网络领先的中国移动获得明显的竞争优势，这会对中国电信在市场结构的优化和竞争水平的提升上产生一定的负面影响。

8.5.3　TD - LTE 和 LTE - FDD 的优势比较

　　在频谱的利用率方面，TD - LTE 由于采用 TDD 双工方式，相比于 FDD 双工方式有灵活利用频谱资源的优势，不要求成对的频谱。采用 TDD 模式工作的系统，上、下行工作于同一频率，其电波传输的一致性有助于获取精准的信道状态信息，使之适用于智能天线技术，可有效减少多径干扰，提高设备的可靠性。LTE - FDD 采用 FDD 双工方式，FDD 方式要求成对频谱资源，频谱的利用率大幅度降低，约为对称业务时的 60%。

　　在手机终端选择方面，2013 年上半年，国际芯片厂商高通宣布，其解决方案首次实现了单个终端支持 LTE - FDD、LTE - TDD、WCDMA、EV - DO、CDMA 1X、TD - SCDMA 和 GSM/EDGE 七种网络制式（即所谓的全网通手机），并发布了支持所有蜂窝模式和 2G、3G、4G 的芯片，弥补了一直以来 TDD 融合芯片的短板。2015 年全球已有超过 3000 款支持 LTE 的用户终端设备，其中 FDD 终端占比超过 80%，可供中国联通、中国电信 4G（LTE - FDD）用户选择的手机终端品种非常丰富。随着 4G 的发展及中国市场对 TDD 终端的支持,4G 产业链上的芯片商和终端制造商都将重心放在了多模标准上。目前在手机芯片行业,尤其是高性能芯片领域,依旧处于高通、联发科、海思、三星以及苹果五家争霸的局面,但同时具有手机终端制造能力和芯片研发能力的只有海思和三星,而高通和联发科则只提供解决方案,没有终端;比较特殊的是苹果,其芯片自主设计但委托生产,同时完全自用。其中,三星的 Exynos 芯片除用于自家高端手机外,只有魅族采用。特别值得一提的是,作为近年来在高端市场发展迅猛的手机厂商华为,从 2014 年的高端旗舰 Mate7 到 2019 年的全新华为 P 系列智能手机——华为 P30/华为 P30 Pro 均采用了华为海思自主研发的麒麟芯片。所以,目前手机终端选择方面的差异越来越小,像苹果、三星、黑莓、诺基亚、摩托罗拉等国际知名品牌以及华为、中兴、vivo、OPPO 等众多国内知名品牌手机均可选择。

　　在国际漫游方面,LTE - FDD 标准是国际主流 4G 通信技术,全球运营商多,国际漫游方便。

思考题与习题

1. 后 3G 技术的演进主要由哪三个国际组织负责标准的制定?
2. 与 3G 移动通信系统相比,LTE 有哪些优势?
3. LTE 的上、下行传输各采用了哪些传输技术,都是基于什么来考虑的?
4. TD - LTE 的优势有哪些?
5. LTE - FDD 的优势有哪些?

第**9**章　第五代移动通信系统(5G)

9.1　引　　言

我们正在迎来一个万物互联的时代！万物互联的时代对移动通信技术提出了更高的要求。物联网的发展与大规模应用以及自动驾驶的使用，使得如今的 4G 系统无法满足越来越高的技术要求。因此，第五代移动通信系统(5G)应运而生。5G 旨在解决高速率低延时通信、海量互联、智慧城市建设等方面的技术问题。

2019 年 6 月 6 日，工信部向中国电信、中国移动、中国联通、中国广电发放 5G 商用牌照。中国正式步入 5G 商用元年。

9.1.1　5G 的业务需求

1. 服务更多的用户

随着移动设备技术的提升以及移动互联网的高速发展，移动用户数量激增将会成为必然的趋势。同时，随着移动互联网技术的发展以及移动设备的多样化，人均移动设备(包括各类穿戴设备、传感设备)将大幅增加，5G 能够为海量的移动设备提供高速率、低延时、高可靠的移动互联网服务。

2. 支持更高的速率

由于移动用户的增加以及网络社交、视频传输、云计算、即时通信等新型移动业务的涌现，移动用户对数据的传输速率以及稳定性提出了更高的要求。据 ITU 发布的数据预测，相较于 2020 年，2030 年全球的移动业务量将激增至 5000 EB/月。因此，与 4G 网络相比，5G 网络的峰值速率需要有数量级上的提升。

3. 支持海量连接

物联网概念的提出与发展，使得移动通信网络服务的对象不仅仅局限于手机等移动设备，而是更广泛地涉及各类可能的网络接入，实现物与物、物与人的泛在连接，实现对物品和过程的智能化感知、识别和管理。因此，在如此庞大的网络体系中，通信对象之间不仅有海量的连接数，同时又有巨大的数据量，这对 5G 网络提出了巨大的挑战。

4. 支持个性化业务

4G 网络的兴起带来了智能手机、网络电商等商机。同样地，5G 网络的出现必定会促进新型商业模式的产生，如自动驾驶等。未来的移动网络会推出更智能化、个性化的业务，这需要 5G 网络在确保低成本和传输可靠、安全、稳定的同时，保证提供良好的用户体验。

9.1.2　5G 系统承载的业务和系统的基本特征

1. 5G 系统承载的业务

5G 系统承载的业务种类繁多,可大致分为移动互联网业务和移动物联网业务两种。根据各个业务的特点以及对时延需求的不同,又可将移动互联网业务分为会话类、流类、交互类、传输类以及消息类,将移动物联网业务进一步划分为控制类和采集类业务。

2. 移动互联网业务

1) 会话类业务

会话类业务对时延的敏感程度较高,其特点为该业务的上、下行业务量基本一致,要求较低的传输时延和时延抖动,能够接受一定的丢包率。会话类业务主要包括语音通话、视频会话以及虚拟现实等。

2) 流类业务

流类业务是指通过流媒体播放音频、视频、直播等实时性业务。流媒体是指采用流式传输的媒体格式,通过边播、边下载、边缓存的方式播放文件。流类业务对时延的要求比会话类业务稍低,也接受一定的丢包率。

3) 交互类业务

交互类业务是指移动终端和远程设备进行在线的数据交互。交互类业务对时延的要求比较灵活,往往依据的是人们对等待时间的容忍程度,总的来说比会话类业务长,比流类业务短。但是交互类业务对丢包率有较高的要求,需要数据传输准确。交互类业务主要包括交易类、位置类、云桌面等。

4) 传输类业务

传输类业务是完成大数据包的传输业务,对传输时间的要求并不高且对传输时延不敏感,但是对丢包率的要求很高。传输类业务主要包括邮件、上传下载文件等。

5) 消息类业务

消息类业务是完成小数据包的传输业务,对传输时延等指标的要求与传输类业务基本相同。消息类业务主要包括短信、多媒体短信、社交网络消息等。

3. 移动物联网业务

1) 采集类业务

采集类业务根据采集速率要求的不同,分为低速采集类和高速采集类业务两种,这两种业务均对时延没有特殊的要求。低速采集类业务主要包括智能家居、智慧水务等,高速采集类业务主要是高清视频监控等。

2) 控制类业务

控制类业务根据对时延的要求又分为时延敏感控制类业务和非时延敏感类业务。时延敏感类业务主要有智能交通、工业控制,非时延敏感类业务主要是智能路灯等。

4. 5G 系统的基本特征

1) 高速率

为满足未来网络的各种业务,如超高清、VR 业务的用户体验,5G 系统需要有更快的网络速度。ITU-R 于 2015 年 6 月确认并统一 5G 的峰值速率为 10 Gb/s,用户体验速率达 100 Mb/s，较 4G 系统有数量级上的提升。

2）泛在网

所谓泛在，是指覆盖了社会生活的各个方面，包括高空、高山、地面、地下、深海等场景。5G 系统的覆盖范围将会更广，将构建起天地海一体化网络。

3）低功耗

未来的 5G 网络支持万物互联，这带来了对功耗的要求。大部分物联网设备可能一周或是一个月才会充一次电，因此 5G 系统一些终端产品需满足低功耗的要求才能提供更好的用户体验。

4）低时延

5G 的一个新场景是无人驾驶、工业自动化的高可靠连接。人与人之间进行信息交流，140 ms 的时延是可以接受的，但是如果这个时延用于无人驾驶、工业自动化就很难满足要求。5G 对于时延的最低要求是 1 ms，甚至更低。

5）海量互联

到了 5G 时代，终端不仅人在使用，比人数量更多的万物也在使用，真正迎来了一个人与人、人与物、物与物海量互联的世界。

6）重构安全

智能互联网的基本要求是信息安全、访问高效和使用方便。在 5G 的网络构建中，在底层就应该解决安全问题，从网络建设之初，就应该考虑安全机制，对于一些特殊的业务，需要建立起专门的安全机制。

9.2　5G 的关键技术

为了满足更好的用户体验的需求，5G 网络将面临以下问题与挑战：

· 无缝接入——多频段、多模式、小区覆盖范围小的挑战。

· 频谱资源——有限匮乏的频谱资源限制着无线网络的发展。

· 功率——海量物联要求低功耗的工作模式。

· 干扰——超密集组网、海量用户带来了干扰问题。

· 器件——新型通信技术以及高频段开发对半导体材料的要求提高。

面对以上的各种问题与挑战，5G 技术需要从新的频谱、智能化的网络和无线资源管理协议等方面来构建新的网络架构。因此，5G 网络采用了许多新型技术，如网络切片技术、大规模天线技术、边缘计算、D2D(Device-to-Device)技术等。

9.2.1　网络切片技术

5G 网络的应用场景丰富多样，而不同的应用场景对于网络性能的需求有所不同，且差异可能较大。如果对于每个应用场景都设置专网来提供服务，那么将会大大增加运营商的建网成本，同时也会造成网络资源的严重浪费。显然，组建各种专网来应对繁复的应用场景是不可能的，因此 5G 网络切片的概念被提出。

网络切片是指在一套物理网络上切割出多个端到端的逻辑网络，这些逻辑网络也被称作切片。每个切片都包括了逻辑隔离的接入网、核心网、传输网，因此每个切片之间都相互不干扰。网络切片的好处在于：运营商可以根据业务需求的不同(包括时延、传输速率、丢包率等性能指标)选择合适的网络来为用户提供服务，这大大提高了应对不同网络应用场景需求的灵活性，运营商无需考虑网络其余部分的影响就可进行切片更改和添加，既节省了时间，又降低了成本支出。

在 4G 网络中，移动网络服务的设备大多是移动手机终端，然而到了 5G 时代，移动网络的服务对象种类变多了。其中，应用场景如移动宽带、物联网等需要不同的网络类型，并且在时延、抖动、移动性管理、计费管理等方面有着不同的要求。例如，为了避免事故的发生，自动驾驶、远程医疗对时延和传输效率的要求极高，然而视频传输、网络社交等对可靠性的要求就不是很高了。因此，5G 中的网络切片技术就显得尤为重要。

5G 网络切片是一种端到端的技术，每个端到端的切片由接入网、核心网、传输网三个子切片组合而成并通过端到端的切片管理系统实现网络切片全生命周期的管理。

1. 接入网子切片

接入网子切片是一种使多种无线接入技术共存和不同运营商实现频谱共享的方法。为支持无线网络切片，5G 无线网要支持有源天线单元(AUU)、中心单元(CU)、分布式单元(DU)的灵活切分和部署，满足不同应用场景下的切片组网需求。CU 可在云端进行部署，便于无线资源的统一管理，也可以与 DU 一同部署以降低传输时延，满足低时延场景的需求。为实现不同切片场景对空口的不同需求，统一的空口架构以及灵活的帧结构设计支持无线资源灵活分配、配合使用大规模天线等关键技术。

2. 核心网子切片

核心网子切片满足了增强移动宽带(eMBB)、高可靠低时延(uRLLC)、海量连接(mMTC)这三大应用场景对核心网的不同需求。核心网包括了移动性管理、会话管理、计费与 QoS 等功能，这些功能在不同的 5G 应用场景下有不同的设计机制，以满足可保证质量的网络切片需求。

5G 核心网将在网络功能虚拟化(NFV)的基础上进一步引入服务化架构，将网络功能分解为服务化或功能化组件，使得 5G 核心网具有灵活性、开放性、可拓展性，同时 5G 的这些特性为实现核心网切片打下了较好的基础。

3. 传输网子切片

传输网子切片对网络的拓扑资源进行虚拟化，例如链路虚拟化、节点虚拟化、端口虚拟化等，然后按需组织形成若干个虚拟网络。虚拟网络具有与物理网络相似的基本特征和要素，包括连接(拓扑、宽带、时延、抖动)、计算(CPU、RAM、GPU、虚拟机资源)、存储(云存储、CDN 存储、ICN 设备存储等)和管理这四个部分。

由于 5G 传输网是一个支持多业务的网络，不仅支持 3GPP 业务(eMBB、uRLLC、mMTC 等)，同时也支持非 3GPP 业务的承载，因此 5G 传输网子切片相互之间需要逻辑隔离来对应服务不同用户的业务。

网络切片可以分为以下两种：

(1) 独立切片：拥有独立功能的切片，包括控制面、用户面以及各种业务功能模块，为特定的用户提供端到端的专网服务或特定功能服务。

(2) 共享切片：其资源可以被各种或几种独立切片使用，其提供的功能可以是端到端的，也可以提供部分共享功能。

两种网络切片的部署场景有以下三种：

(1) 共享切片与独立切片纵向分离：端到端的控制面切片作为共享切片，为用户提供不同的端到端的独立切片。控制面共享切片为所有用户提供服务，对不同的个性化独立切片进行统一的管理，包括鉴权、移动性管理、数据存储等。网络切片部署场景 1 如图 9-1 所示。

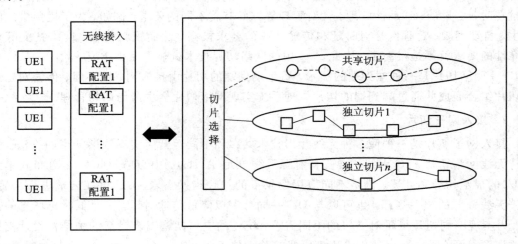

图 9-1　网络切片部署场景 1

(2) 独立部署各种端到端切片：每个独立切片包含了完整的控制面与用户面功能，形成服务于不同用户群的专有网络，如消费物联网(CIoT)、增强移动宽带(eMBB)、企业网等。网络切片部署场景 2 如图 9-2 所示。

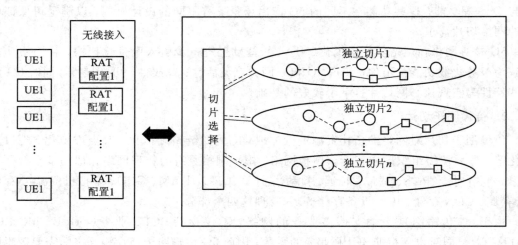

图 9-2　网络切片部署场景 2

(3) 共享切片与独立切片横向分离：共享切片实现一部分非端到端功能，后接各种不同的个性化的独立切片。典型的应用场景包括共享的 vEPC＋GiLAN 业务链网络。网络切片部署场景 3 如图 9-3 所示。

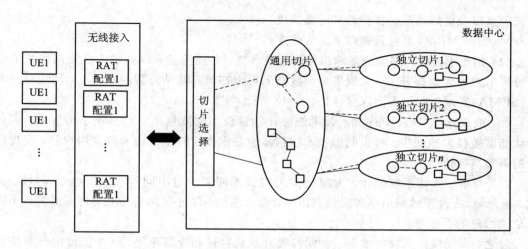

图 9-3 网络切片部署场景 3

目前的 5G 网络切片是在物理设备的基础上利用网络功能虚拟化技术,通过编排和管理,使每种业务都分配到相应的虚拟专用资源。对于业务本身来说,分配的资源将是独有无竞争,并且与其他业务之间相互隔离的。这将充分发挥网络规模效应,提高物理资源使用率,降低网络配置的成本。

9.2.2 大规模天线技术

MIMO 技术通过使用多组天线实现了空分复用(SDM)技术。根据收发天线数量的不同,该技术可分为单输入多输出(SIMO)、多输入单输出(MISO)以及单输入单输出(SISO)三种。MIMO 技术通过在通信链路收发两端的多个天线充分利用空间资源,能够提供分集增益以提升系统的可靠性,提供复用增益以增加系统的频谱资源,提供阵列增益以提高系统的功率效率。MIMO 技术的系统模型如图 9-4 所示。

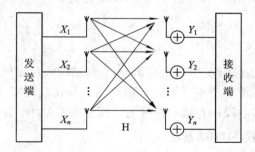

图 9-4 MIMO 技术的系统模型

由于 4G 使用的频段问题,现有的 4G 系统基站配置的天线一般不会超过 8 个,因此 MIMO 的性能增益受到了极大的限制。5G 使用的超高频段为大规模天线(Massive MIMO)技术提供了可能性。

Massive MIMO 技术与传统 MIMO 技术的区别有两点,分别体现在使用天线的数量和信号传播的维度上。传统的 TDD 通信网络往往使用的是 2/4/8 天线,而在 Massive MIMO 通信网络中,通道数高达 64/128/256 个。这使得 Massive MIMO 系统拥有更高的系统容量以及更好的抗干扰特性和传播速度。

Massive MIMO 系统具有以下三大优点：

（1）相比于传统的多输入多输出（MIMO）系统，大规模多天线多输入多输出系统的空间分辨率被极大地提升了。大规模多天线技术可以在没有基站分裂的条件下，利用空分多址（SDMA）实现空间资源的深度挖掘。

（2）波束赋形（Beamforming）技术能够让能量极小的波束集中在一块小型区域，因此干扰能够被极大地减少。波束赋形技术将信号能量集中于特定方向和特定用户群，实现信号的可靠高速传输。

（3）与单一天线系统相比，大规模多天线技术能够通过不同的维度（空域、时域、频域、极化域）提升频谱利用率和能量利用率，极大地提升了小区的容量和吞吐量，包括小区内边缘用户的吞吐率。

总之，大规模多天线技术是一种同时提升系统容量和峰值速率、减少能量消耗和传输时延的 5G 关键技术。

1. 多小区上行大规模 MIMO 系统

设系统所覆盖的全部区域内总共有 K 个小区，而每个小区中所用到的收发基站都有 L 个天线，并且对 M 个用户提供服务，同时使用 SDMA 技术，则第 n 个基站的接收信号可用向量表示为

$$\boldsymbol{r}_{K,n} = \sqrt{P_K} \sum_{i=1}^{K} \boldsymbol{G}_{n,i} \boldsymbol{s}_{K,i} + \boldsymbol{n}_{K,i} \tag{9-1}$$

其中，$\boldsymbol{G}_{n,i}$ 代表了在第 n 个基站与第 i 个小区中的 M 个用户之间的 $L \times M$ 的信道矩阵；$\boldsymbol{s}_{K,i}$ 是第 i 个小区中 M 个用户的发射符号的向量；$\boldsymbol{n}_{K,i}$ 是均值为 0、方差为 1 的加性高斯噪声向量；P_K 为上行链路信噪比。

经过基站处理后第 m 个小区中的第 k 个用户的信号干扰噪声比（SINR，Signal to Interference plus Noise Ratio，简称信干噪比）的值趋近于

$$\mathrm{SINR}_{K,mk} = \frac{\beta_{mmk}^2}{\displaystyle\sum_{i=1, i \neq k}^{K} \beta_{mik}^2}, M \to \infty \tag{9-2}$$

其中，β_{mik} 表示是第 i 个小区第 k 个用户到第 m 个基站的大尺度信道系数。由此可以看出，当天线数趋近于无穷时，第 n 个小区第 k 个用户的信噪比趋近于 0，这表示随着天线数量的增加，小信道衰落和接收噪声对接收信号的干扰会越来越小，甚至可以完全消除。

2. 多小区下行大规模 MIMO 系统

在下行传输时，设每个发送端向其所处小区的 K 个接收端传输经过 MRT（Maximum Radio Transmitting）预编码矩阵处理过的信号向量。将第 l 个小区之中的 K 个接收端收到的信号位看作一个向量，其表达式可写作：

$$\boldsymbol{r}_{L,l} = \sqrt{P_L} \sum_{i=1}^{L} \boldsymbol{G}_{i,l}^{\mathrm{T}} \boldsymbol{G}_{i,i}^{*} \boldsymbol{s}_{L,i} + \boldsymbol{n}_{L,l} \tag{9-3}$$

式中：$\boldsymbol{G}_{i,l}$ 表示第 l 个小区的 K 个用户到第 i 个基站的 $M \times K$ 信道矩阵；$\boldsymbol{s}_{L,i}$ 表示第 i 个基站向其 K 个用户发射的符号向量（其中向不同终端发送的符号假设为独立同分布的均值为 0、方差为 1 的复高斯随机变量）；$\boldsymbol{G}_{i,i}^{*}$ 为预编码矩阵；$\boldsymbol{n}_{L,l}$ 是均值为 0、方差为 1 的加性高

斯噪声向量；P_L 为下行链路信噪比。

第 l 个小区第 k 个用户的信干噪比的渐近值为

$$\mathrm{SINR}_{L,lk} = \frac{\beta_{llk}^2}{\sum_{i=1,i\neq l}^{L} \beta_{ilk}^2} \quad M \to \infty \tag{9-4}$$

与上行链路相同，当天线数量增加时，小信道衰落与接收噪声对参考用户的影响会大幅减小，甚至可以忽略不计，用户接收性能仅受到导频污染的影响。

3. 预编码技术

在大规模 MIMO 系统中，采用了预编码技术。预编码也是 MIMO 系统中的核心模块。预编码技术可以在基带对发射信号预先进行处理，使得其中的数据可以更有效地传输到通信接收端。在 MIMO 系统中，当发送端不能够收到任何信道信息时，各个并行传输的数据串将平均分配得到功率与传播速率，并且每一个数据串都使用全方向发送的形式，这样就能够获得最佳的接收性能。假设 MIMO 的信号模型可表示为

$$r = Hs + n \tag{9-5}$$

式中，r 表示接收信号向量；H 表示接收信道矩阵；s 表示发射信号向量；n 表示噪声信号向量。此时该系统的信道容量可以写作：

$$C = \sum_{i=1}^{KL} \left\{ \mathrm{lb}\left(1 + \frac{\rho}{N_\mathrm{T}}\sigma_i^2\right) \right\} \tag{9-6}$$

式中，N_T 表示发射功率；σ_i^2 代表 H^H 的第 i 个不为零的特征值；K 表示系统小区数；L 表示每个小区收发基站的天线数。预编码技术可分为线性预编码技术与非线性预编码技术两种。在实际通信系统应用中，为了方便，常使用线性预编码技术。在线性预编码技术中，式(9-5)可改写为

$$r = HFs + n \tag{9-7}$$

其中，F 表示线性预编码矩阵。式(9-6)可改写为

$$C = \mathrm{lb}\left\{ \det\left(I_{N_\mathrm{T}} + \frac{\rho}{N_\mathrm{T}}F^\mathrm{H}H^\mathrm{H}HF\right) \right\} \tag{9-8}$$

其中，det 表示矩阵的行列式，I_{N_T} 表示 N_T 维单位阵，F 表示预编码矩阵，H 表示信道矩阵，H 表示共轭转置。

常用的预编码技术有：最大比传输(MRT，Maximum Ratio Transmission)预编码、迫零(FZ，Force Zero)预编码、最小均方误差(MMSE，Minimum Mean Square Error)预编码、匹配滤波(MF，Matched Filter)预编码。

在通信系统中，预编码具有以下优势：

(1) 在发送端进行信号处理，可以使用户直接接收到他们需要的数据，避免了接收端的信号处理要求。

(2) 预编码技术能够让发射端发射的信号更加具有方向性，增大了接收端对信号的接收功率，与此同时也提高了系统的能量效率。

9.2.3　边缘计算技术

大宽带业务的不断增加，势必对网络的传输带宽造成很大的影响，所以运营商寻找一

套合理的解决方案来降低传输带宽的需求愈发强烈。移动边缘计算侧重在移动网边缘提供
IT 服务、云计算能力和智能服务，强调靠近移动用户以减少网络操作和服务交付的时延。
移动边缘计算改变了移动通信系统中网络与业务分离的状态，将业务平台下沉到网络边
缘，为移动用户就近提供业务计算和数据缓存能力。移动边缘计算将业务本地化，将内容
在本地缓存，将业务的理想时延降至毫秒级，使典型时延小于 10 ms。

　　边缘计算作为一种新的部署方案，通过把小型数据中心或带有缓存计算处理能力的节
点部署到网络边缘，与移动设备、传感器和用户紧密相连，减少了核心网络负载，降低了
数据传输时延。在蜂窝网络中，MEC 系统可部署于无线接入网与移动核心网之间。MEC
系统的核心设备是 MEC 服务器。部署于无线基站内部或无线接入网边缘的云计算设施（即
边缘云）提供本地化的公有云服务，并可连接其他网络（如企业网）内部的私有云实现混合
云服务。MEC 系统提供基于云平台的虚拟化环境（如 Open Stack），支持第三方应用在边
缘云内的虚拟机上运行。

　　MEC 系统由边缘云基础设施、路由子系统、能力开放子系统和平台管理子系统等构成。

1. 边缘云基础设施

　　边缘云基础设施特指为第三方应用提供的包括计算、内存、存储及网络等资源在内的
基于小型化的硬件平台构建的 IT 资源池，使其能够实现本地化业务部署，且方便接近基
于传统数据中心的业务部署。

2. 路由子系统

　　路由子系统为 MEC 系统内部的各个组件提供基本的数据转发及网络连接能力，并为
边缘云内的第三方虚拟业务主机提供网络虚拟化支持。

3. 能力开放子系统

　　能力开放子系统支持第三方以调用应用程序接口（API）的形式，通过平台中间件驱动
网络，从而实现网络能力的调用。

4. 平台管理子系统

　　平台管理子系统的主要功能包括：对移动网络数据平面进行控制，对来自能力开放子
系统的能力调用请求进行管控，对边缘云内的 IT 基础设施进行规划编排，对相关计费信
息进行统计上报。

9.2.4　D2D 技术

　　D2D 即 Device-to-Device，指端到端通信，也称为终端直通。D2D 通信技术是指两个对
等的用户节点之间直接进行通信的一种通信方式。在由 D2D 通信用户组成的分散式网络
中，每个用户节点都能发送和接收信号，并具有自动路由功能。网络的参与者共用它们所
拥有的一部分硬件资源，包括信息处理、存储以及网络连接能力等。这些共用资源向网络
提供服务和资源，能被其他用户直接访问而不需要经过中间实体。在 D2D 通信网络中，用
户节点同时扮演转发器和客户端的角色，用户能够意识到彼此的存在，自组织地构成一个
虚拟或者实际的群体。

　　D2D 通信技术具有以下优势：

　　（1）大幅度提供频谱利用率。在该技术的应用下，用户通过 D2D 进行通信连接，避开

了使用蜂窝无线通信,因此不使用频带资源。另外,D2D 所连接的用户设备可以共享蜂窝网络的资源,提高了资源利用率。

(2) 改善用户体验。随着移动互联网的发展,相邻用户进行资源共享、小范围社交以及本地特色业务执行等,逐渐成为一个重要的业务增长点。D2D 在该场景的应用可以极大地改善用户体验。

(3) 拓展应用。传统的通信网需要进行基础设施建设等,要求较高,设备会损耗或影响整个通信系统,而 D2D 的引入使得网络的稳定性增强,并具有一定的灵活性,传统网络可借助 D2D 进行业务拓展。

按照蜂窝网络的覆盖范围,可以把 D2D 通信分成以下三种场景:

(1) 蜂窝网络覆盖下的 D2D 通信:LTE 基站首先需要发现 D2D 通信设备,建立逻辑连接,然后控制 D2D 设备的资源分配,进行资源调度和干扰管理,用户可以获得高质量的通信。

(2) 部分蜂窝网络覆盖下的 D2D 通信:基站只需引导设备双方建立连接,而不再进行资源调度,其网络复杂度比第一类 D2D 通信有大幅降低。

(3) 完全没有蜂窝网络覆盖下的 D2D 通信:用户设备直接进行 D2D 通信,该场景对应于蜂窝网络瘫痪的时候,用户可以经过多跳,相互通信或者接入网络。

D2D 通信的主要问题之一是复用小区用户的资源所带来的干扰问题。

D2D 通信复用上行链路资源时,系统中受 D2D 通信干扰的是基站,基站可调节 D2D 通信的发送功率以及复用的资源来控制干扰,可以将小区的功率控制信息应用到 D2D 通信的控制中。此时 D2D 通信的发送功率需要减小到一个阈值以保证系统上行链路 SINR 大于目标 SINR,而当 D2D 通信采用系统分配的专用资源时,D2D 用户可以用最大功率发送。

D2D 通信复用下行链路资源时,系统中受 D2D 通信干扰的是下行链路的用户。受干扰的下行用户的位置取决于基站的短期调度。因此受 D2D 传输干扰的用户可能是小区服务的任何用户。当 D2D 链路建立后,基站控制 D2D 传输的发送功率来保证系统小区用户的通信。合适的 D2D 发送功率控制可以通过长期观察不同功率对系统小区用户的影响来确定。在资源分配方面,基站可以将复用资源的小区用户和 D2D 用户在传播空间上分开。如基站可分配给室内的 D2D 用户和室外的小区用户相同的系统资源。同时基站可以根据小区用户的链路质量反馈来调节 D2D 通信,当用户链路质量过度下降时降低 D2D 通信的发送功率。

9.3 5G 的规划与组网技术

无线网络规划是根据网络建设的整体要求和限制条件,确定无线网络建设目标以及实现该目标的基站规模、建设位置和基站配置。无线网络规划的总目标是以合理的投资构建近期和远期业务发展需求以实现达到一定服务等级的移动通信网络。

9.3.1 5G 网络规划原则

由于 5G 网络与 4G 网络有很大区别,因此在 5G 网络规划时,应该就 5G 的特征制订新的规划原则。

(1) 5G 网络是通过网络切片来满足不同业务场景的需求的,这与 4G 简单地将无线资源根据业务等级进行划分不同，5G 切片是业务承载所需的端到端的物理或虚拟资源的整合，包括带宽资源、传输资源、核心资源，构成逻辑上的专网。为实现切片，5G 核心与承载基于 NFV/SDN，传统核心功能更靠近网络边缘。新结构下，边缘计算能力和综合业务区范围的大小都将成为考虑的重点。

（2）5G 业务是面向场景的。首先应该用于流量热点区域的大带宽接入场景（相当于 4G 场景的主要应用，但是速率要远高于 4G），逐渐满足多样化的行业需求，如智能制造对大连接的要求，无线医疗、云 VR/AR 对稳定速率的要求，车联网对低时延、广覆盖、高移动性的要求。因此对于不同场景，需要进行不同的网络覆盖、容量、网络质量规划分析以及相互之间的协同分析，这在以往的通信网络规划中是从未出现过的。

（3）5G 使用的频率与现有的通信系统相比，存在频率高、波长短、空间损耗大、绕射能力弱、多径效果不明显等特点。频段特性使得 5G 基站的覆盖范围进一步缩小，此时高频段的穿透损耗相对较大，室外基站对室内业务的吸收会减弱，由宏基站、小微基站、室内分布系统组成的超密集异构网络更加普遍。无线环境对 5G 信号的影响更明显，因此站址选择以及天线高度、方位角、功率设置等工程参数也是 5G 网络规划的重点。

（4）Massive MIMO 天线带来的工程建设也将成为一项挑战。5G 系统采用大规模天线，RRU 和天线合为一体，组成有源天线单元（AAU, Active Antenna Unit）。有源天线大规模普及，其安装空间、承重的要求也是 5G 系统带来的新问题。

9.3.2　5G 网络规划目标

5G 网络的规划目标要从覆盖、容量、质量、数据业务能力四个维度进行划分。

1. 覆盖

覆盖首先要考虑覆盖范围问题。范围问题主要涉及覆盖范围大小、覆盖范围内的业务种类和服务对象，如业务的优先级、重要程度等。确定好覆盖范围后，再从面、线、点三个方面来量化覆盖目标。面覆盖是指在面积区域上的覆盖百分比；线覆盖是指在线状区域上的覆盖指标，如道路、铁路、航线等；点覆盖是用单个点来表征覆盖情况，主要用于衡量单个大型建筑或者重要建筑的覆盖程度，一般用于室内布网设计。

各个区域类型的无线覆盖参考指标如表 9 - 1 所示。

表 9 - 1　各个区域类型的无线覆盖参考指标

区域类型	穿透损耗要求	面覆盖率	线覆盖率	点覆盖率
密集市区	穿透墙体，信号到室内	95%～98%	—	—
一般市区	穿透墙体，信号到室内	90%～95%	—	—
郊区	穿透墙体，信号到室内	85%～90%	—	—
重要道路	穿透汽车、火车等，信号到车内	—	70%～95%	—
重要办公楼、交通枢纽、高校	室内分布覆盖	—	—	90%～100%
宾馆酒店、娱乐消费场所	室内分布覆盖	—	—	50%～90%

2. 容量

网络规划中的容量目标是指网络建成后形成的数据吞吐能力。网络容量分上行和下行两方面。在移动通信网络的容量计算中,通常将上、下行的吞吐量一起计算。在如今移动通信技术大发展的时代,业务种类众多,在规划容量时要同时考虑上、下行的吞吐量满足情况,在总体上满足客户需求的同时也要在各方面分别满足需求。在容量的计算中,一定要设置一个警戒值,一般为网络总容量的 50% ~ 70%。对于网络容量的最低限制,在建网初期先不作考虑,待网络稳定后再作为运营商的考核指标。

3. 质量

质量目标分为语音业务和数据业务。因为 5G 网络不提供电路语音业务,在开通 IP 语音业务前,主要提供数据业务,所以,对网络质量目标的规划,主要是对数据的业务质量目标进行规划。业务的接续质量表征用户被接续的速度和难易程度,可用接续时延和接入成功率来衡量。传输质量反映用户接收数据业务的准确程度,可用业务信道的误帧率、误码率来衡量。对于数据业务,目前通常采用吞吐量和时延来衡量业务质量。业务保持能力表征用户长时间保持通话的能力,可用掉线率和切换成功率来衡量。5G 网络质量目标的参考取值见表 9 - 2。

表 9 - 2   5G 网络质量目标的参考值

项 目	定 义	网络初始参考值
接入时延	用户发起 PDP 激活到激活完成的时延	3 s
开机附着时延	用户开机到附着成功的时延	8 s
接入成功率	接入尝试成功的百分比	≥90%
误帧率	FER	≤5%
误码率	BER	≤10%
掉线率	—	≤5%
切换成功率	跨基站切换成功的比例	≥95%
切换互操作成功率	系统间切换成功的比例	≥85%
PDP 上下文激活成功率	—	≥95%

4. 数据业务能力

数据业务能力直接影响 5G 网络用户的用网体验。在网络规划中,小区边缘用户速率是指小区边缘范围内能保证的用户体验速率,这个指标将直接体现用户对网络的满意程度。5G 网络使用率在 70% 的网络负荷下,结合上、下行覆盖能力的对比,在 5G 网络覆盖比较完善的情况下,可以根据不同的业务场景和区域需求来定义不用的数据业务能力目标。例如,3GPP 对 5G 网络下 eMBB 业务单用户的速率给出了明确的指标,见表 9 - 3。

表 9 - 3　eMBB 场景数据业务能力指标

场景	典型速率(DL)	典型速率(UL)	UE 移动速度	覆盖范围
城市宏蜂窝	50 Mb/s	25 Mb/s	步行或车载(≤120 km/h)	全网
农村宏蜂窝	50 Mb/s	25 Mb/s	步行或车载(≤120 km/h)	全网
室内热点	1 Gb/s	500 Mb/s	步行	办公室、居民区
无线宽带接入	25 Mb/s	50 Mb/s	步行	指定区域
密集市区	300 Mb/s	50 Mb/s	步行或车载(≤60 km/h)	密集城市
市区高速铁路	50 Mb/s	25 Mb/s	≤500 km/h	高铁沿线
高速公路	50 Mb/s	25 Mb/s	≤250 km/h	高速沿线

对于 mMTC 场景，3GPP 没有作数据业务能力的要求，因为其对速率的要求并不高。mMTC 场景的数据业务速率可以参考 3GPP 对 IoT 业务的目标速率，高至 1 Mb/s。

对于 uRLLC 场景，3GPP 也给出了明确指标。根据 3GPP TS22.261，uRLLC 场景的数据业务能力及可靠性要求见表 9 - 4。

表 9 - 4　uRLLC 场景数据业务能力要求和可靠性要求

场　　景	通信业务可用性	可靠性	用户典型速率	业务密度	连接密度
离散自动化-运动控制	99.9999%	99.9999%	1～10 Mb/s	1 (Tb/s)/km²	100 000/km²
离散自动化	99.9%	99.9%	10 Mb/s	1 (Tb/s)/km²	100 000/km²
过程自动化-远程控制	99.9999%	99.9999%	1～100 Mb/s	100 (Gb/s)/km²	1000/km²
过程自动化-监控	99.9%	99.9%	1 Mb/s	10 (Gb/s)/km²	10 000/km²
中压配电	99.9%	99.9%	10 Mb/s	10 (Gb/s)/km²	1000/km²
高压配电	99.9999%	99.9999%	10 Mb/s	100 (Gb/s)/km²	1000/km²
智能运输系统-基础设施回程	99.9999%	99.9999%	10 Mb/s	10 (Gb/s)/km²	1000/km²
触觉交互	99.999%	99.999%	低速率	—	—
远程控制	99.999%	99.999%	≤10 Mb/s	—	—

9.3.3　5G 组网技术

与 4G 网络不同，5G 网络中的基带处理单元(BBU，Base Band Unite)已经被非常严格地划分为集中单元(CU，Centralized Unit)和分布单元(DU，Distribute Unit)两大功能实体。5G 网络由 CU、DU 和 AAU(Active Antenna Unit，有源天线单元)组成。另外还有微基站形态。5G 无线网络架构如图 9 - 5 所示。

5G 接入网采取 CU、DU、AAU 三级架构，具有以下优点：

(1) 实现集中控制。超密集组网是 5G 支持超高速率业务的重要方法。根据预测，在 5G 网络中，各种接入技术(如 4G、WiFi、5G)的小功率基站部署密度将达到现有站点密度的 10 倍以上，组成微微组网的超密集网络，通过提高单位面积的网络容量来满足 5G 超高流量密度及超高用户体验速率的要求。将 CU 和 DU 分离可以实现性能和负荷管理的协

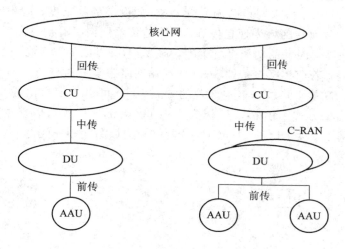

图 9 - 5　5G 无线网络架构

调、实时性能的优化和 NFV/SDN 功能的使用。利用 CU 可以实现无线资源的集中管理，便于各节点进行干扰协调，保证网络性能。

（2）降低传输需求。5G 引入大带宽及多天线技术，如果采用 4G 的 BBU 与 RRU 的设备形态，会导致无线网和核心网之间的回传链路以及 BBU 和 RRU 之间的前传链路对带宽的要求增大。如果无线带宽达到 100 MHz，天线采用 64 通道配置，采取 CPRI 接口，则前传链路需要 100 GHz 带宽才能保证 5G 性能。5G 网络中，部分物理层下沉至远端，与射频处理功能集成构建 AAU 网元，DU 与 AAU 间前传链路采用 eCPRI 接口，传输带宽可以下降至 25 GHz，明显降低了 5G 大带宽与多天线前传传输资源的需求。

（3）实现灵活部署。5G 应用场景丰富多样，不同应用场景对网络部署的要求也不同。传统 4G 中的 LTE eNB 网元形式比较单一，基站具有完整的控制面与用户面功能，包含了各种协议与功能，元器件复杂，工程实施不易。将 CU、DU 甚至 AAU 分离进行 C - RAN 组网可以简化网元功能，CU 采取通用硬件平台搭建和云端部署，DU 采取 C - RAN 方式集中部署，AAU 与天线集成，这样就增加了部署的灵活性。

1. CU＋DU＋AAU 组网

在 CU＋DU＋AAU 进行 C - RAN(Cloud - RAN)组网，而 Cloud - RAN 又是 5G 网络切片的关键。CU 是可云化的通用设备，可处理非实时业务。DU 是难以云化的专用设备，可处理实时业务。控制功能在 CU 中实现协作通信，而协作通信在 5G 的干扰管理和切换管理中有重要意义。在网络规划中，Cloud - RAN 可实现更加灵活的集中部署。在传输资源不足时，也可以实现 CU 的集中。

3GPP 在 TR38.801 中提到，如何对 NR 进行架构切分取决于网络部署场景、部署限制、所支持的服务等。当传送网资源充足时，可集中部署 DU 功能单元，采用物理层的协作化技术，而在传输网络资源不足时也可分布式部署 DU 处理单元。CU 功能的存在实现了原属 BBU 的部分功能的集中，既兼容完全的集中化部署，也支持分布式的 DU 部署。可在最大化保证协作化能力的同时，兼容不同的传输网络能力。

5GC - RANCU/DU 部署方式的选择需要综合考虑多种因素，包括业务的传输需求

（如带宽、时延等因素）、接入网设备的实现要求（如设备的复杂度、池化增益等）、协作能力和运维难度等。若前传网络为理想传输，则当前传输网络具有足够高的带宽和极低时延时，可以对协议栈高实时性的功能进行集中，CU 与 DU 可以部署在同一个集中点，以获得最大的协作化增益。若前传网络条件较好（如传输网络带宽和时延有限），则 CU 可以集中协议栈低实时性的功能，并采用集中部署的方式，DU 可以集中协议栈高实时性的功能，并采用分布式部署的方式。另外，CU 作为集中节点，部署位置可以根据不同业务的需求进行灵活调整。基于 CU/DU 的 C-RAN 的网络架构如图 9-6 所示。

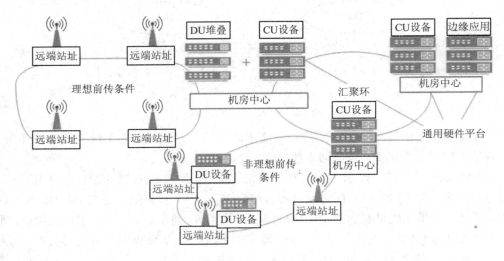

图 9-6　基于 CU/DU 的 C-RAN 的网络架构

在网络规划实践中，对于 CU 和 DU 的布局规划，需要借助运营商现有光缆网的布局和规划并结合运营商的本地传输网来设置 CU 和 DU 的站址。以某运营商为例，本地网的传输节点分层如图 9-7 所示。

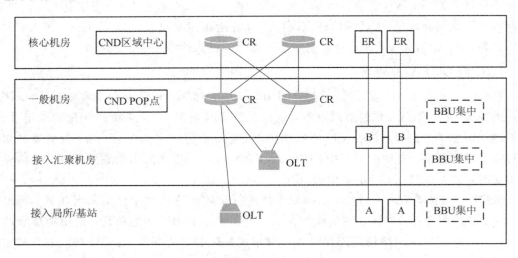

图 9-7　本地网的传输节点分层

根据本地网的机房与现有设备的设置，5G 网络的 CU 和 DU 设置见表 9-5。其中，

OLT 为光线路终端，CR、MSE、SW、RAN ER、OTN 为光传输网络。

表 9 - 5　5G 网络的 CU 和 DU 设置

区域	部署位置	IP	接入	IP RAN	4G(BBU 集中)	政企 (分组 OTN)	5G (CU/DU 设置)
城市	核心机楼	CR		RAN ER		OTN	
	一般机楼	MSE	OLT	B 设备	大中型 BBU 集中	OTN	大中型 CU
	接入汇聚机房		OLT	B 设备	中型 BBU 集中	OTN	中型 CU
	接入局所			A 设备	小型 BBU 集中		小型 CU，DU
	基站						DU，AAU
农村	一般机楼	MSE	OLT	B 设备/ 汇聚 ER	大中型 BBU 集中	OTN	中型 CU
	接入汇聚机房 (发达乡镇)	SW	OLT	B 设备	中小型 BBU 集中	OTN	中小型 CU
	接入汇聚机房 (一般乡镇)		OLT	A 设备			DU
	基站						DU，AAU

2. 宏微结合的超密集组网

宏微结合的超密集组网其本质是一种分层式的组网方式。这种组网方式可根据容量密度和覆盖的需求，至少选择两种不同的小区类型(如宏小区和微小区)相互叠加进行工作。宏小区负责覆盖范围，针对高移动、低业务量的区域；微小区负责吸纳业务量，针对低移动、高业务量的区域。这样组网可以满足不同业务容量和覆盖范围的要求，减少不必要的切换，提高系统的频谱利用率。

超密集组网小区的结构设计通常采用以下两种方法：

(1) 使不同层工作在相同的频段。不同层间的用户可以根据切换和发射信号的要求不同进行区分。5G 网络建网的频率不是单一的，而是多个频段组合而成的。因此在超密集组网时，不同频段的建设形式可以不同，可通过宏微结合的方式来分层组网，低频段基站作为宏基站，高频段基站作为微基站。

(2) 使不同层工作在不同的频段。不同层间的用户可以根据使用的频段不同进行区分。当前利用抗干扰技术实现 5G 同频组网。

在组网初期，可以把覆盖区域作为主要目标，根据区域的热点程度将覆盖区域划分为热点区域和一般区域，然后考虑面向全覆盖热点区域，设置宏小区。在组网的中后期，则可以把提高网络容量作为目标，针对热点地区建设微小区以满足用户的需求。如果采用不同频段的组网方式，则新小区对原小区的干扰较小，无需对原有的网络进行重新划分。另外，也可以对热点地区进行重新划分，将原有的宏小区重新部署，进一步划分为若干个微小区。

由于超密集组网是分层组网的，各小区的覆盖范围不同，因此超密集组网对切换的要求很高。有很多因素会导致切换的发生，主要原因有三：其一，由于地形、建筑物等因素的影响，宏小区和微小区、微微小区的共同覆盖区域内的网络质量有差异，当移动终端处于某个小区的覆盖盲区时，需要切换到另一个小区；其二，超密集组网中，不同级别的小区的负荷存在较大差异，为了提高系统的容量和降低系统阻塞概率，有时需要转移负载，也就是将一部分负载由网络利用率高的小区切换到网络利用率低的小区；其三，用户在移动过程中，会因为切换不及时而掉线。对于因为用户移动造成的切换，在设计时建议将移动快的用户尽快切换到宏小区中，由于宏小区覆盖范围大，因此可以降低切换发生的概率，而对于移动速度慢的用户，则可将其切换到微小区中。

9.4　5G 的业务与应用

5G 主要有三大应用场景，分别是增强移动宽带(eMBB)、高可靠低时延(uRLLC)、海量物联网通信(mMTC)。

1. 增强移动宽带(eMBB)

增强移动宽带是以人为中心的应用场景，表现为超高的数据传输速率，广覆盖下的移动性保证等。据统计，未来的几年内，移动用户数据所产生的流量将呈指数型增长模式，而业务的类型以视频为主。在 5G 的支持下，移动用户可以轻松享受在线观看 2K/4K 高清视频和 VR/AR 视频，同时用户的体验速率可以提升至 1 Gb/s，较 4G 提高了 100 倍，峰值速率甚至可达 10 Gb/s。

2. 高可靠低时延(uRLLC)

高可靠低时延场景要求连接时延达到毫秒级，并且需要支持高速移动(500 km/h)情况下的高可靠性连接(99.999%)。这一场景主要面向车联网、工业控制、远程医疗等特殊业务，其中车联网具有巨大的市场潜力。据统计，5G 将拥有 6000 亿美元的市场价值，其中通信模块占比达 10%，这些应用对于网络的可靠性要求极高。

3. 海量物联网通信(mMTC)

海量物联网通信场景是指 5G 支持超大连接数，可以加快推动各垂直行业的深度融合，如智慧城市、智能家居、环境监测等。在万物互联的时代，人们的生活方式也将迎来巨大的改变。在这一场景下，数据传输速率和延时并不是主要考虑的因素，需要考虑的是功耗问题。在海量物联的时代，要做到广覆盖、低成本、低功耗。

9.4.1　IoT 应用技术

IoT(Internet of Things)即物联网，是指通过各种信息传感器、射频识别技术、全球定位系统、红外感应器、激光扫描器等装置与技术，实时采集任何需要监控、连接、互动的物体或过程，采集其声、光、热、电、力学、化学、生物、位置等需要的信息，通过各类可能的网络接入，实现物与物、物与人的泛在连接，实现对物品和过程的智能化感知、识别和管理。物联网是一个基于互联网、传统电信网等的信息承载体，它让所有能够被独立寻址的普通物理对象形成互联互通的网络。

5G 移动通信技术与物联网合作，将 5G 有效地融合到物联网的发展过程中，尤其发挥了移动终端在其中的作用，并利用 5G 传播速度快的特点，为物联网提供了网络支持。未来物联网将覆盖我们生活的方方面面，如智能交通、智能家居等。

1. 智能交通

物联网技术在道路交通方面的应用比较成熟。随着社会车辆越来越普及，交通拥堵甚至瘫痪已成为城市的一大问题。通过物联网中的智能交通技术，网络可以有效地对路面交通情况进行实时监控并上传给驾驶人，让驾驶人能够根据实时路况自主选择或及时更改出行方式和道路，这可以有效地缓解大流量对道路交通产生的影响。同时，在物联网技术下，高速路口设置电子不停车收费系统(简称 ETC)，免去高速公路进出口取卡、还卡环节中人为操作带来的不便，在节假日等高速流量较大的时间段，可以极大程度上提升车辆的通行效率。公交车上安装定位系统，乘客通过手机 App，可以准确地了解到公交车到站时间，免去大部分等车时间，这一系统可为选择公交出行的乘客提供很大的便利。随着社会车辆的增加，特别是大城市中经常出现停车难的问题，智能停车管理系统基于云计算平台，结合物联网技术与移动支付技术，共享车位资源，提高了车位利用率和用户的方便程度，很大程度上解决了"停车难、难停车"的问题。

2. 智能家居

智能家居就是物联网在家庭中的基础应用。随着宽带业务的普及，智能家居产品涉及方方面面。家中无人，可利用手机等产品客户端远程操作智能空调来调节室温，这些产品客户端甚至还可以根据用户的使用习惯，实现全自动的温控操作、智能灯泡的开关、灯泡亮度和颜色的控制等。插座内置 WiFi 可实现遥控插座定时通断电流，并且监测设备用电情况，生成用电图表，让用户对用电情况一目了然，从而可以合理安排资源使用及开支预算。智能体重秤可用于监测运动效果，内置可以监测血压、脂肪量的先进传感器，内定程序根据身体状态提出健康建议；智能摄像头、窗户传感器、智能门铃、烟雾探测器、智能报警器等都是家庭不可少的安全监控设备，用户即使出门在外，也可以在任意时间、地方查看家中任何一角的实时状况以及任何安全隐患。

9.4.2　自动驾驶技术

自动驾驶智能汽车的概念在 20 世纪 70 年代被首次提出。中国汽车工程学会对自动驾驶智能车的定义是：具有复杂环境感知、智能化决策、协同控制等功能的高效、安全、节能、舒适的汽车。自动驾驶智能汽车融合了现代通信网络技术，通过深度学习实现车与车、路、人、云间智能信息的交换和共享，即所谓的 V2X(Vehicle to Everything)。

目前全球公认的自动驾驶分级标准是由美国国际自动机工程学会(SAE International)制定的 J3016 自动驾驶分级标准，这一标准将自动驾驶分为 6 个等级，见表 9 - 6。

表 9 - 6　自动驾驶智能汽车分级表

等级	自动程度	人工智能	人类驾驶员	驾驶操作	环境监控	支援	系统作用域
L0	无自动化	提供警示信息	全程操作	驾驶员	驾驶员	驾驶员	无
L1	辅助驾驶 DA	依据环境感知信息对转向或加速中的一项进行闭环操作	大部分操作	驾驶员/人工智能	驾驶员	驾驶员	部分

等级	自动程度	人工智能	人类驾驶员	驾驶操作	环境监控	支援	系统作用域
L2	部分自动化 PA	依据环境感知信息对转向或加速中的多项进行闭环操作	部分操作	人工智能	驾驶员	驾驶员	部分
L3	条件自动化 CA	自动驾驶系统完成绝大部分驾驶操作	系统请求后干预	人工智能	人工智能	驾驶员	部分
L4	高度自动化 HA	自动驾驶系统完成所有驾驶操作	限定条件下干预	人工智能	人工智能	人工智能	部分
L5	完全自动化 FA	无人驾驶系统完成所有环境下的驾驶操作	无需干预	人工智能	人工智能	人工智能	全部

在 5G 高可靠低时延场景的支持下，L3 以上级别的自动驾驶成为可能。例如，普通人刹车的反应速度大约是 0.3~0.5 s，在 5G 网络下，无人驾驶智能车的刹车反应速度可以达到毫秒级，远超过人为操作，这一点也是无人驾驶最后取代人为驾驶的基础之一。

思考题与习题

1. 5G 系统的基本特征有哪些？
2. 5G 的业务主要有哪两类？
3. 5G 有哪三大应用场景？
4. 5G 接入网采取什么架构？具有哪些优点？
5. 5G 网络的规划目标主要从哪四个维度进行划分？
6. 什么是 5G 网络切片技术？请举例说明。
7. 什么是 Massive MIMO 技术？与原有 4G 的 MIMO 技术有什么区别？

附 录 缩 略 词

2G：Second Generation，第二代

3G：Third Generation，第三代

3GPP：Third Generation Partnership Project，第三代合作伙伴项目

3GPP2：Third Generation Partnership Project－2，第三代合作伙伴计划 2

4G：Fourth Generation，第四代

5G：Fifth Generation，第五代

6G：Sixth Generation，第六代

AAA：Authentication Authorization Account，认证、授权与计费

AAL2：ATM Adaptation Layer Type 2，ATM 适配层类型 2

AAU：Active Antenna Unit，有源天线单元

AC：Access Channel，接入信道

ACK：Acknowledge，确认

ACM：Area Complete Message，地址完成信息

ADF&ACF：Authentication Data Function & Authentication Control Function，鉴权数据和控制功能

AF：Adapt Function，适配功能

AGCH：Access Grant Channel，接入许可信道

AI：Acquisition Indication，捕获指示

AICH：Acquisition Indication Channel，捕获指示信道

AID：Area Identity，区域号

AM：Amplitude Modulation，调幅

AM：Acknowledge Mode，确认模式

AMC：Adaptive Modulation Coding，自适应调制编码

AMF：Access and Mobility Management Function，接入和移动管理功能

AMPS：Advanced Mobile Phone Service，先进移动电话服务

AMR：Adaptive Multi-Rate，自适应多速率

ANM：Answer Message，应答信息

ANSI：American National Standards Institute，美国国家标准化协会

AoC：Advice of Charge，计费信息

APC：Automatic Power Control，自动功率控制

AR：Augmented Reality，增强现实

ARIB：Association of Radio Industry Broadcasting，无线工业广播协会

ARPU：Average Revenue Per User，每用户平均收益

ARQ：Automatic Repeat Request，自动重播请求

AS：Access Slot，接入时隙

ASIC：Application Specific Integrated Circuit，专用集成电路

ATIS：Alliance for Telecommunications Industry Solutions，电信行业解决方案联盟

ATM：Asynchronous Transform Mode，异步传输模式

AuC：Authentication Centre，鉴权中心

AWGN：Additive White Gaussian Noise，加性高斯白噪声

B

BAIC：Barring of All Incoming Calls，所有呼入禁止

BAOC：Barring of ALL Outgoing Calls，所有呼叫禁止

BBU：Base Band Unite，基带处理单元

BCCH：Broadcast Control Channel，广播控制信道

BCH：Broadcast Channel，广播信道

BDD：Baseband Differential Detection，基带差分检测

BDPSK：Binary Differential Phase Shift Keying，二进制差分相移键控

BER：Bit Error Rate，误码率

BG：Border Gateway，边界网关

BGCF：Breakout Gateway Control Function，突破网关控制功能

BICC：Bearer Independent Call Control，承载独立呼叫控制

BIC - Roam：Barring of Incoming Calls when Roaming outside the home GSM country，
　　　　漫游出归属国家呼入禁止

BISDN：Broad-band Integrated Services Digital Network，宽带综合业务数字网

B - ISUP：Broad-band ISUP，Broad-band ISDN User Part，宽带 ISUP，宽带 ISDN 用户部分

BOIC：Barring of Outgoing International Calls，国际呼出禁止

BOIC - exHC：Barring of Outgoing International Calls except those directed to the Home GSM Country，除
　　　　拨向归属国家的国际呼出禁止

BPF：Band Pass Filter，带通滤波器

BPSK：Binary Phase Shift Keying，二进制相移键控

BS：Base Station，基地站（简称基站）

BSC：Base Station Controller，基站控制器

BSIC：Base Station Identity Code，基站识别码

BSS：Base Station Sub-system，基站子系统

BTS：Base Transceiver Station，基站收发信机

C

CATT：China Academy of Telecommunication Technology，中国电信科学技术研究院

CAMEL：Customized Applications for Mobile network Enhanced Logic，移动网络定制应用增强逻辑服
　　　务器

CC：Communication Control，通信控制

CC：Country Code，国家代码

CCCH：Common Control Channel，公共控制信道

CCF：Call Control Function，呼叫控制功能

CCFD：CO-frequency CO-time Full Duplex，同频同时全双工技术

CCH：Control Channel，控制信道

CCITT：International Telegraph and Telephone Consultative Committee，国际电话与电报顾问委员会

CCPCH：Common Control Physical Channel，公共控制物理信道

CCTrCH：Coded Composite Transport Channel，编码组合传输信道

CDG：CDMA Development Group，CDMA 发展集团

CDMA：Code Division Multiple Access，码分多址

CELP：Code-Excited Linear Excited Predictive Coding，码激励线性预测编码

CEM：Constant Envelope Modulation，恒包络调制

CFB：Call Forward on mobile subscriber Busy，移动台忙时前向呼叫

CFNRc：Call Forwarding on mobile subscriber Not Reachable，移动用户未能达到前向呼叫

CFNRy：Call Forwarding on No Reply，无应答前向呼叫

CFU：Call Forward Unconditional，前向呼叫无条件转移

CG：Counting Gateway，计费网关

CGI：Common Gateway Interface，公共网关接口

CH：Call Hold，呼叫保持

CI：Cell Identity，小区识别码

C/I：Carrier/Interference，载干比

CLIP：Calling Line Identification Presentation，主叫线号码显示

CLIR：Calling Line Identification Restriction，主叫线号码限制

CM：Connection Management，连接管理

CN：Core Network，核心网

CoLP：Connected Line Identification Presentation，连接线显示

CoLR：Connection Line Identification Restriction，连接线限制

CPCH：Common Packet Channel，公共分组信道

CPFSK：Continuous Phase-Frequency Shift Keying，连续相位频移键控

CPICH：Common Pilot Channel，公共导频信道

CR：Core Router，核心路由器

C-RAN：Cloud-Radio Access Network，云无线接入网络

CRC：Cyclic Redundancy Code，循环冗余码校验

CS：Circuit Switch，电路交换

CSMA/CD：Carrier Sense Multiple Access/Collision Detection，载波检测多址/冲突检测

CSCF：Call Server Control Function，呼叫服务器控制功能

CSD：Circuit Switched Data，电路交换数据

CTCH：Common Traffic Channel，公共业务信道

CU：Centralized Unit，集中单元

CUG：Closed User Group，密切用户群

CW：Call Waiting，呼叫等待

D

DU：Distributed Unit，分布单元

D - AMPS：Digital AMPS，数字 AMPS

DCCH：Dedicated Control Channel，专用控制信道

DCH：Dedicated Channel，专用信道

DCS1800：Digital Communication System at 1800 MHz，1800 MHz 数字通信系统

DECT：Digital Enhanced Cordless Telecommunications，数字增强无绳通信系统

DECT：Digital European Cordless Telephone，欧洲数字无绳电话

DFT - S - OFDM：Discrete Fourier Transform Spread Orthogonal Frequency Division Multiplexing，离散傅
　　　　里叶变换扩展正交频分多路复用

DRM：Digital Right Management，数字版权管理

DPCCH：Dedicated Physical Control Channel，专用物理控制信道

DPCH：Dedicated Physical Channel，专用物理信道

DPDCH：Dedicated Physical Data Channel，专用物理数据信道

DPSK：Differential Phase Shift Keying，差分相移键控

DQPSK：Differential Quadrature Phase Shift Keying，差分四相相移键控

DRNS：Digital Radio Network System，数字无线网络系统

DRX：Discontinuous Reception，不连续接收

DSCH：Downlink Share Channel，下行共享信道

DS - SS：Direct Sequence-Spread Spectrum，直接序列扩频

DTCH：Dedicated Traffic Channel，专用业务信道

DTX：Discontinuous Transmission，不连续发送

D2D：Device-to-Device，端到端通信

E

EDGE：Enhanced Data rate for GSM Evolution，增强数据传输技术

EFR：Enhanced Full Rate，增强型全速率

EGPRS：Enhanced GPRS，增强型 GPRS

EIA：Electronic Industry Association，美国电子工业协会

EIR：Equipment Identity Register，设备识别寄存器

eMBB：Enhanced Mobile Broadband，增强移动宽带

eNB：基站

EPC：Evolved Packet Core，演进的分组核心网

ER：Edge Router，边缘路由器

ESN：Electronic Serial Number，电子串号

ETSI：European Telecommunication Standard Institute，欧洲电信标准协会

E - UTRAN：Evolved Universal Terrestrial Radio Access Network，演进的通用陆地无线接入网

EV - DO：Evolution Data Only，只含数据的演进版本

EV - DV：Evolution Data and Voice，支持数据和话音的演进版本

F

FA：Foreign Agent，外部代理

FACCH：Fast Associated Control Channel，快相关控制信道

FACH：Forward Access Channel，前向接入信道

FBD：Feedback Diversity，反馈式发射分集

FBI：Feedback Information，反馈信息

FCC：Federal Communication Committee，美国联邦通信委员会

FCCH：Frequency Correction Channel，频率校正信道

FCS：Fast Cell Selection，快速小区选择

FDD：Frequency Division Duplex，频分双工

FDMA：Frequency Division Multiple Access，频分多址

FE：Function Entity，功能实体

FER：Frequency Error Rate，误帧率

FFPC：Fast Forward Power Control，快速前向功率控制

FH – SS：Frequency Hopping-Spread Spectrum，跳频扩频

FM：Frequency Modulation，调频

FPLMTS：Future Public Land Mobile Telephone System，未来公用陆地移动通信系统

FR：Frame Relay，帧中继

FSK：Frequency Shift Keying，频移键控

FTAF：Fitting Transmission Adapt Function，相关的无线传输适配功能

FZ：Force Zero，迫零

G

GEA：GPRS Encryption Algorithm，加密算法

GEO：Geosynchronous Earth Orbit，地球同步轨道

GGSN：Gateway GPRS Support Node，网关 GPRS 支持节点

GLPF：Gaussian LPF，高斯低通滤波器

GMM：GPRS Mobility Management，通用分组无线业务移动性管理

GMSC：Gate Mobile Service Switching Centre，关口移动交换中心

GMSK：Gaussian Minimum Shift Keying，高斯滤波最小频移键控

GPRS：General Packet Radio Service，通用无线分组服务

GPS：Global Positioning System，全球定位系统

GSM：Global System for Mobile communication，全球移动通信系统

GSM：Group Special for Mobile，移动通信特别小组

H

HA：Home Agent，归属代理

HARQ：Hybrid Automatic Repeat Request，混合自动重发请求

HDR：High Data Rate，高数据速率

HLR：Home Location Register，归属位置寄存器

HSDPA：High Speed Downlink Packet Access，高速下行链路分组接入

HSS：Home Subscriber Server，归属用户服务器

HSUPA：High Speed Uplink Packet Access，高速上行链路分组接入

HTML：Hyper Text Markup Language，超文本标识语言

IAM：Initial Area Message，原始地址信息

ICO：Intermediate Circular Orbit，中圆轨道

IDD：IF Differential Detection，中频延迟差分检测

IM：IP Multimedia，IP 多媒体

IMAP：Internet Message Access Protocol，互联网信息接入协议

IMEI：International Mobile Equipment Identity，国际移动设备识别号

IMPS：Instant Messaging and Presence Services，即时消息服务

IMS：IP Multimedia Core Network Subsystem，IP 多媒体核心网子系统

IMSI：International Mobile Subscriber Identity，国际移动用户识别码

IMT－2000：International Mobile Telecommunication 2000，国际移动电信 2000

IMTS：Improved Mobile Telephone System，改进型移动电话系统

IN：Intelligent Network，智能网

INAP：Intelligent Network Application Part，智能网应用部分

INMARSAT：International Maritime Telecommunication Satellite Organization，国际海事通信卫星组织

IoT：Internet to Things，物联网

IP：Internet Protocol，互联网协议

IS－95：EIA Interim Standard for U. S. Code Division Multiple Access，美国电子工业协会码分多址暂行标准

IS－136：Interim Standard NO. 136，美国 CDMA 蜂窝标准

ISDN：Integrated Services Digital Network，综合业务数字网

ISI：InterSymbol Interference，符号间干扰

ISO：International Standard Organization，国际标准化组织

ISP：Internet Server Provider，互联网服务提供商

ISUP：ISDN User Part，ISDN 用户部分

ITU：International Telecommunication Union，国际电信联盟

IWF：Internetworking Function，网际互联功能

L

LA：Location Areas，位置区（域）

LAC：Location Area Code，位置区域码

LAC：Link Access Control，链路接入控制

LAI：Location Areas Identity，位置区域识别码

LAN：Local Area Network，局域网

LDPC：Low－Density Parity－check Codes，低密度奇偶校验码

LLC：Logical Link Control，逻辑链路控制

LOI：Letter Of Intention，由买方出具的购货意向书

LPF：Low Pass Filter，低通滤波器

LQC：Link Quality Control，链路质量控制

LRDF&LRCF：Location Register Data Function & Location Register Control Function，

位置寄存器数据和控制功能

LTE：Long Term Evolution，长期演进

$$\boxed{\textbf{M}}$$

MA：Multiple Access，多用户接入

MAC：Medium Access Control，媒体接入控制

MAHO：Mobile Assisted Handoff，移动台辅助切换

MAP：Mobile Application Part，移动应用部分

MASK：M-ary Amplitude Shift Keying，M 维幅移键控

MCC：Mobile Country Code，移动国家代码

MC – CDMA：Multi-Carrier – Code Division Multiple Access，多载波码分多址

MCTD：Multiple Carrier Transmit Diversity，多载波发射分集

MCHO：Mobile Controled HandOff，移动台控制切换

MEC：Mobile Edge Computing，移动边缘计算

MFSK：M-ary Frequency Shift Keying，M 维频移键控

MGCF：Media Gateway Control Function，媒体网关控制功能

MGW：Media Gateway，媒体网关

MIMO：Multiple Input and Multiple Output，多输入多输出

MIN：Mobile Identification Number，移动识别号

ML：Maximal Length，最大长度

MM：Mobility Management，移动性管理

MME：Mobility Management Entity，移动管理模块

MMS：Multimedia Message Service，多媒体短信业务

MMSE：Minimum Mean Square Error，最小均方误差

mMTC：Massive Machine Type Communication，海量物联网通信

MNC：Mobile Network Code，移动网络代码

MO：Mobile Origination，移动台主叫

MOC：Mobile Origination Call，移动台主叫

MPSK：M-ary Phase Shift Keying，M 维相移键控

MPTY：Multiparty，多方业务

MQAM：M-ary Quadrature Amplitude Modulation，M 维正交振幅调制

MRFC：Media Resource Function Controller，多媒体资源功能控制器

MRFP：Media Resource Function Processor，多媒体资源功能处理器

MRRC：Mobile Radio Resource Control，移动端无线资源控制

MRT：Maximum Ratio Transmission，最大比传输

MRTR：Mobile Radio Transmitter and Receiver，移动端无线传输和接收

MS：Mobile Station，移动台

MSC：Mobile Switching Centre，移动交换中心

MSE：Multiple Service Edge，多服务边缘

MSIN：Mobile Subscriber Identity Number，移动用户识别码

MSISDN：Mobile Subscriber ISDN，移动用户 ISDN 号

MSK：Minimum Shift Keying，最小频移键控

MSRN：Mobile Subscriber Roaming Number，移动用户漫游号

MSS：Mobile Satellite Service，移动卫星业务

MT：Mobile Termination，移动台被呼

MTP：Message Transfer Part，消息传递部分

NAS：Non – Access Stratum，非接入层

NCFSK：Noncoherent Frequency Shift Keying，非相干正交二进制 FSK

NCHO：Network Controled HandOff，网络控制切换

NDC：National Directory Code，国家目的代码

NFV：Network Function Virtualization，网络功能虚拟化

NGEO：Non-Geosynchronous Earth Orbit，非地球同步轨道

NGN：Next Generation Network，下一代网络

NID：Network Identity，网络识别号

NMT – 900：Nordic Mobile Telephone-900，北欧移动电话–900

NODE B：基站

NOMA：Non-orthogonal Multiple-Access，非正交多址接入

NSA：Non Stand Alone，非独立组网

ODMA：Opportunity Driven Multiple Access，时机驱动多址接入

OFDM：Orthogonal Frequency Division Multiplexing，正交频分多址/复用

OFDMA：Orthogonal Frequency Division Multiple Access，正交频分多址接入

OFSK：Orthogonal Frequency Shift Keying，正交频移键控

OLT：Optical Line Terminal，光线路终端

OMA：Open Mobile Alliance，开放移动联盟

OMC：Operation and Maintenance Centre，操作和维护中心

OQPSK：Offset Quadrature Phase Shift Keying，交错正交四相相移键控

OSI：Open System Interconnect，开放系统互联

OTA：Over the Air，空中下载

OTD：Orthogonal Transmit Diversity，正交发射分集

OTN：Optical Transport Network，光传送网

OVSF：Orthogonal Variable Spreading Factor，正交可变扩频因子

PACS：Personal Access Communication System，个人接入通信系统

PAPR：Peak-to-Average Power Ratio，峰值平均功率比

PCF：Packet Control Function，分组控制功能

PCH：Paging Channel，寻呼信道

PCCPCH：Primary Common Control Physical Channel，基本公共控制物理信道

PCM：Pulse Code Modulation，脉冲编码调制

PCN：Personal Communication Network，个人通信网

PCPCH：Physical Common Packet Channel，物理公共分组信道

PCPICH：Physical Common Pilot Channel，基本公共导频信道

PCS：Personal Communication System，个人通信系统

PCU：Package Control Unit，分组控制单元

PDC：Pacific Digital Cellular，太平洋数字蜂窝

PDCP：Packet Data Convergence Protocol，分组数据汇聚协议

PDP：Packet Data Protocol，分组数据协议

PDSN：Packet Data Service Node，分组数据服务节点

PE：Power Efficiency，功率有效性

PI：Paging Indicator，寻呼指示

PICH：Paging Indicator Channel，寻呼指示信道

PIN：Personal Identity Number，个人身份码

PLDCF：Physical Layer Dependent Convergence Function，与物理层相关的汇聚功能

PLICF：Physical Layer Independent Convergence Function，与物理层无关的汇聚功能

PLMN：Public Land Mobile Network，公共陆地移动网

PN：Pseudorandom-Noise，伪随机噪声

POC：Push to talk Over Cellular，无线一键通

PPP：Point-to-Point Protocol，点对点协议

PRACH：Physical Random Access Channel，物理随机接入信道

PS：Packet Switch，分组交换

PSC：Primary Synchronous Code，基本同步码字

PSD：Power Spectrum Density，功率谱密度

PSDN：Public Switch Data Network，公共交换数据网络

PSTN：Public Switched Telephone Network，公共交换电话网

PTN：Personal Telephone Number，个人电话号码

PTT：Push To Talk，按-讲

Q

QAM：Quadrature Amplitude Modulation，正交振幅调制

QCELP：Qualcomm Code Excited Linear Predictive，Qualcomm 码激励线性预测编码器

QoS：Quality of Service，服务质量

QPCH：Quick Paging Channel，快速寻呼信道

QPSK：Quadrature Phase Shift Keying，四相相移键控

R

RA：Routing Area，路径区域

RACH：Random Access Channel，随机接入信道

RAN：Radio Access Network，无线接入网

RAND：Random Number，随机数

RBCF：Radio Bearer Common Function，无线载体通用功能

RBP：Radio Burst Protocol，无线突发协议

RC：Radio Configuration，无线配置

RF：Radio Frequency，射频

RFTR：Radio Frequency Transmitter and Receiver，射频传输和接收机

RLC：Radio Link Control，无线链路控制

RLP：Radio Link Protocol，无线链路协议

RN：Radio Network，无线网络

RNC：Radio Network Controller，无线网络控制器

RNS：Radio Network Subsystem，无线网络子系统

RPELTP：Regular Pulse Excited Long Term Prediction，长期预测的规律脉冲激励

RRC：Radio Resource Control，无线资源控制

RRU：Remote Radio Unit，射频拉远单元

R‐SGW：Roaming Signalling Gateway，漫游信令网关

RSSI：Radio Signal Strength Indication，无线信号强度指示

RTP：Real-time Transport Protocol，实时传输协议

RTSF：Radio Transport Special Function，无线传输特殊功能

RTT：Radio Transmission Technology，无线传输技术

SA：Stand Alone，独立组网

SACCH：Slow Associated Control Channel，慢相关控制信道

SACF&TACF：Service Access Control Function & Terminal Access Control Function，
业务和终端接入控制功能

SAE：System Architecture Evolution，系统架构演进

SAT：Supervisory Audio Tone，检测音

SC：Speech Coding，话音编码

SCCP：Signaling Connection Control Part，信令连接控制部分

SCCPCH：Secondary Common Control Physical Channel，辅助公共控制物理信道

S‐CDMA：Synchronization CDMA，同步 CDMA

SC‐FDE：Single Carrier Frequency Domain Equalization，单载波频域均衡

SC‐FDMA：Single Carrier Frequency Division Multiple Access，单载波频分多址接入

SCH：Synchronization Channel，同步信道

SCP：Service Control Point，业务控制点

SCPICH：Secondary Common Pilot Channel，辅助公共导频信道

SDCCH：Stand-alone Dedicated Control Channels，独立专用控制信道

SDF&SCF：Service Data Function & Service Control Function，业务数据和控制功能

SDMA：Space Division Multiple Access，空分多址

SDN：Software Defined Network，软件定义网络

SE：Spectral Efficiency，带宽有效性

SF：Spreading Factor，扩频因子

SFH：Slotted Frequency Hopping，时隙跳频

SGSN：Serving GPRS Support Node，业务 GPRS 支持节点

SID：System Identity，系统识别号

SIM：Subscriber Identity Module，用户识别模块

SLF：Subscriber Location Function，签约位置功能

SM：Session Management，会话管理

SMF：Session Management Function，会话管理功能

SMG2：Special Mobile Group 2，专门移动 2 组

SMS：Short Message Service，短信息业务

SN：Subscriber Number，用户号码

SNR：Signal to Noise Ratio，信噪比

SRBP：Signaling Radio Burst Protocol，信令无线突发协议

SRES：Signed Response，签名响应

SRF：Special Resource Function，专用资源功能

SRLP：Signaling Radio Link Protocol，信令无线链路协议

SRNS：Satellite Radio Network Subsystem，卫星无线点导航系统

SS：Supplementary Services，补充业务

SSC：Secondary Synchronization Code，辅助同步码字

SSDT：Site Selection Transmit Diversity，基站选择发送分集

SSF：Service Switched Function，业务交换功能

SSP：Service Switch Point，业务交换点

SSR：Signal Strength Receiver，信号强度接收机

ST：Signaling Tone，信号音

STTD：Space Time Transmit Diversity，空时发射分集

SW：Switch，交换机

SW – CDMA：Satellite Wideband CDMA，卫星宽带 CDMA

SW – CTDMA：Satellite Wideband Hybrid CDMA/TDMA，卫星宽带混合 CDMA/TDMA

T

TACS：Total Access Communications System，全接入通信系统

TC：Traffic Channel，业务信道

TCH：Traffic Channel，业务信道

TDD：Time Division Duplex，时分双工

TDMA：Time Division Multiple Access，时分多址

TD – SCDMA：Time Division-Synchronous CDMA，时分同步 CDMA

TFCI：Transport Format Combination Indicator，传输格式组合指示

THB：Total Hopping Bandwidth，跳频总带宽

TIA：Telecommunication Industry Association，电信工业协会

TLDN：Temporary Local Directory Number，临时本地号码

TLS：Transport Layer Security，传输层安全协议

TJ：Timing Jitter，定时抖动

TMSI：Temporary Mobile Subscriber Identity，临时移动用户识别号

TPC：Transmit Power Control，发射功率控制

TRAU：Transcoder and Rate Adaptor Unit，发送编码器和速率适配器单元

TrCH：Transport Channel，传输信道

TRX：Transmitter and Receiver，收发信机

T – SGW：Transmission Signalling Gateway，传输信令网关

TSTD：Time Switched Transmit Diversity，时间切换发射分集

TTI：Transmit Time Interval，传输时间间隔

UDP：User Datagram Protocol，用户数据报协议

UE：User Equipment，用户设备(终端)

UHF：Ultra High Frequency，特高频

Um：User interface mobile，空中接口

UMB：Ultra Mobile Broadband，超移动宽带

UMTS：Universal Mobile Telecommunication System，通用移动通信系统

UPF：User Plane Function，用户面管理功能

uRLLC：Ultra Reliable Low Latency Communications，高可靠低时延

UTRA：UMTS Terrestrial Radio Access，UMTS 陆地无线接入

UTRAN：UMTS Terrestrial Radio Access Network，UMTS 陆地无线接入网

V2X：Vehicle to Everything，车联网

VAD：Voice Activity Detector，话音活动性控测

VCH：Voice Channel，话音信道

VCO：Voltage Controlled Oscillator，电压控制振荡器

VHF：Very High Frequency，甚高频

VLC：Visible Light Communication，可见光通信

VLR：Visitor Location Register，访问者位置寄存器

VR：Virtual Reality，虚拟现实

WAE：Wireless Application Environment，无线应用环境

WAP：Wireless Application Protocol，无线通信(应用)协议

WARC：World Administrative Radio Conference，世界无线电行政大会

WARC：World Administrative Radio Consortium，世界无线电协议管理组织

WCDMA：Wideband Code Division Multiple Access，宽带码分多址

WiMAX：Worldwide interoperability for Microwave Access，全球微波互联接入

Wireless MAN：Wireless Metropolitan Area Network，无线城域网

WLAN：Wireless Local Area Network，无线局域网

WML：Wireless Markup Language，无线标记语言

WDP：Wireless Datagram Protocol，无线数据报协议

WRC：World Radio Communication Conference，世界无线电通信大会
WSP：Wireless Session Protocol，无线会话协议
WTLS：Wireless Transport Layer Security，无线传输层安全
WTP：Wireless Transaction Protocol，无线交互协议

X. 25：X25，ITU - T 提出的分组交换协议

Z

ZC：Zadoff-Chu，ZC 序列

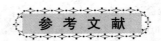

[1]　章坚武. 移动通信. 5 版. 西安：西安电子科技大学出版社，2017.

[2]　汪丁鼎，等. 5G 无线网络技术与规划设计. 北京：人民邮电出版社，2019.

[3]　LIN Y B, CHLAMTAC I. 无线与移动网络结构. 方旭明，等译. 北京：人民邮电出版社，2002.

[4]　李建东，郭梯云，邬国扬. 移动通信. 4 版. 西安：西安电子科技大学出版社，2006.

[5]　啜钢，王文博，常永宇，等. 移动通信原理与系统. 北京：人民邮电出版社，2005.

[6]　LEE C Y. Mobile Cellular Telecommunications Systems. New York：McGraw-Hill, 1990.

[7]　SOLDANI D, LI M, CUNY R. QoS and QoE Management in UMTS Cellular Systems. JOHN WILEY & SONS LTD, 2006.

[8]　TSE D, VISWANATH P. Fundamentals of Wireless Communication. Cambridge：Cambridge University Press, 2005.

[9]　RAPPAPORT T S. 无线通信原理与应用. 蔡涛，等译. 北京：电子工业出版社，1999.

[10]　张乃通，张中兆，李英涛，等. 卫星移动通信系统. 2 版. 北京：电子工业出版社，2000.

[11]　斯图伯尔. 移动通信原理. 3 版. 裴昌幸，王宏刚，吴广恩，译. 北京：机械工业出版社，2014.

[12]　李平安，刘泉. 宽带移动通信原理及应用. 北京：高等教育出版社，2016.

[13]　汪丁鼎，许光斌，丁巍，等. 无线网络技术与规划设计. 北京：人民邮电出版社，2019.

[14]　陈亮，余少华. 6G 移动通信关键技术趋势初探（特邀）. 光通信研究，2019，(5)：1 - 8, 51. DOI：10. 13756/j. gtxyj. 2019. 05. 001.

[15]　张平，牛凯，田辉，等. 6G 移动通信技术展望. 通信学报，2019，40(1)：141 - 148. DOI：10. 11959/j. issn. 1000 - 436x. 2019022.

[16]　赵亚军，郁光辉，徐汉青. 6G 移动通信网络：愿景、挑战与关键技术. 中国科学(信息科学)，2019，49(8)：963 - 987.

[17]　ELAYAN H, AMIN O, SHUBAIR R M, et al. Terahertz communication：The opportunities of wireless technology beyond 5G. Proc. 2018 International Conference on Advanced Communication Technologies and Networking, 2018.

[18]　RAGHAVAN V, LI J. Evolution of physical-layer communications research in the post-5G era. IEEE Access, 2019, 7：10392 - 10401.

[19]　DAVID K, BERNDT H. 6G vision and requirements：Is there any need for beyond 5G?. IEEE Vehicular Technology Magazine, 2018, 13(3)：72 - 80.

[20]　张平，陶运铮，张治. 5G 若干关键技术评述. 通信学报，2016，37(7)：15 - 29. DOI：10. 11959/j. issn. 1000 - 436x. 2016130.

[21]　汪丁鼎，等. 5G 无线网络技术与规划设计. 北京：人民邮电出版社，2019.

[22]　陈鹏. 5G 关键技术与系统演进. 北京：机械工业出版社，2015.

[23]　RODRIGUEZ J. 5G 开启移动网络新时代. 北京：电子工业出版社，2016.

[24]　刘彩霞，胡鑫鑫. 5G 网络切片技术综述. 无线电通信技术，2019，45(6)：596 - 575.

[25]　王敏，陆晓东，沈少艾. 5G 组网与部署探讨. 移动通信，2019，43(1)：7 - 14.

[26]　DAHLMAN E. 4G 移动通信技术权威指南 LTE 与 LTE - Advanced. 2 版. 北京：人民邮电出版社，2015.

[27] 陶小峰. 4G/B4G 关键技术及系统. 北京：人民邮电出版社，2011.

[28] 张守国，张建国. LTE 无线网络优化实践. 北京：人民邮电出版社，2014.

[29] 程鸿雁，朱晨鸣，王太峰，等. LTE FDD 网络规划与设计/4G 丛书. 北京：人民邮电出版社，2013.

[30] 张晟，商亮，孔建坤，等. 4G 小基站系统原理、组网及应用. 北京：人民邮电出版社，2015.

[31] 陈宇恒，肖竹，王洪. LTE 协议栈与信令分析. 北京：人民邮电出版社，2013.

[32] 王晖，余永聪. 4G 核心网络规划与设计. 北京：人民邮电出版社，2016.

[33] 蒋远，汤利民. TD－LTE 原理与网络规划设计. 北京：人民邮电出版社，2012.

[34] 高泽华. TD－LTE 技术标准与实践. 北京：人民邮电出版社，2011.

[35] 林辉，焦慧. LTE－Advanced 关键技术详解/4G 丛书. 北京：人民邮电出版社，2012.

[36] 张明和. 深入浅出 4G 网络 LTE/EPC. 北京：人民邮电出版社，2016.

[37] 魏红. 移动基站设备与维护. 北京：人民邮电出版社，2013.

[38] 许巧春，宋起柱. LTE 射频技术及设备检测. 北京：人民邮电出版社，2014.

[39] 孙立新，尤肖虎，张萍，等. 第三代移动通信系统. 北京：人民邮电出版社，2000.

[40] 邱玲，朱近康，孙葆根，等. 第三代移动通信技术. 北京：人民邮电出版社，2001.

[41] 常永宏. 第三代移动通信系统与技术. 北京：人民邮电出版社，2002.

[42] 罗凌，等. 第三代移动通信技术与业务. 北京：人民邮电出版社，2005.

[43] 沈洁. 第三代移动通信的无线管理资源. 北京：电子工业出版社，2005.

[44] 张智江. 3G 业务技术与应用. 北京：人民邮电出版社，2007.

[45] 苏信丰. UMTS 空中接口与无线工程. 北京：人民邮电出版社，2006.

[46] 张平，等. 第三代蜂窝移动通信系统：WCDMA. 北京：北京邮电学院出版社，2000.

[47] 徐志宇，韩玮，蒲迎春. HSDPA 技术原理与网络规划实践. 北京：人民邮电出版社，2007.

[48] KARIM M R，SARRAF M. 3G 移动网：W－CDMA 和 CDMA2000. 粟欣，译. 北京：人民邮电出版社，2003.

[49] 彭木根，王文博. 3G 无线资源管理与网络规划优化. 北京：人民邮电出版社，2006.

[50] 章坚武. 3G/IMT－2000 的移动性管理分析. 电子学报，2000，11A(28)：40～44.

[51] 李小文，等. TD－SCDMA 第三代移动通信系统、信令及实现. 北京：人民邮电出版社，2003.

[52] 李世鹤. TD－SCDMA 第三代移动通信系统标准. 北京：人民邮电出版社，2003.

[53] 彭木根，王文博，等. TD－SCDMA 移动通信系统. 北京：机械工业出版社，2005.

[54] 谢显中. TD－SCDMA 第三代移动通信系统技术与实现. 北京：电子工业出版社，2004.

[55] 广州杰赛通信规划设计院. TD－SCDMA 规划设计手册. 北京：电子工业出版社，2007.

[56] 朱东照，等. TD－SCDMA 无线网络规划设计与优化. 北京：人民邮电出版社，2007.

[57] BEHMANN F. Impact of Wireless (Wi－Fi，WiMAX) on 3G and Next Generation － An Initial Assessment. 2005 IEEE International Conference on Electro Information Technology，2005.

[58] RAHNEMA M. Overview of the GSM System and Protocol Architecture. IEEE Commun. Mag.，1993，31(4)：92－100.

[59] 任海晨，刘京奎. GSM900/1800 双频系统及其组网考虑. 电信科学. 1999，(2).

[60] 孙立新，邢宁霞. CDMA(码分多址)移动通信技术. 北京：人民邮电出版社，1996.

[61] 孙宇彤，赵文伟，蒋文辉. CDMA 空中接口技术. 北京：人民邮电出版社，2004.

[62] TIA/EIA SP－3588. Cellular Radio Telecommunications Intersystem Operations，1997.

[63] SU S L，et al. Performance Analysis of soft Handoff in CDMA Cellular Networks. IEEE Trans. Veh. Technol，1996，14(9)：1762－1769.

[64] JABBARI B，FUHRMANN W F. Teletraffic Modeling and Analysis of Flexible Hierarchical Cellular Networks with Speed-Sensitive Handoff Strategy. IEEE J. Select. Areas Commun.，1997，15

(8): 1539 - 1548.

[65]　　MURASE A, SYMINGTON I C, GREEN E. Handover criterion for macro and microcellular system. In Proc. VTC'91, 1991: 524 - 530.

[66]　　RAPPAPORT S S, et al. Microcellular Communication System with Hierarchical Macrocell Overlays: Traffic Performance Models and Analysis. Processing of the IEEE, 1994.

[67]　　RAPPAPORT S S, et al. The Multiple-Call Hand-Off Problem in High-Capacity Cellular Communication Systems. IEEE Trans. Veh. Technol, 1991, 40(3): 546 - 547.

[68]　　ZHANG N, HOLTZMAN J M. Analysis of Handoff Algorithms Using Both Absolute and Relative Measurements. IEEE Trans. Veh. Technol, 1996, 54(1): 174 - 179.

[69]　　IC - L, et al. Third Generation PCS and the Intelligent Multimode Mobile Portable. Electronics and Communication Eng. Jour, 1993.

[70]　　LIN Y B, NOERPEL A R. Implicit Deregistration in a PCS Network. IEEE Trans. Veh. Technol, 1994, 43(4): 1006 - 1010.

[71]　　LIN Y B, et al. Heterogeneous Personal Communication Service: Integration of PCS Systems. IEEE Com Mag, 1996.

[72]　　POLLINI G P, GOODMAN D J. Signaling System Performance Evaluation for Personal Communications, IEEE Trans. Veh. Technol. , 1996, 45(1): 131 - 138.

[73]　　LIN Y B, HWANG S W. Comparing the PCS Location Tracking strategies. IEEE Trans. Veh. Technol, 1996, 45(1): 114 - 121.

[74]　　KURUPPILLAI R, DONTAMSETTI M, COSENTINO F J. Wireless PCS: personal communications services. McGraw-Hill, 1997.

[75]　　李建东，杨家玮. 个人通信. 北京：人民邮电出版社，1998.

[76]　　李进良. 个人通信. 北京：人民邮电出版社，1999.

[77]　　章坚武. 个人通信分层系统的研究. 浙江大学博士论文，1999.

[78]　　章坚武，姚庆栋. 个人通信信令系统性能评估. 电子学报，2000, 28(10).

[79]　　章坚武，姚庆栋. PCS 分层系统切换性能分析. 通信学报，2001, 22(2).

[80]　　TSOULOS G. Wireless Personal Communications for the 21th Century: European Technological Advances in Adaptive Antennas. IEEE Com. Magazine, 1997: 102 - 109.

[81]　　金荣洪，耿军平，范瑜. 无线通信中的智能天线. 北京：北京邮电大学出版社，2006.

[82]　　刘鸣，袁超伟，贾宁，等. 智能天线技术与应用. 北京：机械工业出版社，2007.

[83]　　杨小牛，楼才义，徐建良. 软件无线电原理与应用. 北京：电子工业出版社，2001.

[84]　　许晓荣，姚英彪，包建荣，等. 认知无线网络的频谱检测与资源管理技术. 北京：科学出版社，2019.

[85]　　孙娟娟，吴建威. 移动通信网络路测数据的抽样与分析方法. 系统工程与电子技术，2009，(1).